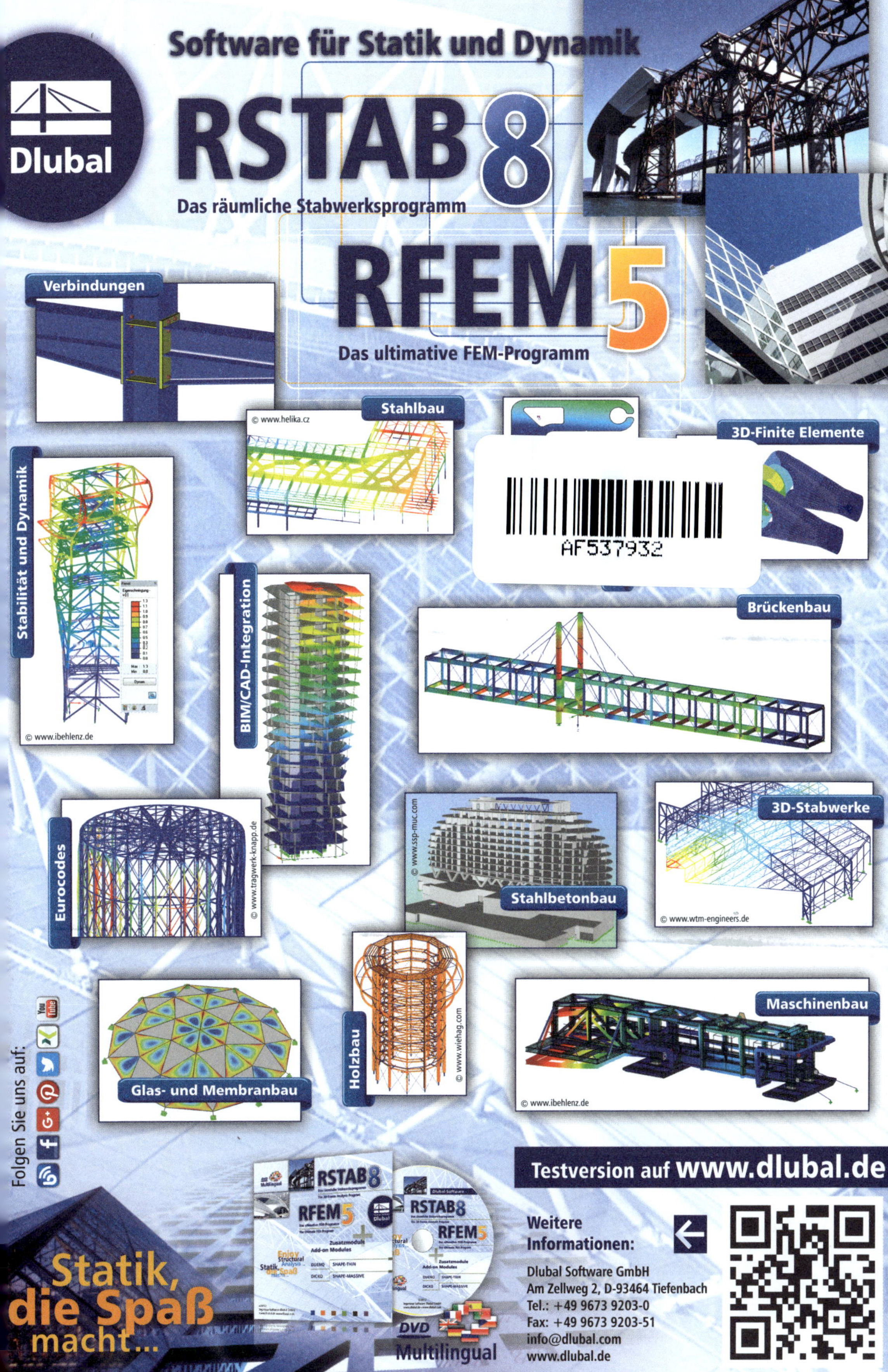

Software für Statik und Dynamik
Dlubal
RSTAB 8
Das räumliche Stabwerksprogramm
RFEM 5
Das ultimative FEM-Programm
Verbindungen
Stahlbau
© www.helika.cz
3D-Finite Elemente
AF537932
Stabilität und Dynamik
© www.ibehlenz.de
BIM/CAD-Integration
Brückenbau
Eurocodes
© www.tragwerk-knapp.de
© www.ssp-muc.com
Stahlbetonbau
3D-Stabwerke
© www.wtm-engineers.de
Holzbau
© www.wiehag.com
Maschinenbau
© www.ibehlenz.de
Glas- und Membranbau
Folgen Sie uns auf:
Testversion auf www.dlubal.de
Weitere Informationen:
Dlubal Software GmbH
Am Zellweg 2, D-93464 Tiefenbach
Tel.: +49 9673 9203-0
Fax: +49 9673 9203-51
info@dlubal.com
www.dlubal.de
DVD
Multilingual
Statik, die Spaß macht...

Lastannahmen im Bauwesen

Grundlagen, Erläuterungen, Praxisbeispiele

Prof. Dr.-Ing. Klaus Holschemacher
Dipl.-Ing. (FH) Yvette Klug

unter Mitarbeit von:
Prof. Dr.-Ing. Eddy Widjaja (Kap. H Komplexbeispiel)

Lastannahmen im Bauwesen

Grundlagen, Erläuterungen, Praxisbeispiele

- **Sicherheitskonzept**
- **Einwirkungen auf Tragwerke nach Eurocode 1 und 8:**
  - **Eigen- und Nutzlasten**
  - **Wind- und Schneelasten**
  - **Erdbebenlasten**

2., vollständig überarbeitete Auflage

Beuth Verlag GmbH · Berlin · Wien · Zürich

Bauwerk

Berlin · Wien · Zürich
Am DIN-Platz
Burggrafenstraße 6
10787 Berlin

Telefon: +49 30 2601-0
Telefax: +49 30 2601-1260
Internet: www.beuth.de
E-Mail: kundenservice@beuth.de

Druck und Bindung:
Zakład Graficzny Colonel S.A., Kraków

Gedruckt auf säurefreiem, alterungsbeständigem Papier nach DIN EN ISO 9706.

ISBN 978-3-410-21732-9

Vorwort

Die sorgfältige und exakte Ermittlung der Einwirkungen auf Bauwerke gehört zu den anspruchsvollsten Aufgaben in der Bauplanung, bei der sich die Vielzahl und Unübersichtlichkeit der dabei zu berücksichtigenden Normen erschwerend auswirkt. Da das Thema Lastannahmen in der Bauingenieurausbildung an deutschen Hochschulen auch eher stiefmütterlich behandelt wird, kommt entsprechender Fachliteratur besondere Bedeutung zu.

Das Buch *Lastannahmen für Bauwerke* widmet sich der Aufgabe, die wichtigsten bei der statischen Berechnung von Bauwerken anzusetzenden Lasten in übersichtlicher Form zusammenzustellen und Hintergründe für die normativen Regelungen anzugeben. Im Einzelnen wird auf das Sicherheitskonzept nach DIN EN 1990, Eigenlasten, Nutzlasten, Windlasten und Schneelasten nach DIN EN 1991 sowie Erdbebenlasten nach DIN EN 1998 eingegangen. Durch zahlreiche Berechnungsbeispiele sowie ein umfangreiches Komplexbeispiel wird das Verständnis des Stoffes erleichtert. Im Anhang wird eine Übersicht zur Zuordnung von Windzonen und Schneelastzonen zu Verwaltungsgrenzen deutscher Gemeinden gegeben. Die für das Territorium der Bundesrepublik Deutschland gültigen Erdbebenzonen, sowie gegebenenfalls Aktualisierungen zu Wind- und Schneelastzonen können der Beuth Mediathek unter www.beuth-mediathek.de entnommen werden.

In der vorliegenden Neuerscheinung wird die Normenfortschreibung der gegenwärtig bauaufsichtlich eingeführten Eurocodes und zugehörigen Nationalen Anhänge bis zum Stand Mai 2016 berücksichtigt.

Das Buch ist für Studierende des Bauingenieurwesens die Grundlage für die Einarbeitung in die Thematik Sicherheitskonzept und Lastannahmen und für Praktiker eine wichtige Unterstützung bei der Bewältigung der alltäglich anfallenden Arbeitsaufgaben.

Wir danken Herrn Prof. Widjaja für die Bearbeitung des Komplexbeispiels in Kapitel H und dem Team des Beuth Verlages, insbesondere Herrn Kuhlmann und Frau Brandt-Szikorra für die ausgezeichnete Unterstützung und Zusammenarbeit bei der Erarbeitung dieses Fachbuches.

Leipzig, im Mai 2016

Klaus Holschemacher, Yvette Klug

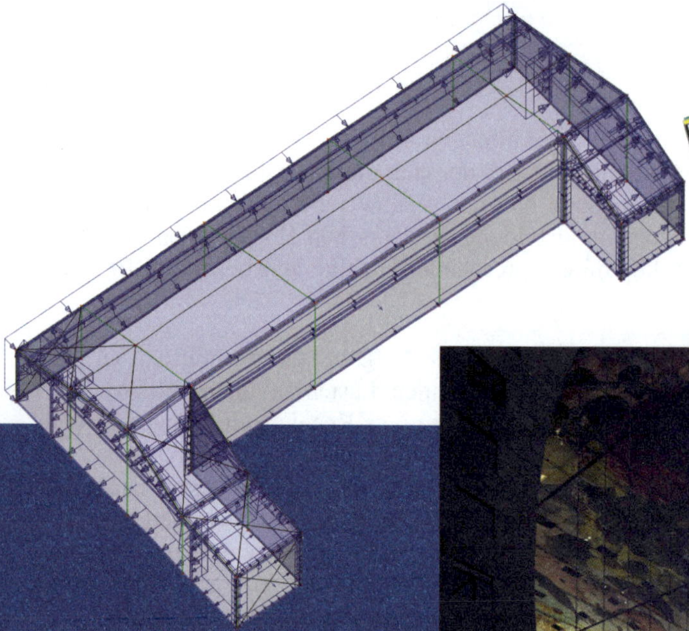

A EINFÜHRUNG

Inhaltsverzeichnis

1 Allgemeines

Die Sicherheit von Bauwerken wird maßgeblich von der richtigen Einschätzung der auf eine Tragkonstruktion einwirkenden Beanspruchungen beeinflusst. Insofern kommt den Normen

- DIN EN 1990 „Eurocode: Grundlagen der Tragwerksplanung"
- DIN EN 1991 „Eurocode 1: Einwirkungen auf Tragwerke"
- DIN EN 1998 „Eurocode 8: Auslegung von Bauwerken gegen Erdbeben"

eine zentrale Bedeutung in der Tragwerksplanung zu, da in ihnen sowohl das Sicherheitskonzept als auch die charakteristischen Werte der wichtigsten Einwirkungen geregelt sind.

Die Eurocodes sind im Regelfall stark untergliedert. So besteht z. B. allein DIN EN 1991 aus 10 Teilen, welche unterschiedlichen Aspekten gewidmet sind, siehe Tafel A.2. Zu jedem einzelnen Normenteil existiert darüber hinaus ein zugehöriger Nationaler Anhang, in dem die für die Bundesrepublik Deutschland zu berücksichtigenden

- national festzulegenden Parameter (nationally determined parameters, NDP)
- ergänzenden, nicht widersprechenden Angaben zum Eurocode (non-contradictory complementary information, NCI)

festgehalten sind. Da eine stetige Normenfortschreibung erfolgt, gibt es mittlerweile auch erste Berichtigungs- und Änderungsblätter zu einzelnen Normen, Normenteilen oder deren Nationalen Anhängen. Sowohl die Nationalen Anhänge als auch die Berichtigungs- und Änderungsblätter sind so aufgebaut, dass nicht der komplette Text des Eurocodes, sondern nur die einen bestimmten Abschnitt betreffenden Ergänzungen oder Korrekturen angegeben werden. Das bedeutet, dass immer alle Dokumente (also eigentlicher Eurocode, Nationaler Anhang und ggf. Berichtigungen sowie Änderungen) im Zusammenhang gelesen werden müssen.

In den Eurocodes wird generell zwischen Prinzipien und Anwendungsregeln unterschieden, siehe DIN EN 1990:2010.12, (1.4). Prinzipien enthalten

- grundsätzlich geltende allgemeine Festlegungen und Definitionen von Begriffen
- grundsätzlich geltende Anforderungen und Rechenmodelle, soweit nicht ausdrücklich auf die Möglichkeit von Alternativen hingewiesen wird

und werden mit einem der Absatznummer nachgestellten Buchstaben P gekennzeichnet. Unter Anwendungsregeln werden dagegen anerkannte Regeln verstanden, die den Prinzipien folgen und deren Anforderungen erfüllen. Anwendungsregeln werden in den Eurocodes durch in Klammern gesetzte Absatznummern dargestellt. Das Abweichen von den in den Eurocodes angegebenen Anwendungsregeln ist möglich, wenn nachgewiesen wird, dass die mit den gewählten Anwendungsregeln erzielten Bemessungsergebnisse hinsichtlich Tragfähigkeit, Gebrauchstauglichkeit und Dauerhaftigkeit zumindest gleichwertig sind.

Die Anhänge einzelner Eurocodes haben einen unterschiedlichen Verbindlichkeitsgrad. Es wird zwischen informativen und normativen Anhängen unterschieden, letztere sind verbindlich anzuwenden.

Bei der Anwendung der Eurocodes ist der aktuelle Stand der bauaufsichtlichen Einführung der Normen zu beachten, die in der Bundesrepublik Deutschland immer auf Länderebene erfolgt. In den Einführungserlassen der Länder können zusätzliche Anforderungen hinsichtlich der Anwendung der Eurocodes getroffen werden. So ist z. B. in der Musterliste der Technischen Baubestimmungen [DIBt 2015] die Festlegung getroffen worden, dass die Anhänge B, C und D von DIN EN 1990:2010.12 nicht anzuwenden sind.

Neben den oben aufgeführten Normen DIN EN 1990, DIN EN 1991 und DIN EN 1998 sind gegebenenfalls weitere Normen bei der Bestimmung der Einwirkungen zu beachten, z. B. DIN EN 1997 bei der Ermittlung des Erddrucks.

Eine Hilfe bei der Auslegung der Eurocodes stellen die Auslegungsforen dar, siehe z. B. www.nabau.din.de, in denen von den Normungsausschüssen einzelne Fragestellungen zum Teil ausführlich beantwortet werden.

2 Eurocodes zum Sicherheitskonzept und zu Einwirkungen

In den nachfolgenden Tafeln A.1 bis A.3 wird eine Übersicht zur Struktur von DIN EN 1990, DIN EN 1991 und DIN EN 1998 gegeben. Es wird nochmals darauf hingewiesen, dass die bauaufsichtliche Einführung einer Norm durch die jeweiligen Bundesländer erfolgt und bekannt gemacht wird. Daher kann es durchaus vorkommen, dass die Einführung einer Norm in den einzelnen Bundesländern zu verschiedenen Zeitpunkten vorgenommen wird. Im Zweifelsfall empfiehlt sich eine Nachfrage bei den zuständigen Bauaufsichtsbehörden.

Die in den Tafeln A.1 bis A.3 getroffenen Angaben zur bauaufsichtlichen Einführung einzelner Normen bzw. Normenteile sind mit Stand 05.01.2016 aus [DIBt 2015], [DIBt 2016.1] und [DIBt 2016.2] sowie außerhalb des eigentlichen bauordnungsrechtlichen Bereiches [EBA 2016], [BAW 2015] und [BMVBS 2012] entnommen.

Tafel A.1: Übersicht zu DIN EN 1990

Norm	Ausgabe	Bezeichnung (gegenüber dem Originaltext gekürzt)	Bauaufsichtliche Einführung
DIN EN 1990	12.2010	Eurocode: Grundlagen der Tragwerksplanung	✓
DIN EN 1990/NA	12.2010	Nationaler Anhang – National festgelegte Parameter – Eurocode: Grundlagen der Tragwerksplanung	✓
DIN EN 1990/NA/A1	08.2012	Nationaler Anhang – National festgelegte Parameter – Eurocode: Grundlagen der Tragwerksplanung; Änderung A1	✓

Tafel A.2: Übersicht zu DIN EN 1991

Norm	Ausgabe	Bezeichnung (gegenüber dem Originaltext gekürzt)	Bauaufsichtliche Einführung
DIN EN 1991-1-1	12.2010	Eurocode 1: Einwirkungen auf Tragwerke – Teil 1-1: Allgemeine Einwirkungen auf Tragwerke – Wichten, Eigenlasten und Nutzlasten im Hochbau	✓
DIN EN 1991-1-1/NA	12.2010	Nationaler Anhang – National festgelegte Parameter – Eurocode 1: Einwirkungen auf Tragwerke – Teil 1-1	✓
DIN EN 1991-1-1/NA/A1	05.2015	Nationaler Anhang – National festgelegte Parameter – Eurocode 1: Einwirkungen auf Tragwerke – Teil 1-1; Änderung A1	✓
DIN EN 1991-1-2	12.2010	Eurocode 1: Einwirkungen auf Tragwerke – Teil 1-2: Allgemeine Einwirkungen – Brandeinwirkungen auf Tragwerke, Berichtigung 1	✓
DIN EN 1991-1-2 Berichtigung 1	08.2013	Eurocode 1: Einwirkungen auf Tragwerke – Teil 1-2: Allgemeine Einwirkungen – Brandeinwirkungen auf Tragwerke	✓
DIN EN 1991-1-2/NA	09.2015	Nationaler Anhang – National festgelegte Parameter – Eurocode 1: Einwirkungen auf Tragwerke – Teil 1-2	✓

Tafel A.1: Übersicht zu DIN EN 1991 (Fortsetzung)

Norm	Ausgabe	Bezeichnung (gegenüber dem Originaltext gekürzt)	Bauaufsichtliche Einführung
DIN EN 1991-1-3	12.2010	Eurocode 1: Einwirkungen auf Tragwerke – Teil 1-3: Allgemeine Einwirkungen, Schneelasten	✓
DIN EN 1991-1-3/A1	12.2015	Eurocode 1: Einwirkungen auf Tragwerke – Teil 1-3: Allgemeine Einwirkungen, Schneelasten; Änderung A1	–
DIN EN 1991-1-3/NA	12.2010	Nationaler Anhang – National festgelegte Parameter – Eurocode 1: Einwirkungen auf Tragwerke – Teil 1-3	✓
DIN EN 1991-1-4	12.2010	Eurocode 1: Einwirkungen auf Tragwerke – Teil 1-4: Allgemeine Einwirkungen – Windlasten	✓
DIN EN 1991-1-4/NA	12.2010	Nationaler Anhang – National festgelegte Parameter – Eurocode 1: Einwirkungen auf Tragwerke – Teil 1-4	✓
DIN EN 1991-1-5	12.2010	Eurocode 1: Einwirkungen auf Tragwerke – Teil 1-5: Allgemeine Einwirkungen – Temperatureinwirkungen	–
DIN EN 1991-1-5/NA	12.2010	Nationaler Anhang – National festgelegte Parameter – Eurocode 1: Einwirkungen auf Tragwerke – Teil 1-5	–
DIN EN 1991-1-6	12.2010	Eurocode 1: Einwirkungen auf Tragwerke – Teil 1-5: Allgemeine Einwirkungen, Einwirkungen während der Bauausführung	–
DIN EN 1991-1-6 Berichtigung 1	08.2013	Eurocode 1: Einwirkungen auf Tragwerke – Teil 1-5: Allgemeine Einwirkungen, Einwirkungen während der Bauausführung, Berichtigung 1	–
DIN EN 1991-1-6/NA	12.2010	Nationaler Anhang – National festgelegte Parameter – Eurocode 1: Einwirkungen auf Tragwerke – Teil 1-6	–
DIN EN 1991-1-7	12.2010	Eurocode 1: Einwirkungen auf Tragwerke – Teil 1-7: Allgemeine Einwirkungen – Außergewöhnliche Einwirkungen	✓
DIN EN 1991-1-7/A1	08.2014	Eurocode 1: Einwirkungen auf Tragwerke – Teil 1-7: Allgemeine Einwirkungen – Außergewöhnliche Einwirkungen, Änderung A1	✓
DIN EN 1991-1-7/NA	12.2010	Nationaler Anhang – National festgelegte Parameter – Eurocode 1: Einwirkungen auf Tragwerke – Teil 1-7	✓
DIN EN 1991-2	12.2010	Eurocode 1: Einwirkungen auf Tragwerke – Teil 2: Verkehrslasten auf Brücken	✓
DIN EN 1991-2/NA	08.2012	Nationaler Anhang – National festgelegte Parameter – Eurocode 1: Einwirkungen auf Tragwerke – Teil 2	✓

Tafel A.1: Übersicht zu DIN EN 1991 (Fortsetzung)

Norm	Ausgabe	Bezeichnung (gegenüber dem Originaltext gekürzt)	Bauaufsichtliche Einführung
DIN EN 1991-3	12.2010	Eurocode 1: Einwirkungen auf Tragwerke – Teil 3: Einwirkungen infolge von Kranen und Maschinen	✓
DIN EN 1991-3 Berichtigung 1	08.2013	Eurocode 1: Einwirkungen auf Tragwerke – Teil 3: Einwirkungen infolge von Kranen und Maschinen, Berichtigung 1	✓
DIN EN 1991-3/NA	12.2010	Nationaler Anhang – National festgelegte Parameter – Eurocode 1: Einwirkungen auf Tragwerke – Teil 3	✓
DIN EN 1991-4	12.2010	Eurocode 1: Einwirkungen auf Tragwerke – Teil 4: Einwirkungen auf Silos und Flüssigkeitsbehälter	✓
DIN EN 1991-4 Berichtigung 1	08.2013	Eurocode 1: Einwirkungen auf Tragwerke – Teil 4: Einwirkungen auf Silos und Flüssigkeitsbehälter, Berichtigung 1	✓
DIN EN 1991-4/NA	12.2010	Nationaler Anhang – National festgelegte Parameter – Eurocode 1: Einwirkungen auf Tragwerke – Teil 4	✓

Tafel A.3: Übersicht zu DIN EN 1998

Norm	Ausgabe	Bezeichnung (gegenüber dem Originaltext gekürzt)	Bauaufsichtliche Einführung
DIN EN 1998-1	12.2010	Eurocode 8: Auslegung von Bauwerken gegen Erdbeben – Teil 1: Grundlagen, Erdbebeneinwirkungen und Regeln für Hochbauten	–
DIN EN 1998-1/A1	05.2013	Eurocode 8: Auslegung von Bauwerken gegen Erdbeben – Teil 1: Grundlagen, Erdbebeneinwirkungen und Regeln für Hochbauten, Änderung A1	–
DIN EN 1998-1/NA	01.2011	Nationaler Anhang – National festgelegte Parameter – Eurocode 8: Auslegung von Bauwerken gegen Erdbeben – Teil 1	–
DIN EN 1998-2	12.2011	Eurocode 8: Auslegung von Bauwerken gegen Erdbeben – Teil 2: Brücken	–
DIN EN 1998-2/NA	03.2011	Nationaler Anhang – National festgelegte Parameter – Eurocode 8: Auslegung von Bauwerken gegen Erdbeben – Teil 2	–
DIN EN 1998-3	12.2010	Eurocode 8: Auslegung von Bauwerken gegen Erdbeben – Teil 3: Beurteilung und Ertüchtigung von Gebäuden	–
DIN EN 1998-3 Berichtigung 1	09.2013	Eurocode 8: Auslegung von Bauwerken gegen Erdbeben – Teil 3: Beurteilung und Ertüchtigung von Gebäuden, Berichtigung 1	–
DIN EN 1998-4	01.2007	Eurocode 8: Auslegung von Bauwerken gegen Erdbeben – Teil 4: Silos, Tankbauwerke und Rohrleitungen	–

Tafel A.3: Übersicht zu DIN EN 1998 (Fortsetzung)

Norm	Ausgabe	Bezeichnung (gegenüber dem Originaltext gekürzt)	Bauaufsichtliche Einführung
DIN EN 1998-5	12.2010	Eurocode 8: Auslegung von Bauwerken gegen Erdbeben – Teil 5: Gründungen, Stützbauwerke und geotechnische Aspekte	–
DIN EN 1998-5/NA	07.2011	Nationaler Anhang – National festgelegte Parameter – Eurocode 8: Auslegung von Bauwerken gegen Erdbeben – Teil 5	–
DIN EN 1998-6	03.2006	Eurocode 8: Auslegung von Bauwerken gegen Erdbeben – Teil 6: Türme, Masten und Schornsteine	–

B GRUNDLAGEN DES SICHERHEITS-KONZEPTES NACH DIN EN 1990

Inhaltsverzeichnis

1 Allgemeines

Grundlagen

Ein bauartübergreifendes Bemessungskonzept war erstmals in DIN 1055-100:2001.03 Gegenstand normativer Regelungen. Zuvor waren die Sicherheitsanforderungen ausschließlich in den für die einzelnen Bauweisen anzuwendenden Bemessungsnormen (z. B. Stahlbetonbau, Holzbau usw.) enthalten. Mit der bauaufsichtlichen Einführung der Eurocodes ist DIN 1055-100:2001.03 durch DIN EN 1990:2010.12 und den zugehörigen Nationalen Anhang DIN EN 1990/NA:2010.12 sowie dessen spätere Änderung DIN EN 1990/NA/A1:2012.08 ersetzt worden. Sofern in den folgenden Ausführungen allgemein auf DIN EN 1990 Bezug genommen wird, ist damit immer der gesamte Normenkomplex, bestehend aus DIN EN 1990:2010.12, DIN EN 1990/NA:2010.12 und DIN EN 1990/NA/A1:2012.08 gemeint.

DIN EN 1990 enthält die grundlegenden bauartübergreifenden Regelungen für die Tragwerksplanung von Bauwerken, die die Anforderungen an Tragwerke und das damit zusammenhängende Sicherheitskonzept betreffen. Darüber hinausgehende Festlegungen sind in den einzelnen bauartspezifischen Normen enthalten.

Das Sicherheitskonzept basiert auf der Anwendung der Methode der Teilsicherheitsbeiwerte in einzelnen Grenzzuständen. Dabei werden unterschieden:

- Grenzzustände der Tragfähigkeit (GZT, englisch: ULS – ultimate limit states)
- Grenzzustände der Gebrauchstauglichkeit (GZG, englisch: SLS – serviceability limit states)
- Anforderungen zur Gewährleistung der Dauerhaftigkeit.

Die informativen Anhänge B, C, und D der DIN EN 1990 sind nicht anzuwenden, siehe dazu [DIBt 2015].

Geltungsbereich

Die in DIN EN 1990 angegebenen Regelungen sind für Hoch- und Ingenieurbauwerke einschließlich deren Gründung in allen maßgebenden Bemessungssituationen (inklusive Brand und Erdbeben) anzuwenden. Dies gilt auch für die Tragwerksplanung in Bauzuständen und für Tragwerke mit befristeter Standzeit, sowie – sofern dafür geeignete Regeln in Übereinstimmung mit dem Sicherheitskonzept zur Verfügung stehen – für die Planung von Verstärkungs-, Instandsetzungs- oder Umbaumaßnahmen.

Sind bei speziellen Bauwerken besondere Sicherheitsanforderungen zu erfüllen (z. B. Kernkraftwerke), reichen die in DIN EN 1990 sowie den zugehörigen Einwirkungs- und Bemessungsnormen DIN EN 1991 bis DIN EN 1999 getroffenen Festlegungen unter Umständen nicht aus, um das notwendige Sicherheitsniveau zu gewährleisten. In derartigen Fällen sind erweiterte, auf die konkreten Sicherheitsbedürfnisse bezogene Nachweisverfahren anzuwenden.

Für die Anwendung von DIN EN 1990 gelten folgende Annahmen bzw. Voraussetzungen (DIN EN 1990, 1.1):

- Die Tragwerksplanung und die Bauausführung erfolgen durch qualifiziertes und erfahrenes Personal. Es erfolgt eine unabhängige Prüfung, Ausnahmen sind gesetzlich geregelt.
- Gewährleistung einer sachgerechten Aufsicht und Gütekontrolle bei der Bemessung und Bauausführung in Herstellwerken, Produktionsstätten und auf der Baustelle.
- Nutzung der Tragwerke entsprechend der Planungsannahmen.
- Sachgerechte Instandsetzung der Tragwerke.
- Verwendung von Baustoffen und Erzeugnissen entsprechend den Angaben in DIN EN 1990 oder DIN EN 1991 bis 1999 oder den maßgebenden Ausführungs-, Werkstoff- oder Produktnormen.

2 Grundlegende Begriffe

Nachfolgend werden einige Begriffe definiert bzw. erläutert, die die Voraussetzung für das Verständnis der nachfolgend formulierten Regelungen darstellen (DIN EN 1990, 1.5).

Anwendungsregeln (siehe dazu DIN EN 1990, 1.4)	Allgemein anerkannte Regeln, die die Anforderungen der Prinzipien erfüllen. Abweichungen sind nur zulässig, wenn sie mit den maßgebenden Prinzipien übereinstimmen und im Hinblick auf die Bemessungsergebnisse mindestens gleichwertig sind. Anwendungsregeln werden in den Normen durch Absatznummern ohne nachfolgendes P gekennzeichnet (siehe auch Prinzipien).
Auswirkung von Einwirkungen	Beanspruchungen oder Reaktion des Tragwerks infolge von Einwirkungen, z. B. Schnittgröße, Verformung, Rissbreite.
Bauart	Zuordnung zum überwiegend verwendeten tragenden Baustoff (z. B. Holzbau, Stahlbau, Stahlbetonbau).
Bauteil	Physisch abgrenzbarer Teil des Tragwerks, z. B. Stütze, Deckenplatte.
Bauverfahren	Art und Weise der Ausführung des Bauwerks (z. B. Ortbetonbau, Fertigteilbau).
Bauwerk	Alles, was baulich erstellt wird oder von Bauarbeiten herrührt (z. B. Gebäude, Ingenieurbauwerke).
Beanspruchung	Folge gleichzeitig zu betrachtender Einwirkungen bzw. einer Einwirkungskombination (z. B. Schnittgröße, Verformung, Rissbreite).
Bemessungssituation	Für den Nachweis der Einhaltung eines Grenzzustandes vorliegende Bedingungen des Tragwerks (maßgebende Lastfälle, Umweltbedingungen usw.). Es werden vorübergehende, ständige und außergewöhnliche Bemessungssituationen unterschieden.
Duktilität	Verformungsvermögen von Bauteilbereichen aufgrund einer ausreichenden Verformungskapazität.
Einwirkung	Auf das Tragwerk einwirkende Kraft- oder Verformungsgrößen.
Gebäude	Überdeckte bzw. überdachte bauliche Anlage, die selbständig benutzbar ist, von Menschen betreten werden kann und für den Schutz von Menschen, Tieren oder Sachen geeignet oder bestimmt ist.
Grenzzustand	Zustand des Tragwerks, bei dessen Überschreitung die dem Tragwerksentwurf zugrunde liegenden Anforderungen nicht mehr erfüllt werden. Es werden Grenzzustände der Tragfähigkeit und Grenzzustände der Gebrauchstauglichkeit unterschieden.
Hochbau	Gebäude mit überwiegend oberirdischer Ausdehnung, z. B. für Wohn-, Büro-, Verkaufs-, Parkzwecke oder öffentliche Nutzung (z. B. Schulen, Krankenhäuser).
Prinzipien (siehe dazu DIN EN 1990, 1.4)	Allgemeine Festlegungen, die in jedem Fall gelten und einzuhalten sind sowie Anforderungen und Rechenmodelle, von denen keine Abweichungen erlaubt sind, sofern nicht ausdrücklich auf mögliche Alternativen hingewiesen wird. Prinzipien sind in den Normen durch den Buchstaben P nach der Absatznummer gekennzeichnet.
Statische Berechnung	Methode oder Rechenverfahren zur Ermittlung der Schnittgrößen in jedem Punkt eines Tragwerks.

Tragfähigkeit	Mechanische Eigenschaft eines Tragwerks, Bauteils oder Bauteilquerschnitts, bestimmten Beanspruchungen zu widerstehen, z. B. Biegewiderstand, Zugwiderstand, Knickwiderstand usw. Die Tragfähigkeit wird durch die verwendeten Baustoffe, deren Anordnung und Verbindung im Bauteil sowie durch die Bauteilabmessungen bestimmt.
Tragsystem	Gesamtheit der tragenden Teile eines Bauwerks, einschließlich der Art und Weise ihres Zusammenwirkens.
Tragwerk	Planmäßig miteinander verbundene Bauteile, die ein bestimmtes Maß an Tragwiderstand und Steifigkeit aufweisen.
Tragwerksmodell	Idealisierung des Tragsystems für die Nachweisführung.
Zuverlässigkeit	Fähigkeit eines Tragwerks oder Bauteils, die festgelegten Anforderungen innerhalb der geplanten Nutzungszeit zu erfüllen. Die Zuverlässigkeit wird i. d. R. mit probabilistischen Größen ausgedrückt.

3 Sicherheitskonzept

3.1 Anforderungen

Die Aufgabe des Sicherheitskonzeptes besteht in der Bereitstellung von Berechnungsvoraussetzungen und -verfahren, die ein Optimum zwischen der notwendigen Bauwerkssicherheit (bzw. umgekehrt der Versagenswahrscheinlichkeit) einerseits und der angestrebten Wirtschaftlichkeit andererseits gewährleisten. Wegen der zahlreichen zufallsbedingten Streuungen auf Einwirkungs- und Widerstandsseite sind Aussagen zur Sicherheit eines Tragwerks nur auf der Basis von probabilistischen Berechnungsmodellen möglich. Unter der Voraussetzung, dass die Beanspruchungen E und der Bauwerkswiderstand R Zufallsvariablen sind, ist auch die Grenzzustandsgröße g eine Zufallsgröße:

$$g = R - E \tag{B.1}$$

Das Tragwerk erfüllt die Anforderungen, solange $g > 0$ ist. Für eine normalverteilte Grenzzustandsfunktion g ergibt sich die Versagenswahrscheinlichkeit P_f zu:

$$P_f = P(g \leq 0) = \Phi(-\beta) \tag{B.2}$$

Φ kumulative Verteilungsfunktion für die standardisierte Normalverteilung

β Zuverlässigkeitsindex

Übersteigen in einem Tragwerk die Beanspruchungen den Tragwiderstand, können die Folgen sehr unterschiedlich sein und z. B. von der Überschreitung der zulässigen Durchbiegung bis zum Einsturz reichen. Entsprechend der unterschiedlichen qualitativen und quantitativen Folgen verschiedener Formen des Tragwerkversagens werden daher Grenzzustände der Tragfähigkeit und Grenzzustände der Gebrauchstauglichkeit voneinander unterschieden und mit unterschiedlichen Sicherheitsanforderungen belegt.

In DIN EN 1990 werden im informativen Anhang B auf der Grundlage der Versagenswahrscheinlichkeit P_f Zielwerte für einen Zuverlässigkeitsindex β in Abhängigkeit vom betrachteten Grenzzustand angegeben, siehe Tafeln B.1 und B.2.

Tafel B.1: Zusammenhang zwischen Versagenswahrscheinlichkeit und Zuverlässigkeitsindex

Versagenswahrscheinlichkeit P_f	10^{-1}	10^{-2}	10^{-3}	10^{-4}	10^{-5}	10^{-6}	10^{-7}
Zuverlässigkeitsindex β	1,28	2,32	3,09	3,72	4,27	4,75	5,20

Tafel B.2: Zielwert des Zuverlässigkeitsindex β nach DIN EN 1990, Anhang B

Bezugszeitraum	Grenzzustand		
	Tragfähigkeit	Ermüdung	Gebrauchstauglichkeit
1 Jahr	4,7	-	2,9
50 Jahre	3,8	1,5 bis 3,8 [a)]	1,5
[a)] Abhängig von Zugänglichkeit, Wiederinstandsetzbarkeit und Schadenstoleranz.			

Probabilistische Tragwerksberechnungen unter Zugrundelegung einer Versagenswahrscheinlichkeit P_f sind in letzter Konsequenz allerdings nur dann möglich, wenn gesicherte Annahmen zur statistischen Verteilung von Einwirkungen und der den Tragwiderstand bestimmenden Größen getroffen werden können. Dies wird, auch wegen des damit verbundenen Berechnungsaufwands, nur in Ausnahmefällen der Fall sein. Für Praxiszwecke wurde in DIN EN 1990 daher ein auf den oben dargestellten Zusammenhängen beruhendes, vereinfachtes Berechungsverfahren bereitgestellt. Dazu werden die mechanischen Größen (z. B. Einwirkungen, Baustoffeigenschaften) auf der Grundlage von charakteristischen Werten oder Nennwerten beschrieben, die Modellunsicherheiten und Streuungen durch Teilsicherheitsbeiwerte erfasst [Grünberg 2004]. Die charakteristischen Werte bzw. Nennwerte werden durch Multiplikation mit bzw. Division durch Teilsicherheitsbeiwerte(n) in Bemessungswerte der Beanspruchungen bzw. des Tragwiderstandes überführt. Der Vergleich der Bemessungswerte von Beanspruchungen und Tragwiderstand stellt letztlich den Kern der Nachweisführung dar.

3.2 Einwirkungen

Ein Tragwerk kann mechanischen, chemischen, biologischen, thermischen und elektromagnetischen Einflüssen ausgesetzt sein. Daraus resultierende, auf das Tragwerk einwirkende Kraft- oder Verformungsgrößen werden als „Einwirkungen" bezeichnet. Grundsätzlich können die Einwirkungen F unterteilt werden in:

- ständige Einwirkungen G (Konstruktionseigengewicht, Ausbaulast, Vorspannung),
- veränderliche Einwirkungen Q (Nutzlasten, Wind- und Schneelasten, Temperatureinwirkungen, Erd- und Wasserdruck, Baugrundsetzung),
- außergewöhnliche Einwirkungen A (Anpralllasten, Explosionslasten),
- Einwirkungen infolge von Erdbeben A_E.

Die charakteristischen Werte der Einwirkungen können den einzelnen Teilen der Normenreihe DIN EN 1991 oder den Projektunterlagen entnommen werden, wobei die in DIN EN 1991 angegebenen Verfahren zu beachten sind. Die charakteristischen Werte der ständigen Einwirkungen werden in der Regel als Mittelwert angegeben, lediglich bei Variationskoeffizienten $V_G > 0{,}1$ werden 95 %-Quantile $G_{k,sup}$ und 5 %-Quantile $G_{k,inf}$ festgelegt. Wenn keine ausreichenden Kenntnisse zur statistischen Verteilung der Einwirkungen vorliegen, können anstelle der charakteristischen Werte auch auf Erfahrungen beruhende Nennwerte der Einwirkungen in DIN EN 1991 angegeben werden.

Für veränderliche Einwirkungen wird der charakteristische Wert im Allgemeinen als 98 %-Quantilwert mit der Bezugsdauer von einem Jahr festgelegt. Dies entspricht auch einem Wert, der im Durchschnitt einmal in 50 Jahren erreicht oder überschritten wird, siehe Abb. B.1.

Veränderliche Einwirkungen werden hinsichtlich der Häufigkeit ihres Auftretens in verschiedene repräsentative Werte unterschieden, siehe Tafel B.3. Hinsichtlich der Größe der in diesem Zusammenhang anzusetzenden Kombinationsbeiwerte ψ_i gilt:

- Beiwert ψ_0: Der Kombinationswert $\psi_0 \cdot Q_k$ wird für Tragfähigkeits- und Gebrauchstauglichkeitsnachweise für Grenzzustände mit nicht umkehrbaren Auswirkungen verwendet. Die angestrebte Zuverlässigkeit des Tragwerks wird nicht unterschritten.

- Beiwert ψ_1: Der häufige Wert $\psi_1 \cdot Q_k$ wird für Tragfähigkeits- und Gebrauchstauglichkeitsnachweise für Grenzzustände mit umkehrbaren Auswirkungen verwendet. Für den Hochbau ist der häufige Wert so festgelegt, dass er in nicht weniger als 1 % des Bezugszeitraums überschritten wird.
- Beiwert ψ_2: Der quasi-ständige Wert $\psi_2 \cdot Q_k$ entspricht dem zeitlichen Mittelwert, der eine Überschreitungsdauer von 50 % des Bezugszeitraums aufweist.

Kombinationsbeiwerte für Hochbauten sind in DIN EN 1990/NA, Anhang A angegeben, siehe Tafel B.4.

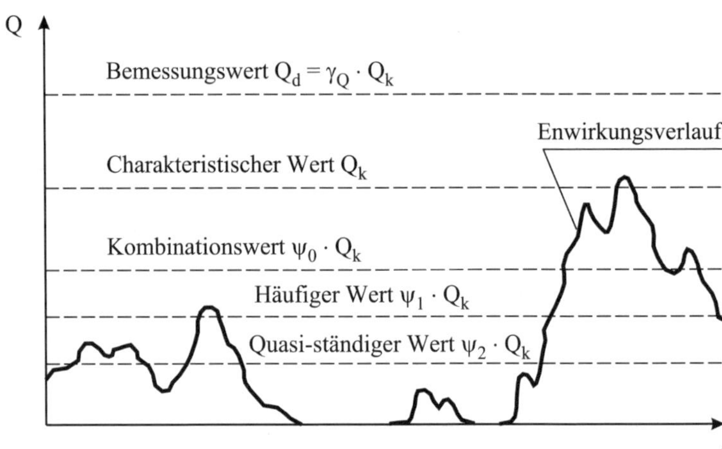

Abb. B.1: Repräsentative Werte der veränderlichen Einwirkungen

Tafel B.3: Für die Nachweisführung maßgebliche Einwirkungswerte

Charakteristische Werte der Einwirkungen F_k	– werden in den entsprechenden Normen der DIN EN 1991 oder anderen Normen, die Angaben zu Einwirkungen enthalten, angegeben – bei ständigen Einwirkungen Angabe eines einzigen Wertes (G_k), oder des unteren ($G_{k,inf}$) und oberen Grenzwertes ($G_{k,sup}$)
Repräsentative Werte veränderlicher Einwirkungen Q_{rep}	Es werden folgende repräsentative Werte unterschieden: – charakteristischer Wert Q_k – Kombinationswert $\psi_0 \cdot Q_k$ – häufiger Wert $\psi_1 \cdot Q_k$ – quasi-ständiger Wert $\psi_2 \cdot Q_k$
Bemessungswerte der Einwirkungen $F_d = \gamma_F \cdot F_k$ bzw. $Q_d = \gamma_Q \cdot Q_{rep} = \gamma_Q \cdot \psi_i \cdot Q_k$	– ergeben sich durch die Multiplikation des charakteristischen Wertes F_k mit dem zugehörigen Teilsicherheitsbeiwert γ_F, bei veränderlichen Einwirkungen durch die Multiplikation des repräsentativen Wertes Q_{rep} mit dem Teilsicherheitsbeiwert γ_Q – der Teilsicherheitsbeiwert γ_F kann gegebenenfalls mit einem oberen Wert $\gamma_{F,sup}$ und einem unteren Wert $\gamma_{F,inf}$ angegeben werden

Tafel B.4: Kombinationsbeiwerte ψ_i für Hochbauten nach DIN EN 1990/NA:2010.12, Tabelle NA.A.1.1

Einwirkung	ψ_0	ψ_1	ψ_2
Nutzlasten nach DIN EN 1991-1-1 [a)]			
– Wohn- und Aufenthaltsräume, Büros	0,7	0,5	0,3
– Versammlungsräume, Verkaufsräume	0,7	0,7	0,6
– Lagerräume	1,0	0,9	0,8
Verkehrslasten nach DIN EN 1991-1-1			
– Fahrzeuglast ≤ 30 kN	0,7	0,7	0,6
– 30 kN < Fahrzeuglast ≤ 160 kN	0,7	0,5	0,3
– Dachlasten	0	0	0
Schnee- und Eislasten nach DIN EN 1991-1-3			
– Orte bis zu NN +1000 m	0,5	0,2	0
– Orte über NN +1000 m	0,7	0,5	0,2
Windlasten nach DIN EN 1991-1-4	0,6	0,2	0
Temperatureinwirkungen (nicht Brand) nach DIN EN 1991-1-5	0,6	0,5	0
Baugrundsetzungen nach DIN EN 1997	1,0	1,0	1,0
Sonstige Einwirkungen [b)]	0,8	0,7	0,5

[a)] Zur Abminderung der Nutzlasten für sekundäre Tragglieder in mehrgeschossigen Hochbauten siehe auch Abschnitt D.3.7.

[b)] Flüssigkeitsdruck ist in der Regel als veränderliche Einwirkung zu betrachten, für die die ψ-Beiwerte standortbedingt festzulegen sind. Flüssigkeitsdruck, dessen Größe durch geometrische Verhältnisse begrenzt ist, darf als ständige Einwirkung behandelt werden, wobei alle ψ-Beiwerte gleich 1,0 zu setzen sind. ψ-Beiwerte für Maschinenlasten sind betriebsbedingt festzulegen.

3.3 Geometrische Größen

Die charakteristischen Werte a_k und die Bemessungswerte a_d der geometrischen Größen entsprechen im Allgemeinen den bei der Tragwerksplanung als Mittelwerte festgelegten Abmessungen (Nennwerte a_{nom}).

$$a_d = a_k = a_{nom} \qquad \text{(B.3)}$$

Davon abweichende Regelungen können in den bauartspezifischen Bemessungsnormen festgelegt werden.

3.4 Baustoff- und Produkteigenschaften

Für den Bemessungswert X_d einer Baustoff- oder Produkteigenschaft gilt:

$$X_d = \eta \cdot X_k / \gamma_M \quad \text{bzw.} \quad X_d = X_k / \gamma_M \qquad \text{(B.4)}$$

X_k charakteristischer Wert der Baustoff- bzw. Produkteigenschaft, bei Festigkeitswerten in der Regel auf Basis des 5 %- bzw. 95 %-Quantilwertes, bei Steifigkeitsgrößen als Mittelwert

η Umrechnungsfaktor zur Berücksichtigung der Auswirkungen von Lastdauer, Maßstabseffekten, Feuchtigkeits- und Temperaturauswirkungen usw.

γ_m Teilsicherheitsbeiwert für die Baustoff- bzw. Produkteigenschaft

γ_M Teilsicherheitsbeiwert γ_m, in dem bereits der Umrechnungsfaktor η berücksichtigt ist

X_k, η, γ_m und γ_M siehe bauartspezifische Bemessungsnormen (DIN EN 1992 bis DIN EN 1999)

3.5 Bemessungswerte der Beanspruchungen

Bemessungswerte der Beanspruchungen E_d (Schnittgrößen, Dehnungen, Verschiebungen) sind aus den Bemessungswerten der Einwirkungen F_d, der geometrischen Größen a_d und – sofern erforderlich – der Baustoffeigenschaften X_d zu bestimmen:

$$E_d = E\left(F_{d,1}, F_{d,2}, \dots a_{d,1}, a_{d,2}, \dots X_{d,1}, X_{d,2} \dots\right) \quad (B.5)$$

Im Fall einer linear-elastischen Berechnung des Tragwerks darf der Bemessungswert der Beanspruchungen E_d durch Überlagerung der Bemessungswerte der voneinander unabhängigen Einwirkungen $E_{Fd,i}$ ermittelt werden:

$$E_d = E_{Fd,1}\left(a_{d,1}, a_{d,2}, \dots X_{d,1}, X_{d,2}, \dots\right) + E_{Fd,2}\left(a_{d,1}, a_{d,2}, \dots X_{d,1}, X_{d,2}, \dots\right) + \dots \quad (B.6)$$

3.6 Bemessungswert des Tragwiderstandes

Der Bemessungswert des Tragwiderstandes R_d ist entsprechend der Angaben in den einzelnen bauartspezifischen Bemessungsnormen zu bestimmen. Allgemein gilt:

$$R_d = R\left(X_{d,1}, X_{d,2}, \dots a_{d,1}, a_{d,2}, \dots\right) \quad \text{bzw.} \quad R_d = R_k / \gamma_R \quad (B.7)$$

R_d Bemessungswert des Tragwiderstandes
$X_{d,i}$ Bemessungswert der Baustoff- oder Produkteigenschaft *i*
$a_{d,i}$ Bemessungswert der geometrischen Größe *i*
R_k charakteristischer Wert des Tragwiderstandes
γ_R Teilsicherheitsbeiwert für den Tragwiderstand

3.7 Grenzzustände der Tragfähigkeit (GZT)

Grenzzustände der Tragfähigkeit sind Zustände, bei deren Überschreitung es rechnerisch zum Einsturz oder ähnlichen Formen des Tragwerksversagens kommt. Dazu gehören:

- **EQU:** Verlust der Lagesicherheit des Tragwerks oder eines seiner Teile, jeweils als starrer Körper betrachtet (Abheben, Umkippen, Aufschwimmen),
- **STR:** Versagen des Tragwerks oder eines seiner Teile infolge Überschreitens der Materialfestigkeit, übermäßige Verformung, Übergang in einen kinematischen Zustand oder in eine instabile Lage,
- **GEO:** Versagen oder übermäßige Verformung des Baugrundes,
- **FAT:** Versagen des Tragwerks oder eines seiner Teile durch Materialermüdung oder andere zeitabhängige Auswirkungen, siehe bauartspezifische Bemessungsnormen,
- **UPL:** Verlust der Lagesicherheit aufgrund von Hebungen durch Wasserdruck oder sonstigen vertikalen Einwirkungen,
- **HYD:** hydraulischer Grundbruch im Baugrund aufgrund hydraulischer Gradienten.

3.7.1 Nachweisformat

Versagen des Tragwerks, eines seiner Teile oder einer Verbindung (STR oder GEO)

(z. B. durch Bruch, übermäßige Verformung)

$$E_d \le R_d \quad (B.8)$$

E_d Bemessungswert der Auswirkung der Einwirkungen (z. B. Schnittkraft)
R_d Bemessungswert der zugehörigen Tragfähigkeit. Angaben zur Ermittlung von R_d finden sich in den bauartspezifischen Bemessungsnormen

Nachweis der Lagesicherheit (EQU)

Es ist nachzuweisen:

$$E_{d,dst} \le E_{d,stb} \quad (B.9)$$

$E_{d,dst}$ Bemessungswert der Auswirkung der destabilisierenden Einwirkungen
$E_{d,stb}$ Bemessungswert der Auswirkung der stabilisierenden Einwirkungen

Für Verankerungen zur Gewährleistung der Lagesicherheit gilt davon abweichend:

$$E_{d,dst} - E_{d,stb} \leq R_d \tag{B.10}$$

R_d Bemessungswert des Widerstandes der Verankerung

3.7.2 Kombinationsregeln zur Ermittlung der Beanspruchungen in den GZT

Die Ermittlung der Bemessungswerte der Beanspruchungen E_d erfolgt in den GZT für folgende Einwirkungskombinationen:

– ständige und vorübergehende Bemessungssituation (Grundkombination), gilt nicht für den Nachweis auf Materialermüdung (siehe dazu bauartspezifische Bemessungsnormen):

$$E_d = E\left\{\sum_{j\geq 1} \gamma_{G,j} \cdot G_{k,j} \text{"+"} \gamma_P \cdot P \text{"+"} \gamma_{Q,1} \cdot Q_{k,1} \text{"+"} \sum_{i>1} \gamma_{Q,i} \cdot \psi_{0,i} \cdot Q_{k,i}\right\} \tag{B.11}$$

– außergewöhnliche Bemessungssituation:

$$E_{dA} = E\left\{\sum_{j\geq 1} G_{k,j} \text{"+"} P \text{"+"} A_d \text{"+"} (\psi_{1,1} \text{ oder } \psi_{2,1}) \cdot Q_{k,1} \text{"+"} \sum_{i>1} \psi_{2,i} \cdot Q_{k,i}\right\} \tag{B.12}$$

Ob $\psi_{1,1} \cdot Q_{k,1}$ oder $\psi_{2,1} \cdot Q_{k,1}$ in Ansatz zu bringen ist, hängt von der Art der außergewöhnlichen Einwirkung ab (Anprall, Brand usw.), siehe DIN EN 1991 bis DIN EN 1999.

– Bemessungssituation bei Erdbeben:

$$E_{dE} = E\left\{\sum_{j\geq 1} G_{k,j} \text{"+"} P \text{"+"} A_{Ed} \text{"+"} \sum_{i\geq 1} \psi_{2,i} \cdot Q_{k,i}\right\} \tag{B.13}$$

Es bedeuten:

"+"	steht als Symbol für „in Kombination mit ..."
$\gamma_G, \gamma_Q, \gamma_P$	Teilsicherheitsbeiwerte für Einwirkungen nach Tafel B.5
ψ_0, ψ_1, ψ_2	Kombinationsbeiwerte nach Tafel B.4
$G_{k,j}$, P_k	charakteristischer Wert der ständigen Einwirkungen / Vorspannung
$Q_{k,1}$	charakteristischer Wert der vorherrschenden unabhängigen veränderlichen Einwirkung (Leiteinwirkung)
$Q_{k,i}$	charakteristischer Wert der sonstigen unabhängigen veränderlichen Einwirkungen (Begleiteinwirkung)
A_d	Bemessungswert einer außergewöhnlichen Einwirkung
A_{Ed}	Bemessungswert einer Einwirkung infolge von Erdbeben

Als voneinander unabhängig dürfen Einwirkungen nur dann betrachtet werden, wenn sie durch verschiedene Ursachen hervorgerufen werden, bzw. die zwischen ihnen bestehende Korrelation vernachlässigbar ist. Ist nicht von vornherein offensichtlich, welche der unabhängigen veränderlichen Einwirkungen die für den betrachteten Lastfall vorherrschende ist (Leiteinwirkung), sollte jede unabhängige veränderliche Einwirkung der Reihe nach als vorherrschend untersucht werden.

Im Fall einer linear-elastischen Berechnung können die Beanspruchungen aus den einzelnen Einwirkungen zunächst getrennt berechnet und anschließend überlagert werden. Bei den oben angegebenen Kombinationsregeln dürfen in diesem Fall die Bemessungswerte der unabhängigen Einwirkungen ($G_{k,j}$, P_k, $Q_{k,i}$, A_d, A_{Ed}) durch die zugehörigen Auswirkungen (Schnittgrößen oder Spannungen) $E_{Gk,j}$, E_{Pk}, $E_{Qk,i}$, E_{Ad}, E_{AEd} ersetzt werden. Die vorherrschende veränderliche Auswirkung $E_{Qk,1}$ (Leiteinwirkung) lässt sich dann für die verschiedenen Kombinationsregeln aus folgenden Bedingungen bestimmen:

– Grundkombination: $\gamma_{Q,1} \cdot (1-\psi_{0,1}) \cdot E_{Qk,1} = \text{Max.}$ (B.14)

– außergewöhnliche Bemessungssituation: $(\psi_{1,1} - \psi_{2,1}) \cdot E_{Qk,1} = \text{Max.}$ (B.15)

3.7.3 Teilsicherheitsbeiwerte im GZT

Teilsicherheitsbeiwerte für die Ermittlung des Tragwiderstandes

Die für die Ermittlung des Tragwiderstandes erforderlichen Teilsicherheitsbeiwerte sind den bauartspezifischen Bemessungsnormen zu entnehmen.

Teilsicherheitsbeiwerte für Einwirkungen und Beanspruchungen

Teilsicherheitsbeiwerte für Hochbauten siehe Tafel B.5. Weitere Teilsicherheitsbeiwerte sind in den bauartspezifischen Bemessungsnormen bzw. den Normen für bestimmte Bauwerksarten (z. B. Brücken) angegeben.

Tafel B.5: Teilsicherheitsbeiwerte für Einwirkungen auf Hochbauten nach DIN EN 1990/NA:2010.12

Versagen des Tragwerks oder eines seiner Teile (STR / GEO) (durch Bruch, übermäßige Verformung usw.)				
Einwirkung		Symbol	Ständige und vorübergehende Bemessungssituation	Außergewöhnliche Bemessungssituation und Erdbeben
unabhängige ständige Einwirkungen	ungünstig	$\gamma_{G,sup}$	1,35	1,00
	günstig	$\gamma_{G,inf}$	1,00	1,00
unabhängige veränderliche Einwirkungen	ungünstig	γ_Q	1,50	1,00
außergewöhnliche Einwirkungen	ungünstig	γ_A	–	1,00
Nachweis der Lagesicherheit (EQU)				
Einwirkung		Symbol	Ständige und vorübergehende Bemessungssituation	Außergewöhnliche Bemessungssituation und Erdbeben
ständige Einwirkungen (einschl. Grundwasser und frei anstehendem Wasser)	destabilisierend	$\gamma_{G,dst}$	1,10	1,00
	stabilisierend	$\gamma_{G,stb}$	0,90	0,95
bei kleinen Schwankungen der ständigen Einwirkungen (z. B. beim Nachweis der Auftriebssicherheit)	destabilisierend	$\gamma_{G,dst}$	1,05	1,00
	stabilisierend	$\gamma_{G,stb}$	0,95	0,95
ständige Einwirkungen für den kombinierten Nachweis der Lagesicherheit unter Berücksichtigung des Bauteilwiderstands (z. B. Zugverankerungen)	destabilisierend	$\gamma_{G,dst}$*	1,35	1,00
	stabilisierend	$\gamma_{G,stb}$*	1,15	0,95
destabilisierende veränderliche Einwirkungen	destabilisierend	γ_Q	1,50	1,00
außergewöhnliche Einwirkungen	destabilisierend	γ_A	–	1,00

Tafel B.5 (Fortsetzung): Teilsicherheitsbeiwerte für Einwirkungen auf Hochbauten nach DIN EN 1990/NA:2010.12

Nachweis der Gesamtstabilität des Baugrunds (GEO)				
Einwirkung		Symbol	Ständige und vorübergehende Bemessungssituation	Außergewöhnliche Bemessungssituation und Erdbeben
unabhängige ständige Einwirkungen	ungünstig	γ_G	1,00	1,00
	günstig	γ_G	1,00	1,00
unabhängige veränderliche Einwirkungen	ungünstig	γ_Q	1,30	1,00
außergewöhnliche Einwirkungen	ungünstig	γ_A	–	1,00

Beim Nachweis gegen Versagen durch Materialermüdung dürfen die Teilsicherheitsbeiwerte auf Einwirkungsseite zu $\gamma_G = \gamma_Q = 1{,}0$ angesetzt werden. Ergänzende Angaben sind in den bauartspezifischen Bemessungsnormen enthalten.

3.8 Grenzzustände der Gebrauchstauglichkeit (GZG)

3.8.1 Allgemeines

Grenzzustände der Gebrauchstauglichkeit sind Zustände, bei deren Überschreitung die festgelegten Nutzungsanforderungen eines Tragwerks oder eines seiner tragenden Teile rechnerisch nicht mehr erfüllt sind.

Die Anforderungen an die Gebrauchstauglichkeit können sich auf

- die Funktion des Bauwerkes oder eines seiner Teile
- das Wohlbefinden von Personen
- das optische Erscheinungsbild

beziehen.

Folgende Grenzzustände der Gebrauchstauglichkeit sind im Rahmen der Nachweisführung zu betrachten:

- Verformungen und Verschiebungen, die zu einer Beeinträchtigung der Nutzung des Tragwerks, zu Schäden an angrenzenden Bauteilen oder einem nachteiligen Erscheinungsbild führen,
- Schwingungen, die zu Schäden oder Beeinträchtigungen der Funktionsfähigkeit am Tragwerk selbst oder an angrenzenden Bauteilen führen bzw. bei Menschen körperliches Unbehagen hervorrufen,
- Schäden, die Funktionsfähigkeit, Dauerhaftigkeit oder Erscheinungsbild des Tragwerks beeinträchtigen,
- sichtbare Schäden aufgrund von Materialermüdung oder anderen zeitabhängigen Auswirkungen.

3.8.2 Nachweisformat

$$E_d \leq C_d \qquad \text{(B.16)}$$

E_d Bemessungswert der Auswirkung der Einwirkungen, ermittelt in der Dimension des Gebrauchstauglichkeitskriteriums auf der Grundlage einer der nachfolgend angegebenen Kombinationsregeln

C_d Bemessungswert des Gebrauchstauglichkeitskriteriums (z. B. aufnehmbare Spannung, zulässige Rissbreite), siehe bauartspezifische Bemessungsnormen

3.8.3 Teilsicherheitsbeiwerte

Die Teilsicherheitsbeiwerte dürfen für Nachweise in den Grenzzuständen der Gebrauchstauglichkeit sowohl auf Einwirkungs- als auch Widerstandsseite zu 1,0 gesetzt werden. Davon abweichende Regelungen können in den bauartspezifischen Bemessungsnormen enthalten sein.

3.8.4 Kombinationsregeln für Einwirkungen in den GZG

Die Bemessungswerte der Einwirkungen sind nach folgenden Kombinationsregeln zu ermitteln:

– Seltene (charakteristische) Kombination:

$$E_{\mathrm{d,char}} = E\left\{\sum_{j\geq 1} G_{\mathrm{k,j}} \text{"+"} P \text{"+"} Q_{\mathrm{k,1}} \text{"+"} \sum_{i>1} \psi_{0,\mathrm{i}} \cdot Q_{\mathrm{k,i}}\right\} \qquad \text{(B.17)}$$

– Häufige Kombination:

$$E_{\mathrm{d,frequ}} = E\left\{\sum_{j\geq 1} G_{\mathrm{k,j}} \text{"+"} P \text{"+"} \psi_{1,1} \cdot Q_{\mathrm{k,1}} \text{"+"} \sum_{i>1} \psi_{2,\mathrm{i}} \cdot Q_{\mathrm{k,i}}\right\} \qquad \text{(B.18)}$$

– Quasi-ständige Kombination:

$$E_{\mathrm{d,perm}} = E\left\{\sum_{j\geq 1} G_{\mathrm{k,j}} \text{"+"} P \text{"+"} \sum_{i\geq 1} \psi_{2,\mathrm{i}} \cdot Q_{\mathrm{k,i}}\right\} \qquad \text{(B.19)}$$

Die bauartspezifischen Bemessungsnormen enthalten Angaben, welche Einwirkungskombination für welchen Nachweis maßgebend ist. Zur Bedeutung der Formelzeichen siehe Seite B.9.

Bei linear-elastischer Schnittgrößenermittlung dürfen in diesen Kombinationsregeln – analog zur auf Seite B.9 beschriebenen Vorgehensweise in den Grenzzuständen der Tragfähigkeit – die Bemessungswerte der unabhängigen Einwirkungen durch die zugehörigen Auswirkungen ersetzt werden.

Die vorherrschende veränderliche Einwirkung kann für die einzelnen Kombinationsregeln aus folgenden Bedingungen ermittelt werden:

– Seltene (charakteristische Kombination): $(1-\psi_{0,1}) \cdot E_{\mathrm{Qk,1}} = \text{Max.}$ (B.20)

– Häufige Kombination: $(\psi_{1,1} - \psi_{2,1}) \cdot E_{\mathrm{Qk,1}} = \text{Max.}$ (B.21)

3.9 Überlagerung von Wind- und Schneelasten bei Hochbauten

In den GZT und den GZG gilt zusätzlich zu den in den Abschnitten 3.7.2 und 3.8.4 angegebenen Kombinationsregeln (siehe DIN EN 1990/NA:2010.12, NDP zu A.1.2.1 (1) Anmerkung 2):

- **Orte bis NN +1.000 m:** Sind weder Wind noch Schnee die dominierende veränderliche Einwirkung (Leiteinwirkung), ist es ausreichend, entweder Wind oder Schnee als Begleiteinwirkung anzusetzen. Sind Wind oder Schnee dagegen Leiteinwirkungen, ist die jeweils andere als Begleiteinwirkung anzusetzen.
- **Windzonen 3 und 4:** Ist Wind die Leiteinwirkung, darf auf den Ansatz von Schnee als Begleiteinwirkung verzichtet werden. Ist Normalschnee die Leiteinwirkung, ist Wind stets als Begleiteinwirkung zu berücksichtigen. Bei außergewöhnlicher Schneelast darf diese stets als Leiteinwirkung betrachtet und auf den Ansatz von Wind als Begleiteinwirkung verzichtet werden. Allerdings sind die Auswirkungen möglicher Schneeverwehungen zu prüfen.

Beispiel: Stahlbetonbalken mit einer veränderlichen Last

Die Bemessungswerte des Biegemoments sollen in den Grenzzuständen der Tragfähigkeit und den Grenzzuständen der Gebrauchstauglichkeit bestimmt werden.

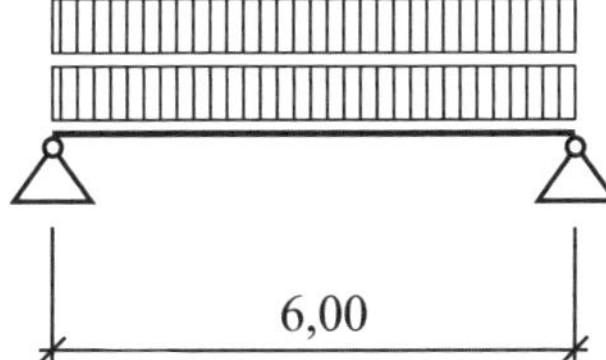

$q_k = 25$ kN/m (aus Nutzung als Lagerraum)
$g_k = 30$ kN/m

Grenzzustände der Tragfähigkeit (Grundkombination):

$$M_{Ed} = \frac{1}{8} \cdot \gamma_G \cdot g_k \cdot l_{eff}^2 + \frac{1}{8} \cdot \gamma_Q \cdot q_k \cdot l_{eff}^2 = \frac{1}{8} \cdot 1{,}35 \cdot 30 \cdot 6{,}00^2 + \frac{1}{8} \cdot 1{,}5 \cdot 25 \cdot 6{,}00^2 = 351{,}0 \text{ kNm}$$

Grenzzustände der Gebrauchstauglichkeit (charakteristische, häufige und quasi-ständige Kombination):

$$M_{Ed} = \frac{1}{8} \cdot \gamma_G \cdot g_k \cdot l_{eff}^2 + \frac{1}{8} \cdot \gamma_Q \cdot q_k \cdot l_{eff}^2 = \frac{1}{8} \cdot 1{,}35 \cdot 30 \cdot 6{,}00^2 + \frac{1}{8} \cdot 1{,}5 \cdot 25 \cdot 6{,}00^2 = 351{,}0 \text{ kNm}$$

$$M_{Ed,frequ} = \frac{1}{8} \cdot g_k \cdot l_{eff}^2 + \frac{1}{8} \cdot \psi_1 \cdot q_k \cdot l_{eff}^2 = \frac{1}{8} \cdot 30 \cdot 6{,}00^2 + \frac{1}{8} \cdot 0{,}9 \cdot 25 \cdot 6{,}00^2 = 236{,}3 \text{ kNm}$$

$$M_{Ed,perm} = \frac{1}{8} \cdot g_k \cdot l_{eff}^2 + \frac{1}{8} \cdot \psi_2 \cdot q_k \cdot l_{eff}^2 = \frac{1}{8} \cdot 30 \cdot 6{,}00^2 + \frac{1}{8} \cdot 0{,}8 \cdot 25 \cdot 6{,}00^2 = 225{,}0 \text{ kNm}$$

Beispiel: Stahlbetonbalken mit mehreren veränderlichen Lasten

Die Bemessungswerte des Biegemoments sollen in den Grenzzuständen der Tragfähigkeit und den Grenzzuständen der Gebrauchstauglichkeit bestimmt werden.

$G_k = 12$ kN
$Q_{k,S} = 10$ kN (aus Schneelast, Höhenlage über NN ≤ 1000 m)
$Q_{k,W} = 8$ kN (aus Windlast, Windzone 2)

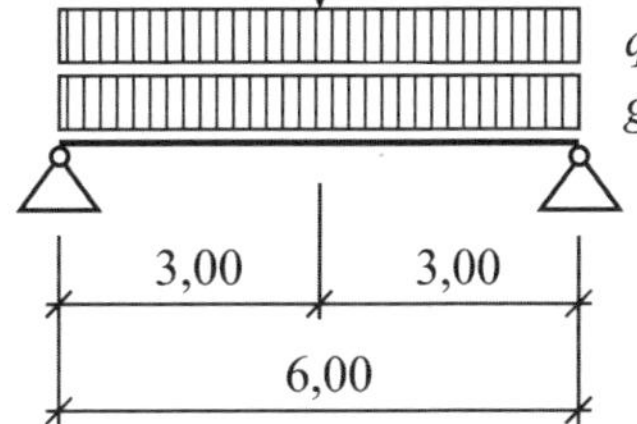

$q_{k,N} = 25$ kN/m (aus Nutzung als Lagerraum)
$g_k = 30$ kN/m

– Grenzzustände der Tragfähigkeit (Grundkombination):

Ermittlung der vorherrschenden veränderlichen Einwirkung:

$$\gamma_{Q,1} \cdot (1 - \psi_{0,1}) \cdot E_{Qk,1} = \text{Max.}$$

$$\left.\begin{aligned}\gamma_{Q,N}\cdot(1-\psi_{0,N})\cdot M_{QNk} &= 1{,}5\cdot(1-1)\cdot 25\cdot\frac{6{,}00^2}{8}=0\\ \gamma_{Q,S}\cdot(1-\psi_{0,S})\cdot M_{QSk} &= 1{,}5\cdot(1-0{,}5)\cdot 10\cdot\frac{6{,}00}{4}=11{,}25\text{ kNm}=\text{Max.}\\ \gamma_{Q,W}\cdot(1-\psi_{0,W})\cdot M_{QWk} &= 1{,}5\cdot(1-0{,}6)\cdot 8\cdot\frac{6{,}00}{4}=7{,}20\text{ kNm}\end{aligned}\right\}\rightarrow$$

Die Schneelast ist die vorherrschende veränderliche Einwirkung

Bestimmung des Bemessungsmoments:

$$M_{Ed}=\sum_{j\geq 1}\gamma_{G,j}\cdot M_{Gk,j}+\gamma_Q\cdot M_{QSk}+\gamma_Q\cdot\psi_{0,N}\cdot M_{QNk}+\gamma_Q\cdot\psi_{0,W}\cdot M_{QWk}$$

$$M_{Ed}=1{,}35\cdot 30\cdot\frac{6{,}00^2}{8}+1{,}35\cdot 12\cdot\frac{6{,}00}{4}+1{,}5\cdot 10\cdot\frac{6{,}00}{4}+1{,}5\cdot 1{,}0\cdot 25\cdot\frac{6{,}00^2}{8}+1{,}5\cdot 0{,}6\cdot 8\cdot\frac{6{,}00}{4}$$

$$=408{,}6\text{ kNm}$$

– Grenzzustände der Gebrauchstauglichkeit, charakteristische Kombination:
Die Schneelast ist wie im GZT die vorherrschende veränderliche Einwirkung.

$$M_{Ed,char}=\sum_{j\geq 1}M_{Gk,j}+M_{QSk}+\psi_{0,N}\cdot M_{QNk}+\psi_{0,W}\cdot M_{QWk}$$

$$M_{Ed,char}=30\cdot\frac{6{,}00^2}{8}+12\cdot\frac{6{,}00}{4}+10\cdot\frac{6{,}00}{4}+1{,}0\cdot 25\cdot\frac{6{,}00^2}{8}+0{,}6\cdot 8\cdot\frac{6{,}00}{4}=287{,}7\text{ kNm}$$

– Grenzzustände der Gebrauchstauglichkeit, häufige Kombination:
Ermittlung der vorherrschenden veränderlichen Einwirkung: $(\psi_{1,1}-\psi_{2,1})\cdot E_{Qk,1}=\text{Max.}$

$$\left.\begin{aligned}(\psi_{1,N}-\psi_{2,N})\cdot M_{QNk} &= (0{,}9-0{,}8)\cdot 25\cdot\frac{6{,}00^2}{8}=11{,}25\text{ kNm}=\text{Max.}\\ (\psi_{1,S}-\psi_{2,S})\cdot M_{QSk} &= (0{,}2-0)\cdot 10\cdot\frac{6{,}00}{4}=3{,}0\text{ kNm}\\ (\psi_{1,W}-\psi_{2,W})\cdot M_{QWk} &= (0{,}2-0)\cdot 8\cdot\frac{6{,}00}{4}=2{,}4\text{ kNm}\end{aligned}\right\}\rightarrow$$

Die Nutzlast ist die vorherrschende veränderliche Einwirkung

Bestimmung des häufigen Bemessungsmoments:

$$M_{Ed,frequ}=\sum_{j\geq 1}M_{Gk,j}+\psi_{1,N}\cdot M_{QNk}+\psi_{2,S}\cdot M_{QSk}+\psi_{2,W}\cdot M_{QWk}$$

$$M_{Ed,frequ}=30\cdot\frac{6{,}00^2}{8}+12\cdot\frac{6{,}00}{4}+0{,}9\cdot 25\cdot\frac{6{,}00^2}{8}+0+0=254{,}25\text{ kNm}$$

– Grenzzustände der Gebrauchstauglichkeit, quasi-ständige Kombination:

$$M_{Ed,perm}=\sum_{j\geq 1}M_{Gk,j}+\psi_{2,N}\cdot M_{QNk}+\psi_{2,S}\cdot M_{QSk}+\psi_{2,W}\cdot M_{QWk}$$

$$M_{Ed,perm}=30\cdot\frac{6{,}00^2}{8}+12\cdot\frac{6{,}00}{4}+0{,}8\cdot 25\cdot\frac{6{,}00^2}{8}+0+0=243{,}0\text{ kNm}$$

3.10 Vereinfachte Kombinationsregeln für Hochbauten

DIN 1055-100:2001.03 enthielt vereinfachte Kombinationsregeln für Hochbauten. Diese sind nicht mehr Bestandteil von DIN EN 1990 und damit nicht mehr anwendbar.

C EIGENLASTEN UND WICHTEN VON BAUSTOFFEN, BAUTEILEN UND LAGERGÜTERN NACH DIN EN 1991-1-1

A

B

Inhaltsverzeichnis

1 Allgemeines

Das Eigengewicht von Bauwerken umfasst das Tragwerk und die nichttragenden Bauteile einschließlich eingebauter Versorgungseinrichtungen sowie das Gewicht von Bodenaufschüttungen und Schotter.

DIN EN 1991-1-1:2010.12 enthält neben den für die Tragwerksplanung von Hoch- und Ingenieurbauten einschließlich geotechnischer Gesichtspunkte notwendigen Informationen zur Bestimmung der Eigenlasten auch Aussagen zu Nutzlasten für Hochbauten. Im Einzelnen werden in dieser Norm Angaben zu

- Wichten und Flächenlasten von Baustoffen und Bauteilen
- Wichten und Böschungswinkeln von Lagerstoffen
- vertikalen und horizontalen Nutzlasten für Hochbauten

getroffen. Die Begriffe Wichte und Böschungswinkel sind wie folgt definiert:

- **Wichte:** Gesamtgewicht je Volumeneinheit eines Stoffs einschließlich Mikro- und Makrohohlräumen und Poren
- **Böschungswinkel:** natürlicher Winkel gegen die Horizontale, der sich beim Schütten eines losen Stoffs einstellt.

In Übereinstimmung mit DIN EN 1990:2010.12 sind wegen ihrer geringen Streuung die für die Bestimmung der Eigenlasten bestimmten Wichten in DIN EN 1991-1-1:2010.12 in den meisten Fällen als Mittelwerte angegeben. Bei größeren Streuungen oder zeitlicher Veränderlichkeit (z.B. durch unterschiedliche Feuchtigkeitsgehalte) sind untere und obere charakteristische Werte zu berücksichtigen. Diese dürfen in Form von $G_{k,inf}$ als 5%-Fraktile und $G_{k,sup}$ als 95%-Fraktile einer Gaußverteilung festgelegt werden.

Charakteristische Werte der Eigenlasten können grundsätzlich durch Multiplikation

- der Wichte mit den Nennwerten der Abmessungen,
- der Schichtdicke mit der Flächenlast oder
- der Lagenanzahl mit dem Eigengewicht je Lage

ermittelt werden.

Eigenlasten sind in der Regel als ständige, ortsfeste Einwirkungen zu betrachten. Das komplette Eigengewicht der tragenden und nichttragenden Bauteile ist in den Lastkombinationen nach DIN EN 1990:2010.12 als eine einzelne Einwirkung zu berücksichtigen.

Davon abweichend sind Eigenlasten, die eine freie (ortsveränderliche) Einwirkung darstellen können, als veränderliche Einwirkung zu betrachten. Dies betrifft z.B.

- versetzbare Trennwände
- lose Kies- und Bodenschüttungen auf Dächern oder Decken (siehe DIN EN 1991-1-1/NA:2010.12, NCI zu 2.1(5) P).

Von DIN EN 1991-1-1:2010.12 nicht erfasst werden:

- Bemessungssituationen in Silos und Tankanlagen, die sich durch Wasser oder andere Schüttgüter ergeben, siehe dazu DIN EN 1991-4:2010.12
- Erddruckverteilungen, siehe dazu DIN EN 1997-1:2014.03.

In den nachfolgenden Tafeln werden die charakteristischen Werte der Wichten und Flächenlasten von üblichen Baustoffen und Bauteilen sowie von Lagergütern auf der Grundlage der DIN DIN EN 1991-1-1:2010.12 angegeben. Findet sich zu einem bestimmten Baustoff oder Bauteil keine Angabe, kann das Nachschlagen in anderen Normen (z.B. DIN 1055-1:2002:06 oder ASCE/SEI 7-10) zumindest informativ hilfreich sein.

Enthalten die bauaufsichtlichen Zulassungen von Baustoffen oder Bauteilen Angaben zu den charakteristischen Werten der Eigenlasten, sind diese maßgebend. Des Weiteren sind erhebliche Abweichungen der tatsächlich vorhandenen Wichte bzw. Flächenlast von genormten Werten in den Lastansatz einzubringen.

Ein grober Überblick zu den normativen Regelungen für Eigenlasten wird in Tafel C.1 gegeben. Es ist dabei zu bemerken, dass in allen Ausgaben der DIN 1055-1 lediglich Eigenlasten behandelt wurden, während in DIN EN 1991-1-1:2010.12 nunmehr Eigenlasten und Nutzlasten in einer Norm zusammengefasst werden.

Tafel C.1: Übersicht zur Entwicklung normativer Regelungen für Eigenlasten

Norm	Bezeichnung	Ausgabe	Besonderheiten
DIN 1055-1	Lastannahmen für Bauten. Blatt 1: Bau- und Lagerstoffe, Bodenarten und Schüttgüter	08.1934 08.1937 06.1940	Berechnungsgewichte für Bau- und Lagerstoffe Berechnungsgewichte und Winkel der inneren Reibung für Bodenarten und Schüttgüter
DIN 1055-2	Lastannahmen für Bauten. Blatt 2: Eigengewichte von Bauteilen	08.1934 08.1943	Berechnungsgewichte von Bauteilen
DIN 1055-1	Lastannahmen für Bauten. Blatt 1: Lagerstoffe, Baustoffe und Bauteile	03.1963	Eingliederung der Berechnungsgewichte für Bauteile in Blatt 1: - Berechnungsgewichte und Winkel der inneren Reibung für gewerbliche, industrielle und landwirtschaftliche Baustoffe und Schüttgüter, - Berechnungsgewichte für Baustoffe und Bauteile
DIN 1055-1	Lastannahmen für Bauten. Teil 1: Lagerstoffe, Baustoffe und Bauteile; Eigenlasten und Reibungswinkel	07.1978	Einarbeitung bekanntgemachter Änderungen und Ergänzungen zu den Rechenwerten der Eigenlasten und den Reibungswinkeln von: - gewerblichen, industriellen und landwirtschaftlichen Lagerstoffen, - Baustoffen, - tragenden und nichttragenden Bauteilen
DIN 1055-1	Einwirkungen auf Tragwerke. Teil 1: Wichten und Flächenlasten von Baustoffen, Bauteilen und Lagerstoffen	06.2002	Anpassung an europäische Regelungen und neue Gliederung der Baustoffe, Bauteile und Lagerstoffe – Angabe charakteristischer Werte der: - Wichten bzw. Flächenlasten von Baustoffen und Bauteilen, - Wichten und Böschungswinkel von gewerblichen, industriellen und landwirtschaftlichen Lagerstoffen und Schüttgütern
DIN EN 1991-1-1	Eurocode 1: Einwirkungen auf Tragwerke – Teil 1-1: Allgemeine Einwirkungen auf Tragwerke – Wichten, Eigengewicht und Nutzlasten im Hochbau; Deutsche Fassung EN 1991-1-1:2002 + AC :2009	12.2010	In Deutschland nur zusammen mit *DIN EN 1991-1-1/NA:2010.12 Nationaler Anhang – National festgelegte Parameter – Eurocode 1: Einwirkungen auf Tragwerke – Teil 1-1: Allgemeine Einwirkungen auf Tragwerke – Wichten, Eigengewicht und Nutzlasten im Hochbau* und der zugehörigen Änderung A1 *DIN EN 1991-1-4/NA/A1:2015.05* anwendbar

2 Wichten und Flächenlasten von Baustoffen und Bauteilen

2.1 Beton (DIN EN 1991-1-1:2010.12, Tab. A.1)

Normalbeton					Wichte in kN/m³	**24**
Schwerbeton nach DIN EN 206-1 (07.2001)					Wichte in kN/m³	**> 26**
Stahlbeton					Wichte in kN/m³	**25**
Unbewehrter Leichtbeton (gefügedicht)						
Rohdichteklasse (Trockenrohdichte in g/cm³)	LC 1,0 (≥0,8 – 1,0)	LC 1,2 (> 1,0 – 1,2)	LC 1,4 (> 1,2 – 1,4)	LC 1,6 (> 1,4 – 1,6)	LC 1,8 (> 1,6 – 1,8)	LC 2,0 (> 1,8 – 2,0)
Wichte in kN/m³	**9 – 10**	**10 – 12**	**12 – 14**	**14 – 16**	**16 – 18**	**18 – 20**
Bewehrter Leichtbeton (gefügedicht)						
Rohdichteklasse (Trockenrohdichte in g/cm³)	LC 1,0 (≥0,8 – 1,0)	LC 1,2 (> 1,0 – 1,2)	LC 1,4 (> 1,2 – 1,4)	LC 1,6 (> 1,4 – 1,6)	LC 1,8 (> 1,6 – 1,8)	LC 2,0 (> 1,8 – 2,0)
Wichte in kN/m³	**10 – 11**	**11 – 13**	**13 – 15**	**15 – 17**	**17 – 19**	**19 – 21**

Bei Frischbeton sind die Werte um 1 kN/m³ zu erhöhen. Angaben zur Wichte von Bauteilen aus Porenbeton siehe Abschnitt 2.9.1.

2.2 Mauerwerk und Natursteine

2.2.1 Mauerwerk aus künstlichen Steinen (einschließlich Fugenmörtel und üblicher Feuchte) (DIN EN 1991-1-1/NA:2010.12, Tab. NA.A.13)

<table>
<tr><td>Rohdichteklasse in g/cm³</td><td>0,4</td><td>0,5</td><td>0,6</td><td>0,7</td><td>0,8</td><td>0,9</td><td>1,0</td><td>1,2</td><td>1,4</td><td>1,6</td><td>1,8</td><td>2,0</td><td>2,2</td><td>2,4</td></tr>
<tr><td>Wichte in kN/m³ bei Normalmörtel</td><td>6</td><td>7</td><td>8</td><td>9</td><td>10</td><td>11</td><td>12</td><td>14</td><td>16</td><td rowspan="2">16</td><td rowspan="2">18</td><td rowspan="2">20</td><td rowspan="2">22</td><td rowspan="2">24</td></tr>
<tr><td>Wichte in kN/m³ bei Leicht- und Dünnbettmörtel</td><td>5</td><td>6</td><td>7</td><td>8</td><td>9</td><td>10</td><td>11</td><td>13</td><td>15</td></tr>
</table>

Bei Zwischenwerten der Steinrohdichten dürfen die Rechenwerte geradlinig interpoliert werden.

2.2.2 Mauerwerk aus natürlichen Steinen und Natursteine (DIN EN 1991-1-1:2010.12, Tab. A.2)

Naturstein	Wichte in kN/m³	**Naturstein**	Wichte in kN/m³
Granit, Syenit, Porphyr	**27 – 30**	Dichter Kalkstein	**20 – 29**
Basalt, Diorit, Gabbro	**27 – 31**	Kalkstein	**20**
Trachyt	**26**	Tuffstein	**20**
Basalt	**24**	Gneis	**30**
Grauwacke, Sandstein	**21 – 27**	Schiefer	**28**

2.3 Mörtel und Putze (DIN EN 1991-1-1/NA:2010.12, Tab. NA.A.17)

Baustoff	Wichte in kN/m³	Schichtdicke in mm	Flächenlast in kN/m²
Gipskalkputz			
auf Putzträgern	**17**	**30**	**0,50**
auf Holzwolleleichtbauplatten (Plattendicke = 15 mm)		**20**	**0,35**
auf Holzwolleleichtbauplatten (Plattendicke = 25 mm)		**20**	**0,45**
Gipsmörtel, -putz (ohne Sand)	**12**	**15**	**0,18**
Kalk-, Kalkgips-, Gipssandmörtel	**18**	**20**	**0,35**
Kalkzementmörtel	**20**	**20**	**0,40**
Leichtputz nach DIN 18550-4	**15**	**20**	**0,30**
Rohrdeckenputz (Gips)	**15**	**20**	**0,30**
Putz aus Putz- und Mauerbindern nach DIN 4211		**20**	**0,40**
Wärmedämmputzsystem (WDPS), Dämmputz		**20**	**0,24**
		60	**0,32**
		100	**0,40**
Wärmedämmbekleidung aus Kalkzementputz und Holzwolleleichtbauplatten			
auf Holzwolleleichtbauplatten (Plattendicke = 15 mm)		**20**	**0,49**
auf Holzwolleleichtbauplatten (Plattendicke = 50 mm)		**20**	**0,60**
auf Holzwolleleichtbauplatten (Plattendicke = 100 mm)		**20**	**0,80**
Wärmedämmverbundsystem aus 15 mm dickem bewehrtem Oberputz und Schaumkunststoff nach DIN V 18164-1 und -2 **oder Faserdämmstoff** nach DIN V 18165-1 und -2		–	**0,30**
Zementmörtel, -putz	**21**	**20**	**0,42**

2.4 Metalle (DIN EN 1991-1-1:2010.12, Tab. A.4)

Baustoff	Wichte in kN/m³	Baustoff	Wichte in kN/m³
Aluminium	**27**	**Messing, Bronze**	**83 – 85**
Blei	**112 – 114**	**Schmiedeeisen**	**76**
Gusseisen	**71 – 72,5**	**Stahl**	**77 – 78,5**
Kupfer	**87 – 89**	**Zink**	**71 – 72**

2.5 Glas und Kunststoffe (DIN EN 1991-1-1:2010.12, Tab. A.5)

Baustoff	Wichte in kN/m³
Glas	
gekörnt	**22**
Glasscheiben	**25**
Kunststoffe	
Acrylscheiben	**12**
Glasschaum	**1,4**
Polystyrol aufgeschäumt	**0,3**

2.6 Holz und Holzwerkstoffe (DIN EN 1991-1-1:2010.12, Tab. A.3)

Nadelholz									
Festigkeitsklasse	C14	C16	C18	C22	C24	C27	C30	C35	C40
Wichte in kN/m³	**3,5**	**3,7**	**3,8**	**4,1**	**4,2**	**4,5**	**4,6**	**4,8**	**5,0**
Brettschichtholz									
Festigkeitsklasse		GL24h	GL28h	GL32h	GL36h	GL24c	GL28c	GL32c	GL36c
Wichte in kN/m³		**3,7**	**4,0**	**4,2**	**4,4**	**3,5**	**3,7**	**4,0**	**4,2**
Laubholz									
Festigkeitsklasse				D30	D35	D40	D50	D60	D70
Wichte in kN/m³				**6,4**	**6,7**	**7,0**	**7,8**	**8,4**	**10,8**

Sperrholz	Wichte in kN/m³	**Spanplatten**	Wichte in kN/m³
Weichholz-Sperrholz	**5,0**	Spanplatten	**7,0 – 8,0**
Birken-Sperrholz	**7,0**	Zementgebundene Spanplatten	**12,0**
Laminate und Tischlerplatten	**4,5**	Sandwichplatten	**7,0**

Holzfaserplatten	Wichte in kN/m³
Hartfaserplatten	**10,0**
Holzfaserplatten mittlerer Dichte	**8,0**
Leichtfaserplatten	**4,0**

2.7 Sperr-, Dämm- und Füllstoffe

2.7.1 Lose Dämm- und Füllstoffe (DIN EN 1991-1-1/NA:2010.12, Tab. NA.A.19)

Baustoff	Flächenlast in kN/m² je cm Dicke	Baustoff	Flächenlast in kN/m² je cm Dicke
Bimskies (geschüttet)	**0,07**	**Hanfschäben** (bituminiert)	**0,02**
Blähglimmer (geschüttet)	**0,02**	**Hochofenschaumschlacke** (Hüttenbims) [1)]	**0,09**
Blähperlit	**0,01**	**Hochofenschlackensand**	**0,10**
Blähschiefer, -ton (geschüttet)	**0,15**	**Kieselgur**	**0,03**
Faserdämmstoffe (DIN V 18165-1 und -2)	**0,01**	**Korkschrot** (geschüttet)	**0,02**
Faserstoffe (bituminiert, Schüttung)	**0,02**	**Magnesia** (gebrannt)	**0,10**
Gummischnitzel	**0,03**	**Schaumkunststoffe**	**0,01**

[1)] Nach DIN 1055-1:2002-06

2.7.2 Platten, Matten und Bahnen (DIN EN 1991-1-1/NA:2010.12, Tab. NA.A.20)

Baustoff	Flächenlast in kN/m² je cm Dicke
Asphaltplatten	**0,22**
Holzwolle-Leichtbauplatten (DIN 1101 (06.2000))	
Plattendicke ≤ 10 cm	**0,06**
Plattendicke > 10 cm	**0,04**
Kieselgurplatten	**0,03**
Mehrschicht-Leichtbauplatten (DIN 1102 (11.1989))	
Zweischichtplatten	**0,05**
Dreischichtplatten	**0,09**

Baustoff	Flächenlast in kN/m² je cm Dicke
Korkschrotplatten (DIN 18161-1 (12.1976))	
Imprägnierter Kork, bitumiert	**0,02**
Backkork	**0,01**
Perliteplatten	**0,02**
Polyurethan-Ortschaum (DIN 18159-1)	**0,01**
Schaumglas (Rohdichte 0,07 g/cm³), Dicke 4 bis 6 cm, Pappekaschierung und Verklebung	**0,02**
Schaumkunststoffplatten (DIN V 18164-1 (01.2002) und DIN 18164-2 (09.2001))	**0,004**

2.8 Fußboden- und Wandbeläge (DIN EN 1991-1-1/NA:2010.12, Tab. NA.A.18)

Baustoff	Flächenlast in kN/m² je cm Dicke
Asphaltbeläge	
Asphaltbeton	**0,24**
Asphaltmastix	**0,18**
Gussasphalt	**0,23**
Betonwerksteinplatten, Terrazzo und kunstharzgebundene Werksteinplatten	**0,24**
Glasscheiben	**0,25**
Gummi	**0,15**
Keramische Fliesen (einschl. Mörtel)	
Wandfliesen (Steingut)	**0,19**
Bodenfliesen (Steinzeug)	**0,22**
Kunststoff-Fußbodenbelag	**0,15**
Linoleum	**0,13**

Baustoff	Flächenlast in kN/m² je cm Dicke
Estriche	
Calciumsulfatestrich (Anhydritestrich, Natur-, Kunst- und REA-Gipsestrich)	**0,22**
Gipsestrich	**0,20**
Gussasphaltestrich	**0,23**
Industrieestrich	**0,24**
Kunstharzestrich	**0,22**
Magnesiaestrich nach DIN 272 mit begehbarer Nutzschicht bei ein- oder mehrschichtiger Ausführung	**0,22**
Unterschicht bei mehrschichtiger Ausführung	**0,12**
Zementestrich	**0,22**
Natursteinplatten (einschl. Mörtel)	**0,30**
Teppichboden	**0,03**

2.9 Bauplatten (DIN EN 1991-1-1/NA, Tabellen NA.A.14 und NA.A.15)

2.9.1 Bauplatten aus Porenbeton (einschließlich Fugenmörtel und üblicher Feuchte)

Rohdichteklasse		0,4	0,5	0,6	0,7	0,8
Porenbeton – unbewehrt nach DIN 4166						
Verwendung von Normalmörtel	Wichte in kN/m³	**5**	**6**	**7**	**8**	**9**
	Flächenlast in kN/m² je cm Dicke	**0,05**	**0,06**	**0,07**	**0,08**	**0,09**
Verwendung von Leicht- oder Dünnbettmörtel	Wichte in kN/m³	**4,5**	**5,5**	**6,5**	**7,5**	**8,5**
	Flächenlast in kN/m² je cm Dicke	**0,045**	**0,055**	**0,065**	**0,075**	**0,085**
Porenbeton – bewehrt nach DIN 4223						
Verwendung von Normalmörtel	Wichte in kN/m³	**5,2**	**6,2**	**7,2**	**8,4**	**9,5**
	Flächenlast in kN/m² je cm Dicke	**0,052**	**0,062**	**0,072**	**0,084**	**0,095**

2.9.2 Bauplatten aus Gips und Gipskarton (DIN EN 1991-1-1/NA:2010.12, Tab. NA.A.16)

Art der Bauplatte	Rohdichteklasse	Flächenlast in kN/m² je cm
Porengips-Wandbauplatten	0,7	**0,07**
Gips-Wandbauplatten (DIN EN 12 859)	0,9	**0,09**
Gipskartonplatten (DIN 18180)	–	**0,09**

2.10 Dachdeckungen und Bauwerksabdichtungen

Die nachfolgenden Flächenlasten gelten für 1 m^2 Dachfläche ohne Sparren, Pfetten und Dachbinder und, soweit nicht anders vorgegeben, ohne Vermörtelung, aber einschließlich der Lattung. Bei einer Vermörtelung sind die Lasten um 0,1 kN/m^2 zu erhöhen.

2.10.1 Deckungen aus Dachziegeln, Dachsteinen und Glasdeckstoffen (DIN EN 1991-1-1/NA:2010.12, Tab. NA.A.21)

Art der Dachdeckung	Flächenlasten in kN/m²
Betondachsteine mit mehrfacher Fußrippung und hoch liegendem Längsfalz	
bis 10 Stück/m²	**0,50**
über 10 Stück/m²	**0,55**
Betondachsteine mit mehrfacher Fußrippung und tief liegendem Längsfalz	
bis 10 Stück/m²	**0,60**
über 10 Stück/m²	**0,65**
Biberschwanzziegel 155 x 375 mm und 180 x 380 mm **sowie ebene Betondachsteine im Biberformat**	
Spließdach (einschließlich Schindeln)	**0,60**
Doppel- und Kronendach	**0,75**
Glasdeckstoffe bei gleicher Dachdeckungsart wie bis hier aufgezählt	siehe oben
Falzziegel, Reformpfannen, Falzpfannen, Flachdachpfannen	**0,55**
Großformatige Pfannen bis 10 Stück/m²	**0,50**
Kleinformatige Biberschwanzziegel und Sonderformate (Kirchen-, Turmbiber u.a.)	**0,95**
Krempziegel, Hohlpfannen	**0,45**
Krempziegel, Hohlpfannen in Pappdocken verlegt	**0,55**
Mönch- und Nonnenziegel (einschl. Mörtel)	**0,90**
Strangfalzziegel	**0,60**

2.10.2 Schieferdeckungen (DIN EN 1991-1-1/NA:2010.12, Tab. NA.A.22)

Art der Schieferdeckung	Flächenlasten in kN/m²
Altdeutsche Schiefer- und Schablonendeckung auf 24 mm Schalung, einschl. Vordeckung und Schalung	
in Einfachdeckung	**0,50**
in Doppeldeckung	**0,60**
Schablonendeckung auf Lattung, einschl. Lattung	**0,45**

2.10.3 Metalldeckungen (DIN EN 1991-1-1/NA:2010.12, Tab. NA.A.23)

Art der Metalldeckung	Flächenlasten in kN/m²
Aluminiumblechdach	
Aluminium 0,7 mm dick, einschl. 24 mm Schalung	**0,25**
aus Well-, Trapez- und Klemmrippenprofilen	**0,05**
Doppelstehfalzdach aus Titanzink oder Kupfer (0,7 mm dick, einschl. Vordeckung und 24 mm Schalung)	**0,35**
Stahlblechdach aus Trapezprofilen	siehe Hersteller
Stahlpfannendach (verzinkte Pfannenbleche)	
einschl. Lattung	**0,15**
einschl. Vordeckung und 24 mm Schalung	**0,30**
Wellblechdach (verzinkte Stahlbleche, einschl. Befestigungsmaterial)	**0,25**

2.10.4 Faserzement-Dachplatten und Faserzement-Wellplatten nach DIN EN 494 (DIN EN 1991-1-1/NA:2010.12, Tab. NA.A.24 und Tab. NA.A.25)

Art der Deckung	Flächenlasten in kN/m²
Faserzement-Dachplatten	
Deutsche Deckung auf 24 mm Schalung, einschl. Vordeckung und Schalung	**0,40**
Doppeldeckung auf Lattung, einschl. Lattung (Verlegung auf Schalung + 0,1 kN/m²)	**0,38**
Waagerechte Deckung auf Lattung, einschl. Lattung (Verlegung auf Schalung + 0,1 kN/m²)	**0,25**
Faserzement-Wellplatten (einschl. Befestigungsmaterial, ohne Pfetten)	
Faserzement-Kurzwellplatten	**0,24**
Faserzement-Wellplatten	**0,20**

2.10.5 Sonstige Deckungen (DIN EN 1991-1-1/NA:2010.12, Tab. NA.A.26)

Art der Deckung	Flächenlasten in kN/m²
Deckungen mit Kunststoffwellplatten (Profilformen nach DIN EN 494), einschl. Befestigungsmaterial, ohne Pfetten	
aus faserverstärkten Polyesterharzen (Rohdichte 1,4 g/cm³), Plattendicke 1 mm	**0,03**
wie oben, zusätzlich mit Deckkappen	**0,06**
aus glasartigem Kunststoff (Rohdichte 1,2 g/cm³), Plattendicke 3 mm	**0,08**
PVC-beschichtetes Polyestergewebe ohne Tragwerk	
Typ I (Reißfestigkeit 3,0 kN, 5 cm Breite)	**0,0075**
Typ II (Reißfestigkeit 4,7 kN, 5 cm Breite)	**0,0085**
Typ III (Reißfestigkeit 6,0 kN, 5 cm Breite)	**0,01**
Rohr- und Strohdach einschl. Lattung	**0,70**
Schindeldach einschl. Lattung	**0,25**
Sprossenlose Verglasung	
Profilbauglas, einschalig	**0,27**
Profilbauglas, zweischalig	**0,54**
Zeltleinwand, ohne Tragwerk	**0,03**

2.10.6 Dach- und Bauwerksabdichtungen mit Bitumen-, Kunststoff- sowie Elastomerbahnen (DIN EN 1991-1-1/NA:2010.12, Tab. NA.A.27)

Baustoffe	Flächenlasten in kN/m²
Bahnen im Lieferzustand	
Bitumen- und Polymerbitumen-Dachdichtungsbahn (DIN 52130 und DIN 52132)	**0,04**
Bitumen- und Polymerbitumen-Schweißbahn (DIN 52131 und DIN 52133)	**0,07**
Bitumen-Dichtungsbahn mit Metallbandeinlage (DIN 18190-4)	**0,03**
Nackte Bitumenbahn (DIN 52129)	**0,01**
Glasvlies-Bitumen-Dachbahn (DIN 52143)	**0,03**
Kunststoffbahnen, 1,5 mm Dicke	**0,02**
Bahnen in verlegtem Zustand (je Lage)	
Bitumen- und Polymerbitumen-Dachdichtungsbahn (DIN 52130; DIN 52132), einschl. Klebemasse bzw. Bitumen- und Polymerbitumen-Schweißbahn (DIN 52131; DIN 52133)	**0,07**
Bitumen-Dichtungsbahn (DIN 18190-4), einschl. Klebemasse	**0,06**
Nackte Bitumenbahn (DIN 52129), einschl. Klebemasse	**0,04**
Glasvlies-Bitumen-Dachbahn (DIN 52143), einschl. Klebemasse	**0,05**
Dampfsperre, einschl. Klebemasse bzw. Schweißbahn	**0,07**
Ausgleichsschicht, lose verlegt	**0,03**
Dach- und Bauwerksabdichtungen aus Kunststoffbahnen, lose verlegt	**0,02**
Schwerer Oberflächenschutz auf Dachabdichtungen als Kiesschüttung, Dicke 5 cm	**1,00**

2.11 Wandbauarten

Nachfolgend werden die Eigenlasten weiterer, nicht unter 2.9 aufgeführter Wandbauarten angegeben.

2.11.1 Mauerwerkswände incl. Dünnbettmörtel und Gipskalkputz

Nachfolgende Tabelle gibt die Flächengewichte von Mauerwerkswänden verschiedener Steinrohdichten wieder. Dabei wurden die Wichten für Mauerwerk bei Verwendung von Leicht- und Dünnbettmörtel (C.2.2.1) und ein beidseitig aufgebrachter, 1 cm starker Gipskalkputz (C.2.3) in Ansatz gebracht.

Steinrohdichte in kg/dm³			0,5	0,6	0,7	0,8	0,9	1,0	1,2	1,4	1,6	1,8	2,0	2,2
Flächenlast in kN/m²	Wandstärke in cm	11,5	**1,03**	**1,15**	**1,26**	**1,38**	**1,49**	**1,61**	**1,84**	**2,07**	**2,18**	**2,41**	**2,64**	**2,87**
		17,5	**1,39**	**1,57**	**1,74**	**1,92**	**2,09**	**2,27**	**2,62**	**2,97**	**3,14**	**3,49**	**3,84**	**4,19**
		24,0	**1,78**	**2,02**	**2,26**	**2,50**	**2,74**	**2,98**	**3,46**	**3,94**	**4,18**	**4,66**	**5,14**	**5,62**
		30,0	**2,14**	**2,44**	**2,74**	**3,04**	**3,34**	**3,64**	**4,24**	**4,84**	**5,14**	**5,74**	**6,34**	**6,94**
		36,5	**2,53**	**2,90**	**3,26**	**3,63**	**3,99**	**4,36**	**5,09**	**5,82**	**6,18**	**6,91**	**7,64**	**8,37**

2.11.2 Trennwände aus Gipskartonplatten nach DIN 18183-1 (informativ nach DIN 1055-1:1978.07, 7.7.4.4)

Baustoffe	Flächenlasten in kN/m²
Ständerwände mit Mineralwolleausfachung	
einfache Beplankung, Gesamtdicke 75 mm	**0,35**
doppelte Beplankung, Gesamtdicke 100 mm	**0,50**

2.11.3 Trennwände aus Gipsstuckbauplatten mit Mineralwolleausfachung (informativ nach DIN 1055-1:1978.07, 7.7.4.5)

Baustoffe	Flächenlasten in kN/m²
Gipskartonplatten mit Metallriegeln, horizontal	
mit Abspachtelung	**0,50**
mit Trockenputz	**0,70**

2.11.4 Wände aus Glas (informativ nach DIN 1055-1:1978.07, 7.7.5 und 7.7.6)

Baustoffe	Flächenlasten in kN/m²
Glasbaustein-Wände nach DIN 4242 mit Glasbausteinen nach DIN EN 1051-1	
80 mm dick	**1,00**
100 mm dick	**1,25**
Sprossenlose Verglasung mit Profilbauglas als Trenn- oder Lichtwand	
einschalig	**0,27**
zweischalig	**0,54**

2.12 Baustoffe für Brücken (DIN EN 1991-1-1:2010.12, Tab. A.6)

Baustoff	Gewicht je Gleis und Länge, ohne Schotterbett in kN/m	Baustoff	Gewicht je Gleis und Länge, ohne Schotterbett in kN/m
Gleise mit Schotterbett (Schienenabstand 60 cm)		**Direkte Schienenbefestigung** 2 Schienen UIC 60 (Schienenabstand 60 cm)	
2 Schienen UIC 60	**1,2**		
Betonschwellen mit Schienenbefestigung, vorgespannt	**4,8**	mit Schienenbefestigung	**1,7**
Holzschwellen mit Schienenbefestigung	**1,9**	mit Schienenbefestigung, Brückenträger und Schutzgeländer	**4,9**
Beläge für Eisenbahnbrücken			Wichte in kN/m³
Basaltschotter			**26,0**
Betonschutzschicht			**25,0**
Normaler Schotter (Granit, Gneis, etc.)			**20,0**
Beläge von Straßenbrücken			
Asphalt, heißgewalzt			**23,0**
Asphaltbeton und Gussasphalt			**24,0 – 25,0**
Asphaltmatrix			**18,0 – 22,0**
Schüttungen für Brücken			
Bruchstein			**20,5 – 21,5**
Gleisbettunterbau			**18,5 – 19,5**
Lehm			**18,5 – 19,5**
Sand (trocken), Schotter, Kies			**15,0 – 16,0**
Splitt			**13,5 – 14,5**

3 Wichten und Böschungswinkel von Lagergütern

3.1 Baustoffe und Bauprodukte als Lagergüter (DIN EN 1991-1-1:2010.12, Tab. A.7)

Die Böschungswinkel gelten für lose Schüttungen.

Baustoff	Böschungswinkel	Wichte in kN/m³
Bentonit		
lose	40°	**8,0**
gerüttelt	–	**11,0**
Blähton, Blähschiefer (Böschungswinkel aus DIN 1055-1 (06.2002))	30°	**15,0**
Braunkohlefilterasche	20°	**15,0**
Flugasche	25°	**10,0 – 14,0**
Gesteinskörnung nach DIN EN 206		
für Leichtbeton	30°	**9,0 – 20,0**
für Normalbeton		**20,0 – 30,0**
für Schwerbeton		**> 30**
Gips, gemahlen	25°	**15,0**
Glas, in Scheiben	–	**15,0**
Hochofenschlacke, gekörnt	30°	**12,0**
Hochofenschlacke, in Stücken	40°	**17,0**
Hüttenbims	35°	**9,0**
Kalk, gemahlen	25° – 27°	**13,0**
Kalkstein	25°	**13,0**
Kies und Sand, Schüttung	35°	**15,0 – 20,0**
Kunststoffe		
Leimharze	–	**13,0**
Polyäthylen, Polystyrol als Granulat	30°	**6,4**
Polyesterharze	–	**11,8**
Polyvinylchlorid, gemahlen	40°	**5,9**
Magnesit, gemahlen		**12,0**
Sand	30°	**14,0 – 19,0**
Süßwasser	–	**10,0**
Vermiculit		
Blähglimmer als Zuschlag für Beton	–	**1,0**
Glimmer	–	**6,0 – 9,0**
Zement		
geschüttet	28°	**16,0**
in Säcken	–	**15,0**
Ziegelsplitt, gemahlene oder gebrochene Ziegel	35°	**15,0**

3.2 Gewerbliche, industrielle und allgemeine Lagergüter

3.2.1 Industrielle und allgemeine Güter (DIN EN 1991-1-1:2010.12, Tab. A.12)

Lagerstoff	Böschungswinkel	Wichte in kN/m³
Bücher und Akten		
Bücher und Akten	–	**6,0**
dicht gelagert	–	**8,5**
Eis, in Stücken	–	**8,5**
Gummi	–	**10,0 – 17,0**
Kleidungsstücke und Stoffe, gebündelt	–	**11,0**
Leder, gestapelt	–	**10,0**
Papier		
gestapelt	–	**11,0**
in Rollen	–	**15,0**
Regale und Schränke	–	**6,0**
Sägespäne		
feucht, lose	45°	**5,0**
trocken, in Säcken	–	**3,0**
trocken, lose	45°	**2,5**
Salz	40°	**12,0**
Steinsalz	45°	**22,0**
Teer, Bitumen	–	**14,0**

3.2.2 Gewerbliche und industrielle Lagerstoffe (DIN EN 1991-1-1/NA:2010.12, Tab. A.12DE)

Lagerstoff	Böschungswinkel	Wichte in kN/m³
Eisenerz		
Brasilerz	40°	**39,0**
Raseneisenerz		**14,0**
Fasern, Zellulose in Ballen gepresst	0°	**12,0**
Faulschlamm		
bis 30 % Volumenanteil an Wasser	20°	**12,5**
über 50 % Volumenanteil an Wasser	0°	**11,0**
Fischmehl	45°	**8,0**
Holzspäne, lose geschüttet	45°	**2,0**
Holzwolle		
lose	45°	**1,5**
gepresst	–	**4,5**
Karbid in Stücken	30°	**9,0**
Kork, gepresst	–	**3,0**
Linoleum (DIN EN 548), in Rollen	–	**13,0**

Gewerbliche und industrielle Lagerstoffe (Fortsetzung)

Lagerstoff	Böschungswinkel	Wichte in kN/m³
Porzellan oder **Steingut**, gestapelt	–	**11,0**
PVC-Beläge (DIN EN 649), in Rollen	–	**15,0**
Soda		
geglüht	45°	**25,0**
kristallin	40°	**15,0**
Wolle, Baumwolle, gepresst, luftgetrocknet	–	**13,0**

3.3 Feste Brennstoffe (DIN EN 1991-1-1:2010.12, Tab. A.11)

Brennstoff	Böschungswinkel	Wichte in kN/m³
Braunkohle		
Braunkohlenschwelkoks	–	**9,8**
Braunkohlenstaub	40°	**4,9**
Briketts, geschüttet	30 - 40°	**7,8**
Briketts, gestapelt	–	**12,8**
trocken	25° - 40°	**7,8**
erdfeucht	35°	**9,8**
Brennholz	45°	**5,4**
Holzkohle		
lufterfüllt	–	**4,0**
luftfrei	–	**15,0**
Steinkohle		
Eierbriketts	30°	**8,3**
Kohle, gewaschen	–	**12**
Koks	35°- 45°	**4,0 – 6,5**
Mittelgut im Steinbruch	35°	**12,3**
Pressbriketts, geschüttet	35°	**8,0**
Pressbriketts, gestapelt	–	**13**
Rohkohle, grubenfeucht	35°	**10,0**
Staubkohle	25°	**7,0**
Waschberge im Zechenbetrieb	35°	**13,7**
Weitere Kohlensorten	30° - 35°	**8,3**
Torf, schwarz, getrocknet		
dicht verpackt	–	**6,0 – 9,0**
lose gekippt	45°	**3,0 – 6,0**

3.4 Flüssigkeiten (DIN EN 1991-1-1:2010.12, Tab. A.10)

Flüssigkeit	Wichte in kN/m³	Flüssigkeit	Wichte in kN/m³
Getränke (Bier, Milch, Wasser, Wein)	**10,0**	**Pflanzliche Öle**	
		Glyzerin	**12,3**
Kohlenwasserstoffe		Leinöl	**9,2**
Anilin	**9,8**	Olivenöl	**8,8**
Benzin (als Kraftstoff)	**7,4**	Rizinusöl	**9,3**
Benzol	**8,8**	**Organische Flüssigkeiten und Säuren**	
Dieselöl	**8,3**	Alkohol und Brennspiritus	**7,8**
Erdöl	**9,8 – 12,8**	Äther	**7,4**
Heizöl	**7,8 – 9,8**	Salpetersäure, Massenanteil 91 %	**14,7**
Kreosot	**10,8**	Salzsäure, Massenanteil 40 %	**11,8**
Leichtbenzin	**6,9**	Schwefelsäure, Massenanteil 30 %	**13,7**
Naphtha	**7,8**	Schwefelsäure, Massenanteil 87 %	**17,7**
Paraffin	**8,3**	Terpentin	**8,3**
Schmieröl	**8,8**	**Andere Flüssigkeiten**	
Schweröl	**12,3**	Bleimennige	**59,0**
Steinkohleteer	**10,8 – 12,8**	Bleiweiß, in Öl	**38,0**
Flüssiggas		Quecksilber	**133,0**
Butangas	**5,7**	Schlamm, Volumenanteil Wasser > 50 %	**10,8**
Propangas	**5,0**		

3.5 Landwirtschaftliche Lagergüter

3.5.1 Landwirtschaftliche Schütt- und Stapelgüter (DIN EN 1991-1-1:2010.12, Tab. A.8)

Lagerstoff	Böschungswinkel	Wichte in kN/m³
Getreide, ungemahlen (≤ 14 % Feuchtigkeitsgehalt)		
allgemein	30°	**7,8**
Braugerste, feucht	–	**8,8**
Gerste	30°	**7,0**
Hafer	30°	**5,0**
Mais, geschüttet	30°	**7,4**
Mais, in Säcken	–	**5,0**
Roggen	30°	**7,0**
Weizen, geschüttet	30°	**7,8**
Weizen, in Säcken	–	**7,5**
Gras-Würfel	40°	**7,8**
Häute und **Felle**	–	**8,0 – 9,0**

Landwirtschaftliche Schütt- und Lagergüter (Fortsetzung)

Lagerstoff	Böschungswinkel	Wichte in kN/m³
Heu		
Ballen	–	**1,0 – 3,0**
Ballen, gewalzt	–	**6,0 – 7,0**
Hopfen	25°	**1,0 – 2,0**
Malz	20°	**4,0 – 6,0**
Mehl		
grob gemahlen	45°	**7,0**
Würfel	40°	**7,0**
Samen		
Grassamen	30°	**3,4**
Rübsamen	25°	**6,4**
Silofutter	–	**5,0 – 10,0**
Stroh		
in Ballen	–	**1,5**
lose, trocken	–	**0,7**
Tabak in Ballen	–	**3,5 – 5,0**
Torf		
feucht	–	**9,5**
trocken, in Ballen komprimiert	–	**5,0**
trocken, lose, geschüttet	35°	**1,0**
Trockenfutter, grün, lose gehäuft	–	**3,5 – 4,5**
Wolle		
in Ballen	–	**7,0 – 13,0**
lose	–	**3,0**

3.5.2 **Düngemittel** (DIN EN 1991-1-1:2010.12, Tab. A.8)

Düngemittel	Böschungswinkel	Wichte in kN/m³
Naturdünger		
Geflügelmist, trocken	45°	**6,9**
Jauche (maximal 20 % Feststoffe)	–	**10,8**
Mist (mindestens 60 % Feststoffe)	–	**7,8**
Mist (mit trockenem Stroh)	45°	**9,3**
Kunstdünger		
Harnstoffe	24°	**7,0 – 8,0**
Kalisulfat	28°	**12,0 – 16,0**
NPK-Düngemittel, gekörnt	25°	**8,0 – 12,0**
Phosphat, gekörnt	30°	**10,0 – 16,0**
Thomasmehl	35°	**13,7**

3.5.3 **Nahrungsmittel** (DIN EN 1991-1-1:2010.12, Tab. A.9)

Verkehrswege, die durch feste Einbauten begrenzt werden, dürfen getrennt erfasst werden.

Lagerstoffe	Böschungswinkel	Wichte in kN/m³
Eier, in Behältern	–	**4,0 – 5,0**
Gemüse, grün		
Kohl	–	**4,0**
Salat	–	**5,0**
Hülsenfrüchte		
Bohnen	35°	**8,1**
Sojabohnen	–	**7,8**
Kartoffeln		
lose	35°	**7,6**
in Kisten	–	**4,4**
Mehl		
verpackt	–	**5,0**
lose	25°	**6,0**
Obst und **Früchte**		
Äpfel, lose	30°	**8,3**
Äpfel, in Kisten	–	**6,5**
Kirschen	–	**7,8**
Birnen	–	**5,9**
Himbeeren, in Schalen	–	**2,0**
Erdbeeren, in Schalen	–	**1,2**
Tomaten	–	**6,8**
Wurzelgemüse		
Allgemein	–	**8,8**
Rote Beete	40°	**7,4**
Möhren	35°	**7,8**
Zwiebeln	35°	**7,0**
Rüben	35°	**7,0**
Zucker		
dicht, verpackt	–	**16,0**
lose (geschüttet)	35°	**7,8 – 10,0**
Zuckerrüben		
Trockenschnitzel	35°	**2,9**
roh	–	**7,6**
Nassschnitzel	–	**10,0**

D NUTZLASTEN FÜR HOCHBAUTEN NACH DIN EN 1991-1-1

Inhaltsverzeichnis

1 Allgemeines

Unter Nutzlasten werden zeitlich veränderliche oder nicht ortsfeste Einwirkungen verstanden, die in Zusammenhang mit dem zweckbestimmten Gebrauch einer baulichen Anlage auftreten. Dazu gehören Einwirkungen aus Personen, Einrichtungsgegenständen, verschiebbaren leichten Trennwänden, Lagerstoffen, Maschinen, Fahrzeugen usw. Es ist zu beachten, dass neben den Nutzlasten weitere Einwirkungen als veränderlich zu betrachten sind, z.B. Windlasten, Schneelasten, aber auch bestimmte Eigenlasten. Zu letzteren zählen die Lasten aus losen Kies- und Bodenschüttungen auf Dächern oder Decken, siehe Kapitel C.

Nutzlasten sind zusammen mit Eigenlasten in DIN EN 1991-1-1:2010.12 geregelt. Ein grober Überblick zur Entwicklung der deutschen Nutzlastnormung wird in Tafel D.1 gegeben.

Tafel D.1: Übersicht zur Entwicklung normativer Regelungen für Nutzlasten

Norm	Bezeichnung	Ausgabe	Besonderheiten
DIN 1055-3	Lastannahmen für Bauten. Blatt 3: Verkehrslasten	08.1934	Angabe von lotrechten Verkehrslasten für Decken, Treppen, Durchfahrten, befahrbaren Hofkellerdecken usw. Waagerechte Seitenkräfte an Brüstungen und Geländern Möglichkeit der Abminderung der lotrechten Verkehrslasten bei Gebäuden mit mehr als 3 Geschossen
DIN 1055-3	Lastannahmen für Bauten. Blatt 3: Verkehrslasten	02.1951	Erweiterung der Angaben zu lotrechten und waagerechten Verkehrslasten Trennwandzuschlag für unbelastete leichte Trennwände
DIN 1055-3	Lastannahmen für Bauten. Blatt 3: Verkehrslasten	06.1971	Erweiterung der Angaben zu lotrechten Verkehrslasten (z.B. Hubschrauberlandeplätze auf Dachdecken, von Gabelstaplern befahrene Decken)
DIN 1055-3	Einwirkungen auf Tragwerke. Teil 3: Eigen- und Nutzlasten für Hochbauten	10.2002	Grundlegende Überarbeitung der Norm, Anpassung an die europäische Normung Veränderungen bei Nutzlastkategorien und Trennwandzuschlag Einführung von Einzellasten zum Nachweis der örtlichen Mindesttragfähigkeit
DIN 1055-3	Einwirkungen auf Tragwerke. Teil 3: Eigen- und Nutzlasten für Hochbauten	03.2006	Geringfügige Korrekturen bei Einzellasten für Dächer, gleichmäßig verteilten Nutzlasten für Parkhäuser und Flächen mit Fahrzeugverkehr, horizontalen Nutzlasten auf Absperrungen
DIN EN 1991-1-1	Eurocode 1: Einwirkungen auf Tragwerke – Teil 1-1: Allgemeine Einwirkungen auf Tragwerke – Wichten, Eigengewicht und Nutzlasten im Hochbau; Deutsche Fassung EN 1991-1-1:2002 + AC :2009	12.2010	In Deutschland nur zusammen mit *DIN EN 1991-1-1/NA:2010.12 Nationaler Anhang – National festgelegte Parameter – Eurocode 1: Einwirkungen auf Tragwerke – Teil 1-1: Allgemeine Einwirkungen auf Tragwerke – Wichten, Eigengewicht und Nutzlasten im Hochbau* und der zugehörigen Änderung A1 *DIN EN 1991-1-4/NA/A1:2015.05* anwendbar

Nutzlasten nach DIN EN 1991-1-1:2010.12 dürfen als vorwiegend ruhend betrachtet werden, Ausnahmen siehe Fußnote 2 zu Tafel D.3. Unabhängig davon müssen Tragwerke, die durch Menschen zu Schwingungen angeregt werden können, gegen die auftretenden Resonanzeffekte ausgelegt werden.

Geltungsbereich

Die in DIN EN 1991-1-1:2010.12 enthaltenen Angaben zu Nutzlasten gelten für Tragwerke des üblichen Hochbaus (zum Begriff „Tragwerke des üblichen Hochbaus“ siehe Kapitel B). Lasten von schweren Ausrüstungen (Großküchen, Röntgengeräte, Heißwasserspeicher) sind nicht in den Nutzlasten nach DIN EN 1991-1-1:2010.12 enthalten. Für andere Arten von Tragwerken sind gesonderte Vorschriften zu berücksichtigen (z.B. bei Brücken: DIN Fachbericht 101). Ebenso gilt DIN EN 1991-1-1:2010.12 nicht für die Dimensionierung von Ausbausystemen, dazu sind in der Regel zusätzliche Betrachtungen notwendig.

Bekanntgabe zulässiger Nutzlasten

In DIN EN 1991-1-1:2010.12 werden Nutzlasten für verschiedene Nutzungskategorien angegeben, siehe Übersicht in Tafel D.2. Die zulässigen Nutzlasten sind in Abhängigkeit von der vorliegenden Nutzungskategorie in folgender Form auszuweisen, siehe DIN EN 1991-1-1/NA:2010.12, NCI zu (3.3.1):

- Nutzungskategorie E: In jedem Raum ist die der Berechnung zugrunde gelegte Nutzlast auszuweisen.
- Nutzungskategorien F und G: An den Zufahrten der betreffenden Decken ist die zulässige Gesamtlast des Fahrzeugs bzw. Gabelstaplers anzugeben.
- bei Belastung durch schwerere Fahrzeuge: An den Zufahrten der betreffenden Decken ist die zulässige Gesamtlast des Fahrzeugs entsprechend der gewählten Brückenklasse nach DIN 1072:1985.12 anzugeben.

2 Nutzungskategorien

In DIN EN 1991-1-1:2010.12 werden verschiedene Nutzungskategorien definiert, für die Nutzlasten angegeben werden. Eine Übersicht zu den Nutzungskategorien enthält Tafel D.2.

Tafel D.2: Nutzungskategorien nach DIN EN 1991-1-1:2010.12

Nutzungskategorie	Merkmal
A1 bis A3	Wohnflächen
B1 bis B3	Büro- und Arbeitsflächen
C1 bis C6	Flächen mit Personenansammlungen
D1 bis D3	Verkaufsflächen
E1.1 bis E1.2	Flächen mit möglicher Stapelung von Gütern einschließlich der Zugangsflächen
E2.1	Industrielle Nutzung
E2.2 bis E2.5	Industrielle Nutzung in Kombination mit dem Betrieb von Gabelstaplern. Die Lasten aus den Gabelstaplern werden in die Klassen FL1 bis FL6 unterteilt.

Tafel D.2: Nutzungskategorien nach DIN EN 1991-1-1:2010.12 (Fortsetzung)

Nutzungs-kategorie	Merkmal
F1 bis F2	Parkhäuser und Flächen mit Fahrzeugverkehr. Achtung: Diese Nutzungskategorien sind in DIN EN 1991-1-1/NA/A1:2015.05 von bisher F1 bis F4 auf nunmehr F1 bis F2 geändert worden.
G	Nach DIN EN 1991-1-1:2010.12 Verkehrs- und Parkfläche für mittlere Fahrzeuge (>30 kN; ≤160 kN Gesamtgewicht auf 2 Achsen). In DIN EN 1991-1-1/NA:2010.12, NA.3.3.3 durch Regelungen für Fahrzeugverkehr auf planmäßig befahrbaren Deckenflächen mit Bezug auf DIN 1072:1985.12 ersetzt, ohne dass dabei die Lastkategorie G explizit genannt wird.
H	Nicht begehbare Dächer
I	Zugängliche Dächer mit Nutzung entsprechend der Nutzungskategorien A bis G. Für die betreffenden Dachflächen sind die Lasten der entsprechenden Nutzungskategorie maßgebend.
K	Dächer mit besonderer Nutzung. Als Möglichkeit einer besonderen Nutzung werden im Normentext lediglich Hubschrauberlandeplätze genannt. Die Hubschrauberlasten selbst werden in die Kategorien HC1 bis HC3 eingeteilt.
T	Treppen und Treppenpodeste
Z	Zugänge, Balkone und Ähnliches

3 Lotrechte Nutzlasten

3.1 Nutzlasten für Decken, Balkone, Treppen und Dächer

Nach DIN EN 1991-1-1:2010.12 sind in Abhängigkeit von der vorgesehenen Nutzung gleichmäßig verteilte Flächenlasten q_k und Einzellasten Q_k bei der rechnerischen Nachweisführung zu berücksichtigen. Mit den Einzellasten Q_k wird der Nachweis der örtlichen Mindesttragfähigkeit erbracht, welcher z.B. bei Bauteilen ohne ausreichende Querverteilung der Lasten von Bedeutung sein kann. Dabei ist der charakteristische Wert für die Einzellast Q_k ohne gleichzeitige Überlagerung mit der Flächenlast q_k anzusetzen. Die Aufstandsfläche für Q_k ist ein Quadrat mit der Seitenlänge von 5 cm.

Sind konzentrierte Lasten aus Lagerregalen, Hubeinrichtungen, Tresoren usw. zu erwarten, müssen die Einzellasten für diesen Fall gesondert ermittelt und mit den gleichmäßig verteilten Nutzlasten nach Tafel D.3 beim Tragsicherheitsnachweis überlagert werden.

Die charakteristischen Werte der nach DIN EN 1991-1-1:2010.12 bei der Berechnung anzusetzenden lotrechten Nutzlasten für Decken, Treppen, Balkone und Dächer sind in Tafel D.3 angegeben.

Zusätzlich zu den Festlegungen der Tafel D.3 gilt:

- Flächen von Begehungsstegen, die ausschließlich als Rettungsweg dienen, sind mit einer Nutzlast von 3 kN/m^2 nachzuweisen, DIN EN 1991-1-1/NA:2010.12, NCI zu 6.3.4.2, (NA.9).
- Dachlatten sind für 2 Einzellasten von je 0,5 kN in den äußeren Viertelspunkten der Stützweite nachzuweisen. Für hölzerne Dachlatten mit üblichen Querschnittsabmessungen ist bei Sparrenabständen ≤ 1 m kein Nachweis erforderlich. Leichte Sprossen dürfen mit einer an der ungünstigen Stelle angesetzten Einzellast von 0,5 kN berechnet werden, sofern das Dach nur mittels Bohlen oder Leitern begehbar ist, DIN EN 1991-1-1/NA:2010.12, NCI zu 6.3.4.2, (NA.10) und (NA.11).

- Eine Überlagerung der in Tafel D.3 angegebenen Dachlasten der Kategorie H mit Schnee- und/oder Windlasten ist nicht erforderlich, DIN EN 1991-1:2010.12, 3.3.2 (1).

Zu möglichen Nutzlastabminderungen für im Lastfluss nachfolgende Bauteile siehe Abschnitt D.3.7.

Tafel D.3: Charakteristische Werte der lotrechten Nutzlasten für Decken, Treppen, Balkone und Dächer nach DIN EN 1991-1-1/NA:2010.12, Tabellen 6.1DE und 6.10DE

Kategorie		Nutzung	Beispiele	q_k in kN/m²	Q_k in kN
A	A1	Spitzböden	zugänglicher Dachraum bis 1,80 m lichte Höhe (nicht für Wohnzwecke geeignet)	1,0	1,0
	A2	Wohn- und Aufenthaltsräume	Räume und Flure in Wohngebäuden, Bettenräume in Krankenhäusern, Hotelzimmer einschl. zugehöriger Küchen und Bäder (bei ausreichender Querverteilung der Lasten)	1,5	–
	A3		wie A2, aber ohne ausreichende Querverteilung der Lasten	2,0[1)]	1,0
B	B1	Büroflächen, Arbeitsflächen, Flure	Flure in Bürogebäuden, Büroflächen, Arztpraxen ohne schweres Gerät; Stationsräume, Aufenthaltsräume einschl. der Flure; Kleinviehställe	2,0	2,0
	B2		Flure in Krankenhäusern, Hotels, Altenheimen, Internaten usw.; Behandlungsräume in Krankenhäusern einschl. Operationsräume ohne schweres Gerät; Kellerräume in Wohngebäuden	3,0	3,0
	B3		wie B1 und B2, jedoch mit schwerem Gerät	5,0	4,0
C	C1	Räume, Versammlungsräume und Flächen, die der Ansammlung von Personen dienen können (gilt nicht bei Vorliegen der Kategorie A, B, D oder E)	Flächen mit Tischen; z.B. Kindertagesstätten, Kinderkrippen, Schulräume, Cafés, Restaurants, Speisesäle, Lesesäle, Empfangsräume, Lehrerzimmer	3,0	4,0
	C2		Flächen mit fester Bestuhlung; z.B. Flächen in Kirchen, Theatern oder Kinos, Kongresssäle, Hörsäle, Versammlungsräume, Wartesäle	4,0	4,0
	C3		frei begehbare Flächen; z.B. Museumsflächen, Ausstellungsflächen usw., Eingangsbereiche in öffentlichen Gebäuden und Hotels, zur Nutzungskategorie C1 bis C3 zugehörige Flure; nicht befahrbare Hofkellerdecken	5,0	4,0
	C4		Sport- und Spielflächen; z.B. Tanzsäle, Sporthallen, Gymnastik- und Kraftsporträume, Bühnen	5,0	7,0
	C5		Flächen für große Menschenansammlungen; z.B. Konzertsäle, Terrassen und Eingangsbereiche sowie Tribünen mit fester Bestuhlung	5,0	4,0
	C6		Flächen mit regelmäßiger Nutzung durch erhebliche Menschenansammlungen, z.B. Tribünen ohne feste Bestuhlung	7,5	10.0

Tafel D.3: Charakteristische Werte der lotrechten Nutzlasten für Decken, Treppen, Balkone und Dächer nach DIN EN 1991-1-1/NA:2010.12, Tabellen 6.1DE und 6.10DE (Fortsetzung)

Kategorie		Nutzung	Beispiele	q_k in kN/m²	Q_k in kN
D	D1	Verkaufsräume	Flächen von Verkaufsräumen bis 50 m² Grundfläche in Wohn-, Büro- und vergleichbaren Gebäuden	2,0	2,0
	D2		Flächen in Einzelhandelsgeschäften und Warenhäusern	5,0	4,0
	D3		Flächen wie D2, jedoch mit erhöhten Einzellasten infolge hoher Lagerregale	5,0	7,0
E [6]	E1.1	Fabriken, Lager und Werkstätten, Ställe, Lagerräume und Zugänge	Flächen in Fabriken[2] und Werkstätten[2] mit leichtem Betrieb, Flächen in Großviehställen	5,0	4,0
	E1.2		Allgemeine Lagerflächen, einschließlich Bibliotheken	6,0[3]	7,0
	E2.1		Flächen in Fabriken[2] und Werkstätten[2] mit mittlerem oder schwerem Betrieb	7,5[3]	10,0
T [4]	T1	Treppen und Treppenpodeste	Treppen und Treppenpodeste der Kategorie A und B1 ohne nennenswerten Publikumsverkehr	3,0	2,0
	T2		Treppen und Treppenpodeste der Kategorie B1 mit erheblichem Publikumsverkehr, der Kategorie B2 bis E sowie alle Treppen, die als Fluchtweg dienen	5,0	2,0
	T3		Zugänge und Treppen von Tribünen ohne feste Sitzplätze, die als Fluchtweg dienen	7,5	3,0
Z [4]		Zugänge, Balkone und Ähnliches	Dachterrassen, Laubengänge, Loggien usw., Balkone, Ausstiegspodeste	4,0	2,0
H		nicht begehbare Dächer [5]		-	1,0

[1] Für die Weiterleitung der Lasten auf stützende Bauteile darf der angegebene Wert um 0,5 kN/m² abgemindert werden.

[2] Nutzlasten in Fabriken und Werkstätten gelten als vorwiegend ruhend. Im Einzelfall sind sich häufig wiederholende Lasten je nach Gegebenheit als nicht vorwiegend ruhende Lasten einzuordnen.

[3] Bei diesen Werten handelt es sich um Mindestwerte, gegebenenfalls sind höhere Lasten zu berücksichtigen.

[4] Für Einwirkungskombinationen nach DIN EN 1990:2010.12 sind die Einwirkungen der Nutzungskategorie des jeweiligen Gebäudes oder Gebäudeteils zuzuordnen.

[5] Begehbar für übliche Erhaltungsmaßnahmen und Reparaturen.

[6] Für Lagerflächen, die mit Gabelstapler befahren werden, gelten die Werte gemäß Tafel D.6.

3.2 Lasten aus leichten Trennwänden

Die Lasten leichter unbelasteter Trennwände (Wandlast ≤ 5 kN/m Wandlänge) dürfen vereinfacht durch einen gleichmäßig verteilten Zuschlag zur Nutzlast berücksichtigt werden, siehe Tafel D.4. Davon ausgenommen sind Wände mit einer Last von mehr als 3 kN/m Wandlänge, die parallel zu den Balken von Decken ohne ausreichende Querverteilung stehen, DIN EN 1991-1-1/NA:2010.12, NCI zu 6.3.1.2 (8).

Alternativ ist es möglich, die Wandlasten entsprechend des vorgesehenen Einbauortes mit dem tatsächlichen Wandgewicht als Eigenlast zu berücksichtigen. Vorteilhaft wirkt sich bei dieser Vorgehensweise aus, dass für das Wandgewicht der geringere Teilsicherheitsbeiwert für ständige Einwirkungen gegenüber demjenigen für veränderliche Einwirkungen angesetzt werden kann. Ein erheblicher Nachteil ergibt sich jedoch, wenn im Zuge von Umbaumaßnahmen Veränderungen an der Einbausituation der leichten Trennwände vorgenommen werden sollen, da die Tragfähigkeit der betreffenden Decke dann erneut nachgewiesen werden muss.

Lasten aus beweglichen Trennwänden müssen als Nutzlast behandelt werden.

Tafel D.4: Trennwandzuschlag

Trennwandzuschlag für Wände (einschließlich Putz) mit einer Last von		
	≤ 3 kN/m Wandlänge	0,8 kN/m²
	≥ 3 kN/m Wandlänge ≤ 5 kN/m Wandlänge	1,2 kN/m²
Bei Nutzlasten von ≥ 5 kN/m² kann der Zuschlag entfallen.		

3.3 Nutzlasten für Parkhäuser und Flächen mit Fahrzeugverkehr

Parkhäuser und Flächen mit Fahrzeugverkehr sind alternativ für die gleichmäßig verteilte Flächenlast q_k oder die Achslast Q_k nach Tafel D.5 und Abb. D.1 nachzuweisen. Eine gleichzeitige Berücksichtigung von Flächenlast und Achslast ist ebenso wie der Ansatz eines Schwingbeiwertes nicht erforderlich.

Zufahrten zu Flächen, die für die Kategorie F bemessen wurden, müssen durch entsprechende Vorrichtungen so abgegrenzt werden, dass die Durchfahrt von schwereren Fahrzeugen verhindert wird.

In DIN EN 1991-1-1/NA/A1:2015.05 wurde gegenüber DIN EN 1991-1-1/NA:2010.12 eine Änderung bei der Bezeichnung der Achslast vorgenommen. Die Belastung Q_k ist nunmehr die komplette Achslast aus beiden Rädern; zuvor entsprach Q_k der Last eines Rads.

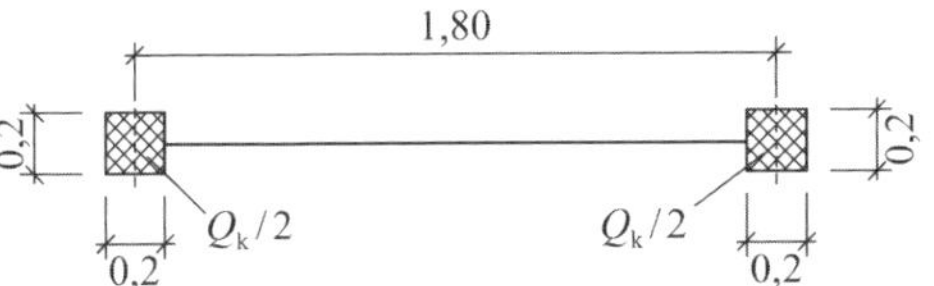

Abb. D.1: Achslast Q_k

Tafel D.5: Charakteristische Werte der lotrechten Nutzlasten für Parkhäuser und Flächen mit Fahrzeugverkehr nach DIN EN 1991-1-1/NA/A1:2015.05, Tabelle 6.8DE

Kategorie		Nutzung	q_k in kN/m²	Q_k in kN
F	F1	Verkehrs- und Parkflächen für leichte Fahrzeuge mit einer Gesamtlast ≤ 30 kN	3,0 [2) 3)]	20,0 [1)]
	F2	Zufahrtsrampen	5,0 [3)]	20,0 [1)]

[1)] Anstelle der Achslast $Q_k = 20$ kN kann auch die Einzellast $0{,}5 \cdot Q_k = 10$ kN beim Nachweis örtlicher Beanspruchungen maßgebend werden. Dies kann z. B. das Durchstanzen unter einer Radlast oder die Querkrafttragfähigkeit am Plattenrand betreffen.

[2)] Bei Kenntnis der Einflussfläche A_{EF} eines statischen Systems darf die Flächenlast auf folgenden Wert abgemindert werden:

$2{,}5 \text{ kN/m}^2 \leq q_k = 2{,}2 + 35/A_{EF} \leq 3{,}0 \text{ kN/m}^2$ mit A_{EF} in m²

Alternativ kann A_{EF} als Einzugsfläche nach Abb. D.4 angesetzt werden.

[3)] Für die Lastweiterleitung auf Stützen, Wände und Fundamente ist ein Wert von 2,5 kN/m² ausreichend.

3.4 Flächen für den Betrieb mit Gegengewichtsstaplern

Werden Gegengewichtsstapler eingesetzt, sind die betreffenden Decken für die lotrechten Nutzlasten nach Tafel D.6 zu bemessen. Dazu ist ein Gegengewichtsstapler mit der zugehörigen Achslast Q_k in der ungünstigsten Stellung anzuordnen. Gleichzeitig ist außerhalb der Grundfläche des Gegengewichtsstaplers (siehe Abb. D.2 und Tafel D.7) die gleichmäßig verteilte Flächenlast q_k zu berücksichtigen.

Ist es möglich, dass Decken sowohl von Gegengewichtsstaplern, von Fahrzeugen der Kategorie F (siehe Abschnitt D.3.3) und von Fahrzeugen entsprechend der Brückenklassen nach DIN 1072:1985.12 (siehe Abschnitt D.3.5) befahren werden, ist die am ungünstigsten wirkende Nutzlast anzusetzen.

Tafel D.6: Charakteristische Werte der lotrechten Nutzlasten bei Betrieb mit Gegengewichtsstaplern nach DIN EN 1991-1-1:2010.12, Tabellen 6.5 und 6.6 sowie DIN EN 1991-1-1/NA:2010.12, Tabelle 6.4DE

Kategorie		Eigengewicht [1)] in kN	Hublast in kN	q_k in kN/m²	$2 \cdot Q_k$ in kN
E2.2	FL1	21	10	12,5	26
E2.3	FL2	31	15	15,0	40
E2.4	FL3	44	25	17,5	63
E2.5	FL4	60	40	20,0	90
	FL5	90	60	20,0	140
	FL6	110	80	20,0	170

[1)] Summe von Eigenlast und Hublast

Tafel D.7: Abmessungen der Gegengewichtsstapler

Kategorie		Breite b in m	Länge l in m	Radabstand a in m
E2.2	FL1	1,00	2,60	0,85
E2.3	FL2	1,10	3,00	0,95
E2.4	FL3	1,20	3,30	1,00
E2.5	FL4	1,40	4,00	1,20
	FL5	1,90	4,60	1,50
	FL6	2,30	5,10	1,80

Schwingbeiwert

Die für Gegengewichtsstapler anzusetzenden Einzellasten Q_k sind mit einem Schwingbeiwert φ zu vervielfachen. Für diesen gilt:

- sofern kein genauerer Nachweis erbracht wird: $\varphi = 1{,}4$
- für überschüttete Bauwerke: $\varphi = 1{,}4 - 0{,}1 \cdot h_ü \geq 1{,}0$

$h_ü$ Höhe der Überschüttung in m

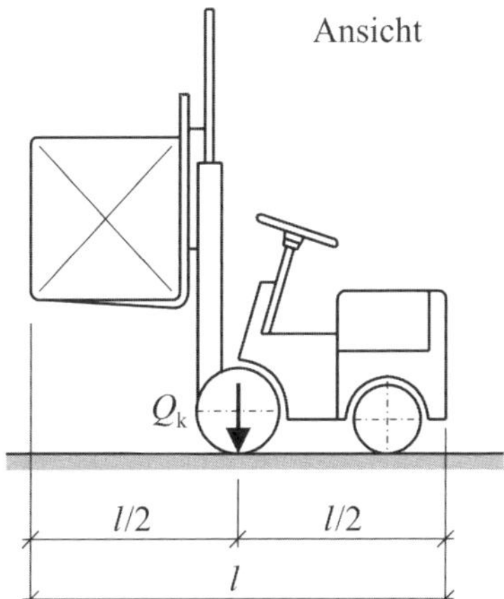

Grundrissdarstellung
(Abmessungen in m)

Q_k entspricht der Achslast
$0{,}5 \cdot Q_k$ entspricht der Radlast

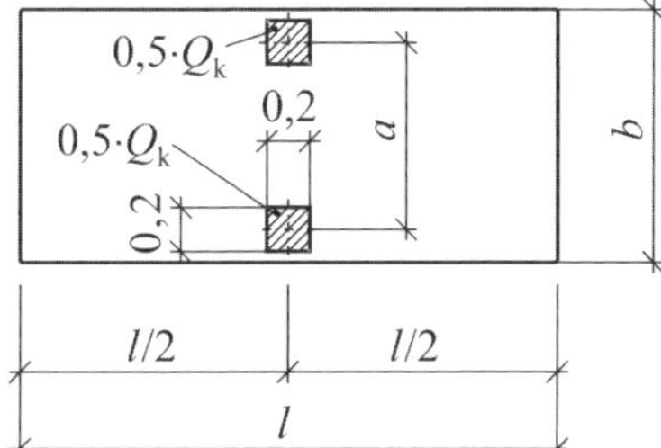

Abb. D.2: Gegengewichtsstapler

3.5 Fahrzeugverkehr auf planmäßig befahrbaren Deckenflächen

Nach DIN EN 1991-1-1/NA:2010.12, NA.3.3.3 sind planmäßig von Fahrzeugen befahrbare Decken (einschließlich Hofkellerdecken) für die Lasten der Brückenklassen 16/16 bis 30/30 nach DIN 1072:1985.12 nachzuweisen.

Für Hofkellerdecken, die nur im Brandfall von Feuerwehrfahrzeugen befahren werden, ist ein Regelfahrzeug der Brückenklasse 16/16 zugrunde zu legen. Es ist dabei nur ein Einzelfahrzeug in ungünstigster Stellung vorzusehen. Auf den umgebenden Deckenbereichen ist die gleichmäßig verteilte Last der Hauptspur vorzusehen. Der in DIN 1072:1985.12 für die Brückenklasse 16/16 vorgesehene Nachweis mit einer Einzelachse von 110 kN darf entfallen. Die Nutzlasten dürfen als vorwiegend ruhende Beanspruchung angesehen werden.

Lasten nach DIN 1072:1985.12

Die hier zu berücksichtigenden Verkehrsregellasten nach DIN 1072:1985.12 betreffen:

- Einzellasten aus Regelfahrzeugen
- gleichmäßig verteilte Last der Haupt- und Nebenspur, anzusetzen auf den die Regelfahrzeuge umgebenden Deckenflächen,

siehe Tafel D.8. Bei Brückenklasse 30/30 ist darüber hinaus zu prüfen, ob der Ansatz einer Einzelachse nach Abb. D.3 zu ungünstigeren Ergebnissen führt. Die Einzelachse ist mit den anderen Verkehrsregellasten nicht zu überlagern.

Sofern für die Verkehrslasten ein Schwingbeiwert φ anzusetzen ist, gilt:

- bei Bauwerken ohne Überschüttung: $\varphi = 1{,}4 - 0{,}008 \cdot l_\varphi \geq 1{,}0$
- bei überschütteten Bauwerken: $\varphi = 1{,}4 - 0{,}008 \cdot l_\varphi - 0{,}1 \cdot h_ü \geq 1{,}0$

l_φ maßgebende Länge in m

$h_ü$ Überschüttungshöhe in m

Tafel D.8: Verkehrsregellasten für die Brückenklassen 16/16 und 30/30 nach DIN 1072:1985.12

Brückenklasse 30/30	Brückenklasse 16/16
Schwerlastwagen (SLW): 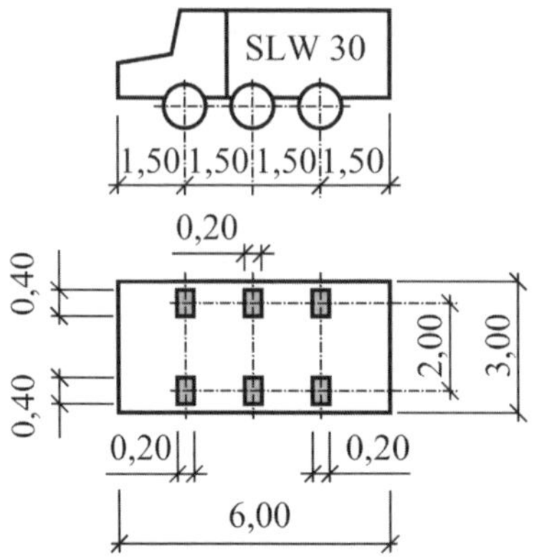 SLW 30 1,50 1,50 1,50 1,50 0,20; 0,40; 0,40; 2,00; 3,00 0,20 0,20 6,00	Lastkraftwagen (LKW): LKW 1,50 3,00 1,50 0,26; 0,40; 2,00; 3,00 0,20 0,20 6,00 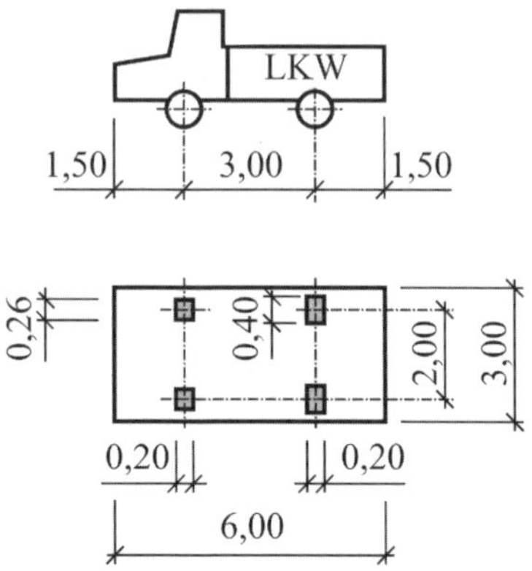
Gesamtlast: 300 kN Radlast: 50 kN Ersatzflächenlast: $p' = 16{,}7\ \mathrm{kN/m^2}$	Gesamtlast: 160 kN Radlast vorn: 30 kN Radlast hinten: 50 kN Ersatzflächenlast: $p' = 8{,}9\ \mathrm{kN/m^2}$
Lastschema: 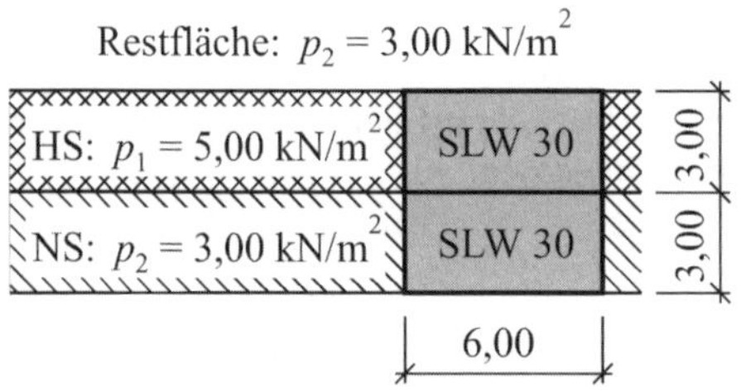 Restfläche: $p_2 = 3{,}00\ \mathrm{kN/m^2}$ HS: $p_1 = 5{,}00\ \mathrm{kN/m^2}$ SLW 30 3,00 NS: $p_2 = 3{,}00\ \mathrm{kN/m^2}$ SLW 30 3,00 6,00	Lastschema: Restfläche: $p_2 = 3{,}00\ \mathrm{kN/m^2}$ HS: $p_1 = 5{,}00\ \mathrm{kN/m^2}$ LKW 16 3,00 NS: $p_2 = 3{,}00\ \mathrm{kN/m^2}$ LKW 16 3,00 6,00 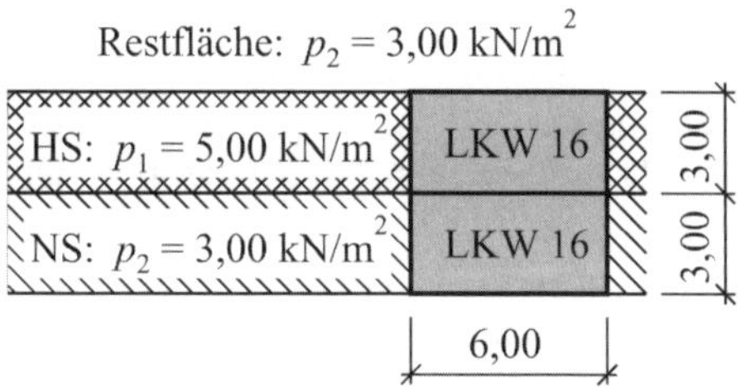
Ansatz des Schwingbeiwerts φ: Lasten der Hauptspur (HS) mit Schwingbeiwert, Lasten der Nebenspur (NS) ohne Schwingbeiwert, Restflächen $p_2 = 3\ \mathrm{kN/m^2}$ ohne Schwingbeiwert	

Einzelne Achslast für Brückenklasse 30/30 nach DIN 1072:1985.12
Achslast: $Q_k = 130$ kN, Radlast: $Q_k/2 = 65$ kN

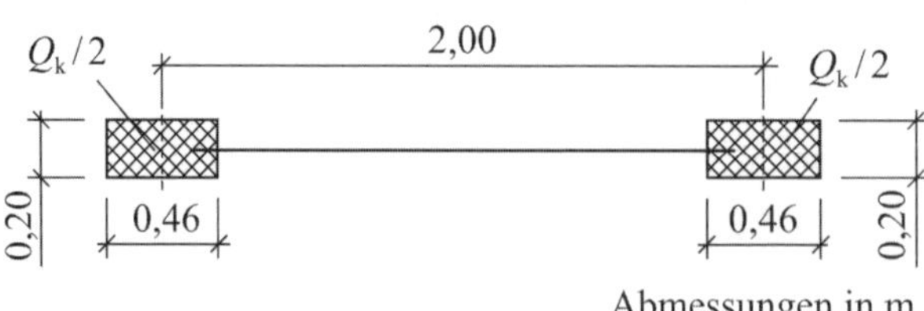

Abb. D.3: Einzelne Achslast für Brückenklasse 30/30

3.6 Dachflächen mit Hubschrauberlandemöglichkeiten

Auf Dachflächen mit Hubschrauberlandemöglichkeiten sind die Nutzlasten der Kategorie HC nach Tafel D.9 anzusetzen. Dabei sind die in dieser Tafel angegebenen Einzellasten Q_k noch mit einem dynamischen Vergrößerungsfaktor φ = 1,4 zu vervielfachen. Die zugehörige Aufstandsfläche entspricht einem Quadrat mit einer in Abhängigkeit der Belastungskategorie (HC1, HC2 oder HC3) festgelegten Seitenlänge.

Darüber hinaus sind die Bauteile der Dachfläche für eine feldweise in ungünstigster Stellung angeordnete gleichmäßig verteilte Flächenlast $q_k = 5$ kN/m^2 zu berechnen. Der ungünstigere Fall aus der Belastung mit Einzellast Q_k bzw. dem Ansatz der Flächenlast $q_k = 5$ kN/m^2 ist maßgebend, DIN EN 1991-1-1/NA, NCI zu 6.3.4.2.

In der Ebene der Start- und Landeflächen inkl. des umgebenden Sicherheitsstreifens ist eine horizontale Nutzlast in Höhe der angegebenen Hubschrauberregellast Q_k an der für den untersuchten Querschnitt eines Bauteils jeweils ungünstigsten Stelle anzunehmen.

Tafel D.9: Charakteristische Werte der lotrechten Nutzlasten für Hubschrauberlandeplätze nach DIN EN 1991-1-1/NA:2010.12, Tabelle 6.11DE

Kategorie		Zulässiges Abfluggewicht in t	Hubschrauberregellast Q_k in kN	Seitenlänge der Aufstandsfläche in mm
HC	HC1	3	≤ 20	200
	HC2	6	> 20	300
	HC3	12	≤ 20	300

3.7 Abminderung der Nutzlast für sekundäre Tragglieder

3.7.1 Allgemeines

Bei der Lastweiterleitung auf sekundäre Tragglieder (z.B. Stützen, Wände, Unterzüge, Gründungen) dürfen die auf Decken, Balkonen und Treppen vorzusehenden lotrechten, gleichmäßig verteilten Nutzlasten teilweise abgemindert werden. Dabei ist zu unterscheiden zwischen

- der Abminderung über die Lasteinzugsfläche mit dem Abminderungsbeiwert α_A nach Abschnitt D.3.7.2,
- der Abminderung über die Geschosszahl mit dem Abminderungsbeiwert α_n nach Abschnitt D.3.7.3.

Die Abminderungsbeiwerte α_A und α_n dürfen nicht gleichzeitig, sondern nur alternativ angesetzt werden. Für die Bemessung darf der günstigere der beiden Werte berücksichtigt werden, DIN EN 1991-1-1/NA, NDP zu 6.3.1.2 (11).

3.7.2 Abminderung der Nutzlast über die Lasteinzugsfläche

Die Abminderung der Nutzlasten für die Lastweiterleitung auf sekundäre Tragglieder erfolgt nach DIN EN 1991-1-1/NA, NDP zu 6.3.1.2 (10) in Abhängigkeit von der vorliegenden Nutzlastkategorie entsprechend Gl. (D.1):

$$q_k' = \alpha_A \cdot q_k \tag{D.1}$$

mit

q_k' abgeminderte Nutzlast

q_k gleichmäßig verteilte Nutzlast nach Tafel D.3, der Trennwandzuschlag nach Abschnitt D.3.2 darf ebenfalls abgemindert werden

α_A Abminderungsbeiwert nach Tafel D.10

A Einzugsfläche des sekundären Traggliedes. Bei mehrfeldrigen statischen Systemen ist die Einzugsfläche für jedes Feld getrennt zu bestimmen. Näherungsweise darf der ungünstigste Abminderungsfaktor für alle Felder angesetzt werden, siehe Abb. D.4.

Tafel D.10: Abminderungsbeiwert α_A

Kategorien A, B, Z	Kategorien C, D, E1
$\alpha_A = 0{,}5 + \frac{10}{A} \leq 1{,}0$	$\alpha_A = 0{,}7 + \frac{10}{A} \leq 1{,}0$
A Einzugsfläche des sekundären Traggliedes in m²	

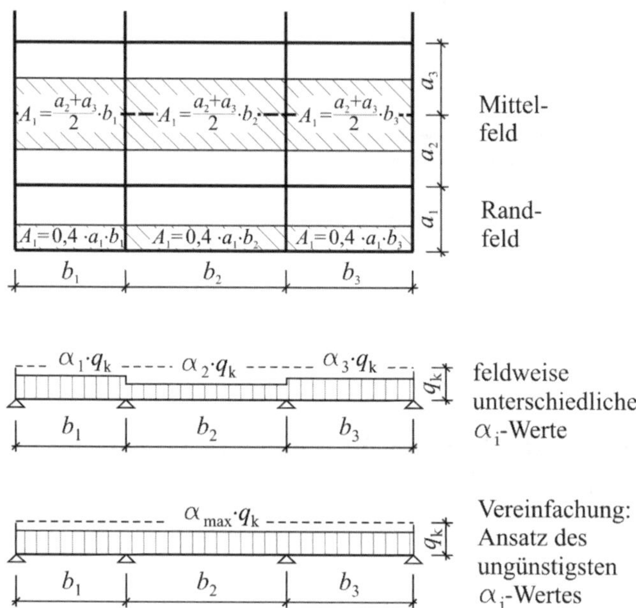

Abb. D.4: Lasteinzugsflächen und Abminderungsbeiwerte α_A

3.7.3 Abminderung der Nutzlast über die Geschosszahl

Summieren sich bei der Bemessung von vertikalen Traggliedern die Einwirkungen aus 3 oder mehr Stockwerken auf, dürfen die gleichmäßig verteilten Nutzlasten der Kategorien A, B, C, D und Z mit dem Faktor α_n nach Gl. (D.2) abgemindert werden. Wird jedoch bei der Überlagerung mehrerer veränderlicher Einwirkungen im Rahmen der Zusammenstellung der Einwirkungskombinationen nach DIN EN 1990:2010.12 der charakteristische Wert der Nutzlast mit einem Kombinationsbeiwert ψ abgemindert, darf der Abminderungsbeiwert α_n nicht angesetzt werden.

$$\alpha_n = 0{,}7 + \frac{0{,}6}{n} \qquad \text{(D.2)}$$

n Anzahl der Geschosse oberhalb des belasteten Bauteils ($n > 2$) mit gleicher Nutzungskategorie

Beispiel: Nutzlastabminderung für ein 5-geschossiges Gebäude

Nachfolgend werden mehrere mögliche Varianten der Nutzlastabminderung für eine Stahlbetonstütze in einem 5-geschossigen Bürogebäude gezeigt.

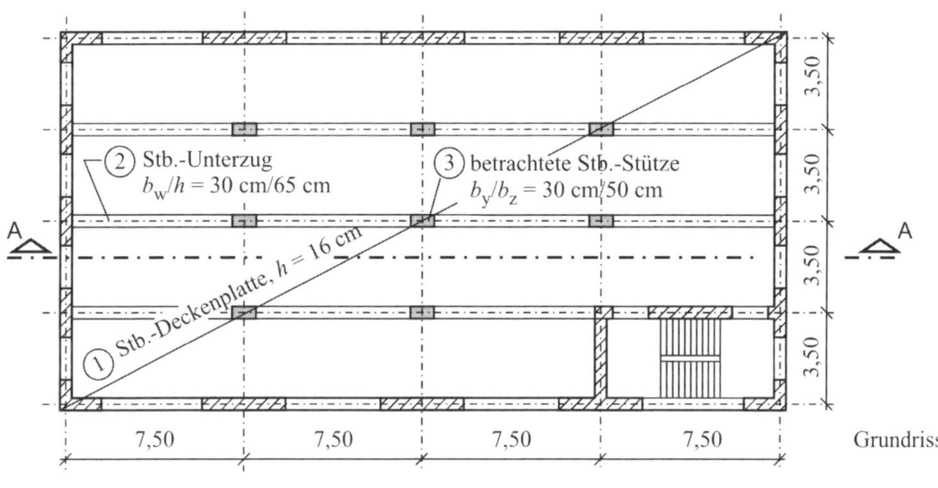

Grundriss

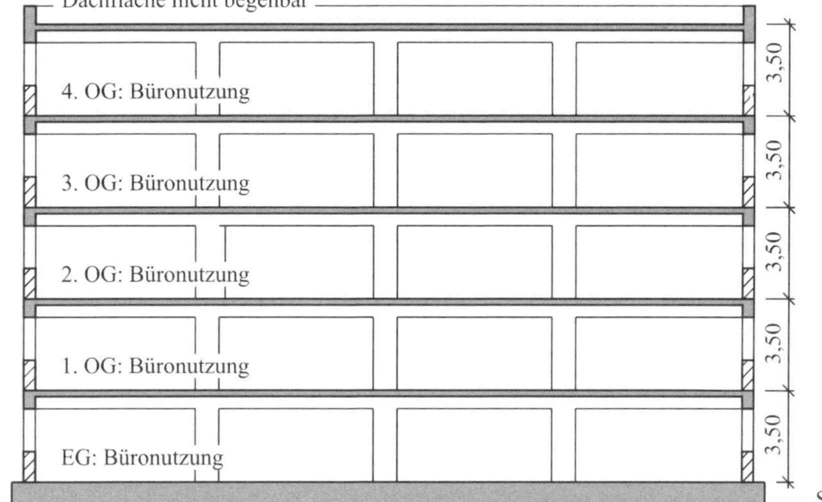

Schnitt A-A

Lastzusammenstellung für Pos. 1, Stb.-Deckenplatte

Eigenlast der Stb.-Deckenplatte (16 cm Stahlbeton) $0{,}16 \cdot 25$	=	$4{,}00\,\mathrm{kN/m^2}$
Eigenlast Fußboden (auf eine detaillierte Angabe des Fußbodenaufbaus wird hier verzichtet)		$1{,}50\,\mathrm{kN/m^2}$
ständige Last (gilt für Decke über EG bis Decke über 4. OG)	g_k =	$5{,}50\,\mathrm{kN/m^2}$
aus Büronutzung (Decke über EG bis Decke über 3.OG)		$2{,}00\,\mathrm{kN/m^2}$
Zuschlag für leichte Trennwände ($g_{Wand} \leq 3$ kN/m)		$0{,}80\,\mathrm{kN/m^2}$
veränderliche Last (für Decke über EG bis Decke über 3.OG)	q_k =	$2{,}80\,\mathrm{kN/m^2}$

aus Schnee (Decke über 4.OG)

für Schneelastzone 2, Geländehöhe A = 300 m über NN (siehe Kapitel F)

$$s_k = \max\begin{cases} 0{,}85 \\ 0{,}25 + 1{,}91 \cdot \left(\dfrac{A+140}{760}\right)^2 \end{cases} = \max\begin{cases} 0{,}85 \\ 0{,}25 + 1{,}91 \cdot \left(\dfrac{300+140}{760}\right)^2 \end{cases} = \max\begin{cases} 0{,}85 \\ 1{,}48 \end{cases}$$

$$s_k = 1{,}48\,\text{kN/m}^2$$

Schneelast auf dem Dach (für Decke über dem 4. OG) $s_{k1} = 0{,}8 \cdot 1{,}48 =$ $1{,}18\,\text{kN/m}^2$

Lastzusammenstellung für Pos. 3, Stb.-Stütze

Die Belastung wird für die Ebene Oberkante Bodenplatte zusammengestellt.

Lasteinzugsfläche: $A = 3{,}50 \cdot 7{,}50 = 26{,}25\,\text{m}^2$

Zusammenstellung der ständigen Lasten:

aus Deckenplatten über EG bis 4.OG	$5 \cdot 26{,}25 \cdot 5{,}50$	=	722 kN
aus Eigenlast der Unterzüge	$5 \cdot 0{,}30 \cdot (0{,}65 - 0{,}16) \cdot 7{,}50 \cdot 25$	=	138 kN
aus Stützeneigengewicht	$5 \cdot (3{,}50 - 0{,}65) \cdot 0{,}30 \cdot 0{,}50 \cdot 25$	=	53 kN
ständige Last	N_{Gk}	=	913 kN

Zusammenstellung der veränderlichen Lasten:

aus Decken über EG bis 3.OG	$4 \cdot 26{,}25 \cdot 2{,}80 = N_{Qk,N}$	=	294 kN
aus Decke über dem 4.OG	$26{,}25 \cdot 1{,}18 = N_{Qk,S}$	=	31 kN

Nutzlastabminderung über die Lasteinzugsfläche

Die Nutzlast wird für die Decken mit Büronutzung abgemindert. Für die Lasteinzugsfläche A = 26,25 m^2 und Nutzlastkategorie B ergibt sich:

$$\alpha_A = 0{,}5 + \frac{10}{A} \le 1{,}0 = 0{,}5 + \frac{10}{26{,}25} = \underline{0{,}88} < 1{,}0$$

$$N'_{Qk,N} = \alpha_A \cdot N_{Qk,N} = 0{,}88 \cdot 294 = 259\ \text{kN}$$

Ermittlung des Bemessungswertes der Längskraft im GZT:

Die Nutzlast ist offensichtlich die vorherrschende veränderliche Einwirkung. Der Kombinationsbeiwert für Schneelasten ist für Höhenlagen bis 1000 m über NN: $\psi_{0,S} = 0{,}5$.

$$\begin{aligned} N_{Ed} &= \gamma_G \cdot N_{Gk} + \gamma_Q \cdot N'_{Qk,N} + \gamma_Q \cdot \psi_{0,S} \cdot N_{Qk,S} \\ &= 1{,}35 \cdot 913 + 1{,}5 \cdot 259 + 1{,}5 \cdot 0.5 \cdot 31 \\ &= 1644\,\text{kN} \end{aligned}$$

Nutzlastabminderung über die Geschosszahl

Die Nutzlast wird für die Decken mit Büronutzung abgemindert → $n = 4$

$$\alpha_n = 0{,}7 + \frac{0{,}6}{n} = 0{,}7 + \frac{0{,}6}{4} = 0{,}85$$

$$N'_{Qk,N} = \alpha_n \cdot N_{Qk,N} = 0{,}85 \cdot 294 = 250\,\text{kN}$$

Ermittlung des Bemessungswertes der Längskraft im GZT:

$$\begin{aligned} N_{Ed} &= \gamma_G \cdot N_{Gk} + \gamma_Q \cdot N'_{Qk,N} + \gamma_Q \cdot N_{Qk,S} \\ &= 1{,}35 \cdot 913 + 1{,}5 \cdot 250 + 1{,}5 \cdot 31 \\ &= 1654\,\text{kN} \end{aligned}$$

Die Nutzlastabminderung über die Lasteinzugsfläche führt hier zu einem geringfügig niedrigeren Bemessungswert der einwirkenden Längskraft.

4 Horizontale Nutzlasten

Die in DIN EN 1991-11:2010.12, 6.4 enthaltenen Regelungen zu horizontalen Nutzlasten sind durch DIN EN 1991-1-1/NA:2010.12, NDP zu 6.4.1 und NCI zu 6.4 komplett ersetzt worden, siehe dazu nachfolgende Abschnitte D.4.1 und D.4.2.

4.1 Horizontale Nutzlasten auf Zwischenwände und Absturzsicherung

Mit den charakteristischen Werten der gleichmäßig verteilten, horizontalen Nutzlasten nach Tafel D.11 werden Einwirkungen von Personen auf Brüstungen, Geländer und andere Konstruktionen, die als Absperrung dienen, erfasst. In Absturzrichtung sind diese Lasten in voller Höhe und in Gegenrichtung mit 50 % (≥ 0,5 kN/m), jeweils in Höhe des Handlaufes wirkend, anzusetzen.

Die Überlagerung der horizontalen Nutzlasten auf Absperrungen mit Windlasten erfolgt entsprechend der Kombinationsregeln nach DIN EN 1990.2010.12, siehe Kapitel B.

Tafel D.11: Horizontale Nutzlasten q_k

Kategorie der belasteten Fläche	Horizontale Nutzlast q_k kN/m
A, B1, F[1], H, T1, Z[2]	0,5
B2, B3, C1 bis C4, D, E[3], FL[1], HC, T2, Z[2]	1,0
C5, C6, T3	2,0

[1] Anprall wird durch konstruktive Maßnahmen ausgeschlossen.
[2] Zuordnung entsprechend der zugehörigen maßgeblichen Nutzungskategorie nach Tafel D.3.
[3] Bei Flächen dieser Kategorie, die nur zu Kontroll- u. Wartungszwecken begangen werden, sind die anzusetzenden Lasten mit dem Bauherrn abzustimmen, mindestens jedoch 0,5 kN/m.

4.2 Horizontallasten zur Erzielung einer ausreichenden Längs- und Quersteifigkeit

Zum Erreichen einer ausreichenden Längs- und Quersteifigkeit sind neben der Windlast und anderen horizontal wirkenden Lasten die folgenden beliebig gerichteten Horizontallasten zu berücksichtigen:

- für Tribünenbauten und ähnliche Sitz- und Steheinrichtungen: 1/20 der lotrechten Nutzlast, in Fußbodenhöhe angreifend,
- bei Gerüsten: je Rüstlage 1/100 aller zugehörigen lotrechten Lasten,
- bei Einbauten, die innerhalb geschlossener Bauwerke stehen und keiner Windbeanspruchung unterliegen zur Sicherung gegen Umkippen: 1/100 der Gesamtlast, in Höhe des Schwerpunktes anzusetzen.

E WINDLASTEN NACH DIN EN 1991-1-4

Inhaltsverzeichnis

1 Allgemeines

1.1 Einordnung der DIN EN 1991-1-4

Windlasten sind in DIN EN 1991-1-4:2010.12 und dem zugehörigen Nationalen Anhang DIN EN 1991-1-4/NA:2010.12 geregelt.

Eine Übersicht zur Entwicklung der DIN EN 1991-1-4 und ihrer Vorgängernorm DIN 1055-4 gibt Tafel E.1. Neben den in Tafel E.1 angegebenen Ausgaben der DIN 1055-4 gab es Beiblätter (z.B. Beiblatt von 1941 mit erweiterten Angaben zu aerodynamischen Beiwerten) und ergänzende Bestimmungen, die bei der Anwendung der jeweiligen Windlastnorm zusätzlich zu berücksichtigen waren.

Tafel E.1: Entwicklung der Windlastnorm in Deutschland

Norm	Bezeichnung	Ausgabe	Besonderheiten
DIN 1055-4	Lastannahmen für Bauten. Blatt 4: Windlast	06.1938	Einheitliche Windgeschwindigkeit für das komplette Geltungsgebiet Angabe des Staudruckes q in Abhängigkeit von der Höhe über dem Gelände Angabe von aerodynamischen Beiwerten für einfache Fälle
DIN 1055-4	Lastannahmen für Bauten. Teil 4: Verkehrslasten – Windlasten bei nicht schwingungsanfälligen Bauwerken	05.1977	Redaktionelle Änderungen „Zwischenlösung" auf dem Weg zu einer moderneren Norm
DIN 1055-4	Lastannahmen für Bauten. Teil 4: Verkehrslasten – Windlasten bei nicht schwingungsanfälligen Bauwerken	08.1986	Redaktionelle Änderungen Angabe von aerodynamischen Kraft- und Formbeiwerten für geometrisch einfache Baukörperformen
DIN 1055-4	Einwirkungen auf Tragwerke. Teil 4: Windlasten	03.2005	Grundlegende Überarbeitung der Norm Anpassung an die europäische Normung und das Sicherheitskonzept mit Teilsicherheitsbeiwerten Einführung einer Windzonenkarte
DIN 1055-4	Einwirkungen auf Tragwerke. Teil 4: Windlasten, Berichtigung 1	03.2006	Berichtigung von zahlreichen Druckfehlern
DIN EN 1991-1-4	Eurocode 1 – Einwirkungen auf Tragwerke – Teil 1-4: Allgemeine Einwirkungen – Windlasten; Deutsche Fassung EN 1991-1-4:2005 + A1:2010 + AC:2010	12.2010	In Deutschland nur zusammen mit *DIN EN 1991-1-4/NA:2010-12 Nationaler Anhang – National festgelegte Parameter – Eurocode 1: Einwirkungen auf Tragwerke – Teil 1-4: Allgemeine Einwirkungen – Windlasten* anwendbar

Bereits im Jahr 2005 erfolgte durch die Ausgabe von DIN 1055-4:2005.03 die weitgehende Anpassung der deutschen an die europäische Windlastnormung. Die wichtigsten Änderungen von DIN 1055-4:2005.03 gegenüber der vorhergehenden Ausgabe dieser Norm (DIN 1055-4:1986.08) können wie folgt zusammengefasst werden:

- Umstellung auf das Sicherheitskonzept mit Teilsicherheitsbeiwerten,
- Einführung einer Windzonenkarte,

- Angabe des Geschwindigkeitsdrucks in einer bestimmten Referenzhöhe,
- Berücksichtigung des Einflusses der Geländerauigkeit auf den Geschwindigkeitsdruck,
- Möglichkeit der Ausnutzung lastmindernder Effekte, betrifft z.B. Windroseneffekte,
- grundlegende Überarbeitung der aerodynamischen Beiwertsammlung,
- Aufnahme von Regelungen für schwingungsempfindliche Bauteile.

Die mit der bauaufsichtlichen Einführung von DIN EN 1991-1-4:2010.12 gegenüber DIN 1055-4:2005.03 zu berücksichtigenden Änderungen sind eher moderat und betreffen neben der formalen inhaltlichen Gliederung der Norm vor allem einzelne Aspekte, wie z.B. die nunmehr in der Norm enthaltenen aerodynamischen Beiwerte für Vordächer.

1.2 Geltungsbereich

Die in DIN EN 1991-1-4:2010.12 angegebenen Verfahren zur Berechnung der Einwirkungen aus natürlichem Wind gelten für Bauwerke – einschließlich deren einzelner Bauteile und mit dem Tragwerk verbundener Bauelemente – mit einer Höhe bis zu 200 m. Durch DIN EN 1991-1-4:2010.12, NCP zu 1.1 (11), Anmerkung 1, erfolgt die Erweiterung des Anwendungsbereiches auf Bauwerke mit einer Höhe bis 300 m. Darüber hinaus werden in DIN EN 1991-1-4:2010.12, Anhang NA.N, Brücken mit einer Spannweite bis zu 200 m und einer Höhe über Gelände bis zu 100 m behandelt.

Bauwerke mit besonderen Eigenschaften oder Zuverlässigkeitsanforderungen (z.B. Lichtmaste, Windenergieanlagen) gehören dagegen nicht zum Geltungsbereich dieser Norm. Weiterhin können für die Windsogsicherung kleinformatiger, hinterströmbarer Dach- und Wandverkleidungen (z.B. Dachziegel) zusätzliche bzw. abweichende Regelungen zu beachten sein.

2 Grundsätzliche Eigenschaften des Windes

Als Wind wird eine gerichtete Luftbewegung in der Atmosphäre bezeichnet. Die Ursache derartiger Luftbewegungen sind in erster Linie barometrische Druckunterschiede zwischen Hoch- und Tiefdruckgebieten, welche eine Bewegung von Luftmassen aus den Gebieten mit höherem Luftdruck in solche mit niedrigerem Luftdruck bewirken. Je höher der Druckunterschied und je geringer die Distanz zwischen den Gebieten mit hohem und niedrigem Druck ist, umso stärker sind die Luftbewegungen und der daraus resultierende Wind. Neben diesen Druckunterschieden treten aufgrund der Erdrotation auch Corioliskräfte auf, die dazu führen, dass die Windrichtung nicht direkt in Richtung des Druckgefälles verläuft, sondern beim Herausströmen aus dem Hochdruckgebiet auf der Nordhalbkugel in Uhrzeigerrichtung, auf der Südhalbkugel entgegen der Uhrzeigerrichtung abgelenkt wird. Die Eigendrehung von Hoch- und Tiefdruckgebieten führt darüber hinaus zu Zentrifugalkräften, die den Verlauf der Windrichtung ebenfalls beeinflussen. Der aus dem Zusammenspiel von Druckunterschieden, Coriolis- und Zentrifugalkräften hervorgerufene Wind wird als Gradientwind bezeichnet.

Neben dem von großräumigen Ereignissen beeinflussten Gradientwind treten noch räumlich begrenzte Luftströmungen auf, z.B. Land- und Seewind in Küstenbereichen oder Berg- und Talwind in Gebirgsregionen, die sich mit dem Gradientwind überlagern.

Nahe der Erdoberfläche beeinflussen Reibungseffekte die Windgeschwindigkeit. Der Bereich, in dem sich die Reibungseffekte spürbar auswirken, wird als atmosphärische Bodengrenzschicht bezeichnet. Die Bedeutung dieser Reibungseffekte nimmt mit zunehmender Höhe über dem Gelände ab. Innerhalb der atmosphärischen Bodengrenzschicht steigt die Windgeschwindigkeit mit zunehmender Höhe über Grund vom Wert Null in Bodennähe auf den Wert der Gradientwindgeschwindigkeit an. Die Höhe der Bodengrenzschicht und der in ihr auftretende höhenabhängige Verlauf der Windgeschwindigkeit (sogenanntes Windprofil) hängen sehr stark von der Rauigkeit in Bodennähe ab, siehe Abb. E.1. Dabei ist zu beachten, dass innerhalb der Bodengrenzschicht keine laminare, sondern eine turbulente Luftströmung vorliegt, was dazu führt, dass Windgeschwindigkeit und -richtung zeitlich und örtlich unregelmäßig verteilt sind. Nach [Peil 2006] lässt sich diese Situation anschaulich so darstellen, dass ein konstanter

Grundwind weht, dem sich lokale Böenstörungen überlagern, die als translatorisch und rotatorisch bewegte Böenballen begrenzter Ausdehnung gedeutet werden können.

Wegen der zeitlichen Veränderlichkeit des Windes ist es erforderlich, zur Messung der Windgeschwindigkeit einen Bezugszeitraum festzulegen. Zur Angabe der mittleren Windgeschwindigkeit wird dazu ein Zeitfenster von 10 Minuten genutzt. Die Spitzenwerte der Böengeschwindigkeit treten an einem bestimmten Ort nur innerhalb eines kurzen Zeitraumes auf (2 bis 3 Sekunden) und sind demzufolge deutlich höher als die mittlere Windgeschwindigkeit.

Zur Angabe der Windgeschwindigkeiten haben sich international die Einheiten Meter pro Sekunde (m/s), Knoten (kn) oder Meilen pro Stunde (mph) durchgesetzt. Für die Umrechnung dieser Einheiten gilt: 1 m/s = 1,944 kn = 2,237 mph. Die in Deutschland auftretenden Windgeschwindigkeiten sind regional sehr unterschiedlich. Die bisher höchste Böenwindgeschwindigkeit wurde mit 93 m/s im Juni 1985 auf der Zugspitze gemessen.

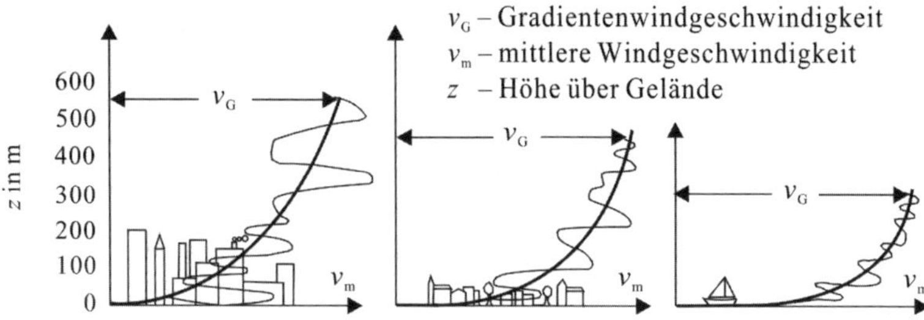

Abb. E.1: Windprofil für verschiedene Bodenrauigkeiten

3 Ermittlung des Geschwindigkeitsdrucks

3.1 Grundlagen

Zwischen der Windgeschwindigkeit und dem zugehörigen Geschwindigkeitsdruck besteht folgender grundsätzlicher Zusammenhang:

$$q = \frac{\rho}{2} \cdot v^2 \qquad \text{(E.1)}$$

q Geschwindigkeitsdruck

ρ Luftdichte

v Windgeschwindigkeit

Für die Luftdichte ρ kann in Meereshöhe bei einem Luftdruck von 1013 hPa und einer Temperatur von 10 °C ein Wert von $\rho = 1{,}25$ kg/m³ angesetzt werden. Damit ergibt sich für den Geschwindigkeitsdruck q:

$$q = \frac{v^2}{1600} \quad \text{mit } v \text{ in m/s und } q \text{ in kN/m}^2 \qquad \text{(E.2)}$$

Die in DIN EN 1991-1-4:2010.12 für vier verschiedene Windzonen angegebenen Geschwindigkeitsdrücke sind als charakteristische Werte mit einer jährlichen Überschreitungswahrscheinlichkeit von 2 % zu betrachten. Es werden folgende Windgeschwindigkeiten und zugehörigen Winddrücke angegeben:

- Der *Grundwert der Basisgeschwindigkeit* $v_{b,0}$ entspricht der über einen Zeitraum von 10 Minuten hinweg gemittelten Windgeschwindigkeit in 10 m Höhe über flachem offenem Gelände unter Berücksichtigung der Meereshöhe.
- *Basisgeschwindigkeit* v_b und zugehöriger *Basisgeschwindigkeitsdruck* q_b: Bei der Basisgeschwindigkeit wird gegenüber dem Grundwert der Basisgeschwindigkeit die Windrichtung und die Jahreszeit berücksichtigt. Vereinfachend darf $v_b = v_{b,0}$ angenommen werden, siehe DIN EN 1991-1-4/NA:2010.12, NDP zu 4.2 (2)P, Anmerkung 2. Zur Größe des Basisgeschwindigkeitsdrucks q_b siehe Tafel E.4.
- Mittlere Windgeschwindigkeit v_m und zugehöriger Böengeschwindigkeitsdruck q_p: Dem Böengeschwindigkeitsdruck liegt eine über einen Zeitraum von 2 bis 4 Sekunden gemittelte Böengeschwindigkeit zugrunde. Gegenüber der Basisgeschwindigkeit erfolgt darüber hinaus die Berücksichtigung der Höhe über dem Gelände und gegebenenfalls der Geländerauigkeit und Topographie.

Die auf dem Territorium der Bundesrepublik Deutschland registrierten Windgeschwindigkeiten unterscheiden sich entsprechend der jeweilig vorhandenen geographischen und klimatologischen Gegebenheiten sehr stark voneinander. Im Sinne einer möglichst realitätsnahen und gleichzeitig dennoch übersichtlichen Lösung beschränkt sich DIN EN 1991-1-4:2010.12 auf die Angabe von unterschiedlichen Grundwerten der Basiswindgeschwindigkeiten und zugehörigen Geschwindigkeitsdrücken in vier Windzonen, wobei innerhalb der einzelnen Windzonen für bestimmte Nachweise noch zwischen Binnenland und Küstenregionen unterschieden wird, siehe Tafel E.2. Die Zuordnung der Windzonen zu bestimmten Regionen steht mit einer europäischen Windzonenkarte in Übereinstimmung, so dass in grenznahen Gebieten die gleiche Windgeschwindigkeit maßgebend wird, wie im jeweiligen Nachbarland.

Dic in Tafel E.2 dargestellte, aus DIN EN 1991-1-4:2010.12 übernommene Windzonenkarte hat nur eine grobe Auflösung und ermöglicht in den Übergangsbereichen keine klare Zuordnung zu einer bestimmten Windzone. Zur detaillierteren Festlegung der Windzonen entsprechend der Verwaltungsgrenzen einzelner Gemeinden siehe Anhang I.

Zur Ermittlung des Geschwindigkeitsdrucks für einen konkreten Gebäudestandort bestehen gemäß DIN EN 1991-1-4/NA:2010.12, Anhang NA.B folgende alternative Möglichkeiten:

- Vereinfachter Ansatz eines über die Gebäudehöhe konstanten Geschwindigkeitsdrucks für Gebäude bis zu einer Höhe von 25 m (siehe nachfolgenden Abschnitt E.3.2)
- Ermittlung eines von der Höhe über dem Gelände abhängigen Geschwindigkeitsdrucks für eine bestimmte Geländekategorie (siehe Abschnitt E.3.3)
- Genauere Erfassung des Einflusses von Geländerauigkeit und Topographie sowie der Höhe über dem Gelände auf den Geschwindigkeitsdruck (siehe Abschnitt E.3.4).

3.2 Vereinfachter Geschwindigkeitsdruck für Bauwerke bis 25 m Höhe

Für Bauwerke mit einer Höhe h bis zu 25 m über dem Gelände darf der Geschwindigkeitsdruck vereinfacht konstant über die gesamte Gebäudehöhe angesetzt werden. In Tafel E.2 sind die maßgebenden Böengeschwindigkeitsdrücke q_p in Abhängigkeit von der Bauwerkshöhe für die einzelnen Windzonen angegeben. Überschreitet die Bauwerkshöhe einen Wert von $h = 25$ m, ist der Geschwindigkeitsdruck nach Abschnitt E.3.3 oder E.3.4 zu ermitteln.

Die in Tafel E.2 angegebenen Werte für den Böengeschwindigkeitsdruck q_p sind für Bauwerksstandorte mit einer Höhe von mehr als 800 m über NN über dem Meeresspiegel mit dem Faktor α_H zu erhöhen:

$$\alpha_H = 0{,}2 + \frac{H_S}{1000} \qquad \text{(E.3)}$$

H_S Höhe des Bauwerksstandortes über NN in m

Für Bauwerksstandorte mit $H_S > 1100$ m und für die Kamm- und Gipfellagen der Mittelgebirge sind besondere Überlegungen in Abstimmung mit den zuständigen Behörden erforderlich.

Tafel E.2: Vereinfachte Geschwindigkeitsdrücke für Bauwerke bis zu einer Höhe von 25 m

Windzonenkarte [1)]

Windzone		Geschwindigkeitsdruck q_p in kN/m² für eine Bauwerkshöhe h		
		$h \leq 10$ m	$h \begin{cases} > 10\text{ m} \\ \leq 18\text{ m} \end{cases}$	$h \begin{cases} > 18\text{ m} \\ \leq 25\text{ m} \end{cases}$
1	Binnen-land	0,50	0,65	0,75
2	Binnen-land	0,65	0,80	0,90
	Ostsee-küste und -inseln [2)]	0,85	1,00	1,10
3	Binnen-land	0,80	0,95	1,10
	Ostsee-küste und -inseln [2)]	1,05	1,20	1,30
4	Binnen-land	0,95	1,15	1,30
	Ostsee-küste und -inseln, Nordsee-küste [2)]	1,25	1,40	1,55
	Nordsee-inseln	1,40	– [3)]	– [3)]

[1)] Genaue Zuordnung der Windzonen zu Verwaltungsgrenzen siehe Anhang I.

[2)] Zum Küstenbereich zählt ein entlang der Küste verlaufender, in landeinwärtiger Richtung 5 km breiter Streifen.

[3)] Auf Nordseeinseln ist der Ansatz des vereinfachten Geschwindigkeitsdrucks nur für Bauwerke bis 10 m Höhe zugelassen.

3.3 Höhenabhängiger Geschwindigkeitsdruck im Regelfall

Das an einen Bauwerksstandort angrenzende Areal weist eine Bodenrauigkeit auf, die vor allem durch vorhandenen Bewuchs und Bebauung bestimmt wird. Die Windgeschwindigkeit und der Geschwindigkeitsdruck werden maßgeblich von der Bodenrauigkeit beeinflusst. Bei Bauwerken mit einer Höhe von mehr als 25 m ist dieser Effekt zwingend zu berücksichtigen.

Zur Erfassung der in Deutschland typischen Bedingungen sind in DIN EN 1991-1-4/NA:2010.12 die Geländekategorien I bis IV eingeführt worden, mit deren Hilfe es möglich ist, den Einfluss der Bodenrauigkeit zu erfassen, siehe auch Abschnitt E.3.4. Da in Deutschland jedoch nur wenige größere, zusammenhängende Gebiete mit gleicher Bodenrauigkeit vorkommen und somit die Geländekategorien in relativ geringer Entfernung wechseln, ist es in der Regel ausreichend, die Bodenrauigkeit vereinfacht in sogenannten Mischprofilen zu berücksichtigen.

Als Regelfall sind folgende Profile für den Böengeschwindigkeitsdruck vorgesehen:

- Mischprofil Binnenland (Übergangsbereich der Geländekategorien II und III nach Tafel E.5), anzusetzen im Binnenland
- Mischprofil Küste (Übergangsbereich der Geländekategorien I und II nach Tafel E.5), anzusetzen in einem 5 km breiten Streifen entlang der Küste sowie auf den Ostseeinseln

– Profil Nordseeinseln (Geländekategorie I nach Tafel E.5), anzusetzen auf den Inseln der Nordsee.

Für jedes dieser Profile werden in Tafel E.3 rechnerische Beziehungen zur Ermittlung des höhenabhängigen Böengeschwindigkeitsdrucks $q_p(z)$ angegeben. Der dazu benötigte Basisgeschwindigkeitsdruck q_b hängt von der Basiswindgeschwindigkeit v_b ab und kann in Abhängigkeit von der vorliegenden Windzone Tafel E.4 entnommen werden.

Für Bauwerksstandorte, die durch topographische Besonderheiten beeinflusst werden oder die sich an ausgedehnten Binnengewässern befinden, ist der Geschwindigkeitsstaudruck nach Kapitel E.3.4 (genaueres Verfahren) zu ermitteln.

Tafel E.3: Ermittlung des höhenabhängigen Böengeschwindigkeitsdrucks $q_p(z)$ in kN/m² im Regelfall

Mischprofil Binnenland		
$z \leq 7$ m	7 m $< z \leq 50$ m	50 m $< z \leq 300$ m
$q_p(z) = 1{,}5 \cdot q_b$	$q_p(z) = 1{,}7 \cdot q_b \cdot \left(\frac{z}{10}\right)^{0{,}37}$	$q_p(z) = 2{,}1 \cdot q_b \cdot \left(\frac{z}{10}\right)^{0{,}24}$
Mischprofil Küste		
$z \leq 4$ m	4 m $< z \leq 50$ m	50 m $< z \leq 300$ m
$q_p(z) = 1{,}8 \cdot q_b$	$q_p(z) = 2{,}3 \cdot q_b \cdot \left(\frac{z}{10}\right)^{0{,}27}$	$q_p(z) = 2{,}6 \cdot q_b \cdot \left(\frac{z}{10}\right)^{0{,}19}$
Profil Nordseeinseln		
$z \leq 2$ m	2 m $< z \leq 300$ m	
$q_p(z) = 1{,}1$ kN/m²	$q_p(z) = 1{,}5 \cdot \left(\frac{z}{10}\right)^{0{,}19}$	
q_b Zur Basiswindgeschwindigkeit v_b zugehöriger Basisgeschwindigkeitsdruck in kN/m², ist in Abhängigkeit von der vorliegenden Windzone Tafel E.4 zu entnehmen.		
z Höhe über dem Gelände in m		

Tafel E.4: Basisgeschwindigkeitsdruck q_b und Basiswindgeschwindigkeit v_b

Windzone	WZ 1	WZ 2	WZ 3	WZ 4
Basiswindgeschwindigkeit v_b in m/s	22,5	25,0	27,5	30,0
Basisgeschwindigkeitsdruck q_b in kN/m²	0,32	0,39	0,47	0,50

Zur Einteilung der Windzonen siehe Tafel E.2.

Die Basiswindgeschwindigkeit v_b gilt für ebenes, offenes Gelände (Bauwerkskategorie II nach Tafel E.5) in einer Höhe von 10 m.

Zu gegebenenfalls erforderlichen Erhöhungen des Basisgeschwindigkeitsdrucks bei Bauwerksstandorten mit einer Höhe von mehr als 800 m über NN bzw. in den Kamm- und Gipfellagen der Mittelgebirge siehe Abschnitt E.3.2.

3.4 Genauere Ermittlung des Geschwindigkeitsdrucks

Eine genauere Verfolgung des Einflusses von Geländerauigkeit und Topographie auf den Geschwindigkeitsdruck ist nach DIN EN 1991-1-4/NA:2010.12, NA.B.1 möglich. Dazu werden zunächst die in der Realität vorkommenden Bodenrauigkeiten den Geländekategorien I bis IV nach Tafel E.5 zugeordnet. Für Übergangszonen zwischen den Geländekategorien I und II wird darüber hinaus das Mischprofil Küste, zwischen den Geländekategorien II und III das Mischprofil Binnenland eingeführt (Regelprofile, siehe Abschnitt E.3.3).

Es ist – auf der sicheren Seite liegend – möglich, die küstennahen Gebiete sowie die Nord- und Ostseeinseln ohne weitere Berücksichtigung der tatsächlichen Bodenrauigkeit in die Geländekategorie I, die Binnenregionen in die Geländekategorie II einzustufen. Mit einem solchen Ansatz werden aber höhere Geschwindigkeitsdrücke erhalten, als beim in der Regel ebenfalls möglichen Ansatz von Mischprofilen nach Abschnitt E.3.3. Soll der Einfluss der Bodenrauigkeit zutreffender erfasst werden, ist der Bauwerksstandort entsprechend der vorliegenden Verhältnisse in eine Geländekategorie nach Tafel E.5 einzustufen. Der zugehörige höhenabhängige Geschwindigkeitsdruck kann dann in Abhängigkeit von Windzone und Geländekategorie nach Tafel E.6 ermittelt werden.

Tafel E.5: Geländekategorien nach DIN EN 1991-1-4/NA:2010.12, Tab. NA.B.1

Geländekategorie	Beschreibung	
I	Offene See; Seen mit mindestens 5 km freier Fläche in Windrichtung; glattes, flaches Land ohne Hindernisse $z_0 = 0{,}01$ m $\alpha = 0{,}12$	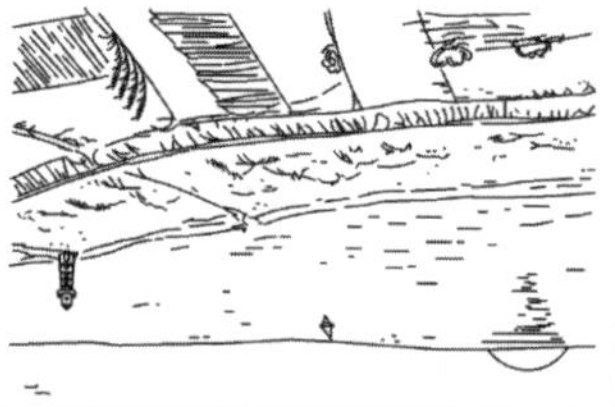
II	Gelände mit Hecken, einzelnen Gehöften, Häusern oder Bäumen, z.B. landwirtschaftliches Gebiet $z_0 = 0{,}05$ m $\alpha = 0{,}16$	
III	Vorstädte, Industrie- oder Gewerbegebiete; Wälder (siehe nachfolgende Anmerkungen) $z_0 = 0{,}30$ m $\alpha = 0{,}22$	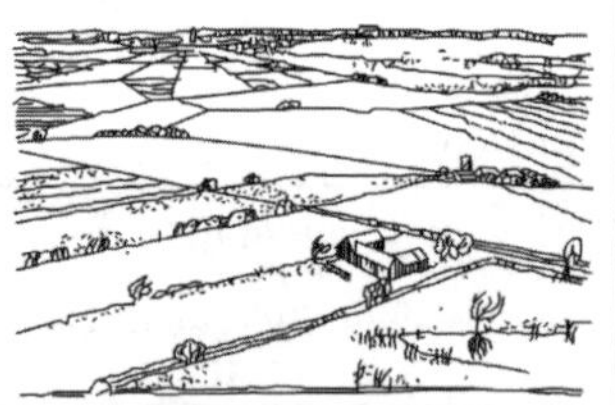
IV	Stadtgebiete, bei denen mindestens 15 % der Fläche mit Gebäuden bebaut sind, deren Höhe 15 m überschreitet $z_0 = 1{,}00$ m $\alpha = 0{,}30$	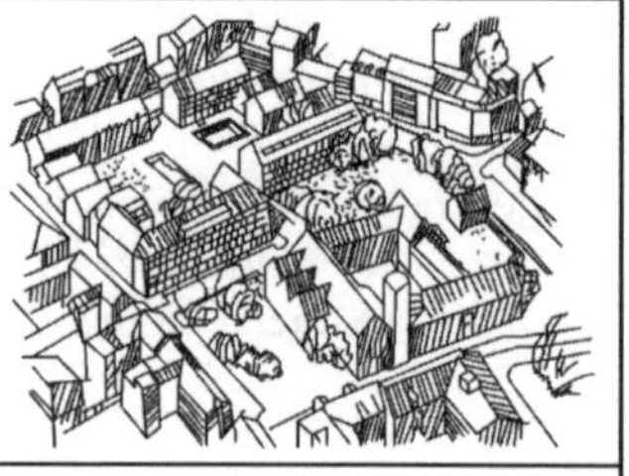
z_0 – Rauigkeitslänge in m; α – Profilexponent		

Bei der Einstufung eines Bauwerksstandortes in eine Geländekategorie ist zu beachten:

- Die Verminderung der bodennahen Windgeschwindigkeit durch Wälder darf nur mit Geländekategorie II bewertet werden. Es muss davon ausgegangen werden, dass im Falle eines starken Sturmes die Vegetation den Windkräften nicht standhalten kann.
- Ändert sich die Bodenrauigkeit in stromabwärtiger Richtung von einer raueren zu einer glatteren Geländekategorie, muss dies berücksichtigt werden. Dabei ist der Abstand zwischen Rauigkeitswechsel und Bauwerksstandort zu beachten.
- Der Einfluss wechselnder Bodenrauigkeiten darf näherungsweise wie folgt erfasst werden. Es ist die ungünstigere (glattere) Geländekategorie anzusetzen, wenn sich der Bauwerksstandort in einer Entfernung von weniger als 1 km vom Übergang von glattem zu rauerem Gelände befindet. Ist der Bauwerksstandort weiter als 3 km vom Rauigkeitswechsel entfernt, darf die rauere Geländekategorie angesetzt werden, wenn das Bauwerk nicht höher als 50 m ist. Bei größeren Bauwerkshöhen ist die glattere Geländekategorie zu verwenden.
- In stromaufwärtiger Richtung darf die Geländekategorie getrennt vom Bauwerksstandort bestimmt werden.
- Ist eine Zuordnung nicht eindeutig möglich, so ist die glattere der in Frage kommenden Geländekategorien anzunehmen.

In DIN EN 1991-1-4/NA:2010.12 werden außerdem Hilfsmittel zur Bestimmung des Böengeschwindigkeitsdruckes an Klippen und Geländeversprüngen sowie Kuppen und Hügelkämmen bereitgestellt, auf die an dieser Stelle nicht weiter eingegangen wird.

Tafel E.6: Böengeschwindigkeitsdruck in ebenem Gelände für die Geländekategorien I bis IV nach DIN EN 1991-1-4/NA:2010.12, Tab. NA.B.2

Geländekategorie	Mindesthöhe z_{min} in m	Böengeschwindigkeitsdruck q_p in kN/m² für $z \leq z_{min}$	für $z > z_{min}$
I	2,00 m	$1{,}9 \cdot q_b$	$q_p(z) = 2{,}6 \cdot q_b \cdot \left(\frac{z}{10}\right)^{0{,}19}$
II	4,00 m	$1{,}7 \cdot q_b$	$q_p(z) = 2{,}1 \cdot q_b \cdot \left(\frac{z}{10}\right)^{0{,}24}$
III	8,00 m	$1{,}5 \cdot q_b$	$q_p(z) = 1{,}6 \cdot q_b \cdot \left(\frac{z}{10}\right)^{0{,}31}$
IV	16,00 m	$1{,}3 \cdot q_b$	$q_p(z) = 1{,}1 \cdot q_b \cdot \left(\frac{z}{10}\right)^{0{,}40}$

q_b zur Basisgeschwindigkeit v_b zugehöriger Basisgeschwindigkeitsdruck in kN/m², ist in Abhängigkeit von der vorliegenden Windzone Tafel E.4 zu entnehmen

z_{min} Mindestwert des Bodenabstands. Der Potenzansatz für das Windprofil gilt für Höhen $z > z_{min}$. Für Höhen $z \leq z_{min}$ ist ein konstanter Geschwindigkeitsdruck anzusetzen.

z Höhe über dem Gelände in m

3.5 Abminderung des Geschwindigkeitsdrucks bei vorübergehenden Zuständen

Wenn zeitlich begrenzte Bauabschnitte oder Bauzustände betrachtet werden, ist die Wahrscheinlichkeit relativ gering, dass der 50-Jahres-Wind gerade in diesem Zeitraum auftritt. In derartigen Fällen ist es daher ohne Abstriche am geforderten Sicherheitsniveau möglich, reduzierte Geschwindigkeitsdrücke anzusetzen, siehe Tafel E.7. Gegebenenfalls können beim Heranziehen eines Sturmes zusätzliche Vorkehrungen getroffen werden:

- schützende Sicherungsmaßnahmen (Maßnahmen, die das Bauwerk vor dem Wind schützen, z.B. Einhausungen, Einschub in Hallen, Niederlegen kritischer Bauteile usw. [Niemann 2006], [Pahl 2006]),
- verstärkende Sicherheitsmaßnahmen (z.B. zusätzliche Abspannungen).

Die Anwendung der reduzierten Geschwindigkeitsdrücke für schützende bzw. verstärkende Sicherheitsmaßnahmen setzt eine genaue und stetige Beobachtung der Wetterlage voraus, so dass die Sicherungsmaßnahmen rechtzeitig eingeleitet werden können. Der Nachweis erfolgt bei Anwendung verstärkender Sicherheitsmaßnahmen zweistufig:

- Nachweis der unverstärkten Konstruktion mit dem reduzierten Geschwindigkeitsdruck für „verstärkende Sicherheitsmaßnahmen"
- Nachweis der verstärkten Konstruktion mit dem reduzierten Geschwindigkeitsdruck „keine Sicherheitsmaßnahmen".

Bei „schützenden Sicherheitsmaßnahmen" ist der entsprechende Geschwindigkeitsdruck nach Tafel E.7 beim Nachweis der ungeschützten Konstruktion anzusetzen.

Für Bauten, die jederzeit errichtet und abgebaut werden können (z.B. fliegende Bauten und Gerüste) gelten diese Regelungen nicht [Niemann 2006].

Tafel E.7: Abgeminderter Geschwindigkeitsdruck bei vorübergehenden Zuständen nach DIN EN 1991-1-4/NA:2010.12, Tab. NA.B.5

Dauer des vorübergehenden Zustands	Sicherungsmaßnahmen		
	schützende	verstärkende	keine
$\leq$ 3 Tage	$0{,}1 \cdot q_p$	$0{,}2 \cdot q_p$	$0{,}5 \cdot q_p$
$\leq$ 3 Monate im Zeitraum von Mai bis August	$0{,}2 \cdot q_p$	$0{,}3 \cdot q_p$	$0{,}5 \cdot q_p$
$\leq$ 12 Monate	$0{,}2 \cdot q_p$	$0{,}3 \cdot q_p$	$0{,}6 \cdot q_p$
$\leq$ 24 Monate	$0{,}2 \cdot q_p$	$0{,}4 \cdot q_p$	$0{,}7 \cdot q_p$
q_p Geschwindigkeitsdruck, zu ermitteln nach Abschnitt E.3.2, E.3.3 oder E.3.4			

4 Abgrenzung zwischen schwingungsanfälligen und nicht schwingungsanfälligen Bauwerken

Bauwerke dürfen als nicht schwingungsanfällig eingestuft werden, wenn die Verformungen unter Windeinwirkung durch die Böenresonanz um nicht mehr als 10 % erhöht werden.

Ohne weiteren Nachweis dürfen Wohn-, Büro- und Industriegebäude mit einer Höhe bis zu 25 m, sowie diesen in Form und Konstruktion ähnliche Gebäude als nicht schwingungsanfällig betrachtet werden. Für als Kragträger wirkende Konstruktionen ist darüber hinaus in DIN EN 1991-1-4/NA:2010.12, NA.C.2 ein rechnerisches Abgrenzungskriterium zur Unterscheidung zwischen schwingungsanfälligen und nicht schwingungsanfälligen Konstruktionen enthalten:

$$\frac{x_s}{h} \leq \frac{\delta}{\left(\sqrt{\frac{25}{h} \cdot \frac{h+b}{b}} + 0{,}125 \cdot \sqrt{\frac{h}{25}}\right)^2} \quad \rightarrow \text{keine Schwingungsanfälligkeit} \qquad \text{(E.4)}$$

x_s Kopfpunktverschiebung in m; zu berechnen unter der Eigenlast, die in Windrichtung wirkend angenommen wird

δ logarithmisches Dämpfungsdekrement nach DIN EN 1991-1-4:2010.12, F.5

h Gebäudehöhe, in m

b Gebäudebreite senkrecht zur Windrichtung, in m

Für das logarithmische Dämpfungsdekrement von Gebäuden können in Abhängigkeit von der Bauweise näherungsweise und auf der sicheren Seite liegend die Werte nach Tafel E.8 angenommen werden. Zusätzliche Angaben (z.B. für Türme, Schornsteine, Brücken) und genauere Berechnungsverfahren siehe DIN EN 1991-1-4:2010.12, F.5.

Tafel E.8: Logarithmisches Dämpfungsdekrement δ für Gebäude

Bauweise	Massiv	Stahl	Gemischt (Beton und Stahl)
Dämpfungsdekrement δ	0,100	0,050	0,080

Beispiel: Überprüfung der Schwingungsanfälligkeit eines Gebäudes

Für ein in Massivbauweise errichtetes Wohngebäude mit 10 Geschossen und rechteckigem Grundriss wird nachfolgend die Schwingungsanfälligkeit untersucht.

Gebäudehöhe: 32,00 m

Außenabmessungen: 12,00 m/30,00 m

Eigenlast je Geschoss: 3400 kN

Die Gebäudeaussteifung erfolgt durch Stahlbetonwände. Für das Aussteifungssystem gilt: $I = 130$ m^4 und $E = 30000$ MN/m^2

$$g^* = \frac{10 \cdot 3{,}4}{32} = 1{,}06 \text{ MN/m}$$

Ermittlung der bezogenen Auslenkung x_s/h:

$$\frac{x_s}{h} = \frac{g^* \cdot h^4}{8 \cdot E \cdot I} \cdot \frac{1}{h} = \frac{1{,}06 \cdot 32^4}{8 \cdot 30000 \cdot 130} \cdot \frac{1}{32} = 0{,}0011$$

Logarithmisches Dämpfungsdekrement für Massivbauweise: $\delta = 0{,}100$

Überprüfung der Schwingungsanfälligkeit:

$$\frac{x_s}{h} = 0{,}0011 \leq \frac{\delta}{\left(\sqrt{\frac{25}{h} \cdot \frac{h+b}{b}} + 0{,}125 \cdot \sqrt{\frac{h}{25}}\right)^2} = \frac{0{,}100}{\left(\sqrt{\frac{25}{32} \cdot \frac{32+30}{30}} + 0{,}125 \cdot \sqrt{\frac{32}{25}}\right)^2} = 0{,}0501$$

$\Rightarrow$ Das Gebäude ist nicht schwingungsanfällig.

5 Windkräfte und Winddruck für nicht schwingungsanfällige Bauteile

5.1 Allgemeines

Die tatsächlich auftretenden Windbeanspruchungen werden im Rahmen des Sicherheitskonzepts nach DIN EN 1990:2010.12 durch eine vereinfachte Anordnung von Windeinwirkungen in Form von Windkräften oder Winddrücken nach DIN EN 1991-1-4:2010.12 erfasst, deren Wirkungen äquivalent zu den maximalen Wirkungen des turbulenten Winds sind.

Die Windeinwirkungen nach DIN EN 1991-1-4:2010.12 stellen charakteristische Werte dar und sind als zeitlich veränderliche, freie Einwirkungen entsprechend DIN EN 1990:2010.12, 4.1.1 zu betrachten.

Bei ausreichend steifen, nicht schwingungsanfälligen Bauwerken sind die dynamischen Wirkungen der Windeinwirkungen vernachlässigbar, siehe Abschnitt E.4. In solchen Fällen können die Windeinwirkungen als vorwiegend ruhend betrachtet und somit wie eine statische Einwirkung behandelt werden.

Darüber hinaus gilt:

- Windeinwirkungen wirken in Form von Druck auf die Bauteiloberflächen. Aus der Resultierenden der Winddrücke wird die Windkraft ermittelt.
- Bei geschlossenen Bauwerken ist bei Durchlässigkeit der äußeren Hülle neben dem Druck auf die Außenflächen auch Druck auf den Innenflächen anzusetzen.
- Der Winddruck wirkt normal zur Bauteiloberfläche.
- Windkräfte und Winddrücke sind unabhängig von der Himmelsrichtung. Eine genauere Berücksichtigung des Einflusses der Windrichtung darf erfolgen, wenn hierzu ausreichend statistisch gesicherte Erkenntnisse vorliegen.
- Wenn Wind an größeren Flächen vorbeistreicht, kann es erforderlich sein, auch Reibungskräfte parallel zur windberührten Oberfläche zu berücksichtigen.
- Beeinflussen andere Einwirkungen wie Verkehr, Schnee oder Eis die Bezugsfläche oder die aerodynamischen Beiwerte zur Bestimmung der Windeinwirkungen erheblich, ist das zu berücksichtigen.
- Ermüdungsbeanspruchungen infolge Windeinwirkungen sind bei ermüdungsempfindlichen Bauwerken bzw. Bauteilen zu berücksichtigen.

5.2 Winddruck für nicht schwingungsanfällige Bauteile

5.2.1 Ermittlung des Winddrucks

Grundsätzlich wird zwischen dem an der Außenfläche und dem an der Innenfläche eines Bauwerks wirkenden Winddruck unterschieden:

- Winddruck auf der Außenfläche eines Bauwerks: $w_e = c_{pe} \cdot q_p(z_e)$ (E.5)
- Winddruck auf der Innenfläche eines Bauwerks: $w_i = c_{pi} \cdot q_p(z_i)$ (E.6)

Es bedeuten:

c_{pe}, c_{pi}	Aerodynamischer Beiwert für den Außen- bzw. Innendruck nach Kapitel E.5.2.2 bzw. E.5.2.3
$q_p(z_e)$, $q_p(z_i)$	Böengeschwindigkeitsdruck nach Abschnitt E.3
z_e, z_i	Bezugshöhe; Höhe der Oberkante der betrachteten Fläche bzw. der Oberkante des betrachteten Abschnitts über dem Gelände

Die Gesamtwindeinwirkungen ergeben sich aus der Überlagerung von Außen- und Innendruck, siehe Abb. E.2. Wenn sich der Innendruck bei der Ermittlung einer Reaktionsgröße entlastend auswirkt, ist er zu null zu setzen.

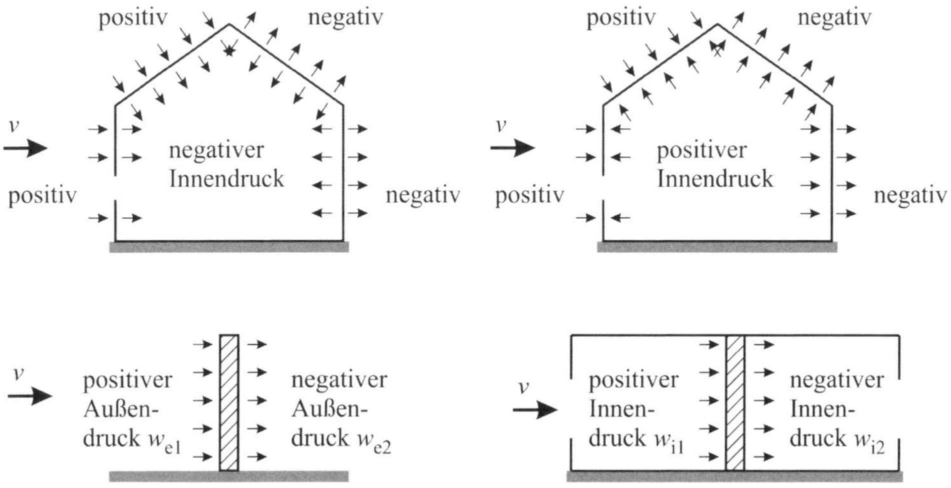

Abb. E.2: Beispiele für die Überlagerung von Außen- und Innendruck

5.2.2 Aerodynamische Beiwerte für den Außendruck

DIN EN 1991-1-4:2010.12 enthält eine umfangreiche Sammlung von aerodynamischen Beiwerten. Darüber hinaus können für Sonderfälle weitere aerodynamische Beiwerte der Literatur entnommen werden. Nachfolgend werden die aerodynamischen Beiwerte für die wichtigsten Fälle zusammengestellt.

a) Einfluss der Lasteinzugsfläche

Der maßgebende Außendruckbeiwert c_{pe} ist in Abhängigkeit von der Lasteinflussfläche A zu bestimmen:

$$c_{pe} = \begin{cases} c_{pe,1} & \text{für } A \leq 1\,\text{m}^2 \\ c_{pe,1} + \left(c_{pe,10} - c_{pe,1}\right) \cdot \lg A & \text{für } 1\,\text{m}^2 < A \leq 10\,\text{m}^2 \\ c_{pe,10} & \text{für } A > 10\,\text{m}^2 \end{cases} \tag{E.7}$$

$c_{pe,1}$	Außendruckbeiwert für $A \leq 1\ \text{m}^2$
$c_{pe,10}$	Außendruckbeiwert für $A > 10\ \text{m}^2$
A	Lasteinflussfläche

Die $c_{pe,1}$-Beiwerte dienen dem Entwurf kleiner Bauteile und deren Verankerungen, die $c_{pe,10}$-Beiwerte sind der Bemessung eines ganzen Tragwerks zugrunde zu legen.

b) Vorzeichendefinition

Die allgemeine Bezeichnung „Winddruck" steht sowohl für den Fall einer durch Windlasten auf einer Fläche verursachten Druckbeanspruchung, als auch für den Fall einer Sogbeanspruchung. Die Vorzeichenregelung bei der Angabe von aerodynamischen Beiwerten und damit auch von Winddrücken ist so geregelt, dass ein Druck auf eine Fläche positiv und ein Sog auf eine Fläche negativ ist.

c) Vertikale Wände von Gebäuden mit rechteckigem Grundriss

Hinsichtlich des Ansatzes des Geschwindigkeitsdruckes ist zunächst zu unterscheiden, ob

- der vereinfachte Geschwindigkeitsdruck für Bauwerke bis 25 m Höhe nach Abschnitt E.3.2 oder
- der höhenabhängige Geschwindigkeitsdruck nach Abschnitt E.3.3 bzw. Abschnitt E.3.4

die Berechnungsgrundlage darstellt.

Während der vereinfachte Geschwindigkeitsdruck nach Abschnitt E.3.2 über die gesamte Wandhöhe in gleichbleibender Größe angesetzt werden kann, sind beim höhenabhängigen Geschwindigkeitsdruck nach Abschnitt E.3.3 oder E.3.4 gegebenenfalls mehrere horizontale Wandstreifen zu untersuchen (siehe Tafel E.9). Innerhalb dieser Wandstreifen darf der Geschwindigkeitsdruck konstant angenommen werden, seine Höhe wird in Abhängigkeit der Höhe des betrachteten Streifens über dem Gelände ermittelt. Vertikale Wände mit $h > 2 \cdot b$ sind im mittleren Wandbereich in eine angemessene Anzahl von Zwischenstreifen der Höhe h_{strip} zu unterteilen.

Tafel E.9: Ansatz des Geschwindigkeitsdrucks bei vertikalen Wänden

	äußere Abmessungen	Bezugshöhe	Verlauf des Böengeschwindigkeitsdrucks
$h \leq b$	b, h, v_m	$z_e = h$, z	$q_p(h)$
$b < h \leq 2 \cdot b$	b, h-b, h, b, v_m	$z_e = h$, $z_e = b$, z	$q_p(h)$, $q_p(b)$
$h > 2 \cdot b$	b, b, h, h_{strip}, b	$z_e = h$, $z_e = z_{strip}$, $z_e = b$, z	$q_p(h)$, $q_p(z_{strip})$, $q_p(b)$

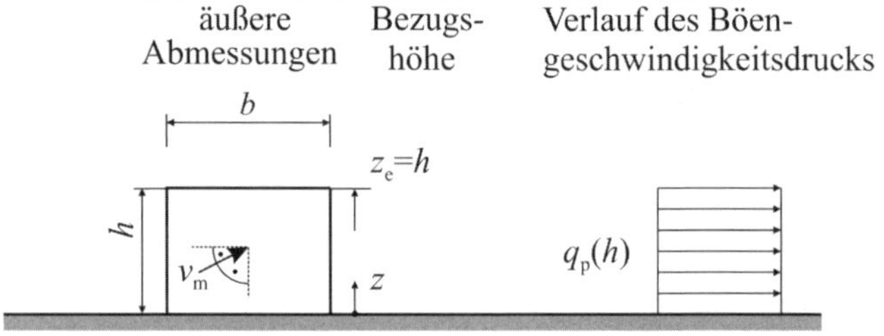

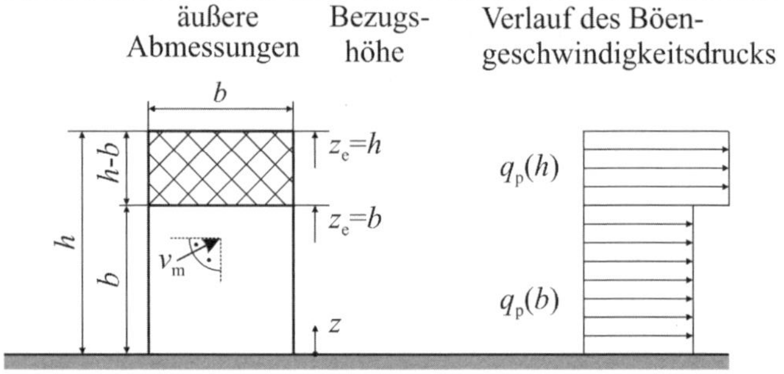

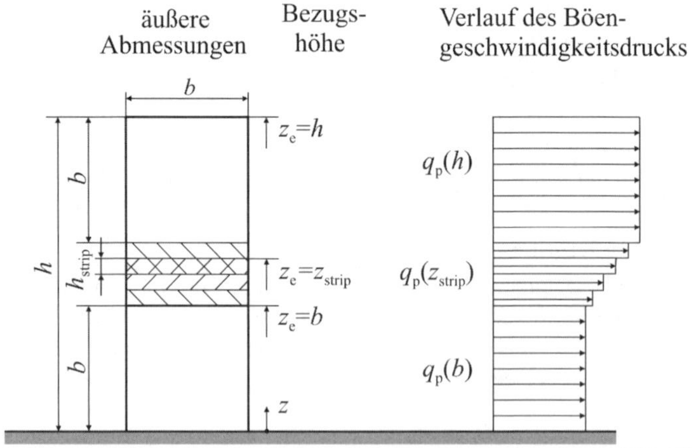

Die Wände sind entsprechend der Windanströmrichtung und der vorliegenden geometrischen Verhältnisse in die Wandbereiche A bis D nach Abb. E.3 einzuteilen, für die die aerodynamischen Beiwerte in Tafel E.10 abzulesen sind.

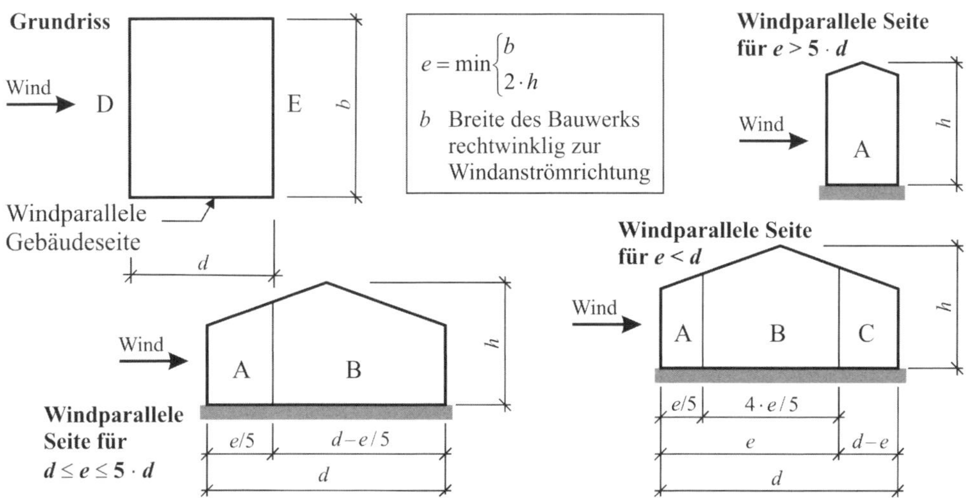

Abb. E.3: Einteilung der Wandflächen bei vertikalen Wänden

Tafel E.10: Aerodynamische Beiwerte für vertikale Wände

h/d	Wandbereich									
	A		B		C		D		E	
	$c_{pe,1}$	$c_{pe,10}$	$c_{pe,1}$	$c_{pe,10}$	$c_{pe,1}$	$c_{pe,10}$	$c_{pe,1}$	$c_{pe,10}$	$c_{pe,1}$	$c_{pe,10}$
≥ 5	–1,7	–1,4	–1,1	–0,8	–0,7	–0,5	+1,0	+0,8	–0,7	–0,5
1	–1,4	–1,2	–1,1	–0,8	–0,5		+1,0	+0,8	–0,5	
≤ 0,25	–1,4	–1,2	–1,1	–0,8	–0,5		+1,0	+0,7	–0,5	–0,3

Zwischenwerte dürfen linear interpoliert werden.

Bei einzeln in offenem Gelände stehenden Gebäuden können im Sogbereich auch größere Werte auftreten.

Für $h/d > 5$ ist die Gesamtwindkraft durch den Ansatz von Kraftbeiwerten nach DIN EN 1991-1-4 (12.2010), 7.6 bis 7.8 und 7.9.2 zu ermitteln.

d) Satteldächer (Dachneigung ≥ 5°)

Satteldächer sind einschließlich überstehender Teile getrennt nach der Luv- und Leeseite in die Dachbereiche F bis J entsprechend Abb. E.5 einzuteilen. Als Bezugshöhe gilt $z_e = h$. Im Bereich von Dachüberständen darf für den Unterseitendruck der Wert der anschließenden Wandfläche, auf der Oberseite der Druck der anschließenden Dachfläche angesetzt werden.

Für die Windanströmrichtung $\theta = 0°$ sind bei Dachneigungen bis 45° sowohl positive als auch negative aerodynamische Beiwerte angegeben. Damit sind in derartigen Fällen insgesamt 4 verschiedene Winddruckkombinationen zu berücksichtigen, von denen die ungünstigste maßgebend wird, siehe Abb. E.4.

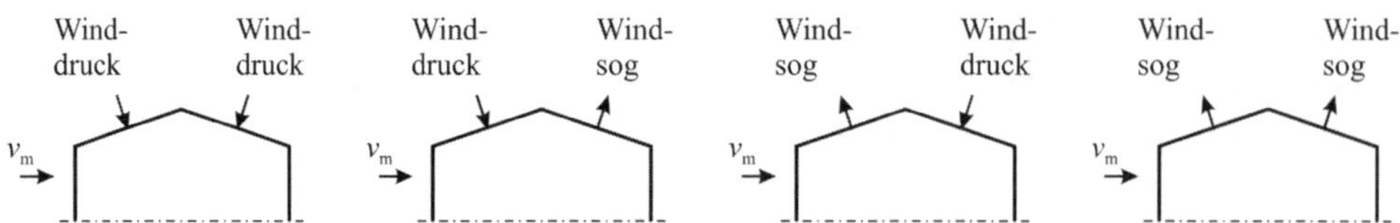

Abb. E.4: Windruckkombinationen bei Satteldächern für $\theta = 0°$ und $\alpha \leq 45°$

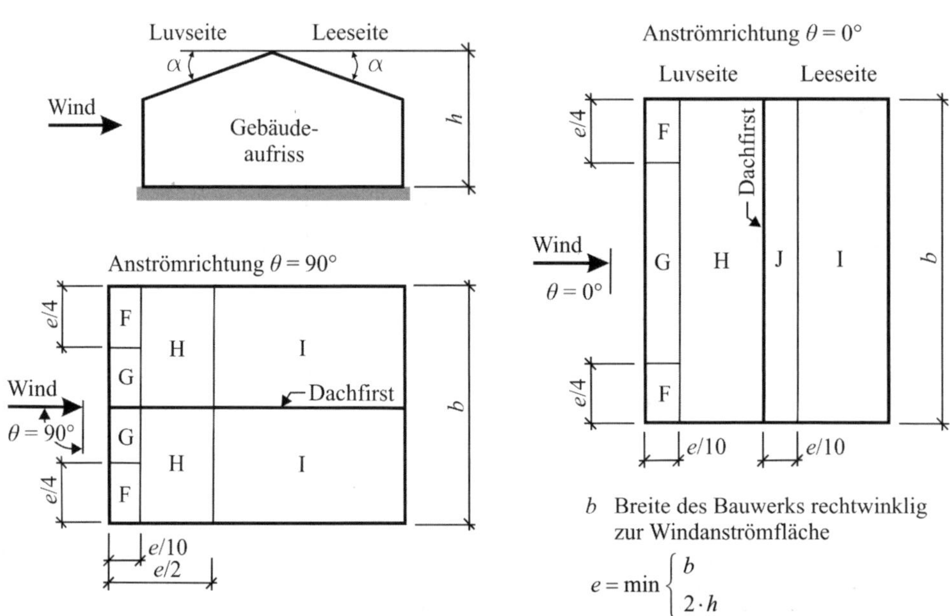

b Breite des Bauwerks rechtwinklig zur Windanströmfläche

$$e = \min \begin{cases} b \\ 2 \cdot h \end{cases}$$

Abb. E.5: Einteilung der Dachfläche von Satteldächern

Tafel E.11: Aerodynamische Beiwerte für Satteldächer

Windanströmrichtung $\theta = 0°$										
Neigungswinkel α	Dachbereich									
	F		G		H		I		J	
	$c_{pe,1}$	$c_{pe,10}$	$c_{pe,1}$	$c_{pe,10}$	$c_{pe,1}$	$c_{pe,10}$	$c_{pe,1}$	$c_{pe,10}$	$c_{pe,1}$	$c_{pe,10}$
5°	–2,5	–1,7	–2,0	–1,2	–1,2	–0,6	–0,6		–0,6	
	+0,0		+0,0		+0,0				+0,2	
15°	–2,0	–0,9	–1,5	–0,8	–0,3		–0,4		–1,5	–1,0
	+0,2		+0,2		+0,2		+0,0		+0,0	+0,0
30°	–1,5	–0,5	–1,5	–0,5	–0,2		–0,4		–0,5	
	+0,7		+0,7		+0,4		+0,0		+0,0	
45°	–0,0		–0,0		–0,0		–0,2		–0,3	
	+0,7		+0,7		+0,6		+0,0		+0,0	
60°	+0,7		+0,7		+0,7		–0,2		–0,3	
75°	+0,8		+0,8		+0,8		–0,2		–0,3	

Tafel E.11: Aerodynamische Beiwerte für Satteldächer (Fortsetzung)

Windanströmrichtung $\theta = 90°$								
Neigungswinkel α	Dachbereich F		G		H		I	
	$c_{pe,1}$	$c_{pe,10}$	$c_{pe,1}$	$c_{pe,10}$	$c_{pe,1}$	$c_{pe,10}$	$c_{pe,1}$	$c_{pe,10}$
5°	–2,2	–1,6	–2,0	–1,3	–1,2	–0,7	+0,2 / –0,6	
10°	–2,1	–1,4	–2,0	–1,3	–1,2	–0,6	+0,2 / –0,6	
15°	–2,0	–1,3	–2,0	–1,3	–1,2	–0,6	–0,5	
30°	–1,5	–1,1	–2,0	–1,4	–1,2	–0,8	–0,5	
45°	–1,5	–1,1	–2,0	–1,4	–1,2	–0,9	–0,5	
60°	–1,5	–1,1	–2,0	–1,2	–1,0	–0,8	–0,5	
75°	–1,5	–1,1	–2,0	–1,2	–1,0	–0,8	–0,5	

Sind sowohl positive als auch negative aerodynamische Beiwerte angegeben, so sind die für die betrachtete Beanspruchungssituation ungünstigeren Werte für die Bereiche F, G und H mit den ungünstigeren Werten der Bereiche I und J zu kombinieren. Nicht zulässig ist das Mischen von positiven und negativen Beiwerten innerhalb der Bereiche F, G und H einerseits sowie I und J andererseits.

Für Dachneigungen zwischen den angegeben Werten darf linear interpoliert werden, sofern das Vorzeichen der Druckbeiwerte nicht wechselt.

e) Flachdächer (Dachneigung geringer ± 5°)

Dächer mit einer geringeren Neigung als ± 5° gelten als Flachdächer und sind in die Dachbereiche F bis I einzuteilen, siehe Abb. E.6. Die noch in DIN 1055-4:2006.03 enthaltene Regelung, wonach der Dachflächenbereich F für sehr flache Baukörper mit $h/d < 0{,}1$ entfallen darf, ist aus DIN EN 1991-1-4:2010.12 herausgefallen.

Bei Flachdächern mit Attika ist für die Attika selbst der Winddruck wie für freistehende Wände und Brüstungen zu ermitteln.

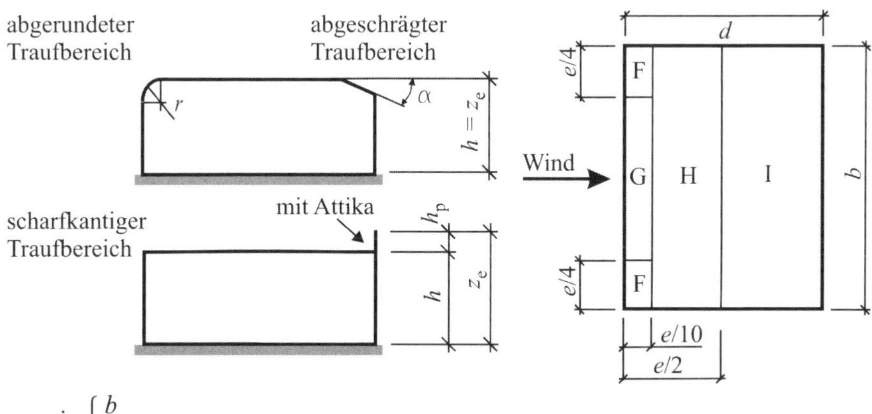

$$e = \min \begin{cases} b \\ 2 \cdot h \end{cases}$$

b Breite des Bauwerks rechtwinklig zur Windanströmrichtung

Abb. E.6: Einteilung der Dachfläche von Flachdächern

Tafel E.12: Aerodynamische Beiwerte für Flachdächer [1)]

		Dachbereich							
		F		G		H		I [6)]	
		$c_{pe,1}$	$c_{pe,10}$	$c_{pe,1}$	$c_{pe,10}$	$c_{pe,1}$	$c_{pe,10}$	$c_{pe,1}$	$c_{pe,10}$
scharfkantiger Traufbereich		–2,5	–1,8	–2,0	–1,2	–1,2	–0,7	+0,2 / –0,6	
mit Attika	$h_p/h = 0{,}025$	–2,2	–1,6	–1,8	–1,1	–1,2	–0,7	+0,2 / –0,6	
	$h_p/h = 0{,}05$	–2,0	–1,4	–1,6	–0,9	–1,2	–0,7	+0,2 / –0,6	
	$h_p/h = 0{,}1$	–1,8	–1,2	–1,4	–0,8	–1,2	–0,7	+0,2 / –0,6	
abgerundeter Traufbereich [2)]	$r/h = 0{,}05$	–1,5	–1,0	–1,8	–1,2	–0,4		± 0,2	
	$r/h = 0{,}1$	–1,2	–0,7	–1,4	–0,8	–0,3		± 0,2	
	$r/h = 0{,}2$	–0,8	–0,5	–0,8	–0,5	–0,3		± 0,2	
abgeschrägter Traufbereich [3) 4) 5)]	$\alpha = 30°$	–1,5	–1,0	–1,5	–1,0	–0,3		± 0,2	
	$\alpha = 45°$	–1,8	–1,2	–1,9	–1,3	–0,4		± 0,2	
	$\alpha = 60°$	–1,9	–1,3	–1,9	–1,3	–0,5		± 0,2	

1) Zwischenwerte dürfen linear interpoliert werden.
2) Bei Flachdächern mit abgerundetem Traufbereich ist im unmittelbaren Bereich der Dachkrümmung ein linearer Übergang vom Außendruckbeiwert der Außenwand zu dem des Daches anzusetzen.
3) Bei Flachdächern mit abgeschrägtem Traufbereich ergeben sich die Druckbeiwerte für den unmittelbaren Bereich der Dachschräge nach Tafel E.11 ($\theta = 0°$), Bereiche F und G.
4) Für Flachdächer mit abgeschrägtem Traufbereich darf für $\alpha > 60°$ zwischen den Werten für $\alpha = 60°$ und den Werten für den scharfkantigen Traufbereich linear interpoliert werden.
5) Bei abschrägten Traufbereichen mit einem horizontalen Maß weniger als $e/10$ sollten die Werte für scharfkantige Traufbereiche verwendet werden.
6) Positive und negative Werte im Bereich I müssen gleichermaßen berücksichtigt werden.

f) Trogdächer

Trogdächer werden in die Dachflächen entsprechend Abb, E.7 eingeteilt. Es gilt $z_e = h$.

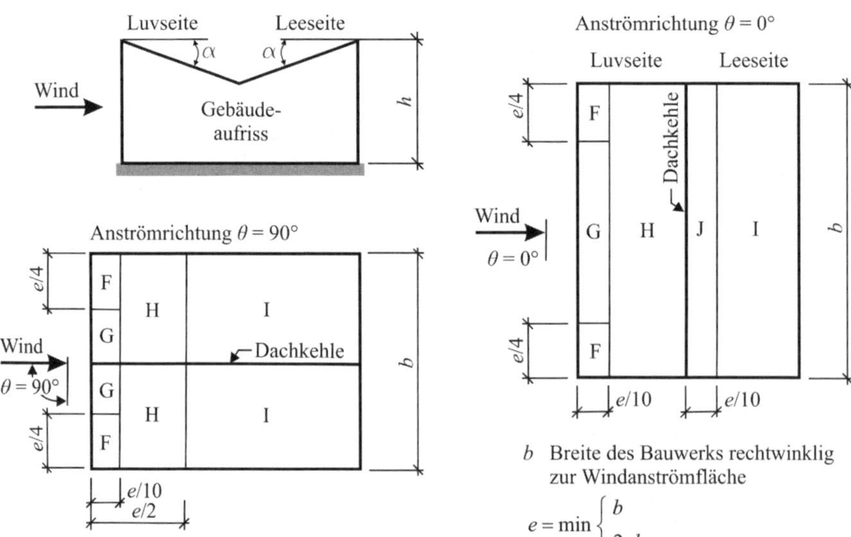

Abb. E.7: Dachflächeneinteilung von Trogdächern

Tafel E.13: Aerodynamische Beiwerte für Trogdächer

Windanströmrichtung $\theta = 0°$										
Neigungswinkel α	Dachbereich									
	F		G		H		I		J	
	$c_{pe,1}$	$c_{pe,10}$	$c_{pe,1}$	$c_{pe,10}$	$c_{pe,1}$	$c_{pe,10}$	$c_{pe,1}$	$c_{pe,10}$	$c_{pe,1}$	$c_{pe,10}$
–45°	–0,6		–0,6		–0,8		–0,7		–1,5	–1,0
–30°	–2,0	–1,1	–1,5	–0,8	–0,8		–0,6		–1,4	–0,8
–15°	–2,8	–2,5	–2,0	–1,3	–1,2	–0,9	–0,5		–1,2	–0,7
–5°	–2,5	–2,3	–2,0	–1,2	–1,2	–0,8	+0,2		+0,2	
							–0,6		–0,6	

Windanströmrichtung $\theta = 90°$								
Neigungswinkel α	Dachbereich							
	F		G		H		I	
	$c_{pe,1}$	$c_{pe,10}$	$c_{pe,1}$	$c_{pe,10}$	$c_{pe,1}$	$c_{pe,10}$	$c_{pe,1}$	$c_{pe,10}$
–45°	–2,0	–1,4	–2,0	–1,2	–1,3	–1,0	–1,2	–0,9
–30°	–2,1	–1,5	–2,0	–1,2	–1,3	–1,0	–1,2	–0,9
–15°	–2,5	–1,9	–2,0	–1,2	–1,2	–0,8	–1,2	–0,8
–5°	–2,5	–1,8	–2,0	–1,2	–1,2	–0,7	–1,2	–0,6

Es gelten die gleichen Anmerkungen wie für Satteldächer, siehe Tab. E.11. Ebenso sind die für Satteldächer gültigen Winddruckkombinationen zu beachten, wenn gleichzeitig positive und negative aerodynamische Beiwerte zu berücksichtigen sind.

g) Pultdächer

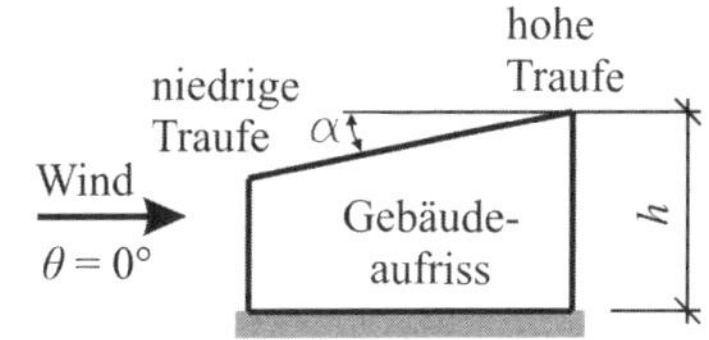

a) allgemein

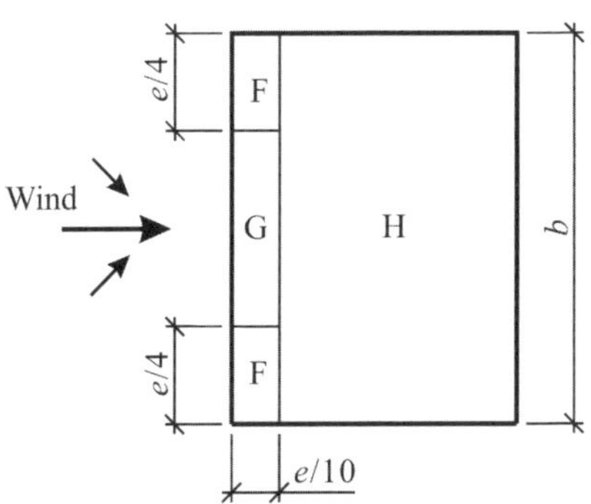

b) Windanströmrichtung $\theta = 0°$ und $\theta = 180°$

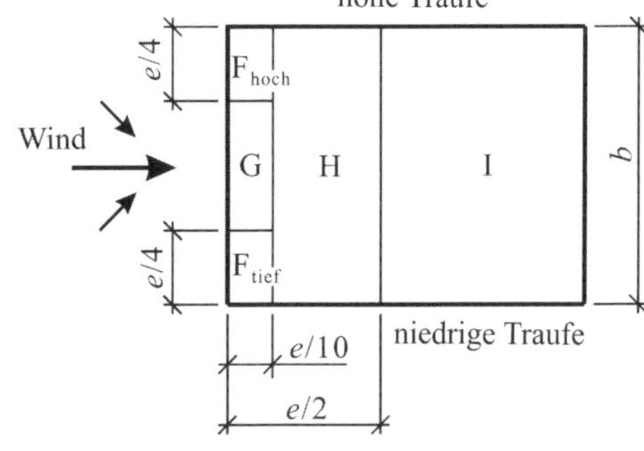

c) Windanströmrichtung $\theta = 90°$

$$e = \min\begin{cases} b \\ 2 \cdot h \end{cases}$$

b – Breite des Bauwerks rechtwinklig zur Windanströmrichtung

Abb. E.8: Einteilung der Dachfläche von Pultdächern

Für Pultdächer einschließlich überstehender Teile gelten die in Abb. E.8 angegebenen Dachflächeneinteilungen. Die aerodynamischen Beiwerte können Tafel E.14 entnommen werden. Für die Bezugshöhe ist $z_e = h$ anzusetzen.

Tafel E.14: Aerodynamische Beiwerte für Pultdächer [1)]

Neigungswinkel α	Windanströmrichtung $\theta = 0°$ [2)]						Windanströmrichtung $\theta = 180°$					
	Bereich						Bereich					
	F		G		H		F		G		H	
	$c_{pe,1}$	$c_{pe,10}$	$c_{pe,1}$	$c_{pe,10}$	$c_{pe,1}$	$c_{pe,10}$	$c_{pe,1}$	$c_{pe,10}$	$c_{pe,1}$	$c_{pe,10}$	$c_{pe,1}$	$c_{pe,10}$
5°	–2,5	–1,7	–2,0	–1,2	–1,2	–0,6	–2,5	–2,3	–2,0	–1,3	–1,2	–0,8
	+0,0		+0,0		+0,0							
15°	–2,0	–0,9	–1,5	–0,8	–0,3		–2,8	–2,5	–2,0	–1,3	–1,2	–0,9
	+0,2		+0,2		+0,2							
30°	–1,5	–0,5	–1,5	–0,5	–0,2		–2,3	–1,1	–1,5	–0,8	–0,8	
	+0,7		+0,7		+0,4							
45°	–0,0		–0,0		–0,0		–1,3	–0,6	–0,5		–0,7	
	+0,7		+0,7		+0,6							
60°	+0,7		+0,7		+0,7		–1,0	–0,5	–0,5		–0,5	
75°	+0,8		+0,8		+0,8		–1,0	–0,5	–0,5		–0,5	

Neigungswinkel α	Windanströmrichtung $\theta = 90°$									
	Bereich									
	F_{hoch}		F_{tief}		G		H		I	
	$c_{pe,1}$	$c_{pe,10}$	$c_{pe,1}$	$c_{pe,10}$	$c_{pe,1}$	$c_{pe,10}$	$c_{pe,1}$	$c_{pe,10}$	$c_{pe,1}$	$c_{pe,10}$
5°	–2,6	–2,1	–2,4	–2,1	–2,0	–1,8	–1,2	–0,6	–0,5	
15°	–2,9	–2,4	–2,4	–1,6	–2,5	–1,9	–1,2	–0,8	–1,2	–0,7
30°	–2,9	–2,1	–2,0	–1,3	–2,0	–1,5	–1,3	–1,0	–1,2	–0,8
45°	–2,4	–1,5	–2,0	–1,3	–2,0	–1,4	–1,3	–1,0	–1,2	–0,9
60°	–2,0	–1,2	–2,0	–1,2	–2,0	–1,2	–1,3	–1,0	–1,2	–0,7
75°	–2,0	–1,2	–2,0	–1,2	–2,0	–1,2	–1,3	–1,0	–0,5	

1) Für Dachneigungen zwischen den angegebenen Werten darf linear interpoliert werden, sofern das Vorzeichen der Druckbeiwerte nicht wechselt.

2) Für die Anströmrichtung $\theta = 0°$ und bei Neigungswinkeln von $\alpha = +15°$ bis $+45°$ ändert sich der Druck schnell zwischen positiven und negativen Werten, daher werden sowohl der positive als auch der negative Wert angegeben. Beide Fälle sind getrennt zu berücksichtigen, also entweder nur positive oder nur negative Werte anzusetzen.

h) Vordächer

Windlasten an Vordächern sind in DIN EN 1991-1-4/NA, Anhang NA.V geregelt.

Vordächer sind danach getrennt für eine abwärts gerichtete (positive) und eine aufwärts gerichtete (negative) Windkraftwirkung zu untersuchen. Für an eine Gebäudewand angeschlossene ebene Vordächer mit einer maximalen Auskragung von 10 m und Dachneigung von bis zu ±10° gelten die in Tafel E.15 angegebenen Druckbeiwerte $c_{p,net}$, die auf die Vordachflächen nach Abb. E.9 anzuwenden sind.

Vordach in der Giebelwand

Vordach in der Seitenwand

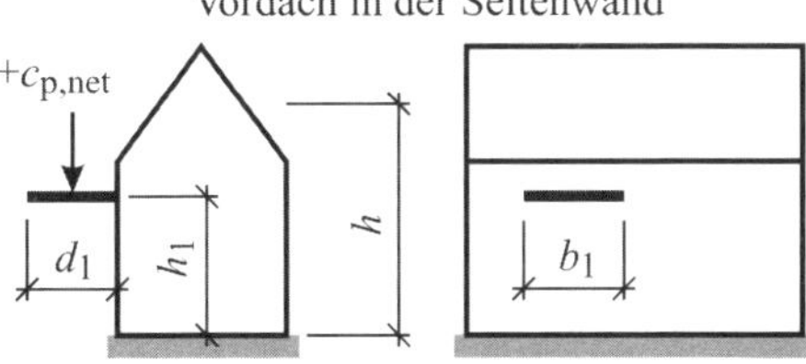

Vordach, Dachflächeneinteilung

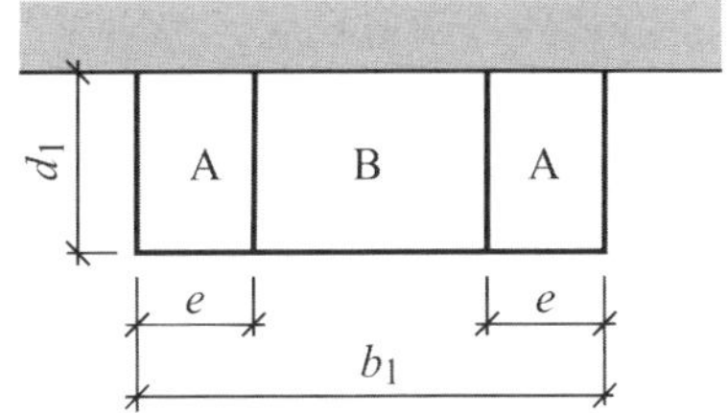

$$e = \min \begin{cases} d_1/4 \\ b_1/2 \end{cases}$$

Bezugshöhe $z_e = h$:
Mittelwert aus Trauf- und Firsthöhe

Abb. E.9: Dachflächeneinteilung bei Vordächern

Tafel E.15: Aerodynamische Beiwerte $c_{p,net}$ für Vordächer [1)] [2)]

Höhenverhältnis h_1/h	Bereich A			Bereich B		
	Abwärtslast	Aufwärtslast $h_1/d_1 \leq 1{,}0$	Aufwärtslast $h_1/d_1 \geq 3{,}5$	Abwärtslast	Aufwärtslast $h_1/d_1 \leq 1{,}0$	Aufwärtslast $h_1/d_1 \geq 3{,}5$
≤ 0,1	1,1	–0,9	–1,4	0,9	–0,2	–0,5
0,2	0,8	–0,9	–1,4	0,5	–0,2	–0,5
0,3	0,7	–0,9	–1,4	0,4	–0,2	–0,5
0,4	0,7	–1,0	–1,5	0,3	–0,2	–0,5
0,5	0,7	–1,0	–1,5	0,3	–0,2	–0,5
0,6	0,7	–1,1	–1,6	0,3	–0,4	–0,7
0,7	0,7	–1,2	–1,7	0,3	–0,7	–1,0
0,8	0,7	–1,4	–1,9	0,3	–1,0	–1,3
0,9	0,7	–1,7	–2,2	0,3	–1,3	–1,6
1,0	0,7	–2,0	–2,5	0,3	–1,6	–1,9

1) Zwischenwerte dürfen linear interpoliert werden.
2) Die $c_{p,net}$-Werte entsprechen der Resultierenden aus den Winddrücken an Ober- und Unterseite des Vordaches und sind unabhängig vom horizontalen Abstand des Vordaches von der Gebäudeecke.

i) Weitere Dachformen

Aerodynamische Beiwerte für weitere Dachformen wie Walmdächer, Sheddächer, gekrümmte Dachflächen und Kuppeln siehe DIN EN 1991-1-4:2010.12. Freistehende Dächer werden in Abschnitt5.2.4 dieses Buches behandelt. Damit werden in DIN EN 1991-1-4:2010.12 allerdings nur die Grundformen von Dächern erfasst. Diese stellen dann die Grundlage für die ingenieurmäßige Behandlung der in der Baupraxis sehr häufigen komplexen Dachgeometrien dar.

Beispiel: Ermittlung des Winddruckes für ein Gebäude mit Satteldach

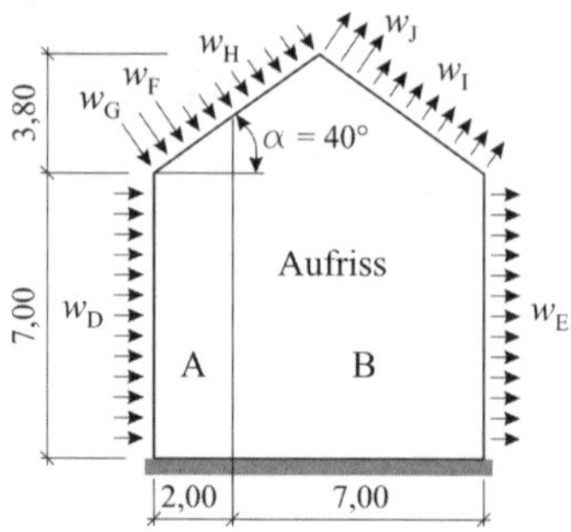

Nachfolgend wird der Winddruck für ein allseitig geschlossenes Gebäude mit Satteldach ermittelt, siehe nebenstehende Abbildung.

Ermittlung des vereinfachten Geschwindigkeitsdruckes q nach Tafel E.2 (Binnenland, Windzone 1, h = 10,80 m):
q = 0,65 kN/m^2 über die gesamte Gebäudehöhe

Windanströmrichtung: $\theta = 0°$
Wandbereiche:

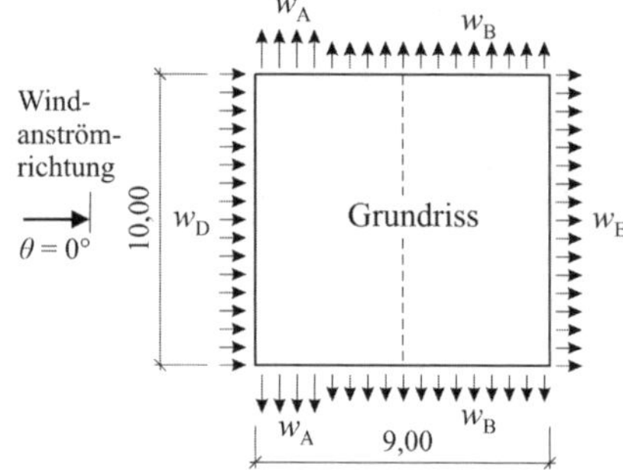

Einflussbreite: $e = \min \begin{cases} b & = \underline{10{,}00 \text{ m}} \\ 2 \cdot h & = 21{,}60 \text{ m} \end{cases}$

e/d = 10,00 / 9,00 = 1,11
$\Rightarrow d \leq e \leq 5 \cdot d$

Breite der Fläche A: $b_A = e/5 = 10{,}00/5 = 2{,}00$ m

$\frac{h}{d} = \frac{10{,}80}{9{,}00} = 1{,}20$

$\Rightarrow$ ($c_{pe,10}$ ggf. linear interpolieren)

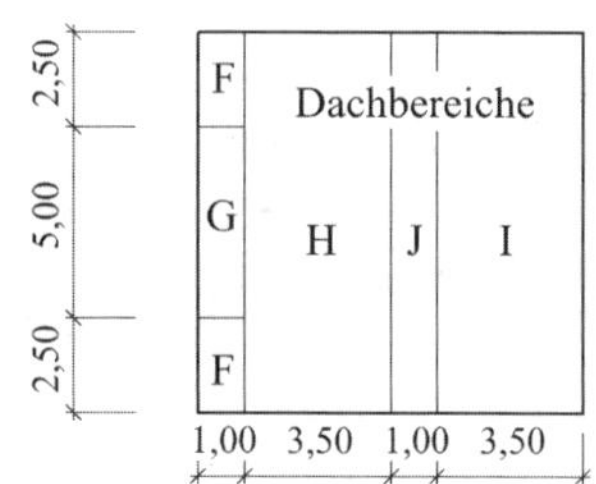

$w_e \quad = c_{pe} \cdot q$
$w_A \quad = -1{,}21 \cdot 0{,}65 = -0{,}79$ kN/m^2
$w_B \quad = -0{,}80 \cdot 0{,}65 = -0{,}52$ kN/m^2
$w_D \quad = +0{,}80 \cdot 0{,}65 = +0{,}52$ kN/m^2
$w_E \quad = -0{,}50 \cdot 0{,}65 = -0{,}33$ kN/m^2

Dachbereiche:
Abmessung der Fläche F rechtwinklig zur Windanströmrichtung:
$b_F \quad = e/4 = 10{,}00/4 = 2{,}50$ m

Abmessung der Flächen F und G parallel zur Windanströmrichtung:
$d_F \quad = d_G = e/10 = 10{,}00/10 = 1{,}00$ m

Bei einer Dachneigung von 40° sind bei den Dachflächen entweder positive oder negative aerodynamische Beiwerte anzusetzen. Muss eine Dachfläche in mehrere Dachbereiche eingeteilt werden (z. B. in F, G und H), sollen diesen Dachbereichen aerodynamische Beiwerte mit gleichem Vorzeichen zugeordnet werden. Die Entscheidung, ob letztlich die positiven oder negativen aerodynamischen Beiwerte maßgebend sind, hängt davon ab, welche Beanspruchungssituation sich ungünstiger auf die lastabtragenden Bauteile auswirkt.

$w_F \quad = +0{,}70 \cdot 0{,}65 = +0{,}46$ kN/m^2
$w_G \quad = +0{,}70 \cdot 0{,}65 = +0{,}46$ kN/m^2
$w_H \quad = +0{,}53 \cdot 0{,}65 = +0{,}34$ kN/m^2

bzw.

$w_F \quad = -0{,}17 \cdot 0{,}65 = -0{,}11$ kN/m^2
$w_G \quad = -0{,}17 \cdot 0{,}65 = -0{,}11$ kN/m^2
$w_H \quad = -0{,}07 \cdot 0{,}65 = -0{,}05$ kN/m^2

$w_J \quad = -0{,}50 \cdot 0{,}65 = -0{,}33$ kN/m^2
$w_I \quad = -0{,}40 \cdot 0{,}65 = -0{,}26$ kN/m^2

bzw.

$w_I \quad = 0 \cdot 0{,}65 = 0$ kN/m^2
$w_J \quad = 0 \cdot 0{,}65 = 0$ kN/m^2

Windanströmrichtung: $\theta = 90°$

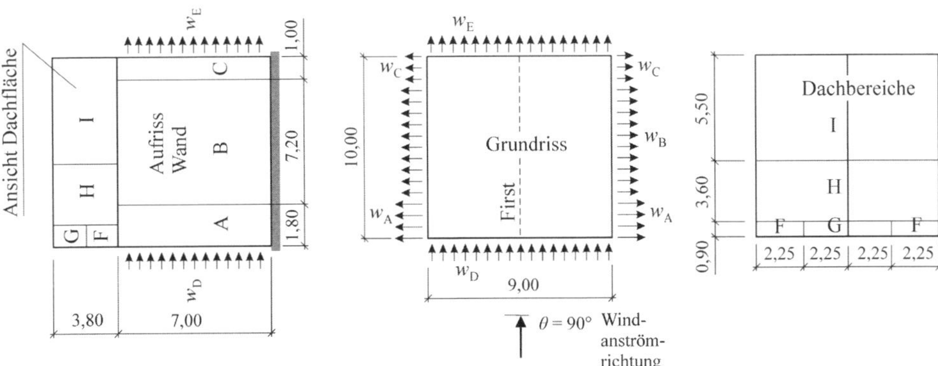

Wandbereiche:

$$\text{Einflussbreite:}\quad e = \min\begin{cases} b & = \underline{9{,}00\ \text{m}} \\ 2 \cdot h & = 21{,}60\ \text{m} \end{cases}$$

$e/d = 9{,}00 / 10{,}00 = 0{,}90 \quad \Rightarrow e < d$

Breite der Flächen A und B: $b_A = e/5 = 9{,}00/5 = 1{,}80$ m

$b_B = 4 \cdot e/5 = 4 \cdot 1{,}80 = 7{,}20$ m

$$\frac{h}{d} = \frac{10{,}80}{10{,}00} = 1{,}08\ \text{m}$$

$w_A \quad = -\,1{,}20 \cdot 0{,}65 = -\,0{,}78\ \text{kN/m}^2$

$w_B \quad = -\,0{,}80 \cdot 0{,}65 = -\,0{,}52\ \text{kN/m}^2$

$w_C \quad = -\,0{,}50 \cdot 0{,}65 = -\,0{,}33\ \text{kN/m}^2$

$w_D \quad = +\,0{,}80 \cdot 0{,}65 = +\,0{,}52\ \text{kN/m}^2$

$w_E \quad = -\,0{,}50 \cdot 0{,}65 = -\,0{,}33\ \text{kN/m}^2$

Dachbereiche:

Abmessung der Fläche F rechtwinklig zur Windanströmrichtung:

$b_F \quad = e/4 = 9{,}00/4 = 2{,}25$ m

Abmessung der Flächen F, G, H und I parallel zur Windanströmrichtung:

$d_F \quad = d_G = e/10 = 9{,}00/10 = 0{,}90$ m

$d_H \quad = e/2 - e/10 = 9{,}00/2 - 9{,}00/10 = 3{,}60$ m

$d_I \quad = d - e/2 = 9{,}00/2 = 5{,}50$ m

$w_F \quad = -\,1{,}10 \cdot 0{,}65 = -\,0{,}72\ \text{kN/m}^2$

$w_G \quad = -\,1{,}40 \cdot 0{,}65 = -\,0{,}91\ \text{kN/m}^2$

$w_H \quad = -\,0{,}87 \cdot 0{,}65 = -\,0{,}57\ \text{kN/m}^2$

$w_J \quad = -\,0{,}50 \cdot 0{,}65 = -\,0{,}33\ \text{kN/m}^2$

Erhöhte Druckbeiwerte:

Für Lasteinzugsflächen $A < 10\ \text{m}^2$ sind gegebenenfalls erhöhte Druckbeiwerte für die Berechnung von Ankerkräften zu berücksichtigen. Im vorliegenden Beispiel wird dies nicht weiter verfolgt.

Beispiel: Ermittlung des Winddruckes für ein Flachdach

Für das Flachdach und die abgeschrägten Traufbereiche eines Reihenhauses sollen die auftretenden Winddrücke bestimmt werden, siehe nebenstehende Abbildung.

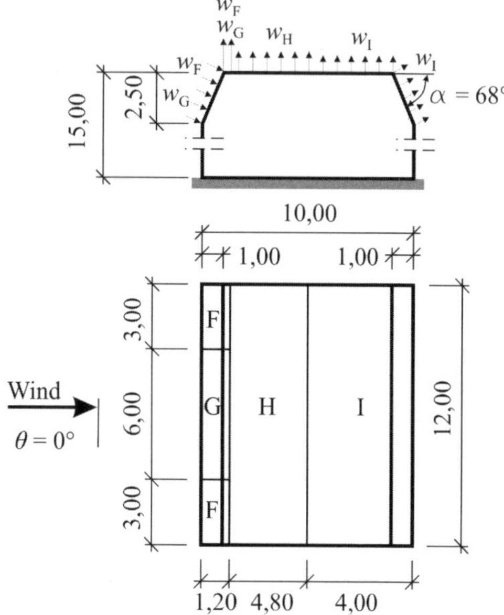

Ermittlung des vereinfachten Geschwindigkeitsdruckes q nach Tafel E.2 (Binnenland, Windzone 2, h = 15,00 m):

q = 0,80 kN/m^2 über die gesamte Gebäudehöhe

Windanströmrichtung: θ = 0°

Einflussbreite

$$e = \min \begin{cases} b = \underline{12{,}00\ \text{m}} \\ 2 \cdot h = 30{,}00\ \text{m} \end{cases}$$

Abmessung der Fläche F rechtwinklig zur Windanströmrichtung:

b_F = e/4 = 12,00/4 = 3,00 m

Breite der Fläche A: $b_A = e/5$ = 10,00/5 = 2,00 m

Abmessung der Flächen F, G, H und I parallel zur Windanströmrichtung:

$d_F = d_G = e/10$ = 12,00/10 = 1,20 m

$d_H = e/2 - e/10$ = 12,00/2 – 12,00/10 = 4,80 m

$d_I = d - e/2$ = 10 – 12,00/2 = 4,00 m

Flachdachbereiche:

Das horizontale Maß der abgeschrägten Traufbereiche beträgt 1,00 m und ist damit geringer als e/10 = 12,00/10 = 1,20 m. In diesem Fall sind die aerodynamischen Beiwerte für den scharfkantigen Traufbereich anzusetzen.

w_F = – 1,80 · 0,80 = – 1,44 kN/m^2

w_G = – 1,20 · 0,80 = – 0,96 kN/m^2

w_H = – 0,70 · 0,80 = – 0,56 kN/m^2

w_I = – 0,60 · 0,80 = – 0,48 kN/m^2 und w_I = + 0,2 · 0,80 = + 0,16 kN/m^2

abgeschrägter Traufbereich (aerodynamische Beiwerte der Tafel E.11 entnehmen):

w_F = + 0,75 · 0,80 = + 0,60 kN/m^2

w_G = + 0,75 · 0,80 = + 0,60 kN/m^2

Neben der hier für θ = 0° gezeigten Ermittlung der Winddrücke ist zu prüfen, ob die Windanströmrichtung θ = 90° zu ungünstigeren Ergebnissen führt.

5.2.3 Innendruck in geschlossenen Baukörpern

Einfluss von Öffnungen

Hinsichtlich der Winddruckverhältnisse ist zwischen geschlossenen und offenen Baukörpern zu unterscheiden. Geschlossene Baukörper sind allseitig durch Bauteile (Wände, Dach) gegen die Außenluft abgeschlossen. Weisen die den Baukörper umschließenden Bauteile Öffnungen auf, gelten folgende Regelungen:

- Überschreitet an mindestens 2 Seiten eines Gebäudes (Fassade oder Dach) die Gesamtöffnungsfläche der Wand oder des Daches 30 % der zugehörigen Wand- bzw. Dachfläche, gelten die betreffenden Seiten als *offen*, siehe DIN EN 1991-1-4:2010.12. In diesem Fall ist von einem offenem Baukörper auszugehen und Wände und Dach als freistehende Wand bzw. freistehendes Dach nach DIN EN 1991-1-4:2010.12, 7.3 und 7.4 zu berechnen.
- Der Fall, dass nur an einer Gebäudeseite die Öffnungsfläche 30 % überschreitet, wird in DIN EN 1991-1-4:2010.12 nicht explizit behandelt. Hier empfiehlt es sich auf eine Regelung in DIN 1055-4:2005.03, 12.1.9 zurückzugreifen. Danach darf für die Ermittlung der aerodynamischen Beiwerte die betreffende Wand als gänzlich offen betrachtet werden. Aerodynamische Beiwerte für die innen liegenden Oberflächen sind in DIN 1055-4:2005.03, Bild 11 angegeben.
- Wände mit Öffnungen, bei denen die Öffnungsfläche 30 % der Wandfläche nicht überschreitet, gelten als *durchlässige Wand.* Hier ist zusätzlich zum Außendruck auch ein Innendruck anzusetzen.
- Die rechnerische Berücksichtigung des Innendrucks ist bei Gebäuden, bei denen die Öffnungsfläche 1 % der Wandfläche nicht überschreitet und die Öffnungen annähernd gleichmäßig über die Wandfläche verteilt sind, nicht erforderlich, siehe DIN EN 1991-1-4/NA:2010.12, NDP zu 7.2.9 (2).

Fenster und Türen dürfen als geschlossen betrachtet werden und zählen daher nicht als Wandöffnung, sofern sie bei Sturm nicht betriebsbedingt geöffnet werden müssen. Ein Beispiel für betriebsbedingt zu öffnende Tore stellen in diesem Zusammenhang die Ausfahrten von Rettungsstellen dar. In DIN EN 1991-1-4:2010-12, 7.2.9 (3) wird empfohlen, den Fall geöffneter Fenster und Türe als außergewöhnliche Bemessungssituation zu prüfen. Insbesondere für große Innenwände kann dies die maßgebende Bemessungssituation darstellen.

Berücksichtigung des Innendrucks

Bei *geschlossenen Baukörpern mit durchlässigen Wänden* wirkt zusätzlich zum Außendruck ein Innendruck, siehe dazu auch Abb. E.2. Der Innendruck wirkt auf alle Umfassungsflächen eines Innenraumes gleichzeitig und mit gleichem Vorzeichen. Innen- und Außendruck sind zu überlagern. Ausnahme: Wirkt der Innendruck bei der Bestimmung einer Reaktionsgröße entlastend, ist er zu null zu setzen.

Der Größe des Innendrucks wird über die Innendruckbeiwerte c_{pi} nach Abb. E.10 und Tafel E.16 bestimmt. Diese sind von der Größe und der Verteilung der Öffnungen in der Gebäudehülle abhängig.

Tafel E.16: Innendruckbeiwerte

Fläche, Bauteil			Innendruckbeiwert c_{pi}
Gebäude mit einer dominanten Fläche[1)]	Verhältnis Gesamtfläche der Öffnungen in der dominanten Fläche zur Summe der Öffnungen in den restl. Seitenflächen[2)]	2	$c_{pi} = 0{,}75 \cdot c_{pe}$[3)]
		≥ 3	$c_{pi} = 0{,}90 \cdot c_{pe}$[3)]
Gebäude ohne eine dominante Fläche[4)]			c_{pi} nach Abb. E.10
Offene Silos und Schornsteine			$c_{pi} = -0{,}60$
Belüftete Tanks mit kleinen Öffnungen			$c_{pi} = -0{,}40$

1) Eine Gebäudefläche wird als dominant bezeichnet, wenn die Gesamtfläche der Öffnungen dieser Seite mindestens doppelt so groß ist wie die Summe aller Öffnungen und Undichtigkeiten in den restlichen Seitenflächen.

2) Zwischenwerte dürfen linear interpoliert werden.

3) Hier ist der Außendruckbeiwert c_{pe} der dominanten Fläche zu verwenden. Bei unterschiedlichen Außendruckbeiwerten auf der dominanten Seitenfläche ist ein mit den Öffnungsflächen gewichteter mittlerer c_{pe}-Wert zu ermitteln.

4) Bei Gebäuden ohne eine dominante Fläche ist der Innendruckbeiwert abhängig von der Höhe h und der Tiefe d des Gebäudes sowie vom Flächenparameter μ, siehe Abb. E.10.

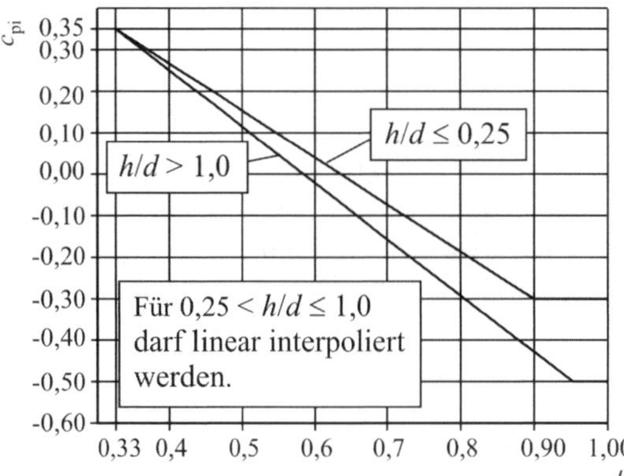

Abb. E.10: Innendruckbeiwerte c_{pi} für durchlässige Wände

$$\mu = \frac{A_1}{A_2}$$

A_1 Gesamtfläche der Öffnungen in den leeseitigen und windparallelen Flächen mit $c_{pe} \leq 0$

A_2 Gesamtfläche der Öffnungen aller Wände

Ist eine sinnvolle Berechnung des Flächenparameters μ nicht möglich, so ist der c_{pi}-Wert als der ungünstigere Wert aus +0,2 und −0,3 anzunehmen.

5.2.4 Aerodynamische Beiwerte für freistehende Dächer

Freistehende Dächer sind Dächer, an die sich keine nach unten durchgehenden Wände anschließen (z. B. Tankstellendächer). Für freistehende Pultdächer sind für alle Anströmrichtungen gültige, aus der Summe der Windbelastung auf der Dachober- und -unterseite resultierende Kraft- und Druckbeiwerte in Tafel E.17, für freistehende Satteldächer in Tafel E.18 angegeben.

Der Kraftbeiwert c_f dient zur Ermittlung der resultierenden Windkraft nach Abschnitt E.5.3. Dagegen beschreibt der Gesamtdruckbeiwert $c_{p,net}$ den maximalen lokalen Druck auf bestimmte Dachflächen (siehe Abb. E.12), der bei der Bemessung von Dachelementen und Verankerungen anzuwenden ist.

Sowohl der Kraft- als auch der Gesamtdruckbeiwert sind vom Versperrungsgrad φ abhängig. Der Versperrungsgrad φ entspricht dabei dem rechtwinklig zur Windanströmrichtung ermittelten Verhältnis der versperrten Fläche zur Gesamtquerschnittsfläche unterhalb des Daches nach Abb. E.11. Die Lage der resultierenden Windkräfte und die Bezugshöhe $z_e = h$ ergeben sich aus Abb. E.13 bzw. Abb. E.14. Bei der Bemessung freistehender Dächer sind Reibungskräfte nach DIN EN 1991-1-4:2010.12, 7.5 zu berücksichtigen.

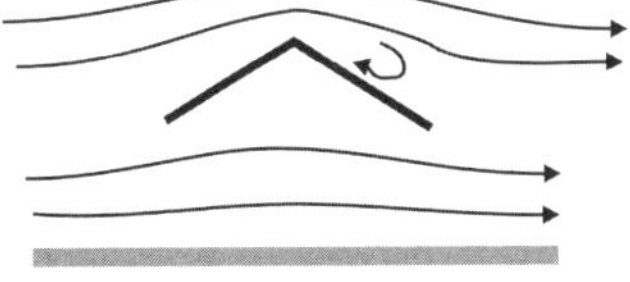

a) leeres freistehendes Dach ($\varphi = 0$)

b) leeseitig durch Lagergut oder Ähnliches versperrtes Dach ($\varphi = 1$)

Abb. E.11: Versperrungsgrad φ

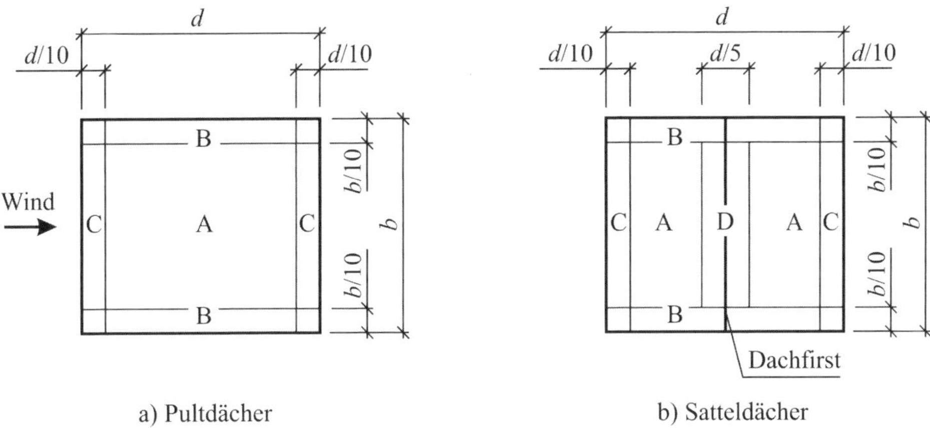

a) Pultdächer

b) Satteldächer

Anmerkung: Der Verlauf der Dachflächen im Eckbereich ist in DIN 1991-1-4:2010.12 nicht geklärt. Es wird daher empfohlen, in diesen Bereichen den größeren der in Frage kommenden aerodynamischen Beiwerte anzusetzen.

Abb. E.12: Dachflächeneinteilung für freistehende Pultdächer bzw. Satteldächer

Tafel E.17: Gesamtdruckbeiwerte $c_{p,net}$ und Kraftbeiwerte c_f für freistehende Pultdächer [1) 2)]

Neigungswinkel α	Versperrungsgrad φ [3) 4)]	c_f	Bereich A ($c_{p,net}$)	Bereich B ($c_{p,net}$)	Bereich C ($c_{p,net}$)
0°	Maximum alle φ	+0,2	+0,5	+1,8	+1,1
	Minimum $\varphi = 0$	–0,5	–0,6	–1,3	–1,4
	Minimum $\varphi = 1$	–1,3	–1,5	–1,8	–2,2
5°	Maximum alle φ	+0,4	+0,8	+2,1	+1,3
	Minimum $\varphi = 0$	–0,7	–1,1	–1,7	–1,8
	Minimum $\varphi = 1$	–1,4	–1,6	–2,2	–2,5
10°	Maximum alle φ	+0,5	+1,2	+2,4	+1,6
	Minimum $\varphi = 0$	–0,9	–1,5	–2,0	–2,1
	Minimum $\varphi = 1$	–1,4	–1,6	–2,6	–2,7
15°	Maximum alle φ	+0,7	+1,4	+2,7	+1,8
	Minimum $\varphi = 0$	–1,1	–1,8	–2,4	–2,5
	Minimum $\varphi = 1$	–1,4	–1,6	–2,9	–3,0
20°	Maximum alle φ	+0,8	+1,7	+2,9	+2,1
	Minimum $\varphi = 0$	–1,3	–2,2	–2,8	–2,9
	Minimum $\varphi = 1$	–1,4	–1,6	–2,9	–3,0

Tafel E.17: (Fortsetzung)

Neigungswinkel α	Versperrungsgrad φ [3) 4)]		Bereich A	Bereich B	Bereich C
		c_f	$c_{p,net}$		
25°	Maximum alle φ	+1,0	+2,0	+3,1	+2,3
	Minimum $\varphi = 0$	–1,6	–2,6	–3,2	–3,2
	Minimum $\varphi = 1$	–1,4	–1,5	–2,5	–2,8
30°	Maximum alle φ	+1,2	+2,2	+3,2	+2,4
	Minimum $\varphi = 0$	–1,8	–3,0	–3,8	–3,6
	Minimum $\varphi = 1$	–1,4	–1,5	–2,2	–2,7

1) Die Gesamtdruckbeiwerte $c_{p,net}$ und die Kraftbeiwerte c_f für $\varphi = 0$ und $\varphi = 1$ berücksichtigen die resultierende Windbelastung auf der Ober- und Unterseite des Daches für alle Anströmrichtungen. Zwischenwerte dürfen linear interpoliert werden.

2) Positive Werte bedeuten eine nach unten und negative Werte eine nach oben gerichtete Windlast.

3) Versperrungsgrad φ: Verhältnis der versperrten Fläche zur Gesamtquerschnittsfläche unterhalb des Daches ($\varphi = 0$ ohne Versperrung, $\varphi = 1$ vollkommen versperrtes Dach), siehe Abb. E.13.

4) Auf der Leeseite der maximalen Versperrung sind $c_{p,net}$-Werte für $\varphi = 0$ anzusetzen.

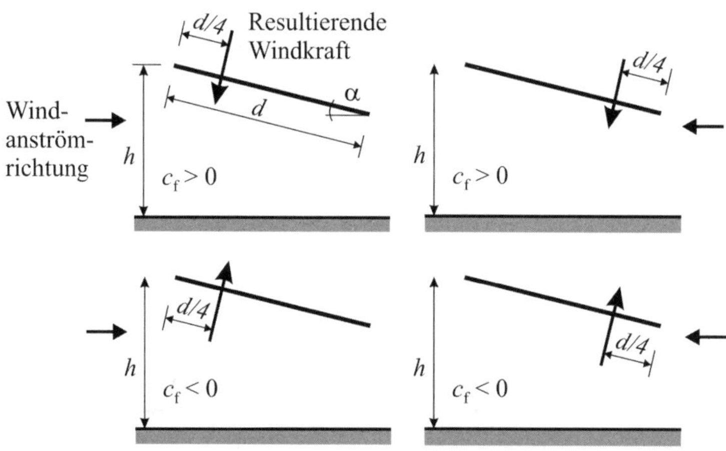

Abb. E.13: Lage der resultierenden Windkraft bei freistehenden Pultdächern

Tafel E.18: Gesamtdruckbeiwerte $c_{p,net}$ und Kraftbeiwerte c_f für freistehende Satteldächer [1) 2)]

Neigungswinkel α	Versperrungsgrad φ [3)]		Bereich			
			A	B	C	D
		c_f	$c_{p,net}$			
5°	Maximum alle φ	+0,3	+0,6	+1,8	+1,3	+0,4
	Minimum $\varphi = 0$	–0,6	–0,6	–1,4	–1,4	–1,1
	Minimum $\varphi = 1$	–1,3	–1,3	–2,0	–1,8	–1,5
10°	Maximum alle φ	+0,4	+0,7	+1,8	+1,4	+0,4
	Minimum $\varphi = 0$	–0,7	–0,7	–1,5	–1,4	–1,4
	Minimum $\varphi = 1$	–1,3	–1,3	–2,0	–1,8	–1,8
15°	Maximum alle φ	+0,4	+0,9	+1,9	+1,4	+0,4
	Minimum $\varphi = 0$	–0,8	–0,9	–1,7	–1,4	–1,8
	Minimum $\varphi = 1$	–1,3	–1,3	–2,2	–1,6	–2,1
20°	Maximum alle φ	+0,6	+1,1	+1,9	+1,5	+0,4
	Minimum $\varphi = 0$	–0,9	–1,2	–1,8	–1,4	–2,0
	Minimum $\varphi = 1$	–1,3	–1,4	–2,2	–1,6	–2,1
25°	Maximum alle φ	+0,7	+1,2	+1,9	+1,6	+0,5
	Minimum $\varphi = 0$	–1,0	–1,4	–1,9	–1,4	–2,0
	Minimum $\varphi = 1$	–1,3	–1,4	–2,0	–1,5	–2,0
30°	Maximum alle φ	+0,9	+1,3	+1,9	+1,6	+0,7
	Minimum $\varphi = 0$	–1,0	–1,4	–1,9	–1,4	–2,0
	Minimum $\varphi = 1$	–1,3	–1,4	–1,8	–1,4	–2,0

1) Die Gesamtdruckbeiwerte $c_{p,net}$ und die Kraftbeiwerte c_f für $\varphi = 0$ und $\varphi = 1$ berücksichtigen die resultierende Windbelastung auf der Ober- und Unterseite des Daches für alle Anströmrichtungen. Zwischenwerte dürfen linear interpoliert werden.

2) Positive Werte bedeuten eine nach unten und negative Werte eine nach oben gerichtete Windlast.

3) Versperrungsgrad φ: Verhältnis der versperrten Fläche zur Gesamtquerschnittsfläche unterhalb des Daches ($\varphi = 0$ ohne Versperrung, $\varphi = 1$ vollkommen versperrtes Dach).

4) Auf der Leeseite der maximalen Versperrung sind $c_{p,net}$-Werte für $\varphi = 0$ anzusetzen.

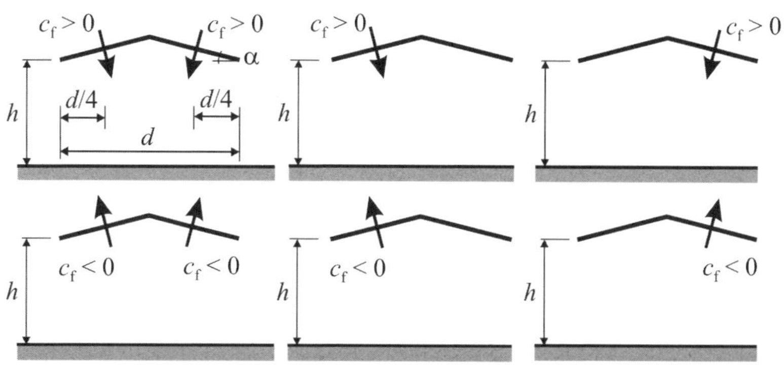

Abb. E.14: Lage der resultierenden Windkraft bei freistehenden Satteldächern

5.3 Windkräfte für nicht schwingungsanfällige Bauwerke

5.3.1 Ermittlung der Windkräfte

Die auf ein Bauwerk oder ein Bauteil wirkende resultierende Windkraft F_w darf wie folgt ermittelt werden:

– als auf ein Bauwerk einwirkende Gesamtwindkraft über den Ansatz von Kraftbeiwerten:

$$F_w = c_s c_d \cdot c_f \cdot q_p(z_e) \cdot A_{ref} \qquad \text{(E.8)}$$

$c_s c_d$ Strukturbeiwert, für nicht schwingungsempfindliche Konstruktionen ist $c_s c_d = 1{,}0$. Für andere Fälle siehe DIN EN 1991-1-4:2010.12.

c_f Kraftbeiwert für den Baukörper

$q_p(z_e)$ Böengeschwindigkeitsdruck in der Bezugshöhe z_e, siehe Abschnitt E.3

A_{ref} Bezugsfläche für den Baukörper

– durch vektorielle Addition der auf die einzelnen Baukörperabschnitte wirkenden Windkräfte $F_{w,j}$:

$$F_w = \sum F_{w,i} = c_s c_d \cdot \sum \left(c_{f,i} \cdot q_p(z_e) \cdot A_{ref,i}\right) \qquad \text{(E.9)}$$

$c_{f,i}$ Kraftbeiwert für den Baukörperabschnitt i

$A_{ref,i}$ Bezugsfläche für den Baukörperabschnitt i

– durch vektorielle Addition der jeweils aus Außen- und Innenwinddruck sowie Reibung ermittelten resultierenden Kräfte:

$$F_w = F_{w,e} + F_{w,i} + F_{fr} = c_s c_d \cdot \sum \left(w_{e,i} \cdot A_{ref,i}\right) + \sum \left(w_{i,j} \cdot A_{ref,j}\right) + \sum \left(c_{fr,k} \cdot q_p(z_e) \cdot A_{fr,k}\right) \qquad \text{(E.10)}$$

$F_{w,e}$ Resultierende aus dem Winddruck auf alle Bauwerksaußenflächen

$F_{w,i}$ Resultierende aus dem Winddruck auf alle Bauwerksinnenflächen

F_{fr} Resultierende der Reibungskräfte infolge Windeinwirkung parallel zu den Bauwerksaußenflächen

$w_{e,i}$ Winddruck auf der Außenfläche i

$w_{i,j}$ Winddruck auf der Innenfläche j

c_{fr} Reibungsbeiwert

$A_{fr,k}$ parallel vom Wind angeströmte Außenfläche k

5.3.2 Kraftbeiwerte zur Ermittlung der Windkräfte

Nachfolgend werden für einige wichtige Fälle die Kraftbeiwerte zur Ermittlung der Windkräfte angegeben. Weitere Kraftbeiwerte enthält DIN EN 1991-1-4:2010.12.

a) Bauteile mit rechteckigem Querschnitt

Bei Bauteilen mit rechteckigem Querschnitt gilt für den Kraftbeiwert c_f:

$$c_f = c_{f,0} \cdot \Psi_r \cdot \Psi_\lambda \qquad \text{(E.11)}$$

$c_{f,0}$ Grundkraftbeiwert für den scharfkantigen Rechteckquerschnitt mit unendlicher Schlankheit λ nach Abb. E.15

Ψ_r Abminderungsbeiwert für quadratische Querschnitte mit runden Ecken nach Abb. E.16

Ψ_λ Abminderungsbeiwert zur Berücksichtigung der Schlankheit nach Abb. E.18

Für die Bezugsfläche A_{ref} gilt:

$$A_{\text{ref}} = l \cdot b \qquad \text{(E.12)}$$

l Länge des betrachteten Abschnitts
b Breite bzw. Höhe des betrachteten Abschnitts

Die Bezugshöhe z_e entspricht der maximalen Höhe des betrachteten Abschnitts über der Geländeoberkante.

Bei plattenartigen Querschnitten mit $d/b < 2$ kann es aufgrund von Auftriebskräften bei bestimmten Anströmrichtungen zu einem Anstieg der Kraftbeiwerte um bis zu 25 % kommen (DIN EN 1991-1-4:2010.12, 7.6 (3)).

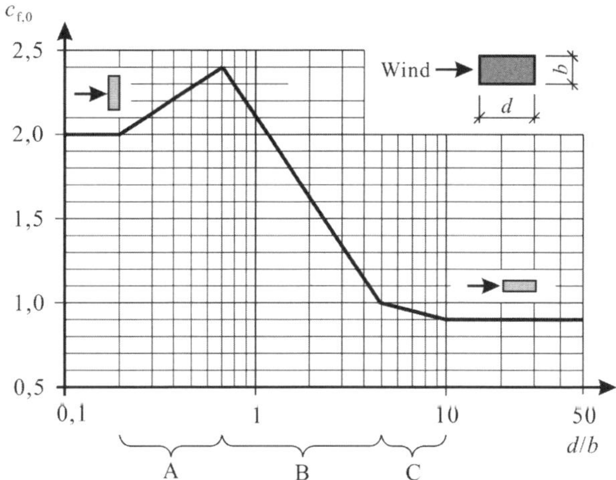

Kurvendefinitionen in den Abschnitten:

A: $c_{f,0} = 0{,}3193 \cdot \ln(d/b) + 2{,}5139$
B: $c_{f,0} = -0{,}7121 \cdot \ln(d/b) + 2{,}1460$
C: $c_{f,0} = -0{,}1443 \cdot \ln(d/b) + 1{,}2322$

Abb. E.15: Grundkraftbeiwerte $c_{f,0}$ für unendlich schlanke, scharfkantige Rechteckquerschnitte

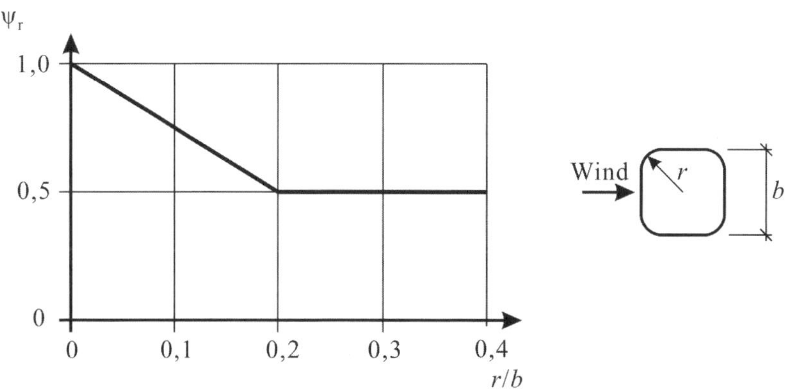

Abb. E.16: Abminderungsbeiwert Ψ_r

Der Abminderungsbeiwert für die Schlankheit Ψ_λ nach Abb. E.18 hängt vom Völligkeitsgrad φ nach Abb. E.17 und der effektiven Schlankheit λ nach Tafel E.19 ab.

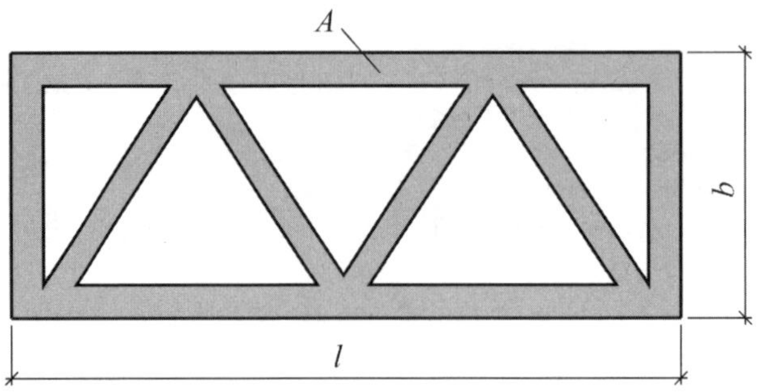

$\varphi = A_c / A$

A Summe der projizierten Fläche der einzelnen Teile

A_c umschlossene Fläche
$A_c = b \cdot l$

Abb. E.17: Völligkeitsgrad φ

Tafel E.19: Effektive Schlankheit λ für polygonale Querschnitte [1)]

Lage des Baukörpers Anströmrichtung senkrecht zur Zeichenebene	Effektive Schlankheit λ [2)]	
	$l < 15$ m	$l \geq 50$ m
$b \leq l$; l; b; $z_g \geq b$; $z_g \geq 2b$	$\lambda = \min\begin{cases} 2{,}0 \cdot l/b \\ 70 \end{cases}$	$\lambda = \min\begin{cases} 1{,}4 \cdot l/b \\ 70 \end{cases}$
$l > b$; l; b	$\lambda = \min\begin{cases} l/b \\ 2 \end{cases}$ Anmerkung: Für diese Situation gibt es in DIN EN 1991-1-4:2010.12 keine Hinweise. Hilfsweise wird die Regelung aus DIN 1055-4:2005.03 angegeben.	

[1)] Weitere Baukörperlagen sind in DIN EN 1991-1-4:2010.12, Tab. 7.16 angegeben.
[2)] Zwischenwerte dürfen interpoliert werden.

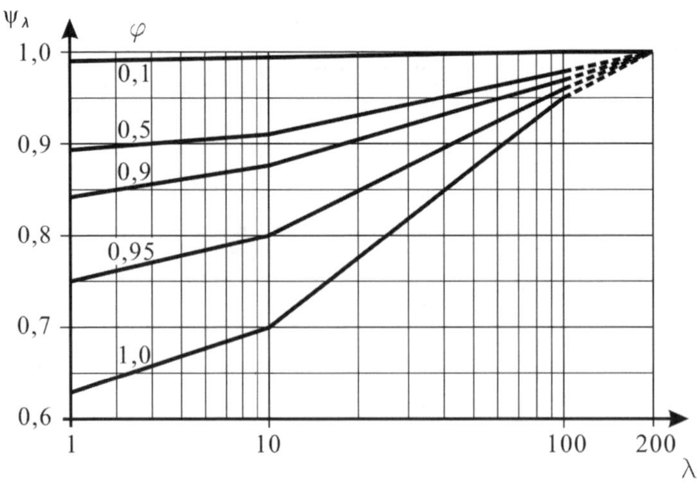

Abb. E.18: Abminderungsbeiwert Ψ_λ zur Berücksichtigung der Schlankheit

b) Flaggen

Tafel E.20: Kraftbeiwerte für Flaggen (DIN EN 1991-1-4, 7.12)

Art der Flagge	**allseitig befestigte Flaggen** Kraft wirkt senkrecht auf Flaggenebene	**frei flatternde Flaggen** Kraft wirkt in Flaggenebene	**frei flatternde Flaggen** Kraft wirkt in Flaggenebene
Bezugsfläche A_{ref}	$h \cdot l$	$h \cdot l$	$0{,}5 \cdot h \cdot l$
Kraftbeiwert c_f	1,8	$0{,}02 + 0{,}7 \cdot \frac{m_f}{\rho \cdot h} \cdot \left(\frac{A_{ref}}{h^2}\right)^{-1{,}25}$	
Es bedeuten: m_f Masse je Flächeneinheit der Flagge in kg/m²; ρ Luftdichte, $\rho = 1{,}25$ kg/m³. Die Kraftbeiwerte schließen die dynamischen Kräfte aufgrund des Flattereffektes ein.			

Berechnung der Windkraft für eine frei flatternde Flagge

Flagge: $m_f = 1{,}50$ kg/m², $h/l = 2{,}00$ m/4,00 m $\rightarrow$ $A_{ref} = h \cdot l = 2{,}00 \cdot 4{,}00 = 8{,}00$ m²

Die Oberkante der Flagge befindet sich 7,50 m über dem Gelände. Der Nachweis wird für die Windzone 1, Mischprofil Binnenland geführt.

$$\text{WZ1} \Rightarrow q_b = 0{,}32\,\text{kN/m}^2$$

$$q_p = 1{,}7 \cdot q_b \cdot (z_e/10)^{0{,}37} = 1{,}7 \cdot 0{,}32 \cdot (7{,}50/10)^{0{,}37} = 0{,}49\,\text{kN/m}^2$$

$$c_f = 0{,}02 + 0{,}7 \cdot \frac{m_f}{\rho \cdot h} \cdot \left(\frac{A_{ref}}{h^2}\right)^{-1{,}25} = 0{,}02 + 0{,}7 \cdot \frac{1{,}50}{1{,}25 \cdot 2{,}00} \cdot \left(\frac{8{,}00}{2{,}00^2}\right)^{-1{,}25} = 0{,}197$$

$$F_w = c_f \cdot q_p \cdot A_{ref} = 0{,}197 \cdot 0{,}49 \cdot 8{,}00 = 0{,}77\,\text{kN}$$

c) Anzeigetafeln

Tafel E.21: Kraftbeiwerte für Anzeigetafeln (DIN EN 1991-1-4, 7.4.3)

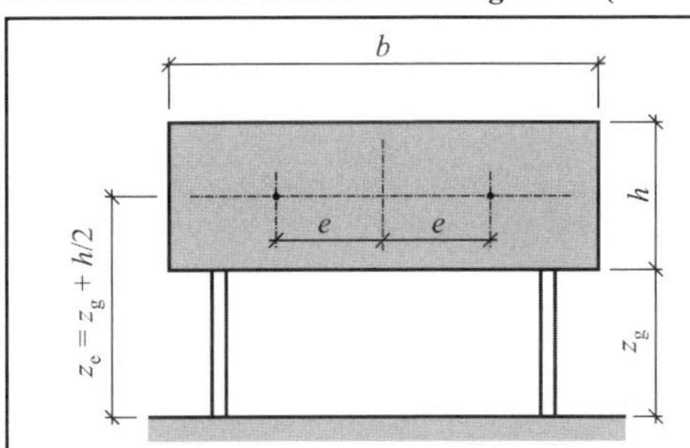

Allgemein gilt: $c_f = 1{,}80$.

Die senkrecht zur Anzeigetafel wirkende resultierende Windkraft ist mit einer horizontalen Ausmitte $e = \pm\, 0{,}25 \cdot b$ anzusetzen.

Anzeigetafeln mit einem Bodenabstand $z_g < h/4$ und einem Seitenverhältnis $b/h > 1$ sind als freistehende Wand nach DIN EN 1991-1-4:2010.12, 7.4.1 zu behandeln.

5.3.3 Windkräfte infolge Reibung

Bei parallel angeströmten flächenartigen Baukörpern können auf der Bauteiloberfläche erhebliche Windkräfte infolge Reibung auftreten. Diese können wie folgt ermittelt werden:

$$F_{fr} = c_{fr} \cdot q(z_e) \cdot A_{fr} \qquad \text{(E.13)}$$

F_{fr} Windkraft infolge Reibung

c_{fr} aerodynamischer Reibungsbeiwert nach Tafel E.22

z_e Bezugshöhe

A_{fr} Summe der umströmten Flächen

Als Bezugshöhe z_e ist bei freistehenden Dächern die Dachhöhe, bei Wänden die Oberkante Wand anzusetzen. Bei frei angeordneten Überdachungen ist die Reibungskraft in jeder beliebigen Richtung wirksam.

Die Reibungskräfte dürfen vernachlässigt werden, wenn die Gesamtfläche aller windparallelen Flächen nicht größer ist, als das 4-Fache aller Flächen, die luv- und leeseitig senkrecht zum Wind ausgerichtet sind.

Tafel E.22: Reibungsbeiwerte für Wände, Brüstungen und Dachflächen (DIN EN 1991-1-4, 7.5)

Oberfläche	Reibungsbeiwert c_{fr}
glatt (z. B. Stahl, glatter Beton)	0,01
rau (z. B. rauer Beton, geteerte Flächen)	0,02
sehr rau (z. B. gewellt, gerippt, gefaltet)	0,04
Berechnung der Reibungskraft F_{fr}: $F_{fr} = c_{fr} \cdot q_p(z_e) \cdot A_{fr}$ A_{fr} Außenfläche, die parallel vom Wind angeströmt wird	

F SCHNEELASTEN NACH DIN EN 1991-1-3 UND EISLASTEN NACH DIN 1055-5

Inhaltsverzeichnis

1 Allgemeines

Schneelasten sind in DIN EN 1991-1-3:2010.12 und der Änderung DIN EN 1991-1-3/A1:2015.12 sowie dem zugehörigen Nationalen Anhang DIN EN 1991-1-3/NA:2010.12 geregelt. Eislasten sind derzeit nicht Gegenstand der Normung. Zuletzt waren Regelungen zu Eislasten in DIN 1055-5:2005.07, Anhang A, Bestandteil einer Norm. Der im Normenentwurf E DIN EN 1991-1-1/NA/A1:2014.07 mit Eislasten befasste Anhang NA.C ist bei der abschließenden Fassung DIN EN 1991-/NA/A1:2015.05 wieder entfallen.

Ein Überblick zur Entwicklung der Schneelastnormen in Deutschland wird in Tafel F.1 gegeben.

Tafel F.1: Entwicklung der Schneelastnorm in Deutschland

Norm	Bezeichnung	Ausgabe	Besonderheiten
DIN 1055-5	Lastannahmen für Bauten. Blatt 5: Schneebelastung	12.1936	Angabe eines Grundwertes der Schneelast von 75 kp/m^2 und von abgeminderten Schneelasten in Abhängigkeit von der Dachneigung
DIN 1055-5	Lastannahmen für Bauten. Blatt 5: Schneebelastung	12.1956	Untergeordnete redaktionelle Änderung
DIN 1055-5	Lastannahmen für Bauten. Teil 5: Verkehrslasten, Schneelast und Eislast	06.1975	Einführung einer Schneelastzonenkarte Angaben zu Eislasten sowie zur Überlagerung von Wind- und Schneelasten
DIN 1055-5/A1	Lastannahmen für Bauten. Teil 5: Verkehrslasten, Schneelast und Eislast	04.1994	Erweiterung der Schneelastzonenkarte
DIN 1055-5	Einwirkungen auf Tragwerke. Teil 5: Schnee- und Eislasten	07.2005	Grundlegende Überarbeitung der Norm, Anpassung an die europäische Normung
DIN EN 1991-1-3	Eurocode 1: Einwirkungen auf Tragwerke – Teil 1-3: Allgemeine Einwirkungen, Schneelasten; Deutsche Fassung EN 1991-1-3:2003 + AC:2009	12.2010	In Deutschland zusammen mit *DIN EN 1991-1-3/NA:2010.12 Nationaler Anhang – National festgelegte Parameter – Eurocode 1: Einwirkungen auf Tragwerke – Teil 1-3: Allgemeine Einwirkungen – Schneelasten* anwendbar
DIN EN 1991-1-3/A1	Eurocode 1: Einwirkungen auf Tragwerke – Teil 1-3: Allgemeine Einwirkungen, Schneelasten; Deutsche Fassung EN 1991-1-3:2003/A1:2015	12.2015	Korrektur einzelner Regelungen zu außergewöhnlichen Schneelasten sowie zu Lastbildern gegenüber der Ausgabe 12.2010

2 Schneelasten

Bei der Ermittlung von Schneelasten sind grundsätzlich die in DIN EN 1991-1-3:2010.12 (teilweise präzisiert durch DIN EN 1991-1-3/A1:2015.12) und DIN EN 1991-1-3/NA:2010.12 getroffenen Regelungen zu beachten. Sofern im Weiteren allgemein auf DIN EN 1991-1-3 Bezug genommen wird, ist immer der gesamte Komplex dieser 3 Normen gemeint.

2.1 Anwendungsbereich

In DIN EN 1991-1-3 sind die für die rechnerische Nachweisführung von Hoch- und Ingenieurbauten erforderlichen Angaben zu den Rechenwerten der Schneelasten enthalten. Nicht Gegenstand von DIN EN 1991-1-3 sind

- anprallende Schneelasten, verursacht durch das Abrutschen von Schnee von höheren Dächern
- Horizontallasten aus Schneedruck (z. B. seitliche Lasten, die durch Schneeverwehungen hervorgerufen werden)
- Lasterhöhungen auf Grund der Verstopfung des Entwässerungssystems durch Eis und Schnee
- Schneelasten auf Brücken und anderen besonderen Bauwerken (z. B. Gewächshäuser, siehe DIN SPEC 18071:2014.03 und DIN SPEC 18072:2014.03 oder Traglufthallen, siehe DIN 4134:1983.02)
- zusätzliche Windlasten, verursacht durch Umrissänderung von Bauwerken auf Grund von Schnee
- Schneelasten in Gebieten, in denen das ganze Jahr hinweg Schnee vorhanden ist
- Eislasten.

2.2 Grundlagen und Sicherheitskonzept

Die nachfolgend angegebenen Schneelasten stehen in Übereinstimmung mit dem Sicherheitskonzept nach DIN EN 1991-1-3 und stellen zeitlich veränderliche, ortsfeste Einwirkungen dar, darüber hinaus sind sie als statische Einwirkungen zu betrachten. Der charakteristische Wert der Schneelast auf dem Boden wurde anhand von Messdaten auf der Grundlage einer jährlichen Überschreitungswahrscheinlichkeit von 2 %, also als 98 %-Quantilwert, ermittelt, was einer Wiederkehrperiode von 50 Jahren entspricht. Die Festlegung des in DIN EN 1991-1-3 angegebenen charakteristischen Wertes der Schneelast wurde nicht – wie in der Vergangenheit üblich – auf der Basis von Messungen der Schneehöhen, sondern auf der Grundlage des Wasseräquivalentes (Wiegen des durch Schmelzen entstandenen Wassers) vorgenommen. Die sich daraus ergebenden Werte sind in den einzelnen Regionen Deutschlands sehr unterschiedlich. Um mit einer möglichst geringen, praxisgerechten Anzahl von Schneelastzonen auskommen und die Schneelastzonenkarte vereinfachen zu können, wurden Sockelwerte (Mindestwerte) der Schneelast für die einzelnen Schneelastzonen eingeführt. Das hat zur Folge, dass nicht für jeden Ort der in DIN EN 1991-1-3 angegebene charakteristische Wert der Schneelast auch dem tatsächlich vorhandenen 98%-Quantilwert entspricht.

Zusätzlich zum charakteristischen Wert der Schneelast sind in bestimmten Regionen außergewöhnliche Schneelasten zu berücksichtigen, deren Auftretenswahrscheinlichkeit äußerst selten ist [Häusler 2006], [Timm 2006].

Die Überlagerung der Schneelasten mit anderen Einwirkungen erfolgt entsprechend den in DIN EN 1990:2010.12 festgelegten Kombinationsregeln. Eine gleichzeitige Berücksichtigung von Schneelasten und Nutzlasten auf nicht begehbaren Dächern (Nutzlastkategorie H) ist nicht erforderlich, siehe DIN EN 1991-1-1:2010.12, 3.3.2 (1).

2.3 Schneelast auf dem Boden

2.3.1 Charakteristischer Wert

Hintergrund

Der charakteristische Wert der Schneelast auf dem Boden s_k ist von der geographischen Lage (Schneelastzone) und der Geländehöhe über dem Meeresspiegel abhängig. Zur Erfassung der unterschiedlichen klimatischen Verhältnisse und der sich daraus ergebenden Schneelastintensitäten ist Deutschland in die Schneelastzonen 1, 1a, 2, 2a und 3 eingeteilt worden, siehe Schneelastzonenkarte in Abb. F.1. Für Orte mit einer Höhenlage > 1.500 m über NN und bestimmte Regionen der Schneelastzone 3 (z. B. Oberharz, Hochlagen des Fichtelgebirges, Reit im Winkl, Obernach/Walchensee) können sich höhere Schneelasten ergeben, die von den örtlichen zuständigen Stellen festzulegen sind. Eine detailliertere Zuordnung der Schneelastzonen entsprechend den Verwaltungsgrenzen einzelner Gemeinden ist im Anhang I enthalten.

Innerhalb der einzelnen Schneelastzonen wird die Zunahme der Schneelast mit steigender Geländehöhe über dem Meeresspiegel durch einen parabelförmigen Ansatz erfasst.

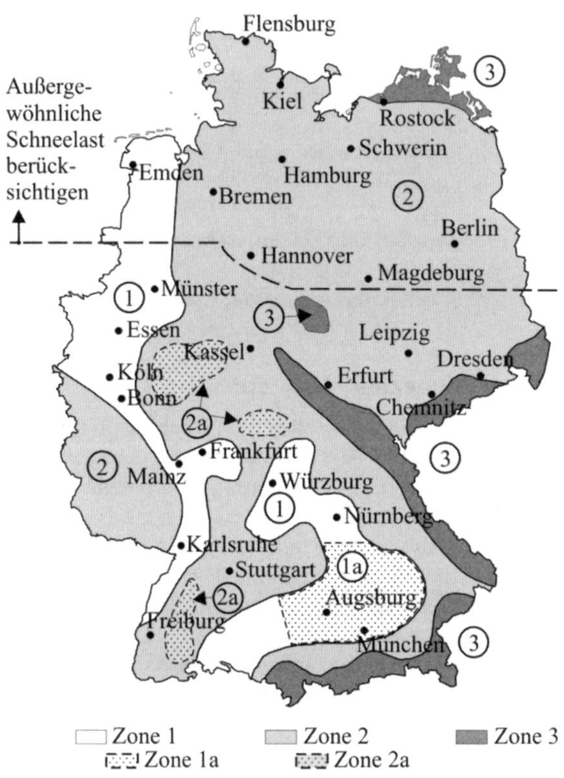

Abb. F.1: Schneelastzonenkarte

Charakteristischer Wert der Schneelast auf dem Boden nach DIN EN 1991-1-3

Nach DIN EN 1991-1-3 gilt für de charakteristischen Wert der Schneelast auf dem Boden s_k:

– Schneelastzone 1: $$s_k = \max\begin{cases} 0{,}65 \\ 0{,}19 + 0{,}91 \cdot \left(\dfrac{A+140}{760}\right)^2 \end{cases} \quad \text{(F.1)}$$

– Schneelastzone 2: $$s_k = \max\begin{cases} 0{,}85 \\ 0{,}25 + 1{,}91 \cdot \left(\dfrac{A+140}{760}\right)^2 \end{cases} \quad \text{(F.2)}$$

– Schneelastzone 3: $$s_k = \max\begin{cases} 1{,}10 \\ 0{,}31 + 2{,}91 \cdot \left(\dfrac{A+140}{760}\right)^2 \end{cases} \quad \text{(F.3)}$$

mit:
s_k charakteristischer Wert der Schneelast auf dem Boden in kN/m^2
A Geländehöhe über dem Meeresspiegel (NN) in m

Für die Schneelastzonen 1a und 2a muss der charakteristische Wert der Zonen 1 bzw. 2 mit dem Faktor 1,25 multipliziert werden. Damit erhält man:

– Schneelastzone 1a: $$s_k = \max\begin{cases} 0{,}81 \\ 0{,}24 + 1{,}14 \cdot \left(\dfrac{A+140}{760}\right)^2 \end{cases} \tag{F.4}$$

– Schneelastzone 2a: $$s_k = \max\begin{cases} 1{,}06 \\ 0{,}31 + 2{,}39 \cdot \left(\dfrac{A+140}{760}\right)^2 \end{cases} \tag{F.5}$$

2.3.2 Außergewöhnliche Schneelast auf dem Boden

Im norddeutschen Tiefland treten in seltenen Fällen Schneelasten auf, welche die charakteristischen Werte nach Kapitel F.2.3.1 deutlich übersteigen können. Davon betroffen sind innerhalb der Schneelastzonen 1 und 2 befindliche Regionen im Norddeutschen Tiefland, siehe Abb. F.1 bzw. Anhang I. In derartigen Fällen sind die rechnerischen Nachweise in

- der ständigen und vorübergehenden Bemessungssituation mit dem charakteristischen Wert der Schneelast s_k (gegebenenfalls unter Berücksichtigung von Windverwehungen) und zusätzlich
- in der außergewöhnlichen Bemessungssituation mit der außergewöhnlichen Schneelast s_{Ad}

zu führen.

$$s_{Ad} = C_{esl} \cdot s_k \tag{F.6}$$

s_{Ad} außergewöhnliche Schneelast auf dem Boden

s_k charakteristischer Wert der Schneelast auf dem Boden

C_{esl} Beiwert für die außergewöhnliche Schneelast
$C_{esl} = 2{,}3$ (siehe Musterliste der Technischen Baubestimmungen)

2.4 Schneelast auf dem Dach

2.4.1 Charakteristischer Wert und außergewöhnliche Schneelast

Der charakteristische Wert der Schneelast auf dem Dach ist abhängig von der Dachform und dem charakteristischen Wert der Schneelast auf dem Boden. In der Regel sind unverwehte und verwehte Schneelasten zu berücksichtigen.

$$s = \mu_i \cdot s_k \tag{F.7}$$

s charakteristischer Wert der Schneelast auf dem Dach, s_i ist lotrecht wirkend anzunehmen und auf die Grundrissprojektion der Dachfläche zu beziehen

μ_i Formbeiwert der Schneelast entsprechend der vorliegenden Dachform

s_k charakteristischer Wert der Schneelast auf dem Boden

Die außergewöhnliche Schneelast auf dem Dach ist – sofern erforderlich – in analoger Weise zu ermitteln:

$$s = \mu_i \cdot s_{Ad} = C_{esl} \cdot \mu_i \cdot s_k \qquad \text{mit } C_{esl} = 2{,}3 \tag{F.8}$$

2.4.2 Sattel-, Pult-, Shed- und Flachdächer

Die Formbeiwerte μ_i für flache und geneigte Dächer (betrifft u. a. Sattel-, Pult-, Shed- und Flachdächer) sind in Tafel F.2 angegeben. Für Dächer mit Brüstungen, Schneefanggittern und anderen Hindernissen, die ein Herabrutschen des Schnees verhindern können, ist der Formbeiwert mindestens mit $\mu_i = 0{,}8$ anzusetzen, siehe DIN EN 1991-1-3:2010.12, 5.3.2 (2).

Tafel F.2: Formbeiwert μ_i für flache und geneigte Dächer

Dachneigung α	μ_1	μ_2
$0° \leq \alpha \leq 30°$	0,8	$0{,}8 + 0{,}8 \cdot \alpha / 30°$
$30° < \alpha \leq 60°$	$0{,}8 \cdot (60° - \alpha) / 30°$	1,6
$\alpha > 60°$	0	–

Sattel-, Pult- und Flachdächer

Bei Satteldächern sind 3 verschiedene Lastbilder zu untersuchen, von denen das ungünstigste maßgebend wird. Lastbild a stellt sich ohne Windeinwirkung ein, die Lastbilder b und c erfassen Verwehungs- und Abtaueinflüsse. Letztere werden allerdings nur bei Tragwerken maßgebend, die empfindlich gegenüber ungleichmäßig verteilten Lasten sind. Bei Flach- und Pultdächern ist im Allgemeinen der Ansatz einer auf der gesamten Dachfläche gleichmäßig verteilten Schneelast ausreichend.

Tafel F.3: Scheelasten und Lastbilder bei Sattel-, Pult- und Flachdächern

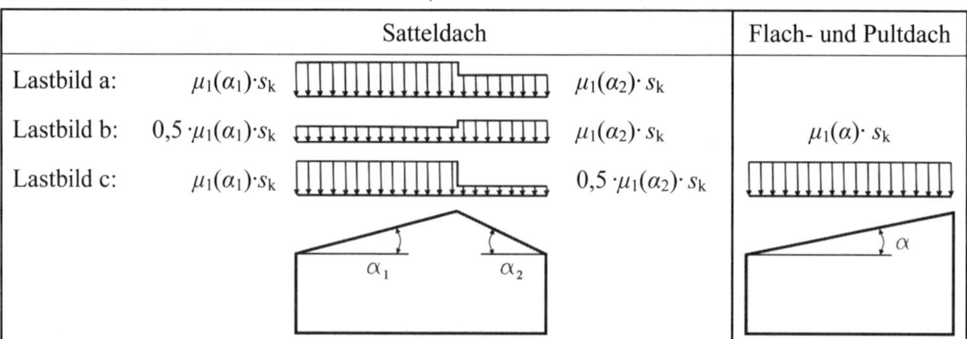

Beispiel: Schneelasten für ein Pultdach

s_1 bzw. $s_{Ad,1}$

$\alpha=15°$

Für das nebenstehend abgebildete Pultdach sollen der charakteristische Wert der Schneelast und die außergewöhnliche Schneelast auf dem Dach bestimmt werden.

Standort: Schwerin, 40 m über NN

→ Schneelastzone 2, $A = 40$ m

$$s_k = \max\begin{cases} 0{,}85 \\ 0{,}25 + 1{,}91 \cdot \left(\dfrac{A+140}{760}\right)^2 \end{cases} = \max\begin{cases} \underline{0{,}85\,\text{kN/m}^2} \\ 0{,}25 + 1{,}91 \cdot \left(\dfrac{40+140}{760}\right)^2 = 0{,}36\,\text{kN/m}^2 \end{cases}$$

$$\alpha = 15° \rightarrow \mu_1 = 0{,}8$$

$$s_1 = \mu_1 \cdot s_k = 0{,}8 \cdot 0{,}85 = 0{,}68\,\text{kN/m}^2$$

$$s_{A,d1} = 2{,}3 \cdot \mu_1 \cdot s_k = 2{,}3 \cdot 0{,}8 \cdot 0{,}85 = 1{,}56\,\text{kN/m}^2$$

Aneinandergereihte Sattel- und Sheddächer

Bei der Berechnung von aneinandergereihten Sattel- und Sheddächern ist neben dem Schneelastfall ohne Windeinfluss (Lastbild a) auch der Verwehungslastfall (Lastbild b) zu betrachten, siehe DIN EN 1991-1-3/NA:2010.12, 5.3.3 und 5.3.4.

Tafel F.4: Schneelasten und Lastbilder für aneinandergereihte Sattel- und Sheddächer

Lastbild	Fensterband geneigt
a	$\mu_1(\alpha_1)\cdot s_k$; $\mu_1(\alpha_2)\cdot s_k$; $\mu_1(\alpha_1)\cdot s_k$; $\mu_1(\alpha_2)\cdot s_k$; $\mu_1(\alpha_1)\cdot s_k$; $\mu_1(\alpha_2)\cdot s_k$
b 1) 2)	$\mu_1(\alpha_1)\cdot s_k$; $\mu_1(\bar{\alpha})\cdot s_k$; $\mu_2(\bar{\alpha})\cdot s_k$; $\mu_1(\bar{\alpha})\cdot s_k$; $\mu_2(\bar{\alpha})\cdot s_k$; $\mu_1(\bar{\alpha})\cdot s_k$; $\mu_1(\alpha_2)\cdot s_k$ h; α_1; α_2; α_1; α_2; α_1; α_2
Lastbild	**Fensterband lotrecht**
a (nicht maßgebend)	$\mu_1(\alpha)\cdot s_k$
b 2)	$\mu_1(\alpha)\cdot s_k$; $\mu_2(\alpha)\cdot s_k$; $\mu_1(\alpha)\cdot s_k$; $\mu_2(\alpha)\cdot s_k$; $\mu_1(\alpha)\cdot s_k$ h; α; α; α

1) $\bar{\alpha} = 0{,}5\cdot(\alpha_1 + \alpha_2)$

2) μ_2 darf begrenzt werden auf $\mu_2 = [(\gamma\cdot h)/s_k] + \mu_1$

γ Wichte des Schnees, $\gamma = 2$ kN/m³

h Höhenlage des Firstes über der Traufe in m

Anmerkung:
Die Schneelast im Bereich von Dachaufbauten und Schneefanggittern kann nach Kapitel F.2.5 ermittelt werden.

Beispiel: Schneelasten für ein aneinandergereihtes Sheddach

Standort: Augsburg, Höhenlage über NN: 490 m

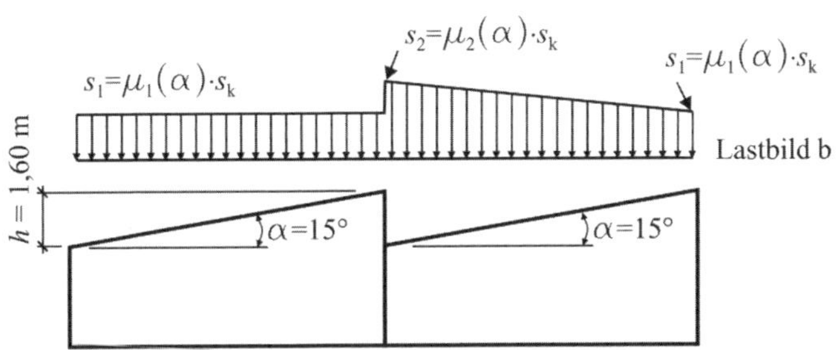

Schneelastzone 1a, $A = 490$ m

$$s_k = \max\begin{cases} 0{,}81 \\ 0{,}24 + 1{,}14 \cdot \left(\dfrac{A+140}{760}\right)^2 \end{cases} = \max\begin{cases} 0{,}81\,\mathrm{kN/m^2} \\ 0{,}24 + 1{,}14 \cdot \left(\dfrac{490+140}{760}\right)^2 = \underline{1{,}02\,\mathrm{kN/m^2}} \end{cases}$$

$\alpha = 15° \rightarrow \quad \mu_1 = 0{,}8$

$$\mu_2 = 0{,}8 + 0{,}8 \cdot \frac{\alpha}{30} = 0{,}8 + 0{,}8 \cdot \frac{15}{30} = 1{,}2 < \frac{\gamma \cdot h}{s_k} + \mu_1 = \frac{2 \cdot 1{,}60}{1{,}02} + 0{,}8 = 3{,}94$$

$$s_1 = \mu_1 \cdot s_k = 0{,}8 \cdot 1{,}02 = 0{,}82\,\mathrm{kN/m^2}$$

$$s_2 = \mu_2 \cdot s_k = 1{,}2 \cdot 1{,}02 = 1{,}22\,\mathrm{kN/m^2}$$

Anmerkung: Für den Standort Augsburg ist der Ansatz der charakteristischen Werte der Schneelast auf dem Dach ausreichend. Die außergewöhnliche Schneelast muss nicht ermittelt werden.

2.4.3 Tonnendächer

Zu Tonnendächern werden im Sinne der nachfolgenden Ausführungen alle zylindrischen Dachformen mit beliebig gekrümmter konvexer Leitkurve gezählt. Tonnendächer sind für gleichmäßig verteilte Schneelasten (Lastbild a) und für unsymmetrisch verteilte Schneelasten (Lastbild b) nachzuweisen, siehe Abb. F.2 und Tafel F.5.

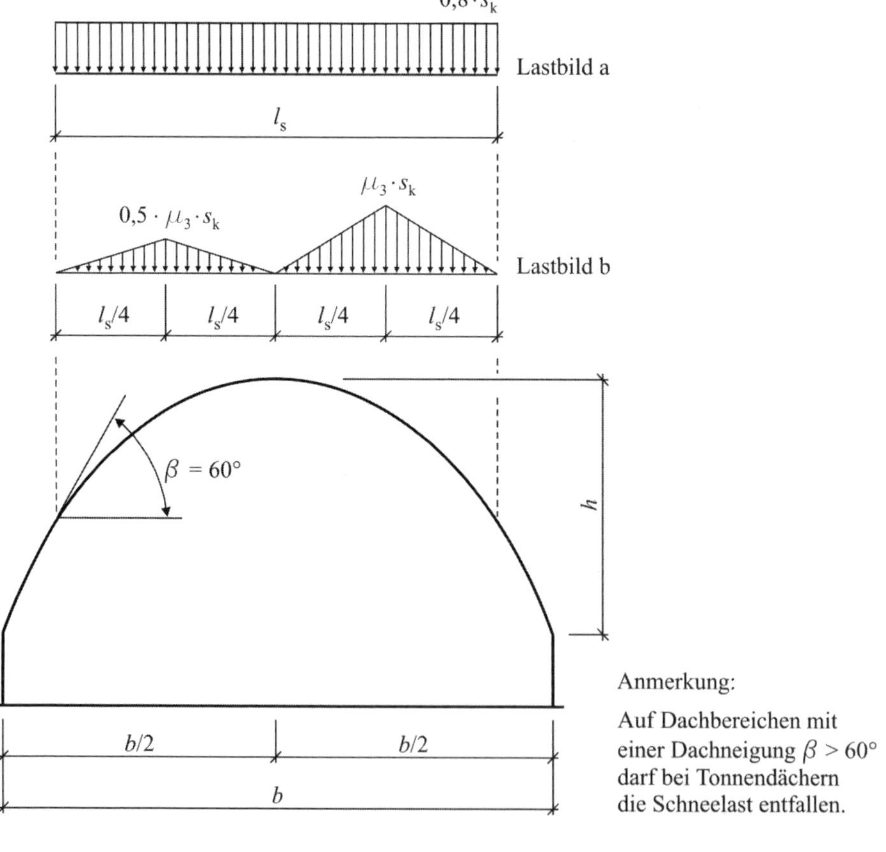

Abb. F.2: Schneelasten und Lastbilder für Tonnendächer

Tafel F.5: Formbeiwert μ_3 für Tonnendächer

Verhältnis h/b	Formbeiwert μ_3
$< 0{,}18$	$0{,}2 + 10 \cdot h/b$
$\geq 0{,}18$	2,0
h Stichhöhe des Tonnendaches b Breite des Tonnendaches	

Bei den Formbeiwerten nach Tafel F.5 wird davon ausgegangen, dass der Schnee ungehindert abrutschen kann.

2.5 Schneeanhäufungen

2.5.1 Höhensprünge an Dächern

Ist der Höhensprung zwischen aneinander grenzende Dachflächen 50 cm oder höher, muss die Anhäufung von Schnee im tiefer liegenden Dachbereich nach Abb. F.3 berücksichtigt werden. Das tiefer liegende Dach wird als Flachdach angenommen und erhält eine dreieckförmige Zusatzlast aus Schneeverwehung und abrutschendem Schnee des anschließenden, höher liegenden Daches. Diese Schneeanhäufung verteilt sich auf eine Länge l_s, welche vom Höhensprung zwischen den Dächern abhängig ist.

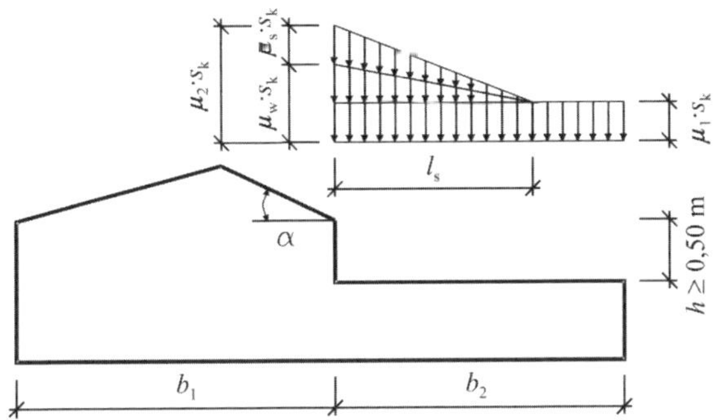

Abb. F.3: Lastbild der Schneelast an Höhensprüngen mit $h \geq 50$ cm

Für die Berechnung der Schneelast im Bereich von Höhensprüngen gilt:

$$\mu_1 = 0{,}8 \tag{F.9}$$

$$l_s = 2 \cdot h \begin{cases} \geq 5 \text{ m} \\ \leq 15 \text{ m} \end{cases} \tag{F.10}$$

$$\mu_W = \min \begin{cases} \dfrac{b_1 + b_2}{2 \cdot h} \\ \dfrac{\gamma \cdot h}{s_k} - \mu_S \end{cases} \tag{F.11}$$

In den Gleichungen (F.9) bis (F.11) sowie Abb. F.3 bedeuten:

- μ_1 Formbeiwert für den tiefer liegenden Dachbereich, $\mu_1 = 0{,}8$
- γ Wichte des Schnees, $\gamma = 2$ kN/m^3
- h Höhe des Dachsprunges in m

s_k charakteristischer Wert der Schneelast auf dem Boden

l_s Länge des Verwehungskeils; für $l_s > b_2$ sind die Lastordinaten am vom Höhensprung entfernten Dachrand abzuschneiden

μ_W Formbeiwert der Schneeverwehung

μ_S Formbeiwert des abrutschenden Schnees

- sofern beim höher liegenden Dach $\alpha \leq 15°$: $\mu_s = 0$
- sofern beim höher liegenden Dach $\alpha > 15°$: Die Last aus Abrutschen des Schnees $\mu_S \cdot s_k$ ist aus der Hälfte der größten resultierenden Schneelast zu ermitteln, die auf der angrenzenden Dachneigung des oberen Daches maßgebend ist. Diese Last ist auf der Länge l_s dreieckförmig zu verteilen.

Die Formbeiwerte sind in der ständigen und vorübergehenden Bemessungssituation wie folgt zu begrenzen:

- im Allgemeinen:

$$\mu_2 = \mu_W + \mu_S \begin{cases} \geq 0{,}8 \\ \leq 2{,}4 \end{cases} \qquad \text{(F.12)}$$

- bei seitlich offenen und für die Räumung zugänglichen Vordächern mit $b_2 \leq 3$ m:

$$\mu_2 = \mu_W + \mu_S \begin{cases} \geq 0{,}8 \\ \leq 2{,}0 \end{cases} \qquad \text{(F.13)}$$

- für die alpine Region mit Schneelasten $s_k > 3{,}0$ kN/m²:

$$\mu_2 = \mu_W + \mu_S \begin{cases} \geq 1{,}2 \\ \leq \dfrac{6{,}45}{s_k^{0{,}9}} \end{cases} \qquad \text{(F.14)}$$

Wenn außergewöhnliche Schneelasten angesetzt werden müssen (Norddeutsches Tiefland) gilt für die Begrenzung der Formbeiwerte:

$$2{,}3 \cdot \mu_W + \mu_S \leq 4{,}0 \qquad \text{(F.15)}$$

Werden Schneefanggitter oder vergleichbare Einrichtungen angeordnet, darf auf den Ansatz von μ_S verzichtet werden.

Beispiel: Ermittlung der Schneelast für ein Einfamilienhaus mit angebauter Garage

Standort: Hannover, Höhenlage über NN: 50 m

→ Schneelastzone 2, $A = 50$ m

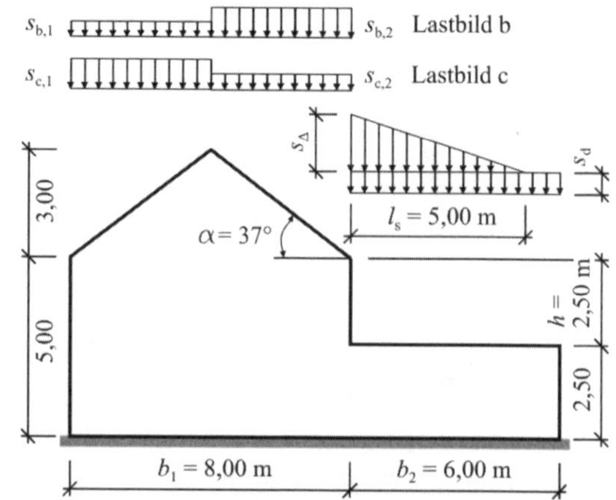

$$s_k = \max \begin{cases} 0{,}85 \text{ kN/m} \\ 0{,}25 + 1{,}91 \cdot \left(\dfrac{50+140}{760}\right)^2 \end{cases}$$

$$= \max \begin{cases} 0{,}85 \text{ kN/m}^2 \\ 0{,}37 \text{ kN/m}^2 \end{cases}$$

Hausdach:

$$\mu_1 = 0{,}8 \cdot \frac{60° - 37°}{30°} = 0{,}61$$

$s_a = 0{,}61 \cdot 0{,}85 = 0{,}52$ kN/m²

$s_{b,1} = s_{c,2} = 0{,}5 \cdot 0{,}61 \cdot 0{,}85 = 0{,}26$ kN/m²

$s_{b,2} = s_{c,1} = 0{,}61 \cdot 0{,}85 = 0{,}52$ kN/m²

Garagendach:

$$l_s = 2 \cdot 2{,}50 = \underline{5{,}00\ \text{m}} \begin{cases} \geq 5{,}00\ \text{m} \\ \leq 15{,}00\ \text{m} \end{cases}$$

$$0{,}5 \cdot \mu_1 \cdot s_k \cdot b_1/2 = \mu_S \cdot s_k \cdot l_s/2$$

$$\rightarrow \mu_S = 0{,}5 \cdot \mu_1 \cdot b_1/l_s = 0{,}5 \cdot 0{,}61 \cdot 8{,}00/5{,}00 = 0{,}49$$

$$\mu_W = \min \begin{cases} \dfrac{b_1 + b_2}{2 \cdot h} = \dfrac{8{,}00 + 6{,}00}{2 \cdot 2{,}50} = \underline{2{,}80} \\ \dfrac{\gamma \cdot h}{s_k} - \mu_S = \dfrac{2{,}00 \cdot 2{,}50}{0{,}85} - 0{,}49 = 5{,}39 \end{cases}$$

$$\mu_2 = \mu_W + \mu_S = 0{,}49 + 2{,}80 = 3{,}29 \begin{cases} \geq 0{,}8 \\ \underline{\leq 2{,}4} \end{cases}$$

$s_d = \mu_1 \cdot s_k$ (mit $\mu_1 = 0{,}8$)

$s_d = 0{,}8 \cdot 0{,}85 = 0{,}68\ \text{kN/m}^2$

$s_\Delta = \mu_2 \cdot s_k - s_d = 2{,}4 \cdot 0{,}85 - 0{,}68 = 1{,}36\ \text{kN/m}^2$

2.5.2 Schneeverwehungen an Aufbauten und Wänden

Im Bereich von auf Dachflächen befindlichen Aufbauten oder Wänden sind Schneeanhäufungen infolge Windverwehungen zu berücksichtigen. Diese Schneelast verteilt sich dreieckförmig über die Länge l_s, wobei die Formbeiwerte wie folgt anzunehmen sind (Abb. F.4):

$$\mu_1 = 0{,}8 \qquad \text{(F.13)}$$

$$\mu_2 = \gamma \cdot h / s_k \begin{cases} \geq 0{,}8 \\ \leq 2{,}0 \end{cases} \qquad \text{(F.14)}$$

$$l_s = 2 \cdot h \begin{cases} \geq 5\ \text{m} \\ \leq 15\ \text{m} \end{cases} \qquad \text{(F.15)}$$

- γ Wichte des Schnees, $\gamma = 2\ \text{kN/m}^3$
- h Höhe des Aufbaus in m
- s_k charakteristischer Wert der Schneelast auf dem Boden
- l_s Länge des Verwehungskeils

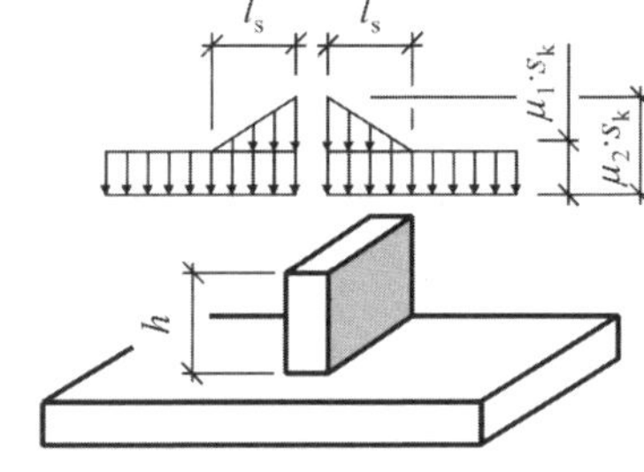

Abb. F.4: Lastbild der Schneelast im Bereich von Dachaufbauten

2.6 Sonderfälle

2.6.1 Schneelasten an Aufbauten von Dachflächen und auf Schneefanggitter

An Schneefanggittern und an Dachaufbauten, die abgleitende Schneemassen anstauen, entsteht eine linienförmige Schneelast F_s.

$$F_s = \mu_i \cdot s_k \cdot b \cdot \sin\alpha \qquad \text{(F.16)}$$

- F_s Schneelast je m Länge
- μ_i größter Formbeiwert für die betrachtete Dachfläche
- b Grundrissabstand zwischen Dachaufbau und einem höher liegenden Hindernis bzw. dem First in m
- α Neigungswinkel der Dachfläche gegen die Horizontale

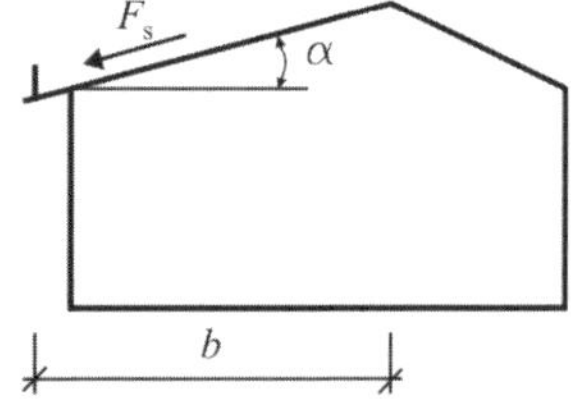

Abb. F.5: Schneelast auf Dachaufbauten und Schneefanggittern

Bei der Ermittlung dieser Linienlast ist die Reibung zwischen Dachfläche und Schnee zu vernachlässigen.

2.6.2 Schneeüberhang an der Traufe

Bei der Nachweisführung für auskragende Dachbereiche ist eine zusätzliche Linienlast s_e durch überhängenden Schnee anzusetzen. Diese Linienlast wirkt an der Trauflinie und ist wie folgt zu ermitteln:

$$s_e = 0{,}4 \cdot s^2 / \gamma$$

- s_e Schneelast des Überhanges in kN je m Trauflänge
- s Schneelast für das Dach nach Kapitel F.2.4
- γ Wichte des Schnees, für diesen Nachweis gilt $\gamma = 3$ kN/m³

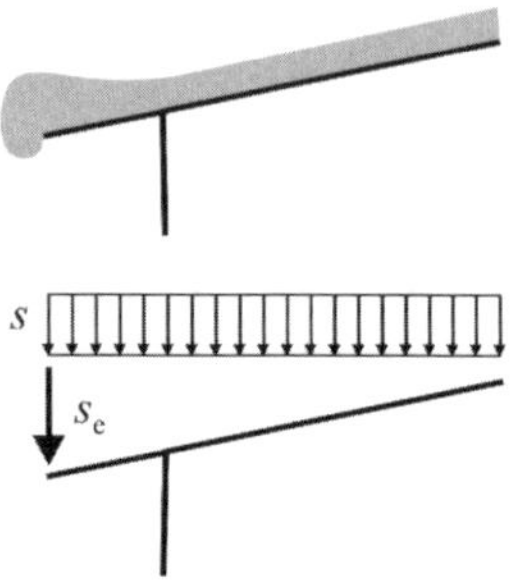

Abb. F.6: Lastbild für den Schneeüberhang an der Traufe

Werden Schneefanggitter oder vergleichbare Einrichtungen zur Verhinderung des Abgleitens des Schnees auf der Dachfläche angeordnet, darf auf den Ansatz der Linienlast verzichtet werden.

> **Beispiel: Linienlast aus Schneeüberhang** (Fortsetzung des Beispiels auf Seite F.10)
> Für die Berechnung der auskragenden Teile des Hausdachs ist an der Trauflinie folgende Linienlast zusätzlich zur gleichmäßig verteilten Schneelast anzusetzen:
>
> $s_e = 0{,}4 \cdot s_a^2 / \gamma = 0{,}4 \cdot 0{,}52^2 / 3 = 0{,}036 \text{ kN/m}$

2.7 Abschätzung einer vorhandenen Schneelast

Zur Abschätzung einer tatsächlich auf einem Dach befindlichen Schneelast werden in DIN EN 1991-1-3:2010.12, Anhang E grobe Angaben getroffen. Allerdings hat dieser Anhang nur informativen, somit keinen verbindlichen Charakter. Eine weitergehende Anleitung zur zumindest groben Ermittlung der aktuellen Schneelast wird in [Lawinenwarndienst] gegeben. Danach ist zunächst der Schichtaufbau der Schneedecke zu bestimmen und vereinfacht zu klassifizieren. Durch Aufsummieren der Lastanteile aus den einzelnen Schichten erhält man die Schneelast.

Tafel F.6: Mittlere Wichte von Schneeschichten

Schneeschicht	Merkmal	Mittlere Wichte in kN/m³
Neuschnee	mit der Faust oder flachen Hand eindrückbar	1
Altschnee, gut gesetzter, verdichtet, trocken oder leicht feucht	nur mit einem spitzen Gegenstand oder Messer eindrückbar, aus dem Schnee lassen sich kompakte Blöcke ausstechen	3
Altschnee, stark durchnässt	bei leichten Drücken einer Probe läuft sofort Wasser heraus	5
Schnee-Eis (trüb)		8
Wasser-Eis (klar)		9

3 Eislasten

3.1 Allgemeines

Bei filigranen Bauteilen können Eislasten gegenüber Schneelasten maßgebend werden. Neben der Gewichtsvergrößerung durch Eisansatz ist auch die gegebenenfalls vergrößerte Windangriffsfläche zu beachten.

Eislasten sind in DIN EN 1991-1-3 nicht geregelt. Daher werden im Folgenden die Angaben zur Ermittlung der Eislast nach DIN 1055-5:2005.07 erläutert. Zwar ist DIN 1055-5:2005.07 mit der Einführung von DIN EN 1991-1-3 aus der Musterliste der Technischen Baubestimmungen zurückgezogen worden. Dennoch können nach Ansicht des Autors die in DIN 1055:2005.07 enthaltenen Regelungen zur Bestimmung der Eislast zumindest näherungsweise verwendet werden.

Die Art und die Stärke des Eisansatzes werden von den meteorologischen Einflüssen (z. B. Lufttemperatur, absolute und relative Luftfeuchtigkeit, Wind) stark beeinflusst, welche wiederum von der Geländeform und der Geländehöhe über NN abhängig sind.

Die in DIN 1055-5:2005.07 enthaltenen Angaben zum Eisansatz gelten – entsprechend den der Norm zugrunde gelegten Erfahrungen – für Höhenlagen ≤ 600 m über NN und Bauwerkshöhen bis zu 50 m über Gelände. Sind diese Voraussetzungen nicht gegeben oder liegt ein besonders exponierter Standort vor, ist der Eisansatz in Abstimmung mit den zuständigen Behörden festzulegen.

3.2 Vereisungsklassen G und R

Hinsichtlich der Berechnung von baulichen Anlagen werden zwei typische Fälle von Eisansatz unterschieden:

- Klareis bzw. Glatteis (Vereisungsklasse G);
- Raueis (Vereisungsklasse R).

3.2.1 Vereisungsklasse G

Es wird angenommen, dass die Bauteile allseitig mit Glatteis (gefrierender Regen) oder Klareis (gefrierende Nebelanlagen) umhüllt sind, siehe Abb. F.7. Es werden zwei Vereisungsklassen definiert, die durch die Schichtdicke des Eises charakterisiert sind:

- Vereisungsklasse G 1 mit einer Schichtdicke $t = 1$ cm
- Vereisungsklasse G 2 mit einer Schichtdicke $t = 2$ cm.

Zur regionalen Zuordnung der Vereisungsklassen innerhalb der Bundesrepublik Deutschland siehe Kapitel F.3.3.

Der Eisansatz der G-Vereisungsklassen ist unabhängig von der Höhe über dem Gelände, wobei zu beachten ist, dass die in DIN 1055-5:2005.07 getroffenen Angaben nur bis zu einer Bauwerkshöhe von maximal 50 m über dem Gelände gelten. Die Eisrohwichte ist mit 9 kN/m^3 anzusetzen.

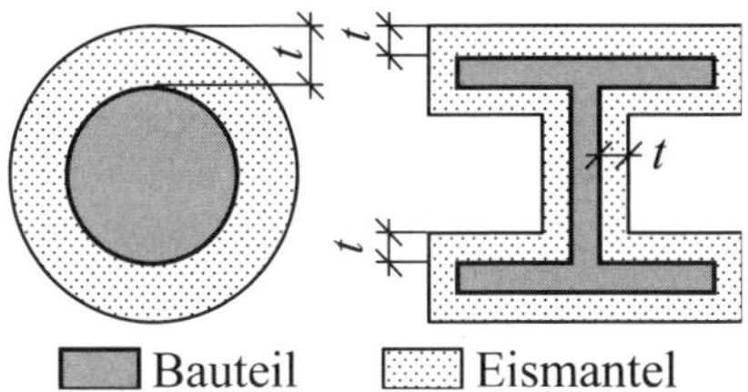

Abb. F.7: Eismantel bei Vereisungsklasse G

3.2.2 Vereisungsklasse R

Durch den Eisansatz der Vereisungsklasse R werden kompakte Raueisfahnen erfasst, die sich an filigranen Bauteilen anlagern und einseitig gegen die während der Vereisung vorherrschende Windrichtung ausgerichtet sind. Die Raueisfahne wird durch das Gewicht des an einem dünnen Bauteil angelagerten Eises und die Schichtdicke der Eisanlagerung charakterisiert.

Raueisgewicht

Innerhalb der Bundesrepublik Deutschland dürfen Regionen im Flachland und in den unteren Lagen der Mittelgebirge den Vereisungsklassen R1 bis R3 zugeordnet werden, siehe Kapitel F.3.3. Das für die einzelnen Raueisklassen maßgebende Raueisgewicht in einer Höhenlage von 10 m über dem Gelände ist in Tafel F.7 für Stäbe mit beliebiger Profilgeometrie und einer Profilbreite ≤ 300 mm angegeben.

Bei Fachwerken ist die Eislast aus der Summe der Eislasten der einzelnen Stäbe zu bestimmen. Dabei dürfen geometrische Überschneidungen abgezogen werden.

Tafel F.7: Raueisgewicht in 10 m Höhe über dem Gelände

Vereisungsklasse für Raueis	Eisgewicht an einem Stab (mit $b \leq 300$ mm) in kN/m
R1	0,005
R2	0,009
R3	0,016
R4	0,028
R5	0,050
Für Profilbreiten $b > 300$ mm ergibt sich das Eisgewicht durch Multiplikation der Tabellenwerte mit $b/300$. Dabei ist b in mm einzusetzen.	

Für die Vereisungsklasse R ist der – durch die größeren Windgeschwindigkeiten verursachte – zunehmende Eisansatz mit steigender Höhe über dem Gelände zu beachten. Dies wird durch die Vergrößerung des Eisansatzes mit dem Höhenfaktor k_z berücksichtigt.

$$k_z = 1 + \frac{h - 10}{100} \tag{F.17}$$

h Höhe des Bauteils über dem Gelände in m

Die Gleichung (F.17) gilt für den Bereich von $0 < h \leq 50$ m über dem Gelände.

Schichtdicke und Geometrie der Raueisfahnen

Die Bildung der Eisfahnen erfolgt in zwei aufeinanderfolgenden Phasen. Während in der ersten Phase noch kein Breitenwachstum zu verzeichnen ist, findet in der 2. Phase neben dem Längen- auch ein Breitenwachstum statt. Bis zu einer Profilbreite von 300 mm gilt, dass mit wachsender Querschnittsbreite die Eisfahnenlänge abnimmt.

Die Schichtdicke der Eisanlagerung darf aus den Eisgewichten nach Tafel F.7 berechnet werden. Die Eisrohwichte für Raueis ist dabei mit 5 kN/m³ anzusetzen. Für nicht verdrehbare Stabquerschnitte wachsen die kompakten Raueisfahnen je nach Querschnittstyp in unterschiedlicher Form an und sind in Tafel F.8 und Tafel F.9 schematisch dargestellt. Bei verdrehbaren Querschnitten (z. B. Seilen) kann es durch die Rotation zu einer allseitigen Ummantelung durch Eis kommen, es entsteht eine sogenannte Eiswalze.

Tafel F.8: Raueisfahnenbildung an Stäben mit unterschiedlicher Querschnittform (Typ A bis D)

Stabquerschnitt	Typ A, B, C und D
Typ A: L, t, W, D, $8 \cdot t$, $\leq W$; Typ B: L, t, W, D, $8 \cdot t$, $\leq W$	Bauteil; Eismantel Phase 1; Eismantel Phase 2
Typ C: L, t, W, D, $8 \cdot t$, $\leq 0{,}5 \cdot W$; Typ D: L, t, W, D, $8 \cdot t$, $\leq 0{,}5 \cdot W$	

	Eisfahnen in mm							
Stabbreite W in mm	10		30		100		≥ 300	
Eisklasse	L	D	L	D	L	D	L	D
R1	56	23	36	35	13	100	4	300
R2	80	29	57	40	23	100	8	300
R3	111	37	86	48	41	100	14	300

Tafel F.9: Raueisfahnenbildung an Stäben mit unterschiedlicher Querschnittform (Typ E und F)

Stabquerschnitt	Typ E und F
Typ E: L, t, W, D, $8 \cdot t$, $\leq 0{,}5 \cdot W$; Typ F: L, t, W, D, $8 \cdot t$, $\leq W$	Bauteil; Phase 1; Phase 2

	Eisfahnen in mm							
Stabbreite W in mm	10		30		100		≥ 300	
Eisklasse	L	D	L	D	L	D	L	D
R1	55	22	29	34	0	100	0	300
R2	79	28	51	39	0	100	0	300
R3	111	36	81	47	9	100	0	300

3.3 Regionale Zuordnung der Vereisungsklassen

Den differenzierten meteorologischen und topographischen Verhältnissen in Deutschland wird durch die Einführung von 4 Eiszonen entsprochen (Abb. F.8), denen jeweils bestimmte Vereisungsklassen zugeordnet sind (Tafel F.10). Mit dieser Einteilung können nur normale Verhältnisse abgedeckt werden. In besonders gefährdeten oder gut abgeschirmten Regionen darf, für Höhenlagen oberhalb 600 m über dem Meeresspiegel sollte die Vereisungsklasse durch ein Gutachten in Abstimmung mit der zuständigen Behörde geregelt werden.

Tafel F.10: Zuordnung von Eiszonen und Vereisungsklassen

Eiszone	1	2	3	4
	Küstengebiet	Binnenland	Mittelgebirge $A \leq 400$ m	Mittelgebirge 400 m $< A \leq 600$ m
Vereisungs-klasse	G1 R1	G2 R1	R2	R3
A Geländehöhe über dem Meeresspiegel in m				

Abb. F.8: Eiszonenkarte der Bundesrepublik Deutschland

Ermittlung der Eislast an einem kreisförmigen Hohlprofil

Stabquerschnitt: Kreisförmiges Hohlprofil 273 × 12,5 mm

Standort: Leipzig

maximale Höhe des Stabes über dem Gelände: 25 m

→ Eiszone 2

für Vereisungsklasse G2: $t = 2$ mm

$$S_{k,G2} = \frac{\pi}{4} \cdot \left(0{,}277^2 - 0{,}273^2\right) \cdot 1{,}00 \cdot 9{,}0 = 0{,}016\,\text{kN/m}$$

für Vereisungsklasse R1: Das Raueisgewicht in 10 m Höhe beträgt 0,005 kN/m (Tafel F.7)

$$S_{k,R1} = 0{,}005 \cdot k_z = 0{,}005 \cdot \left(1 + \frac{25 - 10}{100}\right) = 0{,}006\,\text{kN/m}$$

G EINWIRKUNGEN AUS ERDBEBEN NACH DIN EN 1998-1

Inhaltsverzeichnis

1 Allgemeines

Erdbebenlasten beruhen auf Erschütterungen der Erdoberfläche, die von Erdbeben hervorgerufen werden. Durch dynamische Prozesse im Erdinneren wird Energie in Form von seismischen Wellen freigesetzt, die sich vom Erdbebenherd, dem so genannten Hypozentrum, radial bis zur Erdoberfläche ausbreiten. Mit zunehmender Entfernung vom Hypozentrum wird die seismische Energie durch innere Reibung abgebaut, wodurch die Intensität der Erschütterungen und damit die Bodenbewegungen nachlassen. Die im Hypozentrum freigesetzte Gesamtenergie eines Erdbebens wird in der Magnitudenskala (Richterskala) als Magnitude festgehalten. Sie wird über die Bodenverschiebung definiert, die in 100 km Entfernung vom Epizentrum, dem lotrecht über dem Erdbebenherd liegenden Punkt an der Erdoberfläche, vom Erdbeben verursacht wird.

An der Erdoberfläche treffen die seismischen Wellen impulsartig auf die Fundamente im Erdbebengebiet befindlicher Bauwerke und lösen Trägheitskräfte in den Bauwerken aus, da diese auf Grund ihrer Masse der erzwungenen Bewegung einen Widerstand entgegensetzen. Das gesamte Bauwerk kann daraufhin entsprechend der Intensität und der Richtung der Impulse sowohl in horizontale als auch in vertikale Schwingungen versetzt werden. Während des Schwingprozesses erfährt das Bauwerk geometrische Verformungen (Eigenschwingungsformen) [Petersen 1999], die vom Tragwerk aufgenommen werden müssen, um Leben zu sichern und Bauwerksschäden in gefordertem Maße zu minimieren. Die Schwingungsformen sind von der Eigenfrequenz des schwingungsbeanspruchten Bauwerkes abhängig. Je geringer die Steifigkeit der Bauwerke ist, desto eher können diese zu Eigenschwingungen angeregt werden. Die resultierende Schwingungsbeschleunigung der beanspruchten baulichen Anlagen kann ein Vielfaches der Schwingungsanregung erreichen.

Die Reaktion erdbebenbeanspruchter Bauwerke hängt demzufolge einerseits von der Geschwindigkeit und vom zeitlichen Verlauf der Fußpunkterregung und damit von der einwirkenden Bodenbeschleunigung ab, andererseits beeinflussen bauwerksspezifische Kenngrößen, wie Bauwerksmasse, Bauwerkssteifigkeit, Dämpfung und Art der Baukonstruktion das dynamische Verhalten erdbebenbeanspruchter Tragkonstruktionen maßgeblich. Die Gesamtheit aller Auswirkungen (Spannungen, Schnittgrößen, Verformungen, Verschiebungen) einer dynamischen Beanspruchung wird als dynamische Antwort bezeichnet. Die Zusammenhänge zwischen der freigesetzten Gesamtenergie eines Erdbebens und den daraus resultierenden Horizontal- und Vertikalkräften und Verformungen, die infolge der Verschiebung des Bauwerksfußpunktes hervorgerufen werden, werden daher über dynamische Analysen mittels so genannter Antwortspektrumverfahren oder Zeitverlaufsverfahren abgebildet. Dabei wird über die auftretenden Bodenbewegungen unter Ansatz von Antwortspektren eine Gesamterdbebenkraft ermittelt, die entsprechend den Bauteilsteifigkeiten auf das gesamte Bauwerk verteilt und in gedachten Massenpunkten als Erdbebenersatzlast angesetzt wird. Zur Bestimmung dieser Erdbebenersatzlasten wird das dynamische Verhalten komplexer Tragwerke in stark vereinfachte dynamische Modelle überführt, in denen die Massen der einzelnen Gebäudeteile an bestimmten Stellen des Tragwerks konzentriert werden, siehe [Meskouris 2003], [Pocanschi 2003]. So können beispielsweise bei Geschossbauten in der Höhe der aussteifenden Geschossdecken die Massen der zugehörigen Gebäudeteile und die im jeweiligen Geschoss vorhandenen veränderlichen Lasten zu einer Punktmasse zusammengefasst und das erdbebenbeanspruchte Tragsystem als Ersatzstabmodell mit diskreten Massen (Einmassenschwinger, Mehrmassenschwinger) bemessen werden.

Da reale Tragsysteme aus einer unendlichen Anzahl von Massenpunkten bestehen, unterliegen erdbebenbeanspruchte Gebäude Kriterien hinsichtlich der Regelmäßigkeit der Gebäudeform und der Verteilung der Massen und Aussteifungselemente, um unter Anwendung der diskreten Bemessungsmodelle ein realitätsnahes Versagensbild nachbilden zu können und eine entsprechende Erdbebenwiderstandsfähigkeit der Gebäude sicherzustellen. In Abhängigkeit von der Gebäudegeometrie in Grund- und Aufriss kann die Berechnung symmetrischer Gebäude mittels ebener Tragwerksmodelle in zwei Grundrisshauptrichtungen erfolgen, asymmetrische Grundrissgestaltungen und unregelmäßige Steifigkeitsverteilungen in den einzelnen Geschossebenen hingegen erfordern den Ansatz räumlicher Tragwerksmodelle entlang aller maßgebenden horizontalen Richtungen der Grundrissanordnung und ihren orthogonalen horizontalen Achsen.

Erdbeben sind auf Grund seismischer Gegebenheiten nur in bestimmten Gebieten der Erde möglich. In diesen Gebieten besteht die Gefahr, dass sich mit einer bestimmten Wahrscheinlichkeit ein Erdbeben von bestimmter Intensität ereignet. Diese Gebiete sind in Gefährdungszonenkarten festgehalten und entsprechend der ortsabhängig möglichen Stärke der Bodenerschütterungen in unterschiedliche Intensitätsstufen untergliedert. In der in Europa gebräuchlichen EMS-Skala (Europäische makroseismische Skala) werden 12 Intensitätsgrade unterschieden [DGEB 2004], die das Maß der Zerstörungskraft eines Erdbebens an einem bestimmten Ort anhand der maximalen Auswirkungen auf Mensch, Natur und Gebäude – von „nicht fühlbar (EMS-Intensität I)“ bis „vollständig verwüstend (EMS-Intensität XII)“ – definieren.

Um die Bevölkerung vor den Auswirkungen von Erderschütterungen mit angemessener Zuverlässigkeit zu schützen, wurden Normen erarbeitet, die helfen sollen, Bauwerke durch realitätsnahe Bemessungsmodelle und konstruktive Regelungen erdbebengerecht zu konstruieren.

2 Grundlagen der Erdbebenbemessung

2.1 Normative Regelungen

Erdbebenbeanspruchte Bauwerke haben im Grenzzustand der Tragfähigkeit besondere Anforderungen zu erfüllen, da diese Bauten die durch Schwingungen ausgelösten Verformungen weitestgehend schadensfrei aufnehmen müssen. Als Grundlage zur Erdbebensicherung baulicher Anlagen des üblichen Hochbaus aus Stahlbeton, Stahl, Holz und Mauerwerk in erdbebengefährdeten Gebieten Deutschlands dient derzeit die DIN 4149:2005.04 „Bauten in deutschen Erdbebengebieten – Lastannahmen, Bemessung und Ausführung üblicher Hochbauten“, die zusätzlich zu den sonstigen normativen Regelungen beim Entwurf, der Planung und der Bemessung von Bauwerken anzuwenden ist. Dieses Dokument wird in naher Zukunft durch die bereits vorliegenden Dokumente DIN EN 1998-1 „Auslegung von Bauwerken gegen Erdbeben – Teil 1: Grundlagen, Erdbebeneinwirkungen und Regeln für Hochbauten“ und DIN EN 1998-5 „Auslegung von Bauwerken gegen Erdbeben – Teil 5: Gründungen, Stützbauwerke und geotechnische Aspekte“ unter Berücksichtigung der zugehörigen nationalen Anwendungsdokumente DIN EN 1998-1/NA und DIN EN 1998-5/NA ersetzt werden. Besondere Auslegungsfragen zu Brücken, zur Beurteilung und Verbesserung bestehender Hochbauten, zu Silos, Tankbauwerken und Rohrleitungen und zu Türmen, Masten und Schornsteinen unter Erdbebenbeanspruchung werden zusätzlich in den Teilen 2, 3, 4 und 6 der DIN EN 1998 geregelt. Im Rahmen der europäischen Harmonisierung wurde bereits die deutsche Erdbebennorm DIN 4149:2005.04 auf das Sicherheitskonzept der neuen Normengeneration angepasst. Dies erfolgte im Einklang mit den Vorentwürfen der DIN EN 1998-1, so dass mit der bauaufsichtlichen Einführung des Eurocode 8 kein grundlegendes Umdenken bei der Auslegung von Bauwerken gegen Erdbeben stattfinden muss.

Die DIN EN 1998-1/NA:2011.01 definiert die Vorgehensweise zur Bestimmung der Bemessungswerte der Einwirkungen infolge von Erdbeben A_{Ed} und die Methoden der Nachweisführung im Grenzzustand der Tragfähigkeit unter Berücksichtigung der mäßig hohen Seismizität in Deutschland. Dabei werden landesspezifisch allgemeine Regeln zu Bauwerken des Hochbaus festgelegt und baustofflich relevante bzw. bauteilrelevante Regeln zu Betonbauten, Stahlbauten, Verbundbauten aus Stahl und Beton, Holzbauten, Mauerwerksbauten und schwingungsisolierten Hochbauten getroffen. In einem informativen Anhang wird für einfache Bauten des üblichen Hochbaus die grundsätzliche Möglichkeit einer vereinfachten Vorgehensweise bei der Bestimmung der Erdbebeneinwirkung dargelegt.

Durch die Beachtung örtlicher Untergrundverhältnisse über Untergrundparameter wird der Einfluss standortspezifischer geologischer Gegebenheiten auf die Erdbebenlast berücksichtigt. Des Weiteren fließt die Bedeutung des Erhaltes der Funktionsfähigkeit einer baulichen Anlage im Fall eines Erdbebens in den Erdbebenbemessungswert ein. So sind Hochbauten nach DIN EN

1998-1/NA:2011.01 nach Tafel G.1 in vier Bedeutungskategorien einzustufen, die ein entsprechendes Zuverlässigkeitsniveau sichern. Jeder Bedeutungskategorie ist ein Bedeutungsbeiwert γ_I zugeordnet. Der Referenzwert der Erdbebeneinwirkung bei einem Bedeutungsbeiwert $\gamma_I = 1{,}0$ ist wahrscheinlichkeitstheoretisch auf eine Referenz-Wiederkehrperiode von 475 Jahren festgelegt. In Abhängigkeit von der ausgehenden Gefahr für Leib und Leben, Kulturgüter und Sachwerte bei Erdbebenbeanspruchung kann die Erdbebenlast bei hoher Bedeutung für die öffentliche Sicherheit durch den Bedeutungsbeiwert γ_I bis zu 40 % erhöht bzw. bei geringem Gefährdungspotential bis auf 80 % herabgesetzt werden, was sinngemäß einer Herabsetzung bzw. Steigerung der Wiederkehrperiode gegenüber der Referenz-Wiederkehrperiode gleichgesetzt werden kann.

Die Einwirkungen infolge von Erdbeben werden grundlegend auf der Basis eines linear-elastischen Tragwerkverhaltens bestimmt. In Abhängigkeit vom plastischen Verformungsvermögen ist ein dynamisches System jedoch in der Lage, Energie in Wärme umzuwandeln, wodurch das Bauwerk günstig beeinflusst wird, da durch diesen Energieverlust die Schwingungen gedämpft werden. Diese hysteretische Energiedissipation kann nach DIN EN 1998-1:2010.12 unter Einhaltung bestimmter Anforderungen an die plastische Verformbarkeit von Bauteilen (Duktilität) durch den Ansatz eines konstruktions- und bauartspezifischen Verhaltensbeiwertes q global berücksichtigt und der Bemessungswert der Einwirkungen infolge von Erdbeben abgemindert werden.

Die Festlegungen der DIN EN 1998-1:2010.12 sind darauf ausgerichtet, im Fall eines Erdbebens menschliches Leben zu schützen, Schäden zu begrenzen und sicherzustellen, dass für die öffentliche Sicherheit und Infrastruktur wichtige bauliche Anlagen funktionstüchtig bleiben. Diesbezüglich definiert die Erdbebennorm ein bemessungsrelevantes Entwurfsbeben, dem bauliche Anlagen mit einer ausreichenden Resttragfähigkeit widerstehen müssen, ohne dass von tragenden und nicht tragenden Bauteilen eine lebensbedrohende Gefahr für Personen ausgeht. In dieser Hinsicht sind von der zu bemessenden erdbebenbeanspruchten baulichen Anlage, unter Ansatz von Erdbebeneinwirkungen, Forderungen an die Stabilität des gesamten Bauwerkes im Hinblick auf Kippen und Gleiten, an die Tragfähigkeit der Gründungen und der tragenden Bauteile, an die Duktilität tragender Bauteile und des Gesamttragwerkes und an die Fugenausbildung in Bereichen möglicher Zusammenstöße mit angrenzenden Bauwerken oder Bauteilen zu erfüllen.

Tafel G.1: Bedeutungskategorien und zugehörige Bedeutungsbeiwerte γ_I für Hochbauten

Bedeutungs-kategorie	Bauwerke	Bedeutungs-beiwert γ_I
I	Bauwerke von geringer Bedeutung für die öffentliche Sicherheit, z. B. landwirtschaftliche Bauten usw.	0,8
II	Gewöhnliche Bauten, die nicht zu den anderen Kategorien gehören, z. B. Wohngebäude	1,0
III	Bauwerke, deren Widerstandsfähigkeit gegen Erdbeben im Hinblick auf die mit einem Einsturz verbundenen Folgen wichtig ist, z. B. große Wohnanlagen, Verwaltungsgebäude, Schulen, Versammlungshallen, kulturelle Einrichtungen, Kaufhäuser usw.	1,2
IV	Bauwerke, deren Unversehrtheit im Erdbebenfall von Bedeutung für den Schutz der Allgemeinheit ist, z. B. Krankenhäuser, wichtige Einrichtungen des Katastrophenschutzes und der Sicherheitskräfte, Feuerwehrhäuser usw.	1,4

2.2 Planungsgrundsätze für den Entwurf erdbebenbeanspruchter Bauwerke

2.2.1 Prinzipielle Empfehlungen

Um die Komplexibilität des Tragverhaltens eines schwingungsbeanspruchten Bauwerkes mit der Erdbebenbemessung erfassen zu können und um Spannungskonzentrationen zu vermeiden, die aus einem unregelmäßigen Schwingungsverhalten resultieren, sollten prinzipiell gewisse Grundsätze des erdbebengerechten Planens, die Form- und Tragwerksgestaltung tragender und nichttragender Bauteile betreffend, beachtet werden, die laut DIN EN 1998-1:2010.12 wie folgt zusammengefasst werden:

- Das Tragwerk soll **konstruktiv einfach** sein, d. h. es sollen Systeme mit eindeutigen und direkten Wegen für die Übertragung der Erdbebenkräfte bevorzugt werden;
- Das Tragwerk sollte möglichst **regelmäßig in Grund- und Aufriss** gestaltet sein, bei guter Übereinstimmung von Massen-, Beanspruchbarkeits- und Steifigkeitsverteilung. Ist dies nicht möglich, sollte das Tragwerk mittels Fugen in dynamisch unabhängige Einheiten aufgeteilt werden;
- Eine **symmetrische** und gleichmäßige **Anordnung der tragenden Elemente** unterstützt den Aspekt der Regelmäßigkeit und fördert eine weit gestreute Energiedissipation im gesamten Tragwerk;
- **Aussteifende Tragwerksteile** sollen – der Erdbebenbeanspruchung entsprechend – **bidirektional beanspruchbar** sein, somit ähnliche Steifigkeiten und Tragfähigkeiten in jeder der Hauptrichtungen aufweisen;
- Die **Konstruktionen** sollen möglichst **torsionssteif** ausgeführt werden und Massenexzentrizitäten, die zu erhöhten Torsionsbeanspruchungen führen, sollen vermieden werden;
- **Geschossdecken** einschließlich des Daches sind zur Verteilung der horizontalen Trägheitskräfte auf die aussteifenden Elemente **als Scheiben**, d. h. in ihrer Ebene steif und widerstandsfähig auszubilden und sollten wirksame Anschlüsse zu den vertikalen Tragstrukturen aufweisen;
- Die **Gründungskonstruktion einschließlich** ihrer **Verbindung zum Überbau** soll so gewählt werden, dass bei Erdbebenanregung eine **einheitliche Verschiebung** der verschiedenen Gründungsteile und somit eine gleichförmige Erdbebenanregung **des Gesamtbauwerkes sicherstellt** ist;
- **Primäre seismische Bauteile** sollen zur **Aufnahme der Erdbebenlasten** ausgelegt und durchkonstruiert und der Beanspruchung entsprechend mit der Fähigkeit zu möglichst großer Energiedissipation ausgeführt werden;
- **Sekundäre seismische Bauteile** sind nicht zur Aufnahme der Erdbebenlasten zu konzipieren, sollten allerdings in der Lage sein, **Trägheitslasten** unter Berücksichtigung der Verschiebungen, die aus der Erdbebenbeanspruchung resultieren, **aufzunehmen**;
- **Sekundäre seismische Bauteile** sollten maximal 15 % der horizontalen Steifigkeit aller primären seismischen Bauteile ausmachen, da Festigkeit und Steifigkeit sekundärer seismischer Bauteile **keinen Beitrag zur Erdbebenstabilität des Gesamtsystems** liefern.

Diese Empfehlungen fundieren zum einen auf der Abhängigkeit der dynamischen Antwort eines Bauwerkes vom Verhältnis zwischen Bauwerkshöhe und Bauwerksbreite und zum anderen auf dem negativen Einfluss einer ungleichmäßigen Steifigkeitsverteilung auf den Spannungszustand und die Torsionsempfindlichkeit eines erdbebenbeanspruchten Bauwerkes. So ist das Verformungsverhalten sehr schlanker Gebäude, auf Grund der möglichen Überlagerung mehrerer Schwingungsformen im Erdbebenfall, eher als ungünstig einzustufen [Pocanschi 2003]. Gleichermaßen können sehr lang gezogene Gebäude (Abb. G.1a), in der Grundrissebene betrachtet, mit unregelmäßiger Verteilung der Bauteilmassen empfindlich auf Torsion reagieren oder gegliederte Gebäude mit Grundrissen in H-, L-, T-, U- oder X- Form (Abb. G.1b) starken Spannungen in Bereichen einspringender Ecken unterliegen (Abb. G.1c).

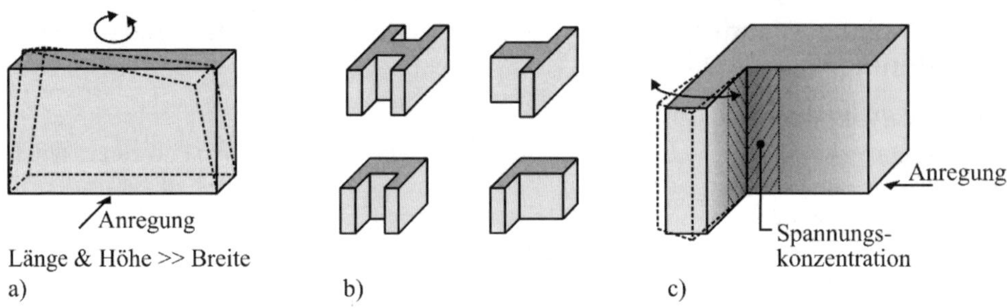

Abb. G.1: Schematische Darstellung hinsichtlich Erdbebenbeanspruchung ungünstiger Bauwerksformen

2.2.2 Empfehlungen zur Gestaltung von Grund- und Aufriss

Besonderes Augenmerk sollte der Grund- und Aufrissgestaltung erdbebengefährdeter Bauwerke geschenkt werden, da eine symmetrische Bauteilanordnung sowohl in der Horizontalen als auch in der Vertikalen das Verformungsverhalten dieser Bauwerke in dynamischer Hinsicht positiv beeinflusst. Bei einfachen Baukörpern ohne einspringende Ecken, starke Gliederungen der Baukörperstruktur oder asymmetrische Verteilung der Aussteifungselemente kann ein definiertes Schwingungsverhalten in der Grundschwingungsform des Baukörpers und demzufolge ein definiertes Verformungsverhalten erwartet werden, was durchaus mit diskreten Einmassensystemen ausgedrückt und die Erdbebenbeanspruchung derartiger „geradliniger" Bauwerke entsprechend gewiss vorherbestimmt werden kann. Da Schwingungen unter anderem eine Funktion der Steifigkeit und der Masse darstellen, wird bei einer Erdbebenbeanspruchung jedes einzelne Bauteil eines Bauwerkes entsprechend seiner Steifigkeit und seiner Masse in Schwingungen versetzt. Betrachtet man den gesamten Baukörper, können sich bei stark aufgelösten, asymmetrischen Gebäudestrukturen ungleiche Schwingungen einstellen, die ungleichmäßige Verformungen einzelner Gebäudeteile hervorrufen, was in den Berührungszonen zu ungewünschten Spannungskonzentrationen führen kann (Abb. G.1c). Um dieses Verhalten mit der Erdbebenberechnung zu erfassen, muss das Auftreten mehrerer dominierender Schwingungsformen, die zum globalen Schwingungsverhalten des Gesamtsystems beitragen, bei der Bemessung unregelmäßiger Bauwerke berücksichtigt werden.

In der DIN EN 1998-1:2010.12 werden diesbezüglich Unterscheidungskriterien hinsichtlich der Regelmäßigkeit von Gebäuden, sowohl den Grundriss als auch den Aufriss betreffend, eingeführt. Es wird zwischen **regelmäßigen** und **unregelmäßigen Bauwerken** unterschieden.

Gebäude können **im Grundriss** als **regelmäßig** angesehen werden, wenn sie:

- kompakt sind;
- eine Gebäudeschlankheit aus den senkrecht zueinander gemessenen größten und kleinsten Gebäudeabmessungen im Grundriss von maximal $L_{max} / L_{min} = 4$ aufweisen;
- keine rückspringenden Ecken oder Nischen im Grundriss aufweisen bzw. diese in ihren Abmessungen folgendermaßen begrenzt sind, damit das Aussteifungssystem nicht beeinträchtigt wird:
    - Die Fläche zwischen dem Umriss des Stockwerks und einem konvexen Polygon als Umhüllende des Stockwerks überschreitet 5 % der Stockwerksfläche nicht;
    - Die Rücksprünge beeinträchtigen die Steifigkeit der Decke in ihrer Ebene nicht;
- bezüglich der Horizontalsteifigkeit und der Massenverteilung um zwei zueinander senkrechte Achsen nahezu symmetrisch sind;
- Decken mit ausreichender Steifigkeit in ihrer Ebene aufweisen, so dass sich die Verformung der Decke nur unwesentlich auf die Verteilung der horizontalen Kräfte auf die aussteifenden Bauteile auswirkt (Horizontalsteifigkeit der durch die Decke gekoppelten Stützen und Wände << Deckensteifigkeit);

- in jedem Geschoss über eine ausreichende Widerstandsfähigkeit gegen Torsionswirkungen verfügen, d. h. für jedes Geschoss und in jeder Beanspruchungsrichtung x oder y hinsichtlich der tatsächlichen Ausmittigkeit e_0 (Abstand zwischen Steifigkeits- und Massenmittelpunkt senkrecht zur betrachteten Berechnungsrichtung) und des Torsionsradius r (Quadratwurzel des Verhältnisses zwischen Torsions- und Horizontalsteifigkeit) nachfolgende Bedingungen erfüllen:
  - $e_0 \leq 0{,}30 \cdot r$
  - $r \geq l_s$ (l_s als Quadratwurzel des Verhältnisses vom polaren Trägheitsmoment der Geschossmasse im Grundriss bezüglich des Massenmittelpunktes des Geschosses zur Masse des Geschosses).

Gebäude gelten **im Aufriss** als **regelmäßig**, wenn:

- keine Rücksprünge vorhanden sind bzw. diese in ihren Abmessungen folgendermaßen begrenzt sind:
  - Stufenweise verteilte Rücksprünge (Abb. G.2) dürfen – bei Wahrung der axialen Symmetrie – in Richtung des Rücksprungs in jedem Stockwerk nicht größer als 20 % der früheren Grundrissabmessung sein;

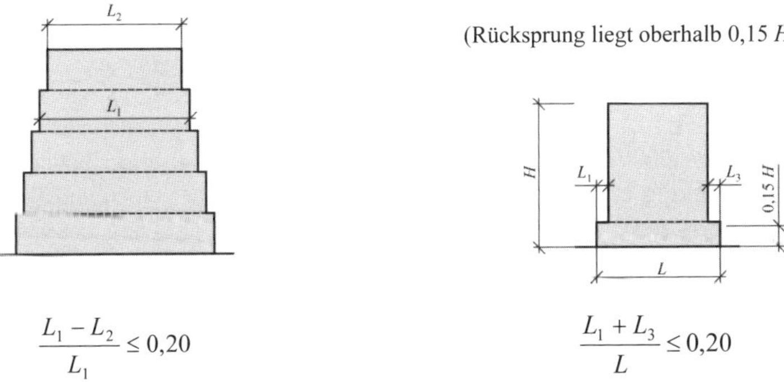

Abb. G.2: Schematische Darstellung stufenweise verteilter Rücksprünge im Aufriss

  - Besitzt das Bauwerk nur einen einzelnen Rücksprung (Abb. G.3) innerhalb der unteren 15 % der Gesamthöhe des Haupttragsystems, so darf der Rücksprung nicht größer als 50 % der früheren Grundrissabmessung sein. In diesem Fall sollte das Tragwerk im unteren Bereich innerhalb der Vertikalprojektion des Umrisses der oberen Stockwerke derart bemessen werden, dass es mindestens 75 % der horizontalen Schubkräfte aufnehmen kann, die in diesem Bereich in einem ähnlichen Bauwerk ohne Verbreiterung der Basis entstehen würden;

(Rücksprung liegt unterhalb 0,15 H)

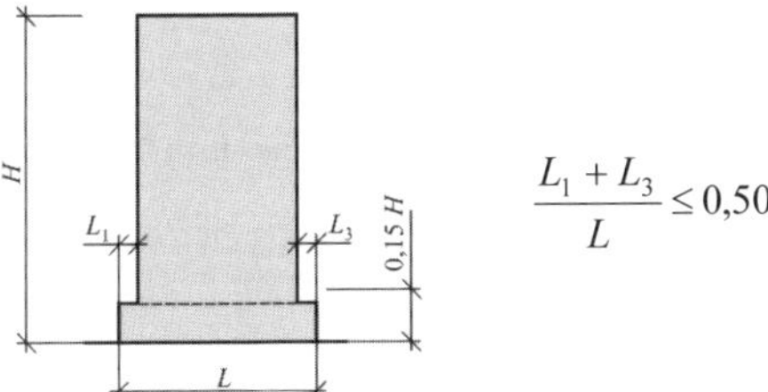

Abb. G.3: Schematische Darstellung nahe Geländeoberkante befindlicher Rücksprünge im Aufriss

- Rücksprünge – mit denen die Symmetrie verletzt wird (Abb. G.4) – dürfen in der Summe aller Stockwerke in jeder Richtung nur maximal so groß sein wie 30 % der Grundrissabmessung des ersten Geschosses oberhalb der Gründung oder oberhalb eines starren Kellergeschosses in der betrachteten Richtung und die einzelnen Rücksprünge nicht größer als 10 % der früheren Grundrissabmessung;

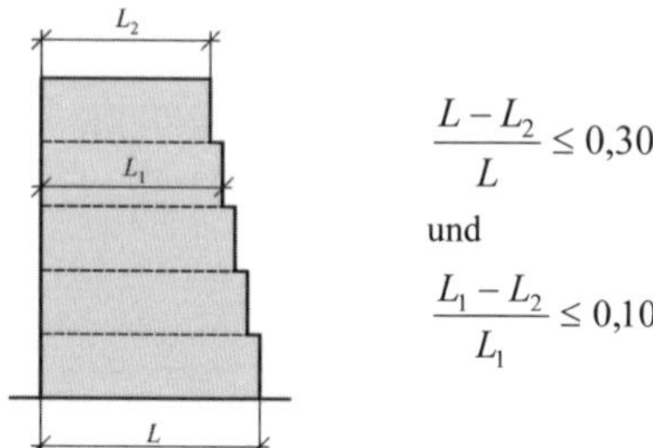

Abb. G.4: Schematische Darstellung unsymmetrischer Rücksprünge im Aufriss

- alle Tragwerksteile, welche an der Aufnahme von Horizontallasten beteiligt sind (z. B. Kerne, tragende Wände oder Rahmen), ohne Unterbrechung von ihren Gründungen bis zur Oberkante des Gebäudes führen;
- sowohl die Horizontalsteifigkeit als auch die Masse der einzelnen Geschosse über die Bauwerkshöhe konstant bleibt oder sich nur allmählich, d. h. ohne große sprunghafte Veränderungen, verringert;
- bei Skelettbauten das Verhältnis zwischen der tatsächlichen Geschossbeanspruchbarkeit und der laut Berechnung erforderlichen Beanspruchbarkeit nicht stark zwischen benachbarten Geschossen schwankt.

Kann ein Bauwerk als regelmäßig im Aufriss eingestuft werden, darf die Erdbebenbemessung generell über ein vereinfachtes Berechnungsverfahren, das „vereinfachte Antwortspektrumverfahren" (siehe Kapitel G.3.1), erfolgen. Mit diesem Verfahren werden nur die Schnittgrößen und Verformungen, die aus der Grundschwingungsform (Abb. G.5) des Bauwerkes resultieren, berücksichtigt. Bei Abweichungen von der Regelmäßigkeit ist die Erdbebenbemessung mit dem „Antwortspektrumverfahren unter Berücksichtigung mehrerer Schwingungsformen (Modales Antwortspektrumverfahren)" (siehe Kapitel G.3.1) durchzuführen.

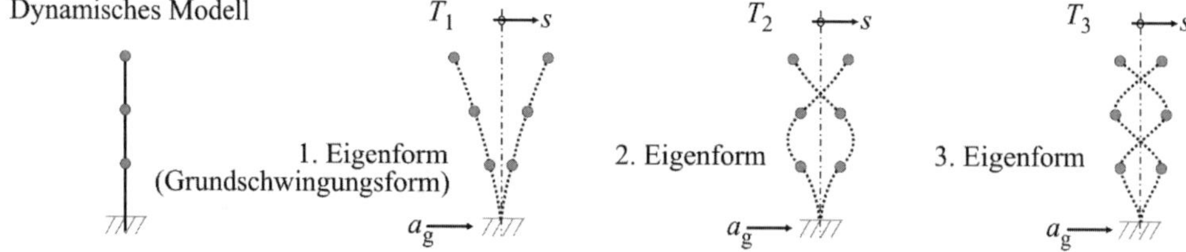

Abb. G.5: Schematische Darstellung des Schwingungsverhaltens eines Dreimassensystems

2.3 Erdbebeneinwirkung

2.3.1 Allgemeines

Die Basis für die Ermittlung der Bemessungswerte der Erdbebeneinwirkung bilden Antwortspektren, die für bestimmte Erdbebenzeitverläufe allgemeine Gültigkeit aufweisen und als Einflussdiagramme betrachtet werden können, die die maximal möglichen Systemantworten auf eine Erdbebeneinwirkung abbilden. Über diese Antwortspektren können für das zu bemessende erdbebenbeanspruchte Bauwerk, in Abhängigkeit von dessen Eigenschwingungsdauer und in Abhängigkeit von der erdbebeninduzierten Bodenbeschleunigung, durch die das Bauwerk zum Schwingen angeregt wird, Maximalwerte der resultierenden Schwingungsbeschleunigung des Bauwerkes ermittelt werden. Durch Einbeziehung der Bauwerksmasse können diese Spektralwerte in Erdbebenersatzlasten überführt werden, die als indirekte Einwirkung am Bauwerk anzusetzen sind.

Für eine aussagekräftige Bemessung fließen auch die regionalen geologischen Bedingungen in den Bemessungsansatz ein, indem die Antwortspektren, in Abhängigkeit von der Erdbebengefährdung und dem lokal vorhandenen Baugrund, durch länderspezifische Festlegungen in Normspektren überführt werden.

2.3.2 Antwortspektren als Bemessungsgrundlage

In Normen festgelegte Entwurfsbeben resultieren aus realistischen Zeitverläufen vergangener Erdbeben, die über Seismographen oder Akzellerographen aufgezeichnet wurden. Betrachtet man die während eines Erdbebens gemessenen Bodenbewegungen (Verschiebungen, Geschwindigkeiten, Beschleunigungen) im zeitlichen Verlauf, variieren diese deutlich in der Amplitude und in der Periodendauer. Dementsprechend werden Bauwerke in Erdbebengebieten während des gesamten Erdbebenverlaufes unterschiedlich stark zum Schwingen angeregt. Dies wiederum hat zur Folge, dass im erdbebenbeanspruchten Bauwerk, in Abhängigkeit von der Eigenfrequenz und den Dämpfungseigenschaften des Tragwerkes, unterschiedliche Eigenformen erzeugt werden, in denen das Bauwerk schwingt und entsprechend verschiedene Antwortgrößen (Verformungen, Spannungen, Schnittkräfte und Verschiebungen), die sich hinsichtlich geometrischer Lage und Größe unterscheiden (Abb. G.5), hervorgerufen werden. Die Maximalwerte dieser zeitabhängigen Antwortgrößen werden als Spektralwerte bezeichnet und kennzeichnen die von einem Erdbeben ausgehende Beanspruchung von Bauwerken in Erdbebengebieten.

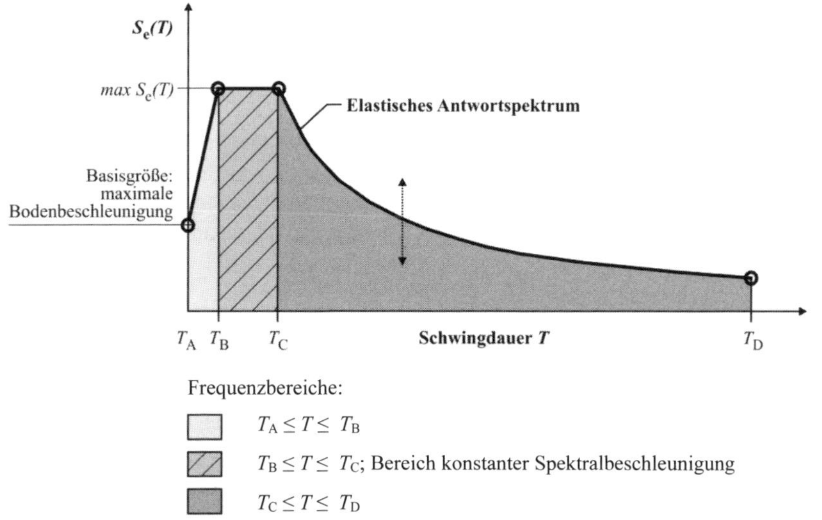

Abb. G.6: Schematische Darstellung eines Antwortspektrums

Der Erdbebenbemessung werden daher Spektralwerte zugrunde gelegt, die für einen bestimmten Erdbebenzeitverlauf über mathematische Beziehungen der Bewegungskenngrößen als Funktion der Schwingdauer T wiedergegeben werden. Die Verteilung der Spektralwerte über einen bestimmten Frequenzbereich wird als bemessungsrelevantes Antwortspektrum (Abb. G.6) definiert.

Den Antwortspektren der DIN EN 1998-1/NA:2011.01 liegen seitens der Erdbebeneinwirkung maximale Bodenbeschleunigungswerte zugrunde, die reaktionsseitig von Bauwerken aufgenommen werden, deren Schwingungsverhalten über viskos gedämpfte Massensysteme mit linearelastischem Verformungsverhalten modelliert wird. Diese elastischen Bodenbeschleunigungs-Antwortspektren (kurz: Elastische Antwortspektren) $S_e(T)$ werden über charakteristische Periodenwerte T_i (T_A, T_B, T_C, T_D) definiert, wobei die maximal erreichbaren Werte des Antwortspektrums max $S_e(T)$ im Frequenzbereich $T_B \leq T \leq T_C$ eintreten, da hier die resultierende Schwingungsbeschleunigung maximale Größen annimmt. Bei geringeren oder höheren Schwingungsdauern T des Tragsystems nehmen die Werte der Antwortgrößen ab.

Einen Eingangswert für die Berechnung der Erdbebenersatzlasten stellt demzufolge der systemabhängige Parameter der **Schwingungsdauer *T*** des zu bemessenden Bauwerkes dar, der in Abhängigkeit von der Systemsteifigkeit und der Systemmasse über vereinfachte dynamische Beziehungen ermittelt werden muss.

$$\max S_e = f(T)$$

Die viskose Dämpfung ξ ist laut DIN EN 1998-1/NA:2011.01 in der Bemessung mit 5 % anzusetzen, was über einen **Dämpfungs-Korrekturbeiwert η** erfolgt, der im Fall der 5%igen viskosen Dämpfung 1 ist. Der Ansatz eines anderen Dämpfungsgrades kann über folgende Abhängigkeit erfolgen, muss allerdings besonders begründet werden:

$$\eta = \sqrt{\frac{10}{5+\xi}} \geq 0{,}55 \tag{G.1}$$

Mit:

η Dämpfungs-Korrekturbeiwert;

ξ der Wert der viskosen Dämpfung des Bauwerks in %.

2.3.3 Erdbebengefährdung und Entwurfsbeben

Da auf Grund seismischer Gegebenheiten die Erdbebenzeitverläufe entsprechend der geographischen Lage im zeitlichen Verlauf und in der Intensität voneinander abweichen und demzufolge die Erdbebeneinwirkungen ortsspezifisch variieren, können sich die Antwortspektren gebietsabhängig unterscheiden.

In der DIN EN 1998-1/NA:2011.01 werden in Abhängigkeit von der Intensität I der in Deutschland zu erwartenden Erdbeben (leichte bis schwere Gebäudeschäden), basierend auf der Europäischen makroseismischen Skala (EMS), vier Erdbebenzonen verschiedener Intensitätsintervalle unterschieden (Tafel G.2). Diese Erdbebenzonen werden über **Referenz-Spitzenwerte der Bodenbeschleunigung a_{gR}** charakterisiert, die als weiterer Eingangsparameter zur Berechnung der Erdbebenersatzlasten dienen:

$$\max S_e = f(a_{gR})$$

Tafel G.2: Zuordnung der Referenz-Spitzenwerte der Bodenbeschleunigung a_{gR} zu Intensitätsintervallen und zu den Erdbebenzonen Deutschlands

Erdbebenzone	0	1	2	3
Intensitätsintervalle	$6{,}0 \leq I < 6{,}5$	$6{,}5 \leq I < 7{,}0$	$7{,}0 \leq I < 7{,}5$	$7{,}5 \leq I$
Referenz-Spitzenwert der Bodenbeschleunigung a_{gR}	–	0,4 m/s²	0,6 m/s²	0,8 m/s²

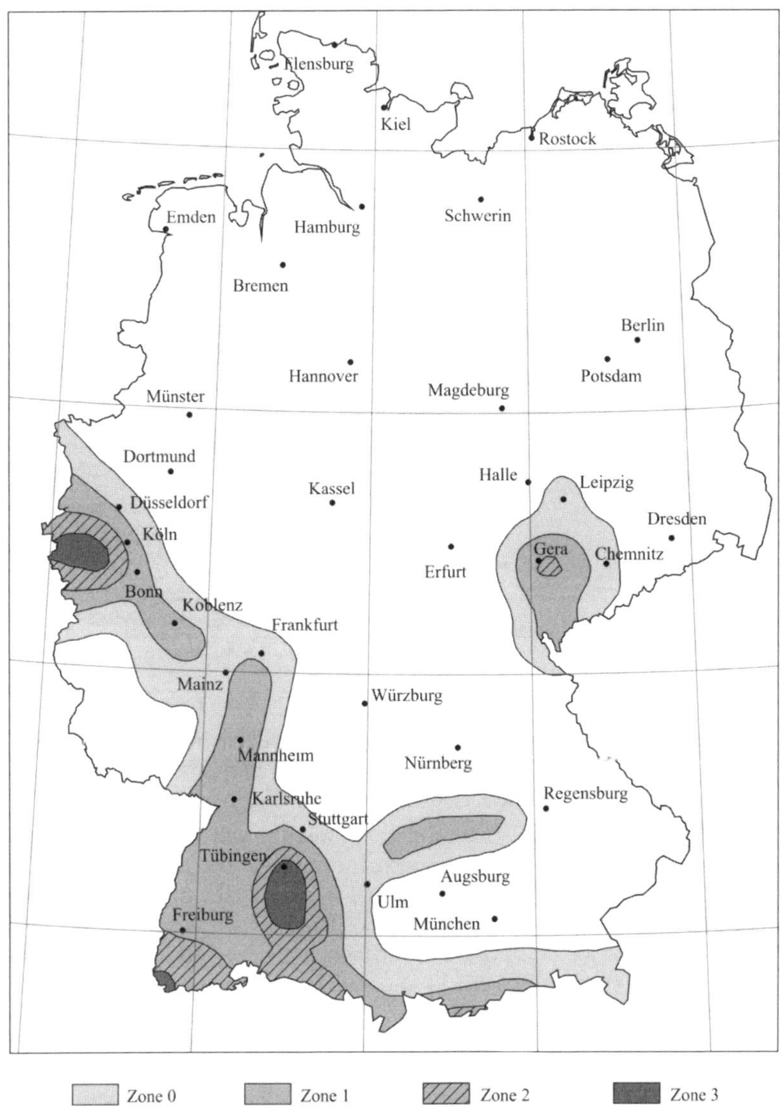

Abb. G.7: Erdbebenzonen der Bundesrepublik Deutschland

Die Zuordnung der Erdbebenzonen zu den einzelnen Regionen der Bundesrepublik Deutschland kann der Erdbebenzonenkarte (Abb. G.7) entnommen werden.

Bei der Erarbeitung der nationalen Erdbebennorm wurde festgelegt, dass nur Gebiete, in denen bei Erdbebenbeanspruchung ein bestimmter Mindestwert der Bodenbeschleunigung erreicht wird, als Erdbebenzonen auszuweisen sind, da das Gefährdungspotential bei einer Schwingungsanregung durch eine niedrige Bodenbeschleunigung als ausreichend gering eingeschätzt werden kann. Dieser Mindestwert der Bodenbeschleunigung liegt bei 0,4 m/s² [Schwarz 2005].

Da in Deutschland auf Grund geologischer Gegebenheiten prinzipiell nur mit geringer Seismizität zu rechnen ist, sind in Gebieten, in denen Erdbeben mit Intensitäten zwischen 6,0 und 6,5 auftreten, nur kleinere Bodenbeschleunigungen als 0,4 m/s² zu erwarten. Diese Gebiete werden in der Erdbebenzone 0 zusammengefasst und laut DIN EN 1998-1/NA:2011.01 als Gebiete sehr geringer Seismizität verstanden. Nach DIN EN 1998-1:2010.12 darf bei sehr geringer Seismizität auf eine Erdbebenbemessung verzichtet werden.

Erst für Bauwerke, die sich in den Erdbebenzonen 1, 2 oder 3 befinden, ist unter Ansatz der Referenz-Spitzenwerte der Bodenbeschleunigung a_{gR} von 0,4 bzw. 0,6 bzw. 0,8 m/s² eine Bemessung für Erdbebenbeanspruchung erforderlich. Der Wert a_{gR} bezieht sich dabei auf Bodenbeschleunigungen, die durch Erdbeben der drei verschiedenen Intensitätsstufen auf felsartigem Gesteinsuntergrund ausgelöst werden können.

Zur Übersichtlichkeit sind in Tafel G.3 die bemessungsrelevanten Erdbebenzonen 1, 2 und 3 länderspezifisch aufgeführt.

Tafel G.3: Zuordnung der Erdbebenzonen 1, 2 und 3 zu den betroffenen Bundesländern

Bundesland	Erdbebenzone		
	1	**2**	**3**
Baden-Württemberg	x (~45 %)	x (~70 %)	x (~60 %)
Bayern	x	x	---
Hessen	x	---	---
Nordrhein-Westfalen	x	x (~25 %)	x (~40 %)
Rheinland-Pfalz	x	---	---
Sachsen-Anhalt	x	---	---
Thüringen	x	x	---
Sachsen	x	x	---
Klammerwerte geben die prozentualen Flächenanteile der betroffenen Bundesländer an den Erdbebenzonen der DIN EN 1998-1/NA:2011.01 an [Abrahamczyk 2005].			

In Verbindung mit der Zuordnung der Bundesländer zu Erdbebenzonen ist zu erwähnen, dass dynamische Anregungen durch nichttektonische seismische Ereignisse in Erdbau- oder Erdfallgebieten nicht Gegenstand der DIN EN 1998-1/NA:2011.01 sind.

Die Beanspruchung aus Erdbeben ist natürlichen Ursprungs und kann demzufolge nur mittels statistischer Erwartungswerte prognostiziert werden. Im Zuge des neuen europäischen Sicherheitskonzeptes basiert die geographische Lage der Erdbebenzonen nicht mehr auf deterministischen Werten einmalig beobachteter Maximalintensitäten eingetretener Erdbeben, sondern auf der probabilistischen Bewertung historischer Erdbebenereignisse. Das heißt, in den heutigen Erdbebenzonenkarten wurde der Aspekt berücksichtigt, dass das Eintreten zukünftig zu erwartender Erdbeben und deren Zeitverläufe und demzufolge das Gefährdungspotential, was in einer bestimmten Zone von einem Erdbeben ausgeht, nur mit einer bestimmten Wahrscheinlichkeit vorhergesagt werden kann. In der Erdbebenzonenkarte der DIN EN 1998-1/NA:2011.01 werden dementsprechend Gebiete eingegrenzt, in denen für eine gewisse Auftretenswahrscheinlichkeit Erdbeben gleicher Intensitäten zu erwarten sind. Diese Erdbeben sind als Entwurfsbeben für die Bemessung heranzuziehen. Die Wahrscheinlichkeit, dass ein Bauwerk in diesen Gebieten von einem gleich starken oder stärkeren Erdbeben beansprucht wird, beträgt in einem Beobachtungszeitraum von 50 Jahren 10 %. Dies entspricht einer Wiederkehrperiode eines entsprechenden Erdbebens gegebener Intensität von 475 Jahren, was in der amerikanischen Erdbebennorm als Selten-Beben bezeichnet wird.

2.3.4 Regionale Baugrundverhältnisse

Der Baugrund beeinflusst sowohl die Stärke als auch die Dauer der an einem bestimmten Standort zu spürenden Erschütterungen, da er als Medium für die Ausbreitung seismischer Wellen dient, welche die im Hypozentrum entstandene Energie an den Einwirkungsort übertragen. Bei der Ermittlung der Erdbebeneinwirkung müssen daher die unterschiedlichen Intensitäten der Beben immer in Verbindung mit den regional vorhandenen Baugrund- und Untergrundverhältnissen des Standortes, an dem sich das Entwurfsbeben ereignet, erfasst werden.

In dieser Hinsicht werden die Erdbebenzonen Deutschlands nach Abb. G.8 in drei **geologische Untergrundklassen** R, T und S (Tafel G.4) unterteilt.

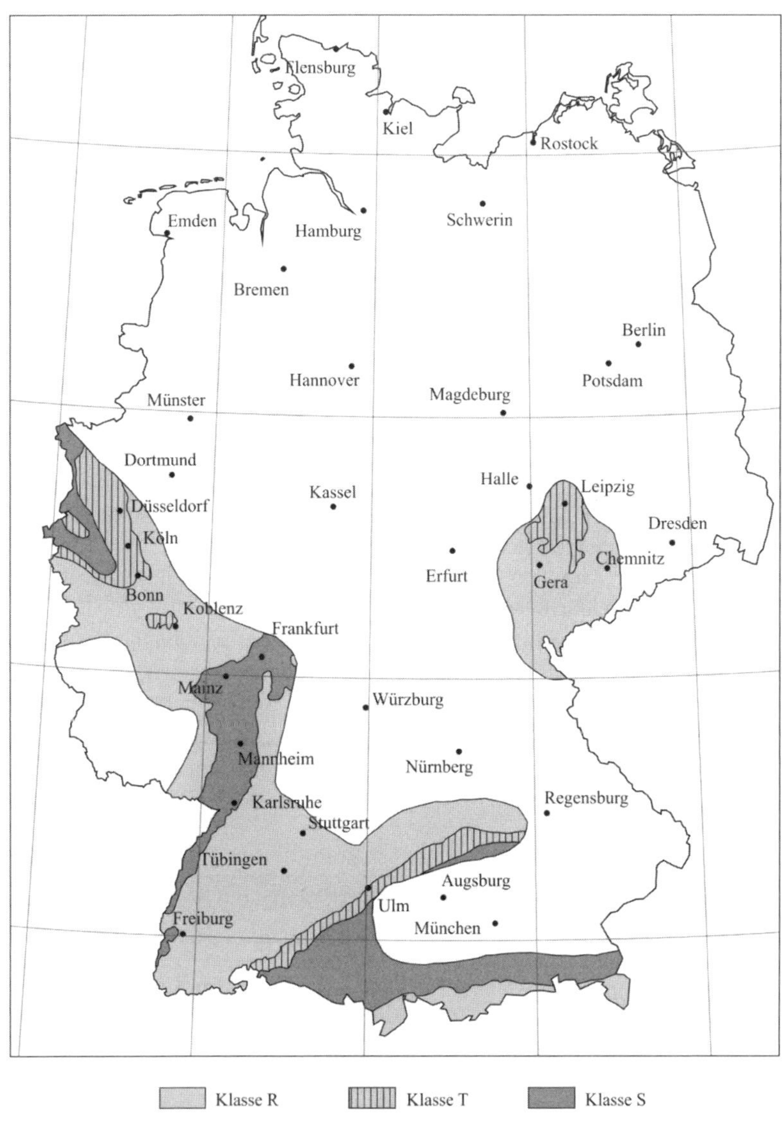

Abb. G.8: Geologische Untergrundklassen in den Erdbebenzonen der Bundesrepublik Deutschland

Tafel G.4: Klassifizierung der geologischen Untergrundverhältnisse

Untergrundklasse	Untergrundverhältnisse
R	felsartiger Gesteinsuntergrund
T	relativ flachgründige Sedimentbecken
	Übergangsbereiche zwischen Untergrundverhältnissen der Untergrundklassen R und S
S	Beckenstrukturen mit mächtiger Sedimentfüllung

Mit dieser zusätzlichen Untergliederung der Erdbebenzonen wird der Einfluss des Gesteinsuntergrundes ab einer Tiefe von 20 m erfasst. Ein geologischer Untergrund mit hoher Steifigkeit wirkt sich im Hinblick auf den Maximalwert der dynamischen Tragwerksantwort und demzufolge auf die Erdbebenersatzlasten negativ aus, da in einem derartigen Medium hohe Bodenbeschleunigungen übertragen werden können, die Bauwerke zum Schwingen anregen. Der Maximalwert der dynamischen Tragwerksantwort kann sich bei Gebäuden, die sich auf felsartigem Gesteinsuntergrund befinden, schon bei geringeren Eigenschwingdauern einstellen als bei Gebäuden in Gebieten tiefer Beckenstrukturen mit mächtiger Sedimentfüllung.

Eine genauere Eingrenzung der Einflussgröße der Baugrundverhältnisse wird durch einen weiteren Parameter erreicht, der den seismisch relevanten, oberflächennahen Untergrund bis zu einer Tiefe von etwa 20 m berücksichtigt. Diesbezüglich unterscheidet die DIN EN 1998-1/NA:2011.01 drei **Baugrundklassen** A, B und C, in denen die im oberflächennahen Untergrund befindlichen Gesteine nach ihrer Festigkeit klassifiziert werden (Tafel G.5). Die Art der Gesteine beeinflusst die Ausbreitungsgeschwindigkeiten der durch Erdbeben verursachten Scherwellen.

Anhand der Scherwellengeschwindigkeiten kann hergeleitet werden, dass bei einem Baugrund mit oberflächennahen Lockergesteinen, bei dem auf Grund von Reflexionen in den Sedimentschichten nur Scherwellengeschwindigkeiten von 150 bis 350 m/s dominieren, die zu spürenden Bodenerschütterungen länger andauern als bei einem Baugrund mit unverwitterten Festgesteinen mit weitestgehend homogenen Materialeigenschaften, bei dem sich die Scherwellen weitestgehend ungehindert mit einer Geschwindigkeit von über 800 m/s ausbreiten können. Daraus resultiert, dass auch der Bereich konstanter Spektralbeschleunigungen relativ groß ist.

Für die Erdbebenbemessung nach DIN EN 1998-1/NA:2011.01 werden die Einflüsse aus geologischem Untergrund und Baugrund in einem **Untergrundparameter *S*** zusammengefasst (Tafel G.6), der als weitere Konstante in die Berechnung der Erdbebenersatzlasten einfließt:

$$\max S_e = f(S)$$

Tafel G.5: Klassifizierung der Baugrundverhältnisse

Baugrundklasse	Baugrundverhältnisse	Dominierende Scherwellengeschwindigkeit
A	unverwitterte (bergfrische) Festgesteine mit hoher Festigkeit	> 800 m/s
B	mäßig verwitterte Festgesteine bzw. Festgesteine mit geringerer Festigkeit	350 m/s – 800 m/s
	grobkörnige (rollige) bzw. gemischtkörnige Lockergesteine mit hohen Reibungseigenschaften in dichter Lagerung bzw. in fester Konsistenz (z. B. glazial vorbelastete Lockergesteine)	
C	stark bis völlig verwitterte Festgesteine	150 m/s und 350 m/s
	grobkörnige (rollige) bzw. gemischtkörnige Lockergesteine in mitteldichter Lagerung bzw. in mindestens steifer Konsistenz	
	feinkörnige (bindige) Lockergesteine in mindestens steifer Konsistenz	

Tafel G.6: Zuordnung der Untergrund- und Baugrundklasse zu Untergrundparametern *S*

Untergrundklasse	Baugrundklasse A	Baugrundklasse B	Baugrundklasse C
R	1,00	1,25	1,50
T	---	1,00	1,25
S	---	---	0,75

Bei einem Untergrundparameter $S > 1,0$ wird der Bemessungswert der Bodenbeschleunigung a_g um den Faktor S erhöht, bei einem Untergrundparameter $S < 1,0$ um den Faktor S verringert. Betrachtet man den lokal vorhandenen Baugrund im Schichtprofil, können auf Grund geologischer Gegebenheiten die Untergrund- und Baugrundklassen in folgender Kombination auftreten:

- A-R;
- B-R, B-T;
- C-R, C-T, C-S.

Aus Tafel G.6 lässt sich erkennen, dass Bauwerke an einem Standort mit felsartigem Gesteinsuntergrund (R) und einem Baugrund aus Lockergestein (C) die maximal möglichen Schwingungsbeschleunigungen erfahren können. Besteht hingegen der gesamte lokal vorhandene Baugrund aus Sedimenten (S) und feinkörnigen Lockergesteinen (C), ist die geringste Beanspruchung durch Einwirkungen aus Erdbeben zu erwarten, da sich bei einer derartigen Struktur des Schichtprofils nur sehr geringe Bodenbeschleunigungen entwickeln können.

Grundsätzlich sollten bei Erdbeben vom Bauwerksstandort und der Art des Untergrundes keine Risiken bezüglich Grundbruch, Hangrutschung und Setzung infolge Bodenverflüssigung oder Bodenverdichtung ausgehen. In diesem Zusammenhang sollte darauf hingewiesen werden, dass Sande unter dynamischer Einwirkung dazu neigen, sich zu verdichten, wodurch schadenverursachende Setzungen auftreten können. Des Weiteren können unter dynamischer Belastung die effektiven Bodenspannungen wassergesättigter kohäsionsloser Lockergesteine abgebaut werden, was zu Materialverschiebungen führen kann.

Lässt sich der Baugrund nicht in die Baugrundklassen A, B oder C einordnen, insbesondere wenn als Baugrund tiefgründig unverfestigte Ablagerungen in lockerer Lagerung (z. B. lockerer Sand) bzw. in weicher oder breiiger Konsistenz (z. B. Seeton, Schlick) vorhanden sind, ist aus oben aufgeführten Gründen der Einfluss eines derartigen Baugrundes auf die Erdbebeneinwirkungen gesondert zu untersuchen und im Bemessungsansatz zu berücksichtigen.

Beispiel: Ermittlung des Referenz-Spitzenwertes der Bodenbeschleunigung a_{gR} und des Untergrundparameters S

Gegenstand der Bemessung: 5-stöckiges Wohngebäude in Gera (Stadt),
Baugrund: Lockergesteine in mitteldichter Lagerung

→ Erdbebenzone: 1 (aus Erdbebenzonenkarte, Abb. G.7)
► Referenz-Spitzenwert der Bodenbeschleunigung $a_{gR} = 0,4$ m/s² (Tafel G.2)

Regionale Baugrundverhältnisse:
→ Geologischer Untergrund: Untergrundklasse R (Abb. G.8)
→ Baugrund: Baugrundklasse C;
da: Lockergesteine in mitteldichter Lagerung (Tafel G.5)
► Schichtprofil: C-R
► Untergrundparameter S: 1,50 (Tafel G.6)

ANMERKUNG:

Für die Zuordnung einzelner Orte zu den Erdbebenzonen werden derzeit im Internet folgende Hilfestellungen angeboten:

→ https://www.dibt.de/de/Geschaeftsfelder/data/Erbebenzonen_und_Untergrundklassen.xls (Zuordnung der Erdbebenzonen und Untergrundklassen, Deutsches Institut für Bautechnik, siehe Kapitel I)

→ http://www.gfz-potsdam.de/DIN4149_Erdbebenzonenabfrage (Erdbebenzonen Deutschlands, GeoForschungsZentrum Potsdam)

2.3.5 Darstellung der Erdbebeneinwirkung in Normspektren

Basierend auf den zuvor erwähnten Einflussparametern werden die elastischen Antwortspektren laut DIN EN 1998-1/NA:2011.01 über nachfolgende Ausdrücke wiedergegeben.

- **Horizontales elastisches Antwortspektrum $S_e(T)$** (Abb. G.9)
  [in Abhängigkeit von Eigenschwingungsdauer T des betrachteten Tragsystems, Referenz-Spitzenwert der Bodenbeschleunigung a_{gR} und Untergrundparameter S]

  Frequenzbereich — Spektralwert des horizontalen elastischen Antwortspektrums

  $T_A \leq T \leq T_B$: $$S_e(T) = a_{gR} \cdot \gamma_I \cdot S \cdot \left[1 + \frac{T}{T_B} \cdot (\eta \cdot 2{,}5 - 1)\right] \qquad \text{(G.2)}$$

  $T_B \leq T \leq T_C$: $$S_e(T) = a_{gR} \cdot \gamma_I \cdot S \cdot \eta \cdot 2{,}5 \qquad \text{(G.3)}$$

  $T_C \leq T \leq T_D$: $$S_e(T) = a_{gR} \cdot \gamma_I \cdot S \cdot \eta \cdot 2{,}5 \cdot \frac{T_C}{T} \qquad \text{(G.4)}$$

  $T_D \leq T$: $$S_e(T) = a_{gR} \cdot \gamma_I \cdot S \cdot \eta \cdot 2{,}5 \cdot \frac{T_C \cdot T_D}{T^2} \qquad \text{(G.5)}$$

- **Vertikales elastisches Antwortspektrum $S_{ve}(T)$**
  [in Abhängigkeit von Eigenschwingungsdauer T des betrachteten Tragsystems und Referenz-Spitzenwert der Bodenbeschleunigung a_{gR}]

  Frequenzbereich — Spektralwert des vertikalen elastischen Antwortspektrums

  $T_A \leq T \leq T_B$: $$S_{ve}(T) = a_{vg} \cdot \left[1 + \frac{T}{T_B} \cdot (\eta \cdot 3{,}0 - 1)\right] \qquad \text{(G.6)}$$

  $T_B \leq T \leq T_C$: $$S_{ve}(T) = a_{vg} \cdot \eta \cdot 3{,}0 \qquad \text{(G.7)}$$

  $T_C \leq T \leq T_D$: $$S_{ve}(T) = a_{vg} \cdot \eta \cdot 3{,}0 \cdot \frac{T_C}{T} \qquad \text{(G.8)}$$

  $T_D \leq T$: $$S_{ve}(T) = a_{vg} \cdot \eta \cdot 3{,}0 \cdot \frac{T_C \cdot T_D}{T^2} \qquad \text{(G.9)}$$

Mit:

$S_e(T)$	Ordinate des horizontalen elastischen Antwortspektrums;
$S_{ve}(T)$	Ordinate des vertikalen elastischen Antwortspektrums;
T	Schwingungsdauer eines linearen Einmassenschwingers;
T_A, T_B, T_C, T_D	Kontrollperioden des Antwortspektrums (Tafel G.7), mit $T_A = 0$; zur Darstellung im Frequenzbereich kann an Stelle der Periode 0 s die Frequenz 25 Hz gesetzt werden, mit konstantem S_e zu höheren Frequenzen;
a_{gR}	Referenz-Spitzenwert der Bodenbeschleunigung (Tafel G.2);
γ_I	Bedeutungsbeiwert (Tafel G.1);
$a_{gR} \cdot \gamma_I = a_g$	Bemessungswert der Bodenbeschleunigung;
$a_{gR} \cdot \gamma_I \cdot 0{,}5 = a_{vg}$	Bemessungswert der Bodenbeschleunigung in vertikaler Richtung;
S	Untergrundparameter (Tafel G.6);
η	Dämpfungs-Korrekturbeiwert $\eta = \sqrt{\frac{10}{5+\xi}} \geq 0{,}55$ (Gl. G.1)

Mit:

ξ Wert der viskosen Dämpfung des Bauwerks in %;

Referenzwert $\eta = 1$ für 5 % viskose Dämpfung (die Verwendung einer anderen viskosen Dämpfung als 5 % ist zu begründen).

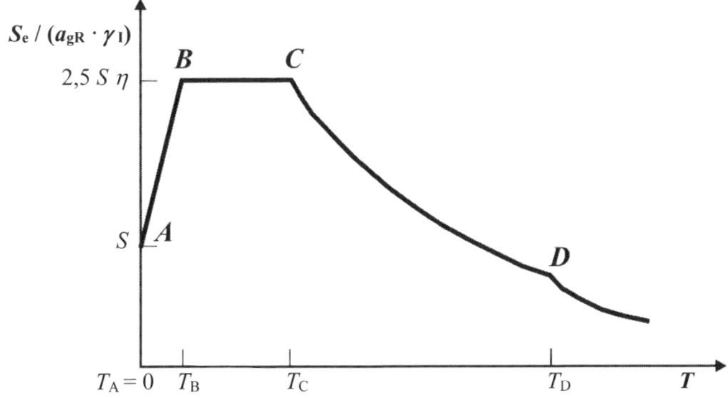

Abb. G.9: Elastisches Antwortspektrum der Horizontalkomponente der Erdbebeneinwirkung

Nach DIN EN 1998-1/NA:2011.01 errechnen sich die Ordinatenwerte des elastischen Antwortspektrums aus den Referenz-Spitzenwerten der Bodenbeschleunigung, die unter Ansatz einer viskosen Dämpfung von 5 % über den gesamten Frequenzbereich um den Faktor 2,5 bzw. 3,0 verstärkt werden. Des Weiteren fließt in den maßgebenden Spektralwert über den Bedeutungsbeiwert γ_I (Tafel G.1) die Bedeutung eines Bauwerks für den Schutz der Allgemeinheit bzw. die mit einem Einsturz verbundenen Folgen ein.

Da Bauwerke in Erdbebengebieten auf Grund der räumlichen Ausbreitung der seismischen Wellen sowohl in der Horizontalen als auch in der Vertikalen zum Schwingen angeregt werden, sind die bemessungsrelevanten Ordinatenwerte des elastischen Antwortspektrums sowohl für die horizontale als auch für die vertikale Richtung zu ermitteln. Auf Grund dessen, dass Bauwerke auf eine vertikale Schwingungsanregung meistens deutlich unempfindlicher reagieren als auf eine horizontale Anregung, kann das Antwortspektrum für die vertikale Einwirkung gegenüber dem Antwortspektrum für die horizontale Einwirkung herabgesetzt werden, indem der Bemessungswert der Bodenbeschleunigung a_g mit dem Faktor 0,5 abgemindert wird.

Die charakteristischen Periodenwerte T_A, T_B, T_C, T_D sind als konstante Größen für die horizontale und die vertikale Bodenbewegung festgelegt. Aus Tafel G.7 wird ersichtlich, dass diese Kennwerte in Abhängigkeit vom Schichtprofil variieren. Damit wird der Einfluss der Gesteinsart abgebildet.

Tafel G.7: Werte der Parameter zur Beschreibung des elastischen horizontalen Antwortspektrums und des elastischen vertikalen Antwortspektrums

<table>
<tr><th colspan="2" rowspan="2">Bodenverhältnisse</th><th colspan="6">Char. Periodenwerte des elastischen Antwortspektrums</th></tr>
<tr><th colspan="3">Horizontale Erdbebeneinwirkung</th><th colspan="3">Vertikale Erdbebeneinwirkung</th></tr>
<tr><th>Schichtprofil</th><th>Untergrundparameter S</th><th>T_B in s</th><th>T_C in s</th><th>T_D in s</th><th>T_B in s</th><th>T_C in s</th><th>T_D in s</th></tr>
<tr><td>A-R</td><td>1,00</td><td rowspan="3">0,05</td><td>0,20</td><td rowspan="6">2,0</td><td rowspan="6">0,05</td><td rowspan="6">0,2</td><td rowspan="6">2,0</td></tr>
<tr><td>B-R</td><td>1,25</td><td>0,25</td></tr>
<tr><td>C-R</td><td>1,50</td><td rowspan="2">0,30</td></tr>
<tr><td>B-T</td><td>1,00</td><td rowspan="3">0,10</td></tr>
<tr><td>C-T</td><td>1,25</td><td>0,40</td></tr>
<tr><td>C-S</td><td>0,75</td><td>0,50</td></tr>
</table>

Bei Gebäuden auf felsartigem Gesteinsuntergrund in einer Tiefe ab 20 m (Untergrundklasse R) werden die maximal möglichen Spektralwerte bereits bei geringeren Schwingungsdauern T bzw. bei höheren Frequenzen f ($f = 1/T$) erreicht als bei Bauwerken auf geologischem Untergrund aus Sedimentgesteinen (Untergrundklassen T und S):
Untergrundklasse R: $T_B = 0{,}05$; $f = 1/0{,}05 = 20$ Hz
Untergrundklassen T und S: $T_B = 0{,}10$; $f = 1/0{,}10 = 10$ Hz

Mit zunehmendem Verwitterungsgrad der Gesteine in einer Tiefe bis zu 20 m (Baugrundklassen A bis C) nimmt die Scherwellengeschwindigkeit ab, wodurch der Bereich mit konstanter Spektralbeschleunigung $T_B \leq T \leq T_C$ zunimmt. Dieser Aspekt beeinflusst allerdings nur das Antwortspektrum für die horizontale Erdbebeneinwirkung.

In Abhängigkeit von der Schwingungsdauer T des zu bemessenden Tragsystems kann für dieses System der bemessungsrelevante Frequenzbereich und damit der maßgebende Ordinatenwert des elastischen Antwortspektrums bestimmt werden, der als Eingangswert zur Ermittlung der Erdbebenersatzkraft benötigt wird.

Beispiel: Ermittlung des bemessungsrelevanten Spektralwertes des horizontalen elastischen Antwortspektrums $S_e(T)$

Gegenstand der Bemessung: 5-stöckiges Wohngebäude in Gera (Beispiel S. G.15), Eigenschwingungsdauer $T_1 = 0{,}64$ s

→ Referenz-Spitzenwert der Bodenbeschleunigung a_{gR}: 0,4 m/s² (Beispiel S. G.15)
→ Schichtprofil: C-R (Beispiel S. G.15)
→ Untergrundparameter S: 1,5 (Beispiel S. G.15)

→ charakteristische Periodenwerte T_i des elastischen horizontalen Antwortspektrums $S_e(T)$ (Tafel G.7):
$T_B = 0{,}05$ s; $T_C = 0{,}30$ s; $T_D = 2{,}00$ s

- ▶ maßgebender Frequenzbereich:
  $T_C \leq T \leq T_D$; da: $T_C = 0{,}30 \text{ s} < T = 0{,}64 \text{ s} < T_D = 2{,}00$ s
- ▶ bemessungsrelevanter Spektralwert des elastischen Antwortspektrums (Gl. G.4):
  $S_e(T) = a_{gR} \cdot \gamma_1 \cdot S \cdot \eta \cdot 2{,}5 \cdot (T_c / T)$
  → Bedeutungsbeiwert γ_1: 1,0; da: Wohngebäude (Tafel G.1)
  → Dämpfungs-Korrekturbeiwert η: 1,0; da: viskose Dämpfung $\xi = 5$ % (Kap. G.2.3.5)
  $S_e(T_1 = 0{,}64 \text{ s}) = 0{,}4 \text{ m/s}^2 \cdot 1{,}0 \cdot 1{,}5 \cdot 1{,}0 \cdot 2{,}5 \cdot (0{,}30 \text{ s} / 0{,}64 \text{ s})$
  $S_e(T_1 = 0{,}64 \text{ s}) = 0{,}7 \text{ m/s}^2$

2.3.6 Darstellung der Erdbebeneinwirkung in Bemessungsspektren

Einen entscheidenden Anteil am tatsächlichen Schwingungsverhalten der erdbebenbeanspruchten, baulichen Anlagen tragen Art und konstruktive Ausbildung des Tragsystems und der Konstruktionswerkstoff. In Abhängigkeit dieser beiden Faktoren ist das Bauwerk in der Lage, eingetragene Energie in thermische Energie umzuwandeln, d. h. Energie zu dissipieren. Da die elastischen Antwortspektren auf Modellen basieren, denen ein linear-elastisches Verformungsverhalten zu Grunde liegt, wird die Fähigkeit, Energie zu dissipieren, nicht berücksichtigt.

Um die günstig wirkenden dissipativen Effekte trotz des linearen Berechnungsansatzes nutzen zu können, wird in der DIN EN 1998-1/NA:2011.01 ein konstruktions- und bauartspezifischer Verhaltensbeiwert q eingeführt. Mit diesem Beiwert kann das elastische Antwortspektrum $S_e(T)$ bzw. $S_{ve}(T)$ in ein Bemessungsspektrum $S_d(T)$ überführt werden, was über die folgenden Ausdrücke definiert wird:

— **In horizontaler Richtung**

Frequenzbereich — Spektralwert des Bemessungsspektrums

$T_A \leq T \leq T_B$: $$S_d(T) = a_{gR} \cdot \gamma_I \cdot S \cdot \left[1 + \frac{T}{T_B} \cdot \left(\frac{2{,}5}{q} - 1\right)\right] \quad \text{(G.10)}$$

$T_B \leq T \leq T_C$: $$S_d(T) = a_{gR} \cdot \gamma_I \cdot S \cdot \frac{2{,}5}{q} \quad \text{(G.11)}$$

$T_C \leq T \leq T_D$: $$S_d(T) = a_{gR} \cdot \gamma_I \cdot S \cdot \frac{2{,}5}{q} \cdot \frac{T_C}{T} \quad \text{(G.12)}$$

$T_D \leq T$: $$S_d(T) = a_{gR} \cdot \gamma_I \cdot S \cdot \frac{2{,}5}{q} \cdot \frac{T_C \cdot T_D}{T^2} \quad \text{(G.13)}$$

— **In vertikaler Richtung**

Frequenzbereich — Spektralwert des Bemessungsspektrums

$T_A \leq T \leq T_B$: $$S_{vd}(T) = 0{,}5 \cdot a_{gR} \cdot \gamma_I \cdot \left[1 + \frac{T}{T_B} \cdot \left(\frac{3{,}0}{q} - 1\right)\right] \quad \text{(G.14)}$$

$T_B \leq T \leq T_C$: $$S_{vd}(T) = 0{,}5 \cdot a_{gR} \cdot \gamma_I \cdot \frac{3{,}0}{q} \quad \text{(G.15)}$$

$T_C \leq T \leq T_D$: $$S_{vd}(T) = 0{,}5 \cdot a_{gR} \cdot \gamma_I \cdot \frac{3{,}0}{q} \cdot \frac{T_C}{T} \quad \text{(G.16)}$$

$T_D \leq T$: $$S_{vd}(T) = 0{,}5 \cdot a_{gR} \cdot \gamma_I \cdot \frac{3{,}0}{q} \cdot \frac{T_C \cdot T_D}{T^2} \quad \text{(G.17)}$$

Mit:

- $S_d(T)$, $S_{vd}(T)$ — Ordinate des elastischen Bemessungsspektrums;
- T — Schwingungsdauer eines linearen Einmassenschwingers;
- T_A, T_B, T_C, T_D — Kontrollperioden des Antwortspektrums (Tafel G.7), mit $T_A = 0$ und $T_B = 0{,}01$ s.
- a_{gR} — Referenz-Spitzenwert der Bodenbeschleunigung (Tafel G.2);
- γ_I — Bedeutungsbeiwert (Tafel G.1);
- S — Untergrundparameter (Tafel G.6);
- q — Verhaltensbeiwert (Tafel G.8 unter Beachtung der besonderen Regelungen für Beton-, Stahl-, Holz- und Mauerwerksbauten, Verbundbauten aus Beton und Stahl und Basisisolierungen nach DIN EN 1998-1:2010.12 und DIN EN 1998-1/NA:2011.01, Abschnitte 5 bis 10).

Die **Verhaltensbeiwerte *q*** sind ein Maß dafür, inwieweit ein Baustoff oder eine Konstruktion in der Lage ist, durch plastische Verformungen oder Bildung plastischer Bereiche Energie zu dissipieren. Je ausgeprägter diese Fähigkeit ist, desto höher kann der Verhaltensbeiwert q gewählt und dementsprechend stark der maßgebende Spektralwert des elastischen Antwortspektrums abgemindert werden.

Da Stahlbauten, aber auch Verbundbauten aus Stahl und Beton sehr hohe plastische Reserven aufweisen, können unter günstigen Voraussetzungen die Spektralwerte des Bemessungsspektrums bis auf 12,5 % der Werte des elastischen Antwortspektrums verringert werden. Die Verhaltensbeiwerte für Mauerwerks-, Holz- und Betonbauten liegen hinsichtlich der oberen Grenzwerte mit 3, 5 und 6,75 wesentlich unter denen von Stahlbauten mit einem oberen Grenzwert von 8. Dennoch wird deutlich, dass auch bei derartigen Konstruktionen Energie abgebaut werden kann. In Tafel G.8 ist die Bandbreite der Verhaltensbeiwerte q für die horizontale Erdbebeneinwirkung zusammengefasst. Für die vertikale Erdbebeneinwirkung ist der Verhaltensbeiwert q immer $\le 1{,}5$ anzusetzen, wenn höhere Werte nicht durch geeignete Berechnungsverfahren begründet werden können.

Um den Verhaltensbeiwert q in Ansatz bringen zu dürfen und damit eine Abminderung der Erdbebeneinwirkung zu ermöglichen, muss das erdbebenbeanspruchte Bauwerk über eine definierte Duktilität verfügen. In diesem Zusammenhang sind die zu bemessenden Tragwerke in **Duktilitätsklassen** (Tafel G.8) einzustufen, die das Verformungsvermögen der Tragwerke allegorisch widerspiegeln und ein entsprechendes Maß an plastischer Verformbarkeit sichern. Zur Einordnung einer Tragkonstruktion in eine Duktilitätsklasse sind von allen zum Tragwerk gehörenden Bauteilen spezifische Anforderungen an den Baustoff und die Konstruktion zu erfüllen, auf die im Rahmen dieser Ausführungen nicht näher eingegangen wird. Diese können den Abschnitten 5 bis 10 der DIN EN 1998-1 bzw. DIN EN 1998-1/NA entnommen werden. In Deutschland wird laut nationalem Anwendungsdokument empfohlen, sich auf die Duktilitätsklassen DCL und DCM zu beschränken.

Für Bauwerke mit Schwingungsisolierung oder Energiedissipationssystemen ist die Ermittlung der Spektralwerte über das beschriebene Bemessungsspektrum nicht ausreichend.

Tafel G.8: Zusammenstellung der Verhaltensbeiwerte *q* bei horizontaler Erdbebeneinwirkung

Tragkonstruktion	Duktilitätsklasse des Tragwerkes		
	DCL (niedrige Duktilität)	**DCM** (mittlere Duktilität)	**DCH** (hohe Duktilität)
Betonbauten	niedrig-dissipativ	dissipativ mit besonderen Anforderungen	
	$q \le 1{,}5$	$1{,}5 \le q^{1)} \le 4{,}5$	$1{,}5 \le q^{1)} \le 6{,}75$
Stahlbauten	niedrig-dissipativ	dissipativ mit besonderen Anforderungen	
	$q \le 1{,}5$ bis $2^{3),5)}$	$1{,}5^{3)} < q^{2)} \le 4{,}5^{3)}$	$q^{2)} \le 8^{3)}$
Verbundbauten aus **Stahl** und **Beton**	niedrig-dissipativ	dissipativ mit besonderen Anforderungen, dissipative Zonen in:	
		Verbundbauweise	Stahlbauweise
	$q \le 1{,}5$ bis $2^{3),5)}$	$1{,}5^{3)} < q^{2)} \le 4{,}8^{3)}$	$q^{2)} \le 8^{3)}$
Holzbauten	niedrig-dissipativ	teilweise dissipativ	dissipativ, mit erhöhter Duktilität
	$q \le 1{,}5$	$q = 2{,}5^{3),5)}$	$q = 4^{3),4),5)}$ o. $5^{3),4),5)}$
Mauerwerks-bauten	unbewehrt, niedrig dissipativ	eingefasst	bewehrt
	$1{,}5^{3)} \le q \le 2^{3),5)}$	$2^{3),5)} \le q \le 2{,}5^{3),5)}$	$q = 3^{3),5)}$

1) $q = q_0{}^{3)} \cdot k_w \geq 1{,}5$

Mit: q_0 systemabhängiger Grundwert des Verhaltensbeiwertes

DCM [DCH]	
$q_0 =$ 1,5 [2,0]	Umgekehrtes Pendelsystem
$q_0 =$ 2,0 [3,0]	Kernsystem (Torsionsweiches System)
$q_0 =$ 3,0 [$4{,}0 \cdot \alpha_u/\alpha_1$]	Ungekoppeltes Wandsystem
$q_0 = 3{,}0 \cdot (\alpha_u/\alpha_1)$ [$4{,}5 \cdot \alpha_u/\alpha_1$]	Rahmen- oder Mischsystem, System mit gekoppelten Wänden

Mit: α_u/α_1 multiplikativer Faktor

Ohne explizite Berechnung (Näherungswert):

im Grundriss regelmäßige Hochbauten:

Rahmen- oder Mischsysteme (überwiegend Rahmen)	
α_u/α_1 = 1,1	Einstöckige Gebäude
α_u/α_1 = 1,2	Mehrstöckige, einschiffige Rahmen
α_u/α_1 = 1,3	Mehrstöckige, mehrschiffige Rahmen oder Mischsysteme

Wand- oder Mischsysteme (überwiegend Wände)	
α_u/α_1 = 1,0	Wandsysteme (nur zwei ungekoppelte Wände je Horizontalrichtung)
α_u/α_1 = 1,1	Andere ungekoppelte Wandsysteme
α_u/α_1 = 1,2	Gekoppelte Wandsysteme oder Mischsysteme

im Grundriss nicht regelmäßige Hochbauten:

Mittelwert von 1,0 und α_u/α_1 für im Grundriss regelmäßige Hochbauten

Bei expliziter Berechnung:

$\alpha_u/\alpha_1 \leq 1{,}5$

k_w Beiwert zur Berücksichtigung der Versagensart bei Tragsystemen mit Wänden

$k_w = 1{,}0$	Rahmen- und Mischsysteme (überwiegend Rahmen)
$0{,}5 \leq (1+\alpha_0) / 3 = k_w \leq 1{,}0$	Kern-, Wand- und Mischsysteme (überwiegend Wände)

Mit: α_0 vorherrschendes Maßverhältnis der Wände eines Tragsystems; unterscheiden sich die Maßverhältnisse aller Wände *i* eines Tragsystems nur unwesentlich, kann α_0 näherungsweise über $\Sigma h_{Wi} / \Sigma l_{Wi}$ ermittelt werden (h_{Wi} = Höhe der Wand *i* und l_{Wi} = Länge des Querschnittes der Wand *i*).

2) $q = q$ oder $q \cdot \alpha_u/\alpha_1$

Mit: α_u/α_1 multiplikativer Faktor

Ohne explizite Berechnung (Näherungswert):

im Grundriss regelmäßige Hochbauten:

α_u/α_1 = 1,1 … 1,3	Biegesteife Rahmen
α_u/α_1 = 1,2	Biegesteife Rahmen kombiniert mit Diagonalverbänden
α_u/α_1 = 1,2	Rahmen mit exzentrischen Verbänden
α_u/α_1 = 1,0 … 1,1	Umgekehrte Pendelsysteme
α_u/α_1 = 1,1	Verbundtragsysteme
α_u/α_1 = 1,2	Verbundtragwerke mit Schubfeldern aus Stahl

im Grundriss nicht regelmäßige Hochbauten:

Mittelwert von 1,0 und α_u/α_1 für im Grundriss regelmäßige Hochbauten

Bei expliziter Berechnung:

$\alpha_u/\alpha_1 \leq 1{,}6$

3) Abminderung um 20 % bei Unregelmäßigkeit im Aufriss

4) $q \leq 1{,}5$ bei einer Kombination von Tragwerken mit den Duktilitätsklassen DCL und DCH in den Erdbebenzonen 2 und 3

5) $q \geq 1{,}5$

3 Bemessungskonzept

3.1 Berechnungsverfahren und Tragwerksmodelle

Nach DIN EN 1998-1/NA:2011.01 sind die Bemessungswerte der Einwirkungen infolge von Erdbeben im Allgemeinen nach dem **modalen Antwortspektrumverfahren** zu bestimmen. Dabei müssen alle Schwingungsformen berücksichtigt werden, die zum globalen Schwingungsverhalten des Gesamttragwerkes beitragen. In Abhängigkeit von der Regelmäßigkeit des Tragsystems ist entweder:

- das **Vereinfachte Antwortspektrumverfahren** oder
- das Antwortspektrumverfahren unter Berücksichtigung mehrerer Schwingungsformen (**Multimodales Antwortspektrumverfahren**)

zur Berechnung der Bemessungswerte heranzuziehen (Tafel G.9). Beide Berechnungsverfahren basieren auf der Grundlage eines linear-elastischen Tragwerkverhaltens, wobei über den Ansatz der Bemessungsspektren die Fähigkeit der Energiedissipation näherungsweise in den Bemessungsansatz integriert wird.

Das **vereinfachte Antwortspektrumverfahren** kann nur dann für die Bemessung genutzt werden, wenn die Grundschwingzeit T_1 des zu bemessenden Tragwerkes das Vierfache des charakteristischen Periodenwertes T_C des elastischen Antwortspektrums bzw. 2 Sekunden nicht überschreitet:

$$T_1 \leq \begin{cases} 4 \cdot T_C \\ 2{,}0\ \text{s} \end{cases}. \qquad \text{(G.18)}$$

Gleichzeitig müssen die Kriterien der Regelmäßigkeit im Aufriss (Kapitel G.2.2.2) erfüllt sein. Unter diesen Voraussetzungen kann die Berücksichtigung der Verformungen aus der 1. Eigenform (Grundschwingungsform) als ausreichend angesehen werden, die Auswirkungen infolge Erdbebeneinwirkung hinreichend genau zu bestimmen.

Ist dies nicht der Fall, ist die Erdbebenbemessung mit dem **multimodalen Antwortspektrumverfahren** durchzuführen, da davon auszugehen ist, dass derartig unregelmäßige Bauwerke in mehreren Schwingungsformen schwingen, die wesentlich zum globalen Schwingungsverhalten des Gesamttragwerkes beitragen. Welche Schwingungsformen in die Ermittlung der Schnittgrößen und Verschiebungen einzubeziehen sind, wird in der DIN EN 1998-1:2010.12 wie folgt genauer definiert:

- Alle Schwingungsformen, die sich infolge einer „effektiven modalen Masse" von mehr als 5 % der Gesamtmasse des Tragwerkes einstellen können, tragen zum globalen Schwingungsverhalten bei und müssen bei der Erdbebenbemessung berücksichtigt werden;
- Die Summe der Ersatzmassen aller zu berücksichtigenden Schwingungsformen muss mindestens 90 % der Gesamtmasse des Tragwerkes betragen.

Die Schnittgrößen und Verschiebungen aus den einzelnen Schwingungsformen sind entsprechend den Festlegungen der DIN EN 1998-1:2010.12 zu kombinieren.

Die Symmetrie des Bauwerkes bedingt die Bemessungsrichtung und damit das zur Erdbebenbemessung anzuwendende Tragwerksmodell. Generell sind die Bemessungswerte der Einwirkungen infolge von Erdbeben sowohl für die horizontale als auch für die vertikale Einwirkungsrichtung zu bestimmen.

Die Bestimmung der **Horizontalkomponente der Erdbebeneinwirkung** erfolgt **bei linear-elastischen Berechnungen** auf der Basis der horizontalen Antwortspektren, wobei die Bemessungsrichtung auf horizontaler Ebene von der Regelmäßigkeit des Grundrisses abhängt (Tafel G.9). Kann für das zu bemessende Bauwerk von einem **regelmäßigen Grundriss** (Kapitel G.2.2.2) ausgegangen werden, darf die Bemessung nach einem **ebenen Tragwerksmodell** erfolgen. Die horizontale Erdbebeneinwirkung ist hierbei nur für die Grundrisshauptrichtungen, d. h. für zwei zueinander orthogonale Richtungen des Gebäudequerschnittes zu ermitteln. Liegt im Grundriss **keine Regelmäßigkeit** vor, ist ein **räumliches Tragwerksmodell** in Ansatz zu bringen. Die horizontale Erdbebeneinwirkung ist dann entlang aller maßgebenden horizontalen Richtungen der Grundrissanordnung und ihren orthogonalen horizontalen Achsen zu ermitteln.

Unter Einhaltung nachfolgend genannter **besonderer Regelmäßigkeitsbedingungen** ist jedoch auch bei fehlender Regelmäßigkeit im Grundriss die Ermittlung des Bemessungswertes des Antwortspektrums unter Verwendung von zwei ebenen Modellen, jeweils einem für jede der beiden horizontalen Hauptrichtungen, möglich:

- Das Gesamtbauwerk ist niedriger als 10 m;
- Das Gesamtbauwerk besitzt gut verteilte und verhältnismäßig steife Fassadenteile und Trennwände;
- Die Steifigkeit der Decken ist im Vergleich zur Horizontalsteifigkeit der vertikalen Tragwerksteile ausreichend groß (Es kann von einem starren Verhalten der Deckenscheiben ausgegangen werden.);
- Die Steifigkeitsmittelpunkte und Massenschwerpunkte der einzelnen Geschosse liegen jeweils näherungsweise auf einer vertikalen Geraden.

Werden lediglich die ersten drei besonderen Regelmäßigkeitsbedingungen erfüllt, ist bei Verwendung des ebenen Tragwerkmodells die berechnete Beanspruchungsgröße infolge Erdbebeneinwirkung um 25 % zu erhöhen.

Die **Vertikalkomponente der Erdbebeneinwirkung bei linear-elastischen Berechnungen** ist **unabhängig vom Tragwerksmodell** auf der Basis der vertikalen Antwortspektren zu ermitteln.

Zur Übersichtlichkeit sind diese Aspekte in Tafel G.9 zusammengefasst.

Tafel G.9: Auswirkungen der Regelmäßigkeit auf das Berechnungsverfahren und das Tragwerksmodell

Regelmäßigkeit im		Zulässige Vereinfachung	
Grundriss	**Aufriss**	**Berechnungsverfahren**	**Tragwerksmodell**
Ja	Ja	vereinfacht (Grundschwingungsform) a)	eben
Ja	Nein	mehrere Schwingungsformen	eben
Nein	Ja	vereinfacht (Grundschwingungsform) a)	räumlich b)
Nein	Nein	mehrere Schwingungsformen	räumlich

a) Falls die Anwendungsbedingungen nach Kapitel G.3.1 erfüllt sind.
b) Wenn die besonderen Regelmäßigkeitsbedingungen nach Kapitel G.3.1 eingehalten werden, können auch vereinfacht ebene, nach den Hauptrichtungen ausgerichtete Modelle verwendet werden.

Alternativ zum linear-elastischen Antwortspektrumverfahren erlaubt die DIN EN 1998-1:2010.12 auch die Ermittlung der Erbebeneinwirkung auf der Grundlage eines **nichtlinearen Tragwerkverhaltens**. Im nationalen Anhang wird allerdings ausdrücklich darauf hingewiesen, dass:

- die nichtlineare **statische (pushover) Berechnung** nur mit ausreichender Erfahrung und
- die nichtlineare **dynamische Zeitverlaufsberechnung** nur in Ausnahmefällen

Anwendung finden darf.

Die für diese nichtlinearen Berechnungsverfahren zu Grunde gelegte Modellbildung bedarf genauer Kenntnisse zum werkstoff- und systemspezifischen Verhalten der zu beurteilenden Bauteile im nichtlinearen Bereich, da nur dann das tatsächliche Versagensbild realitätsnah abgebildet werden kann.

3.2 Bemessungswert einer Beanspruchung aus Erdbeben

Um die Sicherheit von Personen und die Sicherheit von Tragwerken sowie deren Einrichtungen auch in Erdbebensituationen gewährleisten zu können, regelt die DIN EN 1990, neben der ständigen und vorübergehenden oder außergewöhnlichen Bemessungssituation im Grenzzustand der Tragfähigkeit, auch die Kombination der Einwirkungen im Fall einer Erdbebenbeanspruchung:

$$E_{\mathrm{dE}} = E\left\{\sum_{j\geq 1} G_{\mathrm{k,j}} \text{"+"} P \text{"+"} A_{\mathrm{Ed}} \text{"+"} \sum_{i\geq 1} \psi_{2,\mathrm{i}} \cdot Q_{\mathrm{k,i}}\right\} \tag{G.19}$$

Es bedeuten:

"+"	steht als Symbol für „in Kombination mit ...“;
$G_{\mathrm{k,j}}$, P	charakteristischer Wert einer ständigen Einwirkung/Vorspannung;
$A_{\mathrm{Ed}} = \gamma_{\mathrm{I}} \cdot A_{\mathrm{Ek}}$	Bemessungswert einer Einwirkung infolge Erdbeben, Mit: γ_{I} Wichtungsfaktor bzw. Bedeutungsbeiwert; A_{Ek} charakteristischer Wert einer Einwirkung infolge Erdbeben;
$Q_{\mathrm{k,i}}$	charakteristischer Wert einer unabhängigen veränderlichen Einwirkung;
$\psi_{2,\mathrm{i}}$	Kombinationsbeiwert für quasi-ständige Werte veränderlicher Einwirkungen.

In Gleichung G.19 wird deutlich, dass für die Bemessungssituation Erdbeben der Bemessungswert der Einwirkung infolge von Erdbeben A_{Ed} sowohl mit den charakteristischen Werten der unabhängigen ständigen Einwirkungen $G_{\mathrm{k,j}}$ als auch mit den quasi-ständigen Werten der unabhängigen veränderlichen Einwirkungen $\psi_{2,\mathrm{i}} \cdot Q_{\mathrm{k,i}}$, beim Vorherrschen einer Vorspannung auch mit dem charakteristischen Wert der Vorspannung P, kombiniert werden muss, um den Grenzzustand der Tragfähigkeit im Fall eines Erdbebens zu erhalten und die geforderte Sicherheit gegen Tragwerksversagen zu gewährleisten. Der Bedeutungsbeiwert für Einwirkungen aus Erdbeben γ_{I} kann laut Anwendungsbereich der Erdbebennorm DIN EN 1998-1/NA:2011.01 entsprechend der vorliegenden Bedeutungskategorie des zu bemessenden Tragwerkes in Abhängigkeit von:

- den Folgen eines Einsturzes für menschliches Leben,
- der Bedeutung des Bauwerkes für die öffentliche Sicherheit und den Schutz der Bevölkerung unmittelbar nach einem Erdbeben,
- sozialen und wirtschaftlichen Folgen eines Einsturzes

zwischen 0,8 und 1,4 variieren (siehe Tafel G.1).

Infolge der Erdbebeneinwirkungen erfährt das zu sichernde Bauwerk Beanspruchungen durch Schnittkräfte (Horizontal- und Vertikalkräfte), Schnittmomente (Biege- und Torsionsmomente) und Verformungen, die den Beanspruchungen aus ständigen und veränderlichen Einwirkungen und aus eventueller Vorspannung entsprechend der Kombinationsregel überlagert werden müssen. Die ständigen und veränderlichen Einwirkungen als auch die Einwirkungen aus Vorspannung sind auf der Grundlage der Normenreihe DIN EN 1990 zu ermitteln, der Bemessungswert der Einwirkung infolge von Erdbeben A_{Ed} ist jedoch gemäß DIN EN 1998-1 „Auslegung von Bauwerken gegen Erdbeben – Grundlagen, Erdbebeneinwirkungen und Regeln für Hochbauten“ in gesonderten Berechnungsverfahren zu bestimmen, worauf nachfolgend näher eingegangen wird. Gesonderte Festlegungen zur Bestimmung des Erdbebenbemessungswertes A_{Ed} von baulichen Anlagen wie Brücken, Silos, Tankbauwerken, Rohrleitungen, Gründungen, Stützbauwerken, Türmen, Masten oder Schornsteinen werden in den Teilen 2 bis 6 der europäischen Erdbebennorm getroffen.

3.3 Bemessungswert der Einwirkung infolge von Erdbeben A_{Ed}

3.3.1 Gesamtmasse des Bauwerkes

Seismisch beanspruchte Tragwerke unterliegen horizontalen und vertikalen Schwingungen, die seitens des Systems von der Systemsteifigkeit und von der Systemmasse abhängen. Für die Bemessung erdbebenbeanspruchter Tragwerke müssen daher alle Massen des Tragsystems, die sich an den Schwingungen beteiligen, in den Bemessungswert der Einwirkung einfließen. Sowohl ständig vorhandene Lasten aus dem Eigengewicht, einschließlich schwerer Maschinenlasten, als auch zum Zeitpunkt des Erdbebens vorhandene veränderliche Lasten beeinflussen die Trägheit des Tragwerkes und tragen damit zum Schwingungsverhalten des Tragwerkes bei.

Der Bemessungswert der Einwirkung infolge von Erdbeben A_{Ed} ist daher unter Ansatz aller zum Zeitpunkt des Erdbebens vorhandenen Vertikallasten zu bestimmen (Gl. G.20). Die Wahrscheinlichkeit, dass während des Auftretens eines Erdbebens die veränderlichen Lasten des zu bemessenden Bauwerkes nicht in voller Größe vorhanden sind, wird über den Kombinationsbeiwert $\psi_{E,i}$ (Gl. G.21) erfasst. Der Kombinationsbeiwert der veränderlichen Einwirkung $\psi_{E,i}$ basiert auf dem Kombinationsbeiwert quasi-ständiger Werte veränderlicher Einwirkungen $\psi_{2,i}$, der über einen Beiwert φ (Tafel G.10) modifiziert werden darf.

Gewichtskraft der mitwirkenden Masse bzw. Gesamtmasse des Bauwerkes m:

$$m = \sum_{j \geq 1} G_{k,j} \text{"+"} \sum_{i \geq 1} \psi_{E,i} \cdot Q_{k,i} \tag{G.20}$$

Mit:

"+" steht als Symbol für „in Kombination mit ...";

$\psi_{E,i}$ Kombinationsbeiwert der veränderlichen Einwirkung

$$\psi_{E,i} = \varphi \cdot \psi_{2,i} \tag{G.21}$$

Mit:

$\psi_{2,i}$ Kombinationsbeiwert für quasi-ständige Werte veränderlicher Einwirkungen;

φ Beiwert zur Berechnung von $\psi_{E,i}$ (Tafel G.10);

$G_{k,j}$ charakteristischer Wert einer ständigen Einwirkung;

$Q_{k,i}$ charakteristischer Werte einer unabhängigen veränderlichen Einwirkung.

Aus (Gl. G.20) und (Gl. G.21) folgt:

$$m = \sum_{j \geq 1} G_{k,j} \text{"+"} \sum_{i \geq 1} \varphi \cdot \psi_{2,i} \cdot Q_{k,i} \tag{G.22}$$

Aus Tafel G.10 geht hervor, dass lediglich die veränderlichen Einwirkungen aus der Nutzung in die Berechnung der mitwirkenden Masse einfließen und eine Abminderung des quasi-ständigen Wertes dieser Einwirkungen auf 70% möglich ist, wenn es sich nicht um ein Dachgeschoss (oberes Geschoss) handelt. Schneelasten sind bei der Ermittlung der wirksamen Masse mit einem Kombinationsbeiwert $\psi_2 = 0{,}5$ in Ansatz zu bringen.

Tafel G.10: Beiwerte für φ zur Berechnung von $\psi_{E,i}$

Art der veränderlichen Einwirkung	Lage der Geschosse	φ
Nutzlasten der Kategorien A – C einschließlich Nutzlasten der Kategorien T und Z	oberstes Geschoss	1,0
	andere Geschosse	0,7
Nutzlasten der Kategorien D – F einschließlich Nutzlasten der Kategorien T und Z	–	1,0

Beispiel: Ermittlung der mitwirkenden Masse *m* eines Rahmentragwerkes

Gegenstand der Bemessung: 5-stöckiges Wohngebäude in Gera (Beispiel S. G.18)

System:	Rahmentragwerk mit starren Decken, symmetrisch in x- und y-Richtung
Baustoff:	Stahlbeton, Anforderungen an Duktilitätsklasse DCM erfüllt
Gebäudeabmessungen:	Länge l = Breite b = 20,0 m Geschosshöhe h = 3,5 m
Stützenraster:	r = 5,0 m
Stützenabmessungen:	quadratischer Grundriss mit Länge = Breite = 0,4 m
Abmessungen der Unterzüge:	Breite b = 0,4 m; Höhe h = 0,5 m
Deckenstärke:	h = 0,2 m

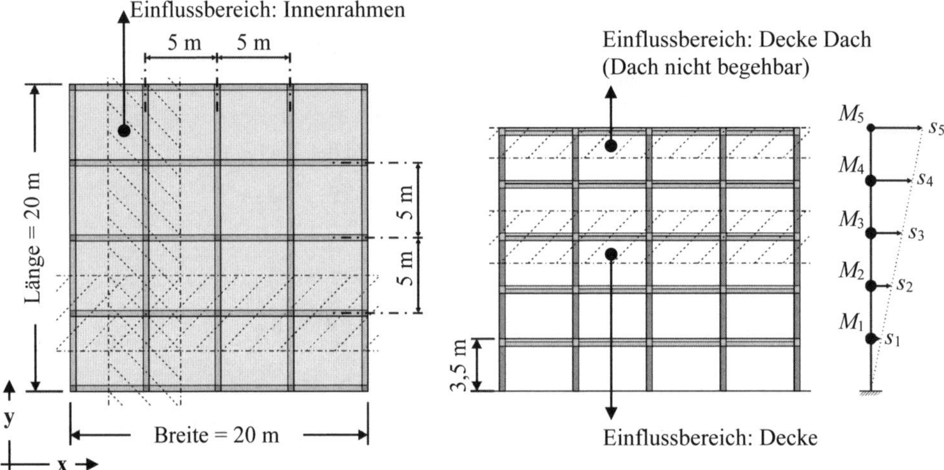

Grundriss
(Symmetrie im Grundriss)

Aufriss mit vereinfachtem dynamischen Modell
(Symmetrie im Aufriss)

Ständige Einwirkungen:

Eigenlast der Decken: $g_{k,Decke}$ = 0,2 m · 25,0 kN/m³ + 1,0 kN/m² (Ausbau) = 6,0 kN/m²

Eigenlast der Stützen: $g_{k,Stütze}$ = 0,4 m · 0,4 m · (3,5 m – 0,5 m) · 25,0 kN/m³ = 12,0 kN

Eigenlast der Unterzüge: $g_{k,Unterzug}$ = 0,4 m · (0,5 m – 0,2 m) · 25,0 kN/m³ = 3,0 kN/m

► Zusammenstellung für eine Geschossdecke:

aus der Geschossdecke: 6,0 kN/m² · (20,0 m · 20,0 m) = 2400,0 kN

aus 25 Stützen: 25 · 12,0 kN = 300,0 kN

aus 2 · 5 Unterzügen: (2 · 5) · 3,0 kN/m · 20,0 m = 600,0 kN

$G_{k,Decke}$ = 2400,0 kN + 300,0 kN + 600,0 kN = 3300,0 kN

► Zusammenstellung für Decke Dach:

aus Decke Dach: 6,0 kN/m² · (20,0 m · 20,0 m) = 2400,0 kN

aus 25 Stützen: 25 · (12,0 kN · ½)* = 150,0 kN
(*Einwirkungsbereich: halbe Geschosshöhe)

aus 2 · 5 Unterzügen: (2 · 5) · 3,0 kN/m · 20,0 m = 600,0 kN

$G_{k,Decke\ Dach}$ = 2400,0 kN + 150,0 kN + 600,0 kN = 3150,0 kN

Veränderliche Einwirkungen:

Nutzlast (Wohnen): $q_{k,N} = 1{,}5$ kN/m²

Nutzung (Dach, nicht begehbar): $q_{k,N} = 0{,}0$ kN/m²

Trennwandzuschlag: $q_{k,\text{Trennwände}} = 1{,}2$ kN/m²

Schnee: $q_{k,S} = 0{,}68$ kN/m²; da: $s_k = 0{,}85$ (SLZ 2, Gera: 203 m ü. NN)
$\mu_1 = 0{,}8$ (Flachdach)

► Zusammenstellung für eine Geschossdecke:

aus der Nutzung: 1,5 kN/m² · (20,0 m · 20,0 m) = 600,0 kN

aus leichten Trennwänden: 1,2 kN/m² · (20,0 m · 20,0 m) = 480,0 kN

$Q_{k,\text{Decke}} = 600{,}0 \text{ kN} + 480{,}0 \text{ kN} = 1080{,}0 \text{ kN}$

► Zusammenstellung für Decke Dach:

aus Schnee: 0,68 kN/m² · (20,0 m · 20,0 m) = 272,0 kN

$Q_{k,\text{Decke Dach}} = 272{,}0 \text{ kN}$

Kombination der Einwirkungen nach Gl. G.22:

► Kombination für eine Geschossdecke:

$m_{\text{Decke}} = G_{k,\text{Decke}} + \varphi \cdot \psi_{2,i} \cdot Q_{k,\text{Decke}}$

→ Beiwert φ : 0,7; da: kein oberstes Geschoss in Wohngebäude mit unabhängigen Nutzungseinheiten (Tafel G.10)

→ Kombinationsbeiwert $\psi_{2,i}$: 0,3; da: Nutzung: Wohnen

$m_{\text{Decke}} = (3300{,}0 \text{ kN} + 0{,}7 \cdot 0{,}3 \cdot 1080{,}0 \text{ kN}) = 3526{,}8 \text{ kN} \approx 352{,}7 \text{ t}$

► Kombination für Decke Dach:

$m_{\text{Decke, Dach}} = G_{k,\text{Decke Dach}} + \varphi \cdot \psi_{2,i} \cdot Q_{k,\text{Decke Dach}}$

→ Beiwert φ: 1,0; da: oberstes Geschoss (Tafel G.10)

→ Kombinationsbeiwert $\psi_{2,i}$: 0,5; da: Schnee

$m_{\text{Decke Dach}} = (3150{,}0 \text{ kN} + 1{,}0 \cdot 0{,}5 \cdot 272{,}0 \text{ kN}) = 3286{,}0 \text{ kN} \approx 328{,}6 \text{ t}$

Mitwirkende Masse *m*:

► Für Gesamtbauwerk:

$m_{\text{Bauwerk}} = (i - 1) \cdot m_{\text{Decke}} + m_{\text{Decke Dach}}$

→ Geschossanzahl i: 5

$m_{\text{Bauwerk}} = (5 - 1) \cdot 352{,}7 \text{ t} + 328{,}6 \text{ t} = 1739{,}4 \text{ t}$

► Für einen Innenrahmen:

$m_{\text{Innenrahmen}} = m_{\text{Bauwerk}} \cdot (\text{Stützenraster } r \,/\, \text{Länge } l)_{\perp \text{ zur Beanspruchungsrichtung}}$

$m_{\text{Innenrahmen}} = 1739{,}4 \text{ t} \cdot (5{,}0 \text{ m} / 20{,}0 \text{ m}) = 434{,}9 \text{ t}$

3.3.2 Erdbebenersatzlast

Horizontalkomponenten der Erdbebeneinwirkung:

Mit der Gesamtmasse des Bauwerkes *m* und dem maßgebenden Ordinatenwert des Bemessungsspektrums $S_d(T)$ kann in der betrachteten Bemessungsebene eine Gesamterdbebenkraft F_b in jeder horizontalen Richtung ermittelt werden, der das gesamte Bauwerk im Fall eines Erdbebens widerstehen muss. Diese Erdbebenersatzlast ist entsprechend den Anteilen der einzelnen Bauteilsteifigkeiten an der Gesamtsteifigkeit auf die Aussteifungselemente zu verteilen. Die anteiligen Erdbebenersatzkräfte sind als indirekte Belastung als Bemessungswerte der Einwirkung infolge Erdbeben A_{Ed} am Gesamtsystem anzusetzen. Aufgrund dessen, dass es sich bei einer Erdbebenbeanspruchung um eine schwingungsinduzierte Beanspruchung handelt, sind die Ersatzlasten in Wirkungsrichtung der Einwirkung mit wechselndem Vorzeichen in Ansatz zu bringen. Die aus der Belastung resultierenden Schnittgrößen und Verformungen sind zu ermitteln und entsprechend den Kombinationsregeln in der Bemessungssituation Erdbeben (Gl. G.19) mit den Beanspruchungen aus ständigen und veränderlichen Lasten, gegebenenfalls auch mit den Beanspruchungen aus Vorspannung, zu überlagern.

Gesamterdbebenkraft F_b:

$$F_b = S_d(T_1) \cdot m \cdot \lambda \quad \text{(G.23)}$$

Mit:

$S_d(T_1)$ Ordinate des Bemessungsspektrums (Gl. G.10 bis G.13) bei Grundschwingzeit T_1;

T_1 Grundschwingzeit des Bauwerks für die Translationsbewegung in der betrachteten Richtung (auf Grundlage baudynamischer Methoden), in [s], näherungsweise für Hochbauten mit einer Höhe bis zu 40 m:

$$T_1 = C_t \cdot H^{3/4} \quad \text{(G.24)}$$

Mit:

$C_t = 0{,}085$ für biegesteife räumliche Stahlrahmen;

$C_t = 0{,}075$ für biegesteife räumliche Stahlbetonrahmen und für ausmittig ausgesteifte Stahlrahmen;

$C_t = 0{,}050$ für alle anderen Tragwerke;

alternativ:

$C_t = \frac{0{,}075}{\sqrt{A_c}}$ für Hochbauten mit Schubwänden aus Beton oder Mauerwerk,

Mit:

$$A_c = \sum\left[A_i \cdot \left(0{,}2 + \left(\frac{l_{Wi}}{H}\right)^2\right)\right] \quad \text{(G.25)}$$

A_c gesamte wirksame Fläche der Schubwände im Erdgeschoss des Gebäudes, in [m²];

A_i wirksame Querschnittsfläche der Schubwand i in der betrachteten Richtung im Erdgeschoss des Gebäudes, in [m²];

l_{Wi} Länge der zu den wirkenden Kräften parallelen Schubwand i im Erdgeschoss, in [m],

Mit:

$\frac{l_{Wi}}{H} \leq 0{,}9$;

H Bauwerkshöhe ab Fundamentoberkante oder Oberkante eines starren Kellergeschosses, in [m];

Alternativ:

$$T_1 = 2 \cdot \sqrt{d} \quad \text{(G.26)}$$

Mit:

d horizontale elastische Verschiebung der Gebäudespitze in m infolge in Horizontalrichtung angreifender gedachter Gewichtslasten, in [m];

m Gesamtmasse des Bauwerks, oberhalb der Gründung oder über der Oberkante eines starren Kellergeschosses (Gl. G.20);

λ Korrekturbeiwert (Berücksichtigung der Tatsache, dass in Gebäuden mit mindestens drei Stockwerken und Verschiebungsfreiheitsgraden in jeder horizontalen Richtung die effektive modale Masse der Grundeigenform durchschnittlich um 15 % kleiner ist als die gesamte Gebäudemasse):

$\lambda = 0{,}85$ für Bauwerke mit mehr als 2 Geschossen mit $T_1 \leq 2 \cdot T_c$

$\lambda = 1{,}00$ in allen anderen Fällen.

Im Fall der Bemessung mittels multimodalem Antwortspektrumverfahren sind alle Modalformen zu berücksichtigen, die wesentlich zur Gesamtantwort beitragen (Kapitel G.3.1). Dabei entspricht die Summe der effektiven Modalmassen m_k aus allen Modalbeiträgen k einer betrachteten Beanspruchungsrichtung der Gesamtmasse m des Bauwerkes:

$$m = \Sigma m_k \quad \text{(G.27)}$$

Die Gesamterdbebenkraft F_{bk}, die zum Modalbeitrag k gehört, kann wie folgt ausgedrückt werden:

$$F_{bk} = S_d(T_k) \cdot m_k \qquad \text{(G.28)}$$

Mit:

$S_d(T_k)$	Ordinate des Bemessungsspektrums (Gl. G.10 bis G.13) bei Schwingzeit T_k;
T_k	Periode der Modalform k;
m_k	effektive modale Masse, die zum Modalbeitrag k gehört.

Die Antworten in zwei Modalformen i und j dürfen für den Fall:

$$T_j \leq 0{,}9 \cdot T_i \qquad \text{(G.29)}$$

Mit:

T_j	Periode der Modalform j ($T_i < T_i$);
T_j	Periode der Modalform i

als voneinander unabhängig betrachtet werden. Der Größtwert der seismischen Beanspruchungsgröße E_E (Kraft, Verschiebung usw.) ergibt sich dabei aus der Quadratwurzel der Summe der Quadrate der seismischen Beanspruchungsgröße im jeweiligen Modalbeitrag E_{Ei}:

$$E_E = \sqrt{\Sigma E_{Ei}^{\ 2}} \qquad \text{(G.30)}$$

Trifft das Kriterium nach (Gl. G.29) nicht zu, sind die einzelnen Modalbeiträge beispielsweise mittels der „Vollständigen quadratischen Kombination" zu kombinieren.

Im Nationalen Anhang DIN EN 1998-1/NA:2011.01 werden zur allgemeinen Berechnungsmethode **„vereinfachte Auslegungsregeln für Bauten des üblichen Hochbaus"** der Bedeutungskategorien I bis III mit nicht mehr als 6 Geschossen und einer maximalen Gebäudehöhe von 20 m definiert. Vorausgesetzt, dass:

- Standort- und untergrundspezifisch:
  - keine besonderen Risiken bezüglich Hangrutschung und Setzung infolge Bodenverflüssigung oder Bodenverdichtung bei Erdbeben bestehen und
  - kein Baugrund aus mächtigen unverfestigten Ablagerungen in lockerer Lagerung bzw. solchen in weicher oder breiiger Konsistenz vorliegt;
- Im Hinblick auf den Gebäudegrundriss:
  - eine nahezu symmetrische Verteilung von Horizontalsteifigkeit und Masse in beide Hauptrichtungen bzw. bei Symmetrieabweichungen eine entsprechende Torsionssteifigkeit besteht und
  - keine stark gegliederten Grundrissformen bzw. für den Fall von gegliederten Formen nur schwingungstechnisch entkoppelte Gebäudeabschnitte vorliegen;
- Im Hinblick auf die Lastweiterleitung:
  - Die horizontale und vertikale Lastweiterleitung sichergestellt ist und
  - Decken als quasi-starre Scheiben mit wirksamen Anschlüssen zu aussteifenden Bauteilen ausgebildet sind;
- Steifigkeitssprünge zwischen übereinander liegenden Geschossen vermieden werden, bzw. die Horizontalsteifigkeit, die tatsächliche Horizontaltragfähigkeit und die Masse der einzelnen Geschosse konstant bleiben.

Tafel G.11: Maximale Bemessungsspektralbeschleunigung S_{dmax} [m/s²]

Erdbebenzone	Bedeutungskategorie		
	I	II	III
1	0,8	1,0	1,2
2	1,2	1,5	1,8
3	1,6	2,0	2,4

In diesem Fall darf die Berechnung anhand von zwei ebenen Modellen, jeweils für eine der beiden Hauptrichtungen, durchgeführt und die Gesamterdbebenkraft F_b für jede Hauptrichtung unter Ansatz eines Verhaltensbeiwertes $q = 1{,}5$:

a) nach (Gl. G.23)

Mit:

m Gesamtmasse des Bauwerks unter Berücksichtigung aller ständigen Einwirkungen und 30 % der Nutzlasten (80 % bei Lagerräumen, Bibliotheken, Warenhäusern, Parkhäusern, Werkstätten und Fabriken). Schneelasten werden zu 50 % berücksichtigt;

T_1 Grundschwingzeit des Bauwerks für die Translationsbewegung in der betrachteten Richtung,
näherungsweise:

$$T_1 = 2 \cdot \sqrt{u} \qquad \text{(G.31)}$$

Mit:

u fiktive horizontale Auslenkung der Gebäudeoberkante infolge in Horizontalrichtung angreifender Gewichtslasten m, in [m]

oder

b) auf der sicheren Seite liegend über eine alternative Gesamterdbebenkraft F_b:

$$F_b = S_{dmax} \cdot m \qquad \text{(G.32)}$$

Mit:

S_{dmax} Ordinate des Bemessungsspektrums unter Ansatz einer maximalen Bemessungsspektralbeschleunigung nach Tafel G.11;

m Gesamtmasse des Bauwerks unter Berücksichtigung aller ständigen Einwirkungen und 30 % der Nutzlasten (80 % bei Lagerräumen, Bibliotheken, Warenhäusern, Parkhäusern, Werkstätten und Fabriken). Schneelasten werden zu 50 % berücksichtigt

bestimmt werden.

Bei mehrstöckigen Gebäuden mit starren Decken, deren Schwingungsverhalten auf der Basis des vereinfachten Antwortspektrumverfahrens, d. h. unter Ansatz der Grundschwingungsform ermittelt wurde, ist die Gesamterdbebenkraft F_b, in Abhängigkeit von den Stockwerksmassen m_i und den Horizontalverschiebungen s_i, auf die einzelnen Stockwerksebenen i zu verteilen. Die Horizontalverschiebungen können über baudynamische Verfahren aus der Schwingungsform berechnet oder durch linear mit der Bauwerkshöhe anwachsende Verschiebungen angenähert werden.

Horizontalkraft F_i am Stockwerk i:

$$F_i = F_b \cdot \frac{s_i \cdot m_i}{\sum s_j \cdot m_j} \qquad \text{(G.33)}$$

Mit:

F_i am Stockwerk i angreifende Horizontalkraft;

F_b Gesamterdbebenkraft (Gl. G.23);

s_i, s_j Verschiebungen der Massen m_i, m_j in der Grundschwingungsform (eine lineare Annäherung der Grundschwingungsform über die Geschosshöhe h ist möglich)

$$F_i = F_b \cdot \frac{z_i \cdot m_i}{\sum z_j \cdot m_j}$$

Mit:

z_i, z_j Höhe der Massen m_i, m_j über der Ebene, in der die Erdbebeneinwirkung angreift (Fundamentebene oder Oberkante eines starren Kellergeschosses);

m_i, m_j Stockwerksmassen nach Gl. G.20.

Beispiel: Ermittlung der Gesamterdbebenkraft F_b und Aufteilung auf die Geschossebenen

Gegenstand der Bemessung: 5-stöckiges Wohngebäude in Gera (Beispiel S. G.18, S. G.26),

→ Spektralwert des elastischen Antwortspektrums $S_e(T_1)$: 0,70 m/s² (S. G.18)
→ Mitwirkende Masse einer Decke m_{Decke}: 352,7 t (S. G.26)
→ Mitwirkende Masse der Decke Dach $m_{Decke\ Dach}$: 328,6 t (S. G.26)
→ Mitwirkende Masse des Gesamtbauwerkes $m_{Bauwerk}$: 1739,4 t (S. G.26)
→ Mitwirkende Masse eines Innenrahmens $m_{Innenrahmen}$: 434,9 t (S. G.26)

Gesamterdbebenkraft F_b:
(Horizontalkomponente in x-Richtung = Horizontalkomponente in y-Richtung; da: Symmetrie):
► Für Gesamtbauwerk:
$F_{b,\ Bauwerk} = S_d(T_1) \cdot m_{Bauwerk} \cdot \lambda$
→ Spektralwert des Bemessungsspektrums $S_d(T_1) = S_e(T_1) / q$
→ Verhaltensbeiwert $q = q_0 \cdot k_w$ (Tafel G.8); da: Betonbauwerk (Duktilitätsklasse DCM)
→ systemabhängiger Grundwert des Verhaltensbeiwertes $q_0 = 3{,}0 \cdot (\alpha_u / \alpha_1)$;
da: Rahmensystem mit regelmäßigem Auf riss
→ multiplikativer Faktor $(\alpha_u/\alpha_1) = 1{,}3$; da: mehrstöckiges, mehrschiffiges Rahmensystem mit regelmäßigem Grundriss
→ Beiwert (Versagensart) $k_w = 1{,}0$; da: Rahmensystem
Verhaltensbeiwert $q = 3{,}0 \cdot 1{,}3 \cdot 1{,}0 = 3{,}9$
$S_d(T_1) = 0{,}70$ m/s² / 3,9 = 0,18 m/s²
→ Korrekturfaktor $\lambda = 1{,}00$; da: $T_1 > 2 \cdot T_C$ (S. G.24)
→ $T_1 = 0{,}64$ s (S. G.18)
→ $T_C = 0{,}30$ s (S. G.18)
0,64 s > 2 · 0,30 s = 0,60 s
$F_{b,\ Bauwerk} = 0{,}18$ m/s² · 1739,4 t · 1,00 = 313,1 kN
► Für Innenrahmen:
$F_{b,\ Innenrahmen} = S_d(T_1) \cdot m_{Innenrahmen} \cdot \lambda$
$F_{b,\ Innenrahmen} = 0{,}18$ m/s² · 434,9 t · 1,00 = 78,3 kN

Geschossweise Aufteilung der Gesamterdbebenkraft:
(lineare Annäherung über Geschosshöhe h):
► Für Gesamtbauwerk:
$F_{i,\ Bauwerk} = F_{b,\ Bauwerk} \cdot (s_i \cdot m_i) / (\Sigma s_i \cdot m_i)$
→ $F_{b,\ Bauwerk} = 313{,}1$ kN
→ $(s_i \cdot m_i)$
1. Geschoss: $s_1 \cdot m_{Decke}$ = 3,5 m · 352,7 t = 1234,5 mt
2. Geschoss: $s_2 \cdot m_{Decke}$ = (2 · 3,5 m) · 352,7 t = 2468,9 mt
3. Geschoss: $s_3 \cdot m_{Decke}$ = (3 · 3,5 m)· 352,7 t = 3703,4 mt
4. Geschoss: $s_4 \cdot m_{Decke}$ = (4 · 3,5 m)· 352,7 t = 4937,8 mt
Dachgeschoss: $s_5 \cdot m_{Decke\ Dach}$ = (5 · 3,5 m)· 328,6 t = 5750,5 mt
→ $(\Sigma s_i \cdot m_i) = s_1 \cdot m_{Decke} + s_2 \cdot m_{Decke} + s_3 \cdot m_{Decke} + s_4 \cdot m_{Decke} + s_5 \cdot m_{Decke\ Dach}$
$(\Sigma s_i \cdot m_i)$ = 1234,5 mt + 2468,9 mt + 3703,4 mt + 4937,8 mt + 5750,5 mt
$(\Sigma s_i \cdot m_i)$ = 18095,1 mt
$F_{1.Geschoss}$ = 313,1 kN · 1234,5 mt / 18095,1 mt = 21,4 kN
$F_{2.Geschoss}$ = 313,1 kN · 2468,9 mt / 18095,1 mt = 42,7 kN
$F_{3.Geschoss}$ = 313,1 kN · 3703,4 mt / 18095,1 mt = 64,1 kN
$F_{4.Geschoss}$ = 313,1 kN · 4937,8 mt / 18095,1 mt = 85,4 kN
$F_{Dachgeschoss}$ = 313,1 kN · 5750,5 mt / 18095,1 mt = 99,5 kN

► Für Innenrahmen:

$F_{\text{i, Innenrahmen}} = F_{\text{i, Bauwerk}} \cdot (\text{Stützenraster } r \,/\, \text{Länge } l)_{\perp \text{ zur Beanspruchungsrichtung}}$

$F_{\text{1.Geschoss}} = 21{,}4 \text{ kN} \cdot (5 \text{ m} / 20 \text{ m}) = 5{,}4 \text{ kN}$

$F_{\text{2.Geschoss}} = 42{,}7 \text{ kN} \cdot (5 \text{ m} / 20 \text{ m}) = 10{,}7 \text{ kN}$

$F_{\text{3.Geschoss}} = 64{,}1 \text{ kN} \cdot (5 \text{ m} / 20 \text{ m}) = 16{,}0 \text{ kN}$

$F_{\text{4.Geschoss}} = 85{,}4 \text{ kN} \cdot (5 \text{ m} / 20 \text{ m}) = 21{,}4 \text{ kN}$

$F_{\text{Dachgeschoss}} = 99{,}5 \text{ kN} \cdot (5 \text{ m} / 20 \text{ m}) = 24{,}9 \text{ kN}$

Die Einzelkomponenten der horizontalen Erdbebeneinwirkung zwei zueinander orthogonaler Richtungen sind im Allgemeinen als gleichzeitig wirkend zu betrachten. Demzufolge ist deren Wirkung zu überlagern. In diesem Sinne sind die Schnittgrößen und Verschiebungen infolge des Angriffs der horizontalen Erdbebeneinwirkungen für jede Einwirkungsrichtung getrennt voneinander zu ermitteln und anschließend als Quadratwurzel der Summe der Quadrate der für die beiden Horizontalkomponenten berechneten Werte zu kombinieren:

$$E_{\text{Ed}} = \sqrt{E_{\text{Edx}}^{\;2} + E_{\text{Edy}}^{\;2}} \qquad \text{(G.34)}$$

Alternativ können die Schnittgrößen aus den Horizontalkomponenten der Erdbebeneinwirkung wie folgt kombiniert werden:

$$E_{\text{Ed}} = E_{\text{Edx}} \oplus 0{,}30 \cdot E_{\text{Edy}} \qquad \text{(G.35a)}$$

$$E_{\text{Ed}} = 0{,}30 \cdot E_{\text{Edx}} \oplus E_{\text{Edy}} \qquad \text{(G.35b)}$$

Mit:

$\oplus$ steht als Symbol für „in Kombination mit ...“;

E_{Edx} Schnittgrößen infolge des Angriffs der Erdbebeneinwirkung in Richtung der gewählten horizontalen x-Achse des Tragwerks;

E_{Edy} Schnittgrößen infolge des Angriffs derselben Erdbebeneinwirkung in Richtung der dazu senkrechten horizontalen y-Achse des Tragwerks.

Jede einzelne Komponente ist in den angegebenen Kombinationen mit dem für die betrachtete Schnittgröße ungünstigsten Vorzeichen anzusetzen.

Gilt eine der beiden nachfolgend genannten Bedingungen als erfüllt, kann eine Kombination der Horizontalkomponenten der Erdbebeneinwirkungen entfallen und die Erdbebeneinwirkung als getrennt in Richtung der zwei zueinander orthogonalen Hauptachsen des Bauwerks wirkend angenommen werden:

- Das Bauwerk entspricht im Grundriss den Kriterien der Regelmäßigkeit.
- Die Horizontallasten werden ausschließlich durch Wände oder unabhängige Aussteifungssysteme abgetragen.

Vertikalkomponente der Erdbebeneinwirkung:

Die Vertikalkomponente der Erdbebeneinwirkung ist nur bei:

- Horizontalen oder fast horizontalen tragenden Bauteilen mit Spannweiten $\geq$ 20 m;
- Horizontalen oder fast horizontalen auskragenden Bauteilen mit Längen $\geq$ 5 m;
- Horizontalen oder fast horizontalen vorgespannten Bauteilen;
- Balken, die Stützen tragen;
- Schwingungsisolierten Bauwerken

in Ansatz zu bringen, wenn der Bemessungswert der Bodenbeschleunigung in vertikaler Richtung a_{vg} 2,5 m/s² übersteigt.

Die Berechnung der Vertikalkomponente zur Bestimmung der Schnittgrößen wird aus diesem Grund auf der Grundlage eines Teilmodells des Tragwerkes ausgeführt, in welches lediglich das betrachtete Bauteil und die Steifigkeit der angrenzenden Bauteile einbezogen werden.

Sofern die Horizontalkomponenten der Erdbebeneinwirkung auch für die zuvor genannten Bauteile von Bedeutung sind, dürfen die Kombinationsregeln auf drei Komponenten erweitert werden:

$$E_{\mathrm{Ed}} = \sqrt{E_{\mathrm{Edx}}{}^2 + E_{\mathrm{Edy}}{}^2 + E_{\mathrm{Edz}}{}^2} \tag{G.36}$$

oder alternativ:

$$E_{\mathrm{Ed}} = E_{\mathrm{Edx}} \oplus 0{,}30 \cdot E_{\mathrm{Edy}} \oplus 0{,}30 \cdot E_{\mathrm{Edz}} \tag{G.37a}$$

$$E_{\mathrm{Ed}} = 0{,}30 \cdot E_{\mathrm{Edx}} \oplus E_{\mathrm{Edy}} \oplus 0{,}30 \cdot E_{\mathrm{Edz}} \tag{G.37b}$$

$$E_{\mathrm{Ed}} = 0{,}30 \cdot E_{\mathrm{Edx}} \oplus 0{,}30 \cdot E_{\mathrm{Edy}} \oplus E_{\mathrm{Edz}} \tag{G.37c}$$

Mit:

- $\oplus$ steht als Symbol für „in Kombination mit ...“;
- E_{Edx} Schnittgrößen infolge des Angriffs der Erdbebeneinwirkung in Richtung der gewählten horizontalen x-Achse des Tragwerks;
- E_{Edy} Schnittgrößen infolge des Angriffs derselben Erdbebeneinwirkung in Richtung der dazu senkrechten horizontalen y-Achse des Tragwerks;
- E_{Edz} Schnittgrößen infolge des Angriffs der Erdbebeneinwirkung in Richtung der gewählten vertikalen z-Achse des Tragwerks.

Torsionsbeanspruchung durch Erdbebeneinwirkung:

Unter ungünstigen Systemvoraussetzungen können die Horizontalkomponenten der Erdbebenersatzlasten F_i Torsionsbeanspruchungen um die vertikale Bauwerksachse auslösen, die bei der Bemessung berücksichtigt werden müssen. Dabei gilt es zu beachten, dass sich auf Grund der räumlichen Veränderlichkeit der Erdbebenbewegungen die Lage der Geschossmassen verändert, was zu veränderlichen Exzentrizitäten zwischen Steifigkeitsmittelpunkt S und Massenschwerpunkt M und damit zu dynamischen, nicht planmäßigen Torsionswirkungen führen kann. Diese nicht planmäßigen Torsionswirkungen aus der Unkenntnis der genauen Lage der Geschossmassen werden im Allgemeinen, neben der tatsächlichen Exzentrizität e_0, geschossweise über eine zufällige Ausmittigkeit e_{ai} der Geschossmasse i gegenüber ihrer planmäßigen Lage erfasst.

Am räumlichen Tragwerksmodell kann diese zufällige Ausmittigkeit e_{ai} pauschal mit 5 % der Länge der Geschossabmessungen L_i senkrecht zur Richtung der Erdbebeneinwirkung angenommen werden:

$$e_{ai} = \pm\, 0{,}05\, L_i \tag{G.38}$$

Damit ergibt sich für jedes Geschoss i folgende Torsionsbeanspruchung:

$$M_{ai} = e_{ai} \cdot F_i \tag{G.39}$$

Mit:

- M_{ai} Torsionsmoment des Geschosses i um seine vertikale Achse;
- e_{ai} zufällige Ausmittigkeit der Geschossmasse i von ihrer planmäßigen Lage, für alle maßgebenden Bemessungsrichtungen (Gl. G.38);
- F_i am Geschoss i angreifende Horizontalkraft (Gl. G.33) für alle maßgebenden Bemessungsrichtungen.

Die Wirkungen der Torsionsbeanspruchung sollten mit wechselndem Vorzeichen betrachtet werden, wobei für alle Geschosse die gleiche Schwingungsrichtung anzunehmen ist.

Weist das im **vereinfachten Antwortspektrumverfahren** zu bemessende Bauwerk eine **symmetrische Verteilung von Horizontalsteifigkeit und Masse im Grundrisses** auf und wird die zufällige Ausmittigkeit e_{ai} nach Gl. G.38 bestimmt, muss die Erfassung der nicht planmäßigen Torsionswirkung nicht über den Ansatz eines Torsionsmomentes M_{ai} um die vertikale Achse erfolgen, sondern kann auf vereinfachte Art und Weise geschehen. In einem solchen Fall sind die Schnittgrößen, die an zwei nach den Hauptrichtungen ausgerichteten Modellen ermittelt wurden, lediglich um den Faktor δ zu erhöhen:

$$\delta = 1 + 0{,}6 \cdot \frac{x}{L_e} \qquad \text{(G.40)}$$

Mit:

- x — Abstand des betrachteten Bauteils zum Massenschwerpunkt des Bauwerkes (senkrecht zur Richtung der betrachteten Erdbebeneinwirkung);
- L_e — Abstand zwischen den beiden äußersten Bauteilen, die Horizontallasten abtragen (senkrecht zur Richtung der betrachteten Erdbebeneinwirkung).

Liegt für das im **vereinfachten Antwortspektrumverfahren** zu bemessende Bauwerk diese **symmetrische Verteilung von Horizontalsteifigkeit und Masse im Grundriss nicht** vor, aber es werden die **besonderen Regelmäßigkeitsbedingungen** nach Kapitel G.3.1 eingehalten, dürfen die nicht planmäßigen Torsionswirkungen ebenfalls vereinfacht, entweder durch die Verschiebung der Erdbebenersatzkräfte F_i um eine nicht planmäßige Exzentrizität e_{ai}' nach Gl. G.41:

$$e_{ai}' = 2 \cdot e_{ai} \qquad \text{(G.41)}$$

oder durch Vergrößerung der Erdbebenersatzkräfte F_i um den Faktor δ' nach Gl. G.42 erfasst werden:

$$\delta' = 1 + 1{,}2 \cdot \frac{x}{L_e} \qquad \text{(G.42)}$$

Fallen die zu bemessenden Gebäude in den Geltungsbereich der **„vereinfachten Auslegungsregeln für Bauten des üblichen Hochbaus“** (S. G.29) nach Nationalem Anhang DIN EN 1998-1/NA:2011.01, ist die zufällige Torsionswirkung am ebenen Modell über Torsionsmomente zu berücksichtigen, die infolge der Verschiebung der horizontalen Erdbebenersatzkräfte F_i um eine Exzentrizität e_{max} bzw. e_{min} entstehen (Abb. G.10):

$$M_i = F_i \cdot e_{max} = F_i \cdot (e_0 + e_1 + e_2) \qquad \text{(G.43)}$$

$$M_i = F_i \cdot e_{min} = F_i \cdot (0{,}5 \cdot e_0 - e_1) \qquad \text{(G.44)}$$

Mit:

- F_i — am Geschoss i angreifende Horizontalkraft;
- e_0 — tatsächliche Exzentrizität zwischen Steifigkeitsmittelpunkt S und Massenschwerpunkt M;
- e_1 — zufällige Exzentrizität infolge Unkenntnis der genauen Lage der Geschossmassen, $e_1 = e_{ai}$, siehe Gl. G.38;
- e_2 — zusätzliche Exzentrizität, mit der die Wirkung von sich gegenseitig beeinflussenden Translations- und Torsionsschwingungen erfasst wird.

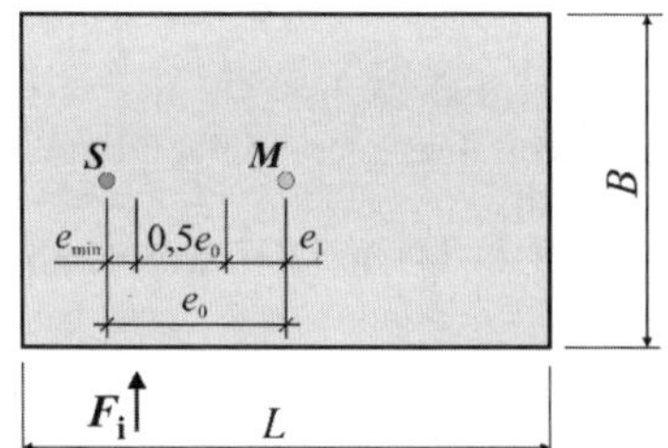

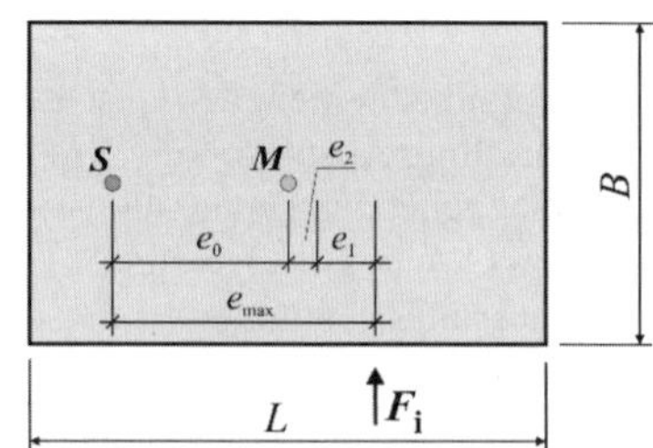

Abb. G.10: Exzentrizitäten e_{min} und e_{max} zur Ermittlung der Torsionsbeanspruchung

Sind bei Gebäuden unter Erdbebenbeanspruchung **Horizontalsteifigkeit und Masse nahezu symmetrisch im Grundriss** verteilt, ist es bei Erfüllung der Anwendungskriterien der **„vereinfachten Auslegungsregeln für Bauten des üblichen Hochbaus“** nach Nationalem Anhang DIN EN 1998-1/NA:2011.01 ausreichend, die Torsionswirkung lediglich über eine um 15 % erhöhte Erdbebenschnittgröße zu erfassen.

3.3.3 Verformungen

Infolge Erdbebeneinwirkung hervorgerufene Verschiebungen können für lineare Berechnungsverfahren vereinfachend auf der Grundlage elastischer Verformungen des Tragsystems über folgende Gleichung ermittelt werden:

$$d_s = q_d \cdot d_e \tag{G.45}$$

Mit:

- d_s Verschiebung eines Punktes des Tragwerkes infolge Bemessungs-Erdbebeneinwirkung;
- q_d der bei der Berechnung von d_e angesetzte Verschiebungsverhaltensbeiwert ($q_d = q$);
- d_e die durch lineare Berechnung aufgrund des Bemessungs-Antwortspektrums ermittelte Verschiebung des gleichen Punktes des Tragwerkes.

Bei der Ermittlung der Verformungen d_e sind die Torsionswirkungen der Erdbebeneinwirkung zu berücksichtigen.

Bei Anwendung nichtlinearer Berechnungsverfahren zur Ermittlung der Erdbebeneinwirkung ergeben sich die Verformungen direkt aus der Berechnung.

3.4 Nichttragende Bauteile

Für nichttragende Bauteile (z. B. Brüstungen, Giebel, Antennen, mechanische Komponenten und Anlagen, Vorhangfassaden, Trennwände, Geländer), die im Falle des Versagens Gefahren für Personen hervorrufen oder das Tragwerk des Bauwerks beeinträchtigen können, muss nachgewiesen werden, dass sie die Bemessungs-Erdbebeneinwirkung aufnehmen können.

Es ist sicherzustellen, dass sowohl die nichttragenden Bauteile als auch ihre Verbindungen und Befestigungen oder Verankerungen der Kombination aus maßgebenden ständigen, veränderlichen und seismischen Einwirkungen (Gl. G.19) standhalten. Laut DIN EN 1998-1/NA:2011.01 ist besondere Aufmerksamkeit auf die Konsequenzen behinderter Verformungen (z. B. bei spröden Fassadenteilen) zu richten.

Das seismische Verhalten nichttragender Bauteile wird durch einen Erdbebenbeiwert S_a charakterisiert, der – ähnlich dem Ordinatenwert des Bemessungsspektrums für tragende Bauteile – in einem Abhängigkeitsverhältnis zum Bemessungswert der Bodenbeschleunigung a_g und zu den lokalen Untergrundverhältnissen steht. Als zusätzliche Komponenten fließen die Höhenlage und die Grundschwingzeit des zu bemessenden nicht tragenden Bauteils in den Ausgangswert ein. Dieser Erdbebenbeiwert für nicht tragende Bauteile S_a darf wie folgt berechnet werden:

$$S_a = \alpha \cdot S \cdot \left[\frac{3\left(1+\frac{z}{H}\right)}{1+\left(1-\frac{T_a}{T_1}\right)^2} - 0{,}5 \right] \geq \alpha \cdot S \tag{G.46}$$

Mit:

- α Verhältnis der Bemessungs-Bodenbeschleunigung a_g (für Baugrundklasse A) zur Erdbeschleunigung g;
- S Untergrundparameter (Tafel G.6);
- T_a Grundschwingzeit des nichttragenden Bauteils;
- T_1 Grundschwingzeit des Bauwerks in der maßgebenden Richtung;
- z Höhenlage des nichttragenden Bauteils über der Angriffsebene der Erdbebeneinwirkung (Fundamentoberkante oder Oberkante eines starren Kellergeschosses);
- H Gesamthöhe des Bauwerks ab Fundamentoberkante oder Oberkante eines starren Kellergeschosses.

Auf der Basis des Erdbebenbeiwertes S_a darf die horizontale Erdbebenkraft ermittelt werden, die im Massenschwerpunkt des nichttragenden Bauteils, als Belastung in ungünstigster Richtung, anzusetzen ist. Die horizontale Erdbebenkraft F_a ergibt sich unter Berücksichtigung des Gewichtes W_a des nichttragenden Bauteils, der Bedeutung des Bauteils für den Schutz der Allgemeinheit und des Verhaltensbeiwertes q_a, der die Verformungsfähigkeit des nichttragenden Bauteils widerspiegelt, wie folgt zu:

$$F_a = (S_a \cdot W_a \cdot \gamma_a) / q_a \quad \text{(G.47)}$$

Mit:

F_a horizontale Erdbebenkraft;
S_a Erdbebenbeiwert für nichttragende Bauteile;
W_a Gewicht des nichttragenden Bauteils;
γ_a Bedeutungsbeiwert des nichttragenden Bauteils (Tafel G.13);
q_a Verhaltensbeiwert des nichttragenden Bauteils (Tafel G.12).

Für nichttragende Bauteile in Gebäuden, die entsprechend den **„vereinfachten Auslegungsregeln für Bauten des üblichen Hochbaus“** nach Nationalem Anhang DIN EN 1998-1/NA:2011.01 bemessen werden, darf auch die horizontale Erdbebenkraft F_a vereinfachend bestimmt werden:

$$F_a = 4 \cdot S \cdot a_{gR} \cdot m_a \cdot \gamma_a \quad \text{(G.48)}$$

Mit:

a_{gR} Referenz-Spitzenwert der Bodenbeschleunigung (Tafel G.2);
m_a Masse des Bauteils.

Aus der Erdbebenkraft F_a des nichttragenden Bauteils sind die Schnittgrößen infolge Erdbebeneinwirkung zu ermitteln.

Tafel G.12: Verhaltensbeiwert q_a für nichttragende Bauteile

Art des nichttragenden Bauteils	q_a
Äußere und innere Wände	2,0
Trennwände und Fassadenteile	
Schornsteine, Masten und Tankbauwerke auf Stützen, die entlang einer Länge von weniger als der Hälfte ihrer Gesamthöhe als unversteifte Kragträger wirken oder gegen das Tragwerk ausgesteift oder abgespannt sind, und zwar auf der Höhe oder oberhalb ihres Massenschwerpunkts	
Verankerungen für ständig vorhandene Schränke und Bücherregale auf dem Fußboden	
Verankerungen für abgehängte Zwischendecken und Beleuchtungskörper	
Auskragende Brüstungen oder Verzierungen	1,0
Zeichen und Werbetafeln	
Schornsteine, Masten und Tankbauwerke auf Stützen, die entlang einer Länge von mehr als der Hälfte ihrer Gesamthöhe als unversteifte Kragträger wirken	

Tafel G.13: Bedeutungsbeiwerte γ_a nichttragender Bauteile

Bauteil	γ_a
Verankerungen von Maschinen und Geräten, die für Systeme zur Lebensrettung benötigt werden	$\geq$ 1,50
Tankbauwerke und Behälter, die toxische oder explosive Substanzen enthalten, die als gefährlich für die Öffentlichkeit gelten	
alle weiteren nichttragenden Bauteile	1,00

4 Standsicherheitsnachweis

4.1 Allgemeines

Wie bereits in Kapitel G.2.1 angedeutet, ist für Bauwerke, die Erdbebeneinwirkungen ausgesetzt sind, nachzuweisen, dass sich durch die Beanspruchungen infolge Erdbeben weder ihre Lage destabilisiert, noch dass diese Bauwerke durch übermäßige Verformungen oder Bruch versagen. Im Lastfall Erdbeben darf die Grenze der elastischen Verformbarkeit erreicht, allerdings in Hinsicht auf die Schadensbegrenzung nicht überschritten werden. In diesem Sinne ist für die Erdbebenbemessungssituation im Grenzzustand der Tragfähigkeit, unter Erfüllung der nachfolgend aufgeführten Anforderungen an die Tragfähigkeit des Bauwerkes, der horizontalen Scheiben und der Gründungen, die Duktilität, das Gleichgewicht und eine erdbebengerechte Fugenausbildung, die Standsicherheit der beanspruchten Bauwerke zu gewährleisten.

Der Nachweis im Grenzzustand der Gebrauchstauglichkeit verliert bei Erdbebenbeanspruchung an Bedeutung, da es das höchste Ziel ist, das Bauwerk gegen Einsturz zu sichern, um Personen zu schützen, und es eher als nichtig erscheint, im Fall einer derartigen Extrembelastung das optische Erscheinungsbild und die Funktion des Bauwerkes zu erhalten.

4.2 Anforderungen an die Tragfähigkeit des Gesamtbauwerkes

4.2.1 Rechnerisch erforderlicher Standsicherheitsnachweis

Entsprechend dem Sicherheitskonzept nach DIN EN 1990 ist ein Bauwerk als tragfähig einzustufen, wenn der Bemessungswert der Beanspruchungen E_d den Bemessungswert des Tragwiderstandes R_d nicht überschreitet:

$$E_d \leq R_d \tag{G.49}$$

Diese Bedingung ist für alle tragenden Bauteile, einschließlich der Verbindungen und der maßgebenden nichttragenden Bauteile, zu erfüllen.

E_d ist dabei der Bemessungswert der jeweiligen Schnittgröße oder Verformung in der Erdbebenbemessungssituation (Gl. G.19) und R_d die Bemessungstragfähigkeit des Bauteils, die nach baustoffbezogenen Anforderungen zu ermitteln ist:

$$R_d = R\left\{\frac{X_k}{\gamma_M}\right\} \tag{G.50}$$

Mit:

X_k charakteristischer Wert der Baustoff- und Produkteigenschaft;

γ_M Teilsicherheitsbeiwert für die Baustoff- und Produkteigenschaft.

Bei Verwendung nichtlinearer Berechnungsmethoden sollte in dissipativen Bereichen die Beanspruchbarkeitsbeziehung (Gl. G.49) insbesondere für die durch Erdbebeneinwirkung hervorgerufenen Bauteilverformungen erbracht werden. Der Tragfähigkeitsnachweis ist sowohl in horizontaler als auch in vertikaler Beanspruchungsrichtung zu führen. Dabei sind die schwingungsbasierenden Richtungswechsel der Einwirkung stets durch wechselnde Vorzeichen zu berücksichtigen.

Der Bemessungswert der Beanspruchung E_{dE} wird primär auf der Grundlage der elastischen Antwortspektren, d. h. unter Ansatz eines linear-elastischen Tragverhaltens bestimmt. Durch Ansatz des konstruktions- und bauartspezifischen Verhaltensbeiwertes q bei der Bestimmung des Bemessungswertes der Einwirkung infolge Erdbeben A_{Ed} wird schon auf der Einwirkungsseite Bezug auf die Baukonstruktion genommen. So kann der positive Effekt der hysteretischen Energiedissipation, der sich in Abhängigkeit von der Bauart mehr oder weniger intensiv einstellen kann, genutzt und der Bemessungswert der Beanspruchung E_{dE} entsprechend abgemindert werden. Dies setzt natürlich voraus, dass die konstruktiven Anforderungen zur Gewährleistung der geforderten Duktilität erfüllt werden.

Auf der Widerstandsseite sind im Allgemeinen die baustoffabhängigen Teilsicherheitsbeiwerte γ_M für die ständige und vorübergehende Bemessungssituation, unter bestimmten Voraussetzungen für die außergewöhnliche Bemessungssituation oder in einigen Fällen, der Tragwerksart entsprechend, speziell für die Erdbebenbemessungssituation definierte Teilsicherheitsbeiwerte in Ansatz zu bringen.

Prinzipiell sind beim Tragfähigkeitsnachweis die Wirkungen nach Theorie 2. Ordnung (P-Δ-Effekt) zu berücksichtigen, wenn nicht in allen Geschossen die folgende Bedingung eingehalten wird:

$$\theta = \frac{P_{\text{tot}} \cdot d_{\text{r}}}{V_{\text{tot}} \cdot h} \leq 0{,}10 \tag{G.51}$$

Mit:

- θ Empfindlichkeitsbeiwert der gegenseitigen Stockwerksverschiebung;
- P_{tot} Gesamtgewichtskraft am und oberhalb des in der Erdbeben-Bemessungssituation betrachteten Geschosses;
- d_{r} Bemessungswert der gegenseitigen Stockwerksverschiebung, ermittelt als Differenz der Mittelwerte der Horizontalverschiebungen d_{s} (Gl. G.45) an der Ober- und Unterkante des betrachteten Geschosses;
- V_{tot} Gesamterdbebenschub des Stockwerkes;
- h Geschosshöhe.

Liegt der Kennwert der Empfindlichkeit gegenüber Stockwerksverschiebungen im Bereich $0{,}1 < \theta \leq 0{,}2$, können die Wirkungen nach Theorie 2. Ordnung näherungsweise berücksichtigt werden, indem die maßgebenden Schnittgrößen infolge Erdbebeneinwirkung mit einem Faktor $1/(1 - \theta)$ vergrößert werden. Generell darf der Kennwert der Empfindlichkeit gegenüber Stockwerksverschiebungen den Wert 0,3 nicht überschreiten.

Beim Standsicherheitsnachweis nach den **„vereinfachten Auslegungsregeln für Bauten des üblichen Hochbaus“** nach Nationalem Anhang DIN EN 1998-1/NA:2011.01 sind die Effekte aus Theorie 2. Ordnung bei der Ermittlung der Erdbebeneinwirkung nicht zu berücksichtigen. Des Weiteren ist bei dieser vereinfachten Vorgehensweise der Bedeutungsbeiwert für Einwirkungen aus Erdbeben γ_I generell mit 1,0 anzunehmen.

4.2.2 Hochbauten ohne rechnerischen Standsicherheitsnachweis

Für **alle** nachfolgend benannten **Hochbauten**, die der **Bedeutungskategorien I bis III** angehören, kann laut DIN EN 1998-1:2010.12 unter Einhaltung der aufgeführten Bedingungen der Standsicherheitsnachweis im Grenzzustand der Tragfähigkeit als erbracht angesehen werden:

- Das Bauwerk entspricht den prinzipiellen Empfehlungen für den Entwurf erdbebenbeanspruchter Bauwerke (Kapitel G.2.2.1);
- Die horizontale Gesamterdbebenkraft (auf Gründungshöhe des Bauwerkes bzw. auf Höhe der Oberkante seines starren Kellergeschosses) in der Erdbeben-Bemessungssituation, die mit einem Verhaltensbeiwert für niedrig dissipative Tragwerke (q = 1,5 bis 2,0, Tafel G.8) ermittelt wurde, ist kleiner als die maßgebende Horizontalkraft, die sich aus den anderen zu untersuchenden Einwirkungskombinationen (z. B. unter Berücksichtigung von Windlasten) ergibt, für die das Bauwerk für die ständige und vorübergehende Bemessungssituation zu bemessen ist.

Mauerwerksbauten, die den **Bedeutungskategorien I bis II** angehören und die allgemeinen baustofflichen und konstruktiven Regeln für Mauerwerksbauten und die zusätzlichen Konstruktionsregeln für „einfache Mauerwerksbauten“ nach DIN EN 1998-1 bzw. DIN EN 1998-1/NA Abschnitt 9 erfüllen, sind als **„einfache Mauerwerksbauten“** einzustufen. Für diese Bauwerke darf auf den Nachweis der Sicherheit gegen Versagen verzichtet werden.

Folgende Bedingungen sind zur Erfüllung der zusätzlichen Konstruktionsregeln von „einfachen Mauerwerksbauten“ zu erfüllen:

- die Anzahl der Vollgeschosse über Gründungsniveau übersteigt nicht die in Tafel G.14 angegebenen Werte;
- der Gebäudegrundriss ist kompakt und annähernd rechteckig:
  - Verhältnis λ_{min} zwischen Bauwerksbreite b und -länge $l \geq 0{,}25$ ($b < l$) bzw.
  - maximale Fläche der projizierten Abweichungen von der Rechteckform $p_{max} = 15\ \%$;
- Schubwände des Gebäudes sind wie folgt anzuordnen:
  - durchgehend über alle Geschosse von der Gründung bis zum Dach;
  - im Grundriss nahezu symmetrisch in zwei orthogonalen Richtungen;
  - mind. 2 parallele Wände in zwei orthogonalen Richtungen, wobei $l_{Wand} > 0{,}3\ l_{Bauwerk}$ in der betrachteten Richtung;
  - in mindestens einer Richtung sollte der Abstand zwischen diesen Wänden $> 0{,}75\ l_{Bauwerk}$ in der anderen Richtung sein;
  - eine Verbindung zwischen Schubwänden unbewehrter Mauerwerksbauten in einer Richtung mit Wänden in der dazu orthogonalen Richtung sollte im Abstand von höchstens 7 m erfolgen;

  und sollten folgende Bedingungen erfüllen:
  - der Lastabtrag der vertikalen Lasten muss in beiden Gebäuderichtungen überwiegendenteils durch Schubwände erfolgen;
  - der maximale Unterschied der Wandflächen übereinander liegender Geschosse $\Delta_{A,max} = 30\ \%$ bzw. der maximale Massenunterschied übereinander liegender Geschosse $\Delta_{m,max} = 20\ \%$.

Tafel G.14: Mindestanforderungen an die auf die Geschossgrundrissfläche bezogene Querschnittsfläche der Schubwände c), d) je Gebäuderichtung bei Mauerwerksbauten

Anzahl der Vollgeschosse	$a_{gR} \cdot S \cdot \gamma_I \leq 0{,}6 \cdot k^{a)} \cdot k_r^{e)}$			$a_{gR} \cdot S \cdot \gamma_I \leq 0{,}9 \cdot k^{a)} \cdot k_r^{e)}$			$a_{gR} \cdot S \cdot \gamma_I \leq 1{,}2 \cdot k^{a)} \cdot k_r^{e)}$		
	Steinfestigkeitsklasse nach DIN 1053-1 b)								
	4	6	≥ 12	4	6	≥ 12	4	6	≥ 12
1	0,020	0,020	0,020	0,030	0,025	0,020	0,040	0,030	0,020
2	0,035	0,030	0,020	0,055	0,045	0,030	0,080	0,050	0,040
3	0,065	0,040	0,030	0,080	0,065	0,050	kvNz f)		
4	kvNz f)	0,050	0,040	kvNz f)					

a) Für Gebäude, bei denen mindestens 70 % der betrachteten Schubwände in einer Richtung länger als 2 m sind, beträgt der Beiwert $k = 1 + (l_a - 2)/4 \leq 2$. Dabei ist l_a die mittlere Wandlänge der betrachteten Schubwände in m. In allen anderen Fällen beträgt $k = 1$. Der Wert γ_I wird nach Tafel G.1 bestimmt.

b) Bei Verwendung unterschiedlicher Steinfestigkeitsklassen, z. B. für Innen- und Außenwände, sind die Anforderungswerte im Verhältnis der Flächenanteile der jeweiligen Steinfestigkeitsklasse zu wichten.

c) Zwischenwerte dürfen linear interpoliert werden.

d) Steinfestigkeitsklasse 2 darf für Außenwände verwendet werden, wenn in jeder Richtung wenigstens 50 % der erforderlichen Wandquerschnittsfläche der Schubwände aus Mauerwerk der Festigkeitsklasse 4 oder höher bestehen. Die Gesamtquerschnittsfläche der Schubwände muss dann die für die Steinfestigkeitsklasse 4 geltenden Werte einhalten.

e) Für Reihenhäuser mit Abmessungen von $B \leq 7$ m und $L \leq 12$ m und mindestens zwei parallelen Wänden in zwei orthogonalen Richtungen, wobei die Länge jeder dieser Wände mindestens 40 % der Bauwerkslänge in der betrachteten Richtung sein muss, kann k_r mit 1,25 angesetzt werden. In allen anderen Fällen beträgt $k_r = 1$.

f) kein vereinfachter Nachweis zulässig

Für **Wohn- und ähnliche Gebäude** (z. B. Bürogebäude), **einfache gewerbliche Gebäude** und **einfache Hallen**, welche die Voraussetzungen für die Anwendung der **„vereinfachten Auslegungsregeln für Bauten des üblichen Hochbaus“** nach Nationalem Anhang DIN EN 1998-1/NA:2011.01 erfüllen, darf für die Bemessungssituation Erdbeben:

- unter der Bedingung, dass die Gesamterdbebenkraft in jeder Richtung kleiner ist als die 1,5-fache charakteristische Windkraft in der entsprechenden Richtung und
- bei Einhaltung einer maximalen Geschossanzahl

auf einen rechnerischen Standsicherheitsnachweis verzichtet werden. Die zulässige Anzahl von Vollgeschossen wird, wie in (Tafel G.15) aufgeführt, in Abhängigkeit von der Bedeutungskategorie (Tafel G.1) und der Erdbebenzone, in der sich die zu bemessende bauliche Anlage befindet, definiert.

Tafel G.15: Bedeutungskategorie und zulässige Anzahl der Vollgeschosse für Hochbauten ohne rechnerischen Standsicherheitsnachweis

Erdbebenzone	1	2	3
Bedeutungskategorie	I, II, III	I und II	I und II
Maximale Anzahl von Vollgeschossen[1) 2)]	4	3	2

1) Das oberste Geschoss eines Gebäudes gilt nicht als Vollgeschoss, wenn die für die Erdbebeneinwirkungen zu berücksichtigende Masse des obersten Geschosses bzw. der Dachkonstruktion maximal 50 % des darunter liegenden Vollgeschosses beträgt.

2) Wenn das Kellergeschoss bzw. das Geschoss über der Gründungsebene als steifer Kasten ausgebildet und auf einheitlichem Niveau gegründet ist, muss es bei der Ermittlung der Geschossanzahl nicht berücksichtigt werden. Sofern die Konstruktion in dieser Hinsicht nicht zweifelsfrei bewertet werden kann, darf die Bedingung als erfüllt angesehen werden, wenn in jeder Richtung die Gesamtsteifigkeit dieses Geschosses, d. h. Biege- und Schubsteifigkeit aller Bauteile, die primär zur Abtragung der horizontalen Erdbebenbelastungen herangezogen werden, mindestens 5-mal größer ist als die entsprechende Steifigkeit des darüber liegenden Geschosses.

Beispiel: Vereinfachter Standsicherheitsnachweis ohne rechnerischen Nachweis

Gegenstand der Bemessung: Eingeschossiges Einfamilienhaus mit Satteldach und ausgebautem Dach- und Kellergeschoss in der Erdbebenzone 3 (Mauerwerksbau)

Geschossdecken: Stahlbeton (Deckenstärke: 20 cm)
Wände: Mauerwerk, Mz 12
Geschosshöhe: 2,80 m
Schichtprofil: B-R

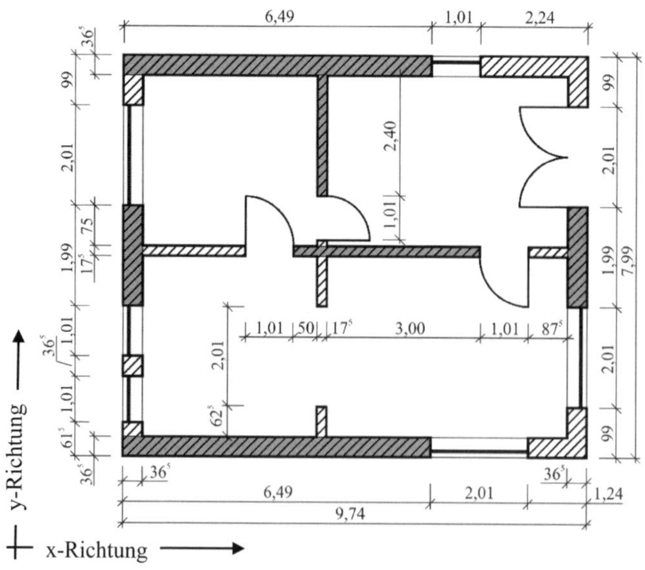

Prüfen der konstruktiven Anforderungen für den Verzicht auf den Standsicherheitsnachweis bei „einfachen Mauerwerksbauten“ (Kap. G.4.2.2):

→ Vorh. Bedeutungskategorie: II (Wohnungsbau) < III – Kriterium erfüllt

→ Anforderungen nach den allgemeinen baustofflichen und konstruktiven Regeln für Mauerwerk:

→ Eigenschaften von Mauerstein, Mörtel und Stoßfugenausbildung entsprechen den normativen Festlegungen;

→ Geschossdecken weisen Scheibenwirkung auf;

→ Schubwände in zwei orthogonale Richtungen sind vorhanden;

→ Mindestanforderungen an die Abmessungen der Schubwände:

Wanddicke $t_{ef,min}$ = 17,5 cm: → vorh. t_{ef} = 17,5 cm = $t_{ef,min}$;

Verhältnis $(h_{ef}/t_{ef})_{max}$ = 15: → Knicklänge h_{ef} im ungünstigsten Fall (DIN EN 1996-1-1):
h_{ef} = lichte Geschosshöhe h_s
h_s = 2,80 m – 0,20 m = 2,60 m
vorh. h_{ef}/t_{ef} = 2,60 m / 0,175 m = 14,9 < 15;

Verhältnis $(l/h)_{min}$ = 0,27: → vorh. Wandlänge l = 1,99 m
→ vorh. lichte Höhe h von an diese Wand angrenzenden Öffnungen = 2,60 m (Maximalwert bei Öffnungen in Raumhöhe)
vorh. l/h = 1,99 m / 2,60 m = 0,77 > 0,27

– Kriterien erfüllt

→ besondere Regeln für „einfache Mauerwerksbauten“:

→ Gebäudegrundriss: → kompakt;
da: λ_{min} = l / b = 7,99 m / 9,74 m = 0,82 > 0,25 = λ_{min}

→ Anforderungen an die Anordnung und Abmessungen der Schubwände:

→ Aussteifende Wände werden durchgehend über alle Geschosse geführt;

→ Aussteifende Wände sind nahezu symmetrisch in beiden Richtungen;

→ mind. 2 parallele Wände in jeder Richtung mit $l_{Wand}{}^{*}$ > 0,3 $l_{Bauwerk}$ in betrachteter Richtung (* bei geringer Seismizität darf l_{Wand} als Summe der durch Öffnungen getrennten Schubwände in einer Achse angesetzt werden, wenn vorh. l/h mindestens einer Schubwand $\geq 2 \cdot (l/h)_{min}$):

In x-Richtung:
$l_{Bauwerk}$ = 9,74 m, somit: 0,3 $l_{Bauwerk}$ = 0,3 · 9,74 m = 2,92 m
Bedingung: vorh. l/h = 3,675 m / 2,60 m = 1,41 > 2 · 0,27 = 0,54
Vorh. l_{Wand}: 9,74 m – 1,01 m = 8,73 m > 2,92 m
9,74 m – 2,01 m = 7,73 m > 2,92 m
9,74 m – (2 · 1,01 m) = 7,42 m > 2,92 m

In y-Richtung:
$l_{Bauwerk}$ = 7,99 m, somit: 0,3 $l_{Bauwerk}$ = 0,3 · 7,99 m = 2,40 m
Bedingung: vorh. l/h = 1,99 m / 2,60 m = 0,77 > 2 · 0,27 = 0,54
Vorh. l_{Wand}: 7,99 m – (2 · 1,01 m + 2,01 m) = 3,96 m > 2,40 m
7,99 m – (2 · 2,01 m) = 3,97 m > 2,40 m
7,99 m – (1,01 m + 2,01 m) = 4,97 m > 2,40 m

→ Abstand zwischen diesen Wänden in mind. einer Richtung > 0,75 $l_{Bauwerk}$:

In x-Richtung:
0,75 $l_{Bauwerk,y\text{-}Richtung}$ = 0,75 · 7,99 m = 5,99 m
Vorh. Abstand der Außenwände: 7,99 m – (2 · 0,365 m) = 7,26 m > 5,99 m

In y-Richtung:
0,75 $l_{Bauwerk,x\text{-}Richtung}$ = 0,75 · 9,74 m = 7,31 m
Vorh. Abstand der Außenwände: 9,74 m – (2 · 0,365 m) = 9,01 m > 7,31 m

→ Verbindungsabstand zwischen den Schubwänden der x- und y-Richtung < 7 m:
Schubwände in x-Richtung:
Querwandabstände (Achsabstand): 4,22 m bzw. 5,155 m < 7 m
Schubwände in y-Richtung:
Querwandabstände (Achsabstand): 3,97 m bzw. 3,655 m < 7 m

→ Vertikallasten werden in beiden Gebäuderichtungen über Schubwände abgetragen (Geschossdecken sind zweiachsig gespannt);

→ Mindestschubwandquerschnittsfläche erf. A_{Schub} (Tafel G.14) in Abhängigkeit von der Anzahl der Vollgeschosse:
erf. $A_{Schub} \leq$ vorh. $A_{Schub,y\text{-}Richtung}$; da: in y-Richtung geringster Anteil an Schubwänden;

→ Referenz-Spitzenwert der Bodenbeschleunigung a_{gR} = 0,80 m/s²; da: Erdbebenzone 3 (Tafel G.2);

→ Untergrundparameter S = 1,25; da: Schichtprofil B-R (Tafel G.6);

→ Bedeutungsbeiwert γ_1 = 1,0; da: Wohnungsbau (Tafel G.1);

→ Beiwert k = 1,0; da: nur eine von drei Schubwänden ist (33 %) länger als 2 m (Tafel G.14);

→ Beiwert k_r = 1,0; da: kein Reihenhaus (Tafel G.14);

$$[(a_{gR} \cdot S \cdot \gamma_1) / (k \cdot k_r)] \leq \begin{cases} 0{,}6 \\ 0{,}9 \\ 1{,}2 \end{cases}$$

$[(0{,}80\ \text{m/s}^2 \cdot 1{,}25 \cdot 1{,}0) / (1{,}0 \cdot 1{,}0)] = 1{,}0$
$0{,}9 < 1{,}0 < 1{,}2$

erf. A_{Schub} = 2 % der Geschossgrundrissfläche für $a_g \cdot S \cdot \gamma_1 \leq 1{,}2 \cdot k \cdot k_r$;
da: Mz 12 und 1 Vollgeschoss*

* Keller aus Stahlbeton ist nicht zu berücksichtigen, da: steifer Kasten und Dachgeschoss ist kein Vollgeschoss

erf. $A_{Schub} = 0{,}02 \cdot 7{,}99\ \text{m} \cdot 9{,}74\ \text{m} = 1{,}56\ \text{m}^2$
vorh. $A_{Schub,y\text{-}Richtung} = 2 \cdot 1{,}99\ \text{m} \cdot 0{,}365\ \text{m} + 2{,}40\ \text{m} \cdot 0{,}175\ \text{m} = 1{,}87\ \text{m}^2$
erf. $A_{Schub} = 1{,}56\ \text{m}^2 < 1{,}87\ \text{m}^2 =$ vorh. $A_{Schub,y\text{-}Richtung}$

– Kriterien erfüllt

► Anforderungen an „einfache Mauerwerksbauten" für den Verzicht auf den rechnerischen Standsicherheitsnachweis sind erfüllt. Somit gilt der Nachweis des Grenzzustandes der Tragfähigkeit für den Lastfall Erdbeben als erfüllt.

4.3 Anforderungen an die Tragfähigkeit horizontaler Scheiben

Für Scheiben und Verbände in horizontalen Ebenen ist sicherzustellen, dass sie die horizontalen Lasten aus der Bemessungs-Erdbebeneinwirkung – mit ausreichender Tragreserve – an die verschiedenen Aussteifungssysteme, mit denen sie verbunden sind, weiterleiten. Dem wird laut DIN EN 1998-1/NA damit Rechnung getragen, dass die aus der Berechnung für die Scheibe ermittelte Erdbebenbeanspruchung mit einem Überfestigkeitsbeiwert γ_d beaufschlagt wird:

– $\gamma_d = 1{,}3$ für spröde Versagensformen;
– $\gamma_d = 1{,}1$ für für duktile Versagensformen.

4.4 Anforderungen an die Tragfähigkeit der Gründungen

Für Gründungen und Stützbauwerke sind die Anforderungen nach DIN EN 1998 Teil 5:2010.12 (Gründungen, Stützbauwerke und geotechnische Aspekte) zu erfüllen. Generell umfasst der Tragsicherheitsnachweis die Tragfähigkeit der Gründungselemente als auch die Gewährleistung der Lagesicherheit und die Tragfähigkeit des Baugrundes.

Die Schnittgrößen für die Gründungen sind auf der Grundlage der Kapazitätsbemessung unter Berücksichtigung möglicher Überfestigkeiten zu ermitteln, sie müssen jedoch nicht größer angesetzt werden als die Schnittgrößen, die sich für die Erdbebenbemessungssituation unter Ansatz der elastischen Antwortspektren (q = 1,0) ergeben. Die Kapazitätsbemessung steht in enger Verbindung mit einer gezielten baulichen Durchbildung. So sollen in lokal definierten Bereichen Plastifizierungen stattfinden können, während andere Bereiche eine ausreichende Festigkeit aufweisen müssen, um im Hinblick auf eine ausreichende Energiedissipation einen gewünschten Versagensmechanismus zu gewährleisten. Durch das Kapazitätsbemessungsverfahren und die Einhaltung entsprechender konstruktiver Regelungen soll für das lastabtragende Bauteil das Optimum zwischen Tragwiderstand und Duktilität gefunden werden, um im Bereich zulässiger Verformungen sowohl widerstandsfähig zu sein als auch ein Maximum an Energie dissipieren zu können. Werden die Schnittgrößen für die Gründung unter Verwendung eines Verhaltensbeiwerts ermittelt, der für niedrig-dissipative Tragwerke gilt, ist die Berücksichtigung der Kapazitätsbemessung nicht erforderlich.

4.5 Anforderungen an die Duktilität

Für die tragenden Bauteile und das Gesamttragwerk ist die der Schnittgrößenermittlung zugrunde gelegte Duktilität nachzuweisen, um ein entsprechendes Maß an plastischer Verformbarkeit zu sichern. Dieser Nachweis gilt als erfüllt, wenn die bauartspezifischen Festlegungen der Abschnitte 5 bis 9 der DIN EN 1998-1:2010.12 – gegebenenfalls unter Berücksichtigung von Vorschriften für die Kapazitätsbemessung – berücksichtigt sind. Mit der Erfüllung dieser baustoffbezogenen Anforderungen wird eine Hierarchie der Tragfähigkeit der verschiedenen tragenden Bauteile erzielt, die zur Sicherstellung der geplanten Anordnung der Fließgelenke und zur Vermeidung von Sprödbruchverhalten erforderlich ist.

4.6 Anforderungen an das Gleichgewicht

Unter Erdbebeneinwirkungen muss das stabile Gleichgewicht von baulichen Anlagen sichergestellt werden, einschließlich Wirkungen wie Kippen und Gleiten unter Berücksichtigung von DIN EN 1997-1 und DIN 1054.

4.7 Anforderungen an erdbebengerechte Fugenausbildung

Hochbauten müssen gegen erdbebeninduzierte Zusammenstöße mit angrenzenden Bauwerken oder Bauteilen geschützt werden. Dies gilt als erfüllt, wenn:

- bei Gebäuden oder konstruktiv unabhängigen Einheiten, die auf demselben Grundstück stehen, der Abstand dieser an Stellen möglicher Zusammenstöße nicht kleiner ist als die Wurzel aus der Summe der Quadrate der jeweiligen Maximalwerte der Horizontalverschiebungen:

  $$a \geq \sqrt{\sum d_{s,i}^{2}} \qquad \text{(G.52)}$$

- bei Gebäuden oder konstruktiv unabhängigen Einheiten, die nicht auf demselben Grundstück stehen, der Abstand von der Eigentumsgrenze bis zu den Stellen möglicher Zusammenstöße nicht kleiner ist als der Maximalwert der Horizontalverschiebungen:

  $$a \geq d_s$$

  Mit:

  a Minimalabstand angrenzender Gebäude oder konstruktiv unabhängiger Einheiten an Stellen möglicher Zusammenstöße;

  d_s, $d_{s,i}$ Verformung des Tragsystems infolge Erdbebeneinwirkung (Gl. G.45).

Befinden sich die Geschossdecken der Gebäude bzw. der unabhängigen Einheiten auf demselben Höhenniveau, darf der Minimalabstand a auf 70 % reduziert werden.

G

ERD-
BEBEN

H KOMPLEXBEISPIEL

Lagerhalle aus Stahlbetonfertigteilen

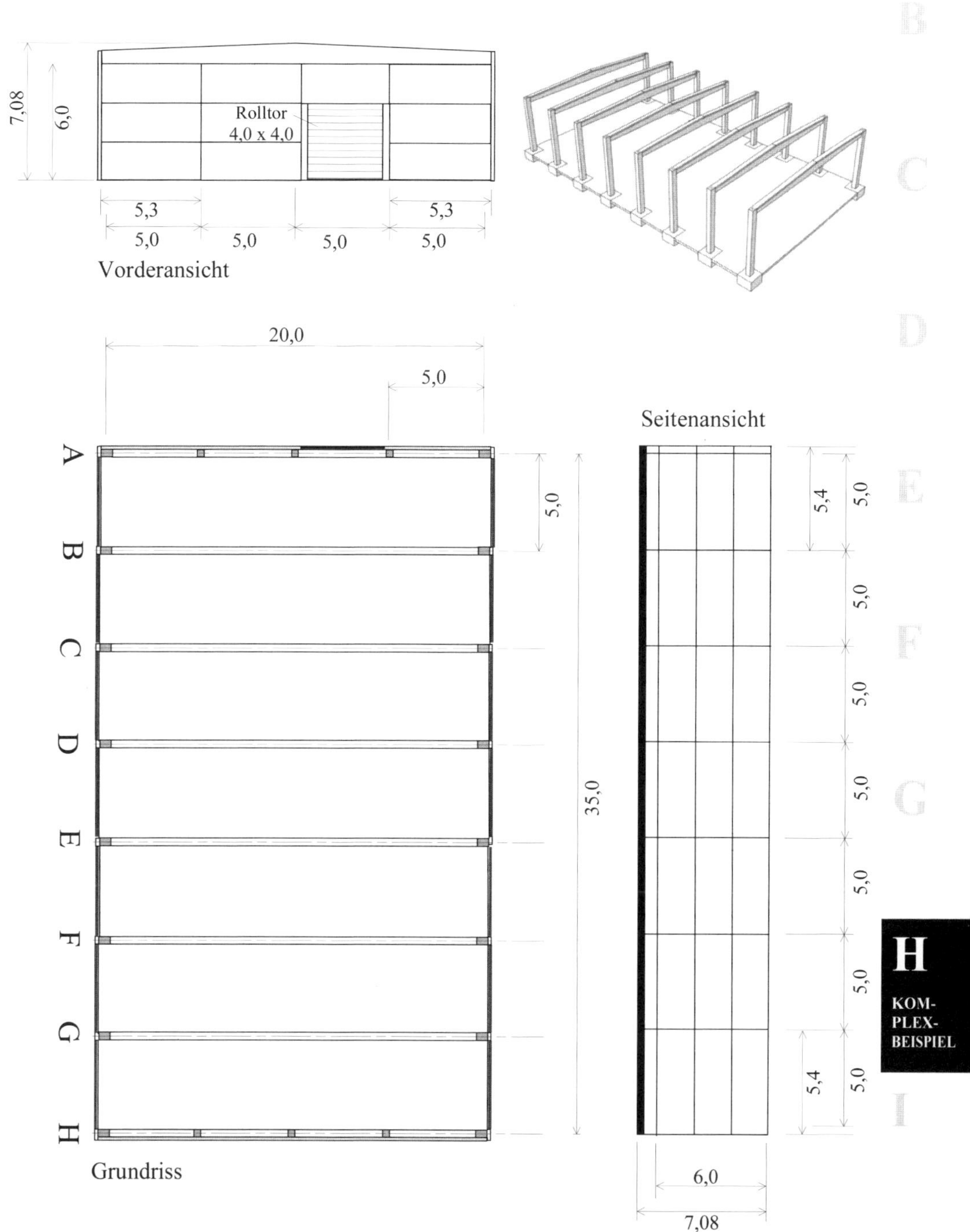

1.1 Innerer Binder der Lagerhalle aus Stahlbetonfertigteilen

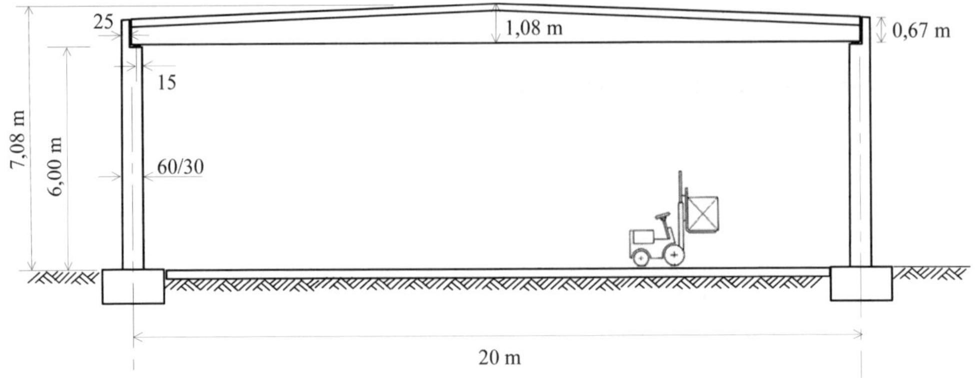

Dachneigung: 2,29° (4 % Gefälle)
Hallenlänge: 35 m
Binderabstand: 5 m
Standort: Berlin

1.1.1 Statisches System in Hallenquerrichtung

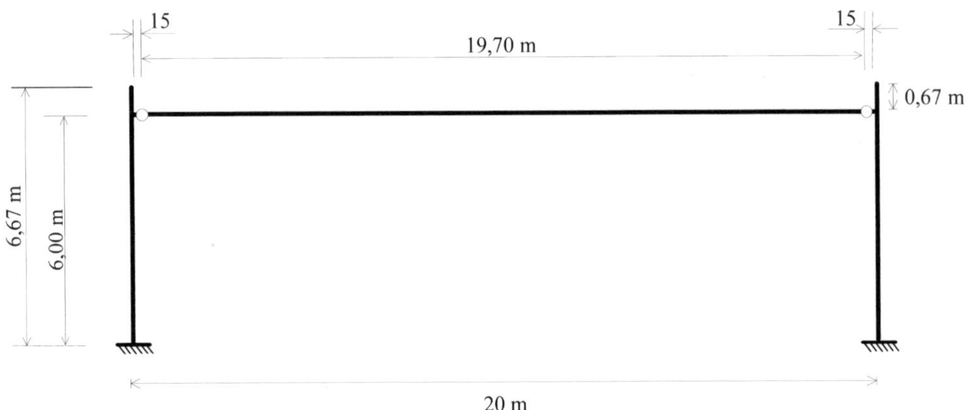

1.1.2 Statisches System in Hallenlängsrichtung

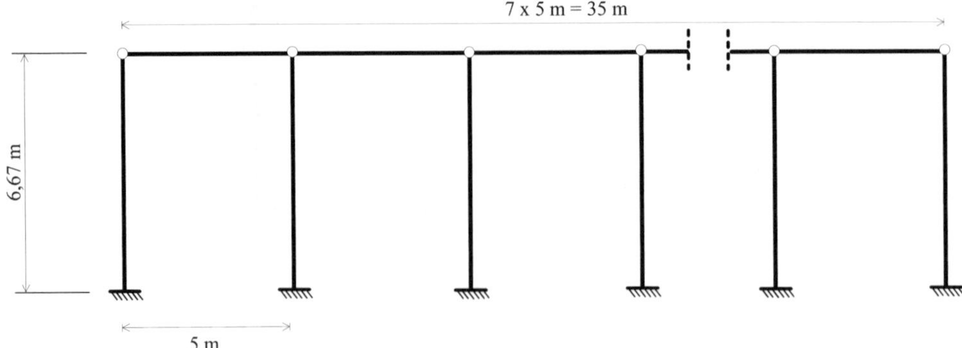

1.2 Ständige Einwirkungen

Dachaufbau

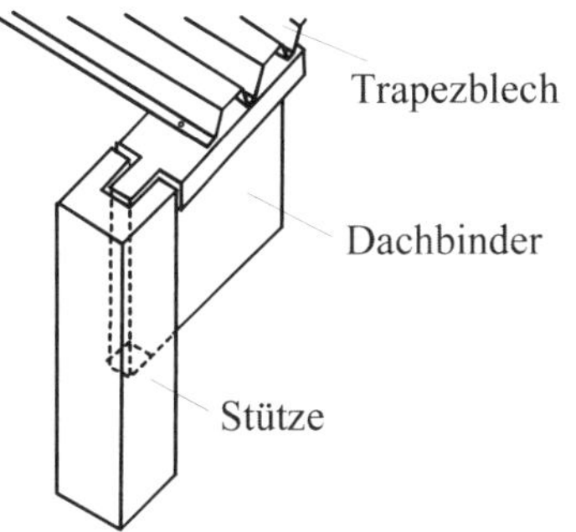

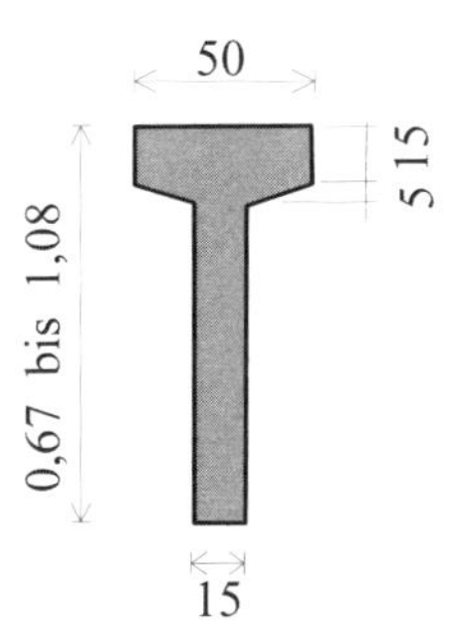

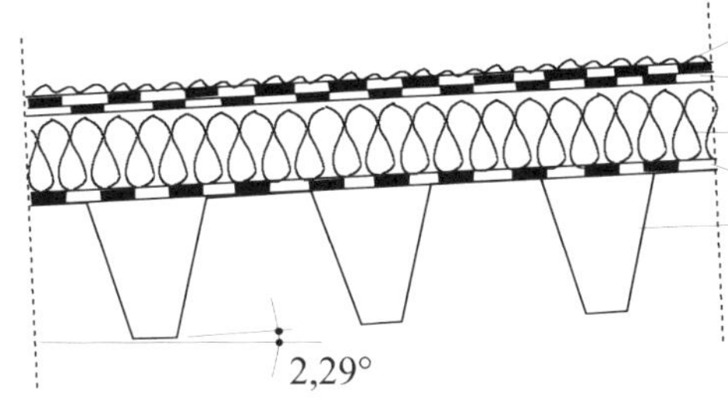

Ständige Einwirkungen

Schiefersplittbestreuung	$= 0{,}05$ kN/m² Dfl.
Zweilagige Dachabdichtung einschl. Klebemasse	$= 0{,}13$ kN/m² Dfl.
Trennschicht	$= 0{,}04$ kN/m² Dfl.
10 cm Wärmedämmung	$= 0{,}04$ kN/m² Dfl.
Dampfsperre	$= 0{,}07$ kN/m² Dfl.
Stahltrapezprofil (Einfeldträger)	$= 0{,}22$ kN/m² Dfl.
Installation	$= 0{,}15$ kN/m² Dfl.
Ständige Einwirkungen auf dem Binder	$= 0{,}70$ kN/m² Dfl.

Auf den Grundriss bezogen $\quad 0{,}70 / \cos 2{,}29° = 0{,}70\ \text{kN/m}^2$ Gfl.

Eigenlast des Stahlbetonbinders
(Binderabstand: 5,0 m) $\quad (0{,}15 \cdot 0{,}875 + 0{,}35 \cdot 0{,}175) \cdot 25 / 5 = 0{,}96\,\text{kN/m}^2$ Gfl.

Summe der ständigen Einwirkungen $\quad g_k = 1{,}66\ \text{kN/m}^2$ Gfl.

Stützeneigenlast $\quad g_{\text{St,k}} = 0{,}3 \cdot 0{,}6 \cdot 25 = 4{,}50\,\text{kN/m}$

1.3 Schneelast nach DIN EN 1991-1-3 (2010-12)

Ermittlung des charakteristischen Wertes der Schneelast s_k auf dem Boden und des Formbeiwertes $\mu_i(\alpha)$.

Berlin liegt in der Schneelastzone 2 und $A = 32$ m über dem Meeresspiegel.

Schneelast auf dem Boden:

$$s_k = \max\left\{\begin{array}{l} 0{,}85\dfrac{\text{kN}}{\text{m}^2} \\ 0{,}25+1{,}91\cdot\left(\dfrac{A+140}{760}\right)^2 = 0{,}25+1{,}91\cdot\left(\dfrac{32+140}{760}\right)^2 = 0{,}35\dfrac{\text{kN}}{\text{m}^2} \end{array}\right\} = 0{,}85\frac{\text{kN}}{\text{m}^2}$$

Formbeiwert Dach mit Dachneigung $\alpha = 2{,}29°$; für $0° < \alpha < 30° \Rightarrow \mu_1 = 0{,}8$

Schneelast auf dem Dach: $q_{S,k} = \mu_1 \cdot s_k = 0{,}8 \cdot 0{,}85 = 0{,}68\dfrac{\text{kN}}{\text{m}^2\ \text{Gfl.}}$

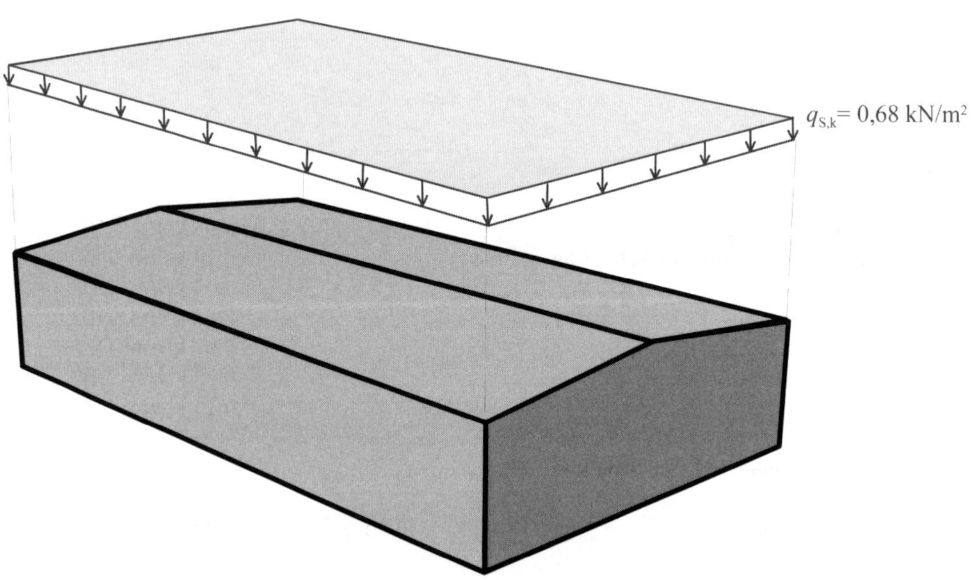

Außergewöhnliche Schneelast (für außergewöhnliche Bemessungssituation)

Davon betroffen sind innerhalb der Schneelastzonen 1 und 2 befindliche Regionen nördlich des 52. bzw. 52,5. Breitengrades.

Außergewöhnliche Schneelast auf dem Boden: $S_{Ad} = C_{esl} \cdot s_k = 2{,}3 \cdot 0{,}85 = 1{,}955\dfrac{\text{kN}}{\text{m}^2}$

Außergewöhnliche Schneelast auf dem Dach: $q_{Ad} = \mu_1 \cdot S_{Ad} = 0{,}8 \cdot 1{,}955 = 1{,}56\dfrac{\text{kN}}{\text{m}^2\ \text{Gfl.}}$

1.4 Windlasten nach DIN EN 1991-1-4 (2010-12)

Freistehende Halle in Berlin (Windzone 2). Geländekategorie III.
Gebäudehöhe/Gebäudebreite/Gebäudelänge: 7,08 m / 20,0 m / 35,0 m

1.4.1 Wind auf Längswand (Windanströmrichtung: $\theta = 0°$)

Einteilung der Wandflächen in Wandbereiche

$$e = \min \begin{Bmatrix} b & = 35{,}00\text{ m} \\ 2 \cdot h & = 14{,}16\text{ m} \end{Bmatrix} = 14{,}16\,\text{m} < d = 20\,\text{m}$$

Die Außenwände werden in Zone A, B, C, D und E eingeteilt.

Einteilung der Dachfläche in Dachbereiche

Dachneigung 2,29° < 5° (Flachdächer). Die Dachfläche wird in die Bereiche F bis I eingeteilt.

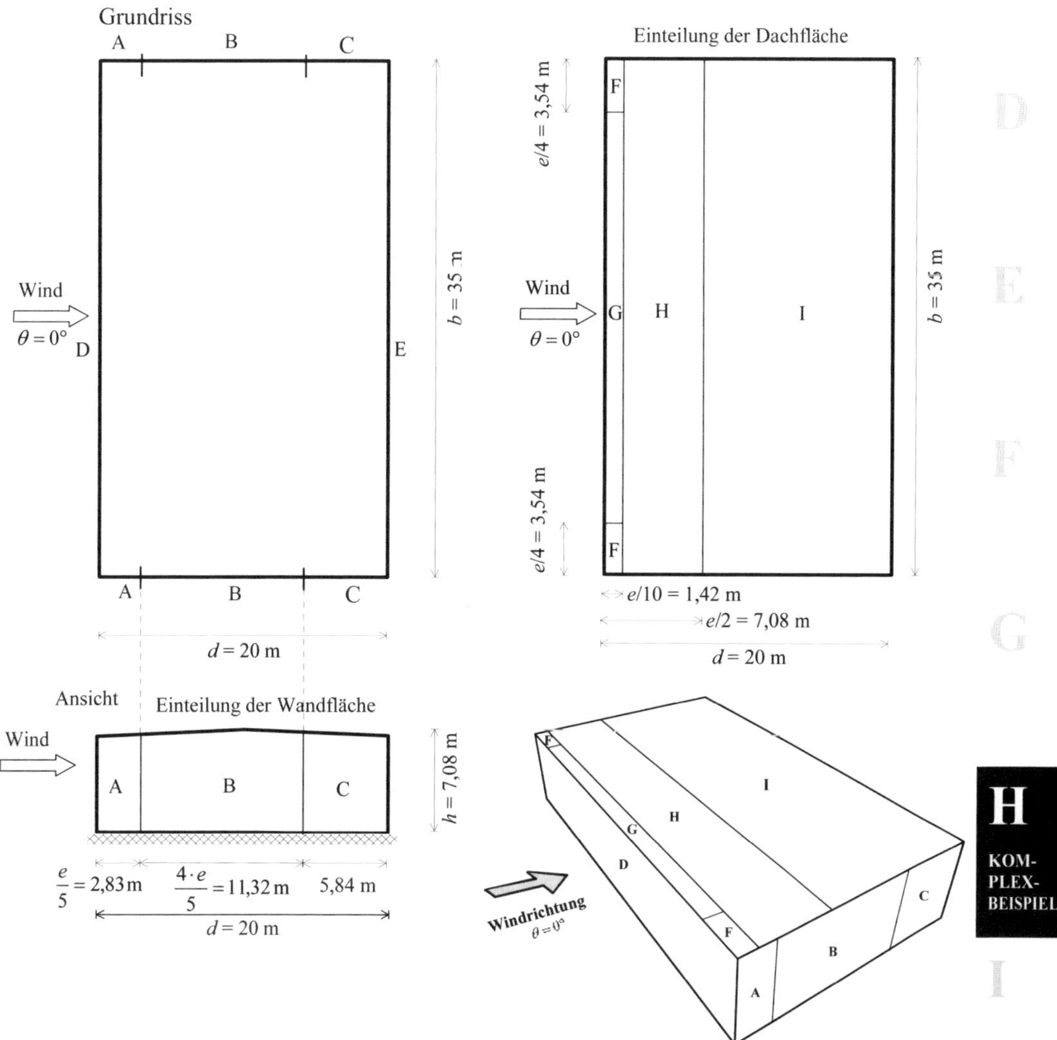

Außendruckbeiwerte für vertikale Wände rechteckiger flacher Bauwerke:

$$\frac{h}{d} = \frac{7{,}08}{20} = 0{,}354 \ ; \quad 0{,}25 < \frac{h}{d} < 1$$

Bezeichnungen	A	B	C	D	E
Lasteinzugsfläche A in m^2	20	80,15	41,35	247,80	247,80
$c_{pe,10}$ (Lasteinzugsfläche A >10 m^2)	–1,2	–0,8	–0,5	+0,71	–0,33

Aus der Windkarte ist zu entnehmen, dass Berlin zur Windzone 2 gehört.
Für Bauwerke mit einer Höhe h bis zu 25 m über dem Gelände darf der Geschwindigkeitsdruck vereinfacht konstant über die gesamte Gebäudehöhe angesetzt werden.
Geschwindigkeitsdruck $\boxed{q_p = 0{,}65\,\text{kN/m}^2}$ für Gebäudehöhe $h = 7{,}08\,\text{m} < 10\,\text{m}$ (Binnenland).

Berechnung der Druckwerte (Wandbereiche)

$$\boxed{w_e = c_{pe} \cdot q_p}$$

$$w_A = c_{pe,10} \cdot q_p = -1{,}2 \cdot 0{,}65 = -0{,}78 \text{ kN/m}^2$$

$$w_B = c_{pe,10} \cdot q_p = -0{,}8 \cdot 0{,}65 = -0{,}52 \text{ kN/m}^2$$

$$w_C = c_{pe,10} \cdot q_p = -0{,}5 \cdot 0{,}65 = -0{,}33 \text{ kN/m}^2$$

$$w_D = c_{pe,10} \cdot q_p = +0{,}71 \cdot 0{,}65 = +0{,}46 \text{ kN/m}^2$$

$$w_E = c_{pe,10} \cdot q_p = -0{,}33 \cdot 0{,}65 = -0{,}21 \text{ kN/m}^2$$

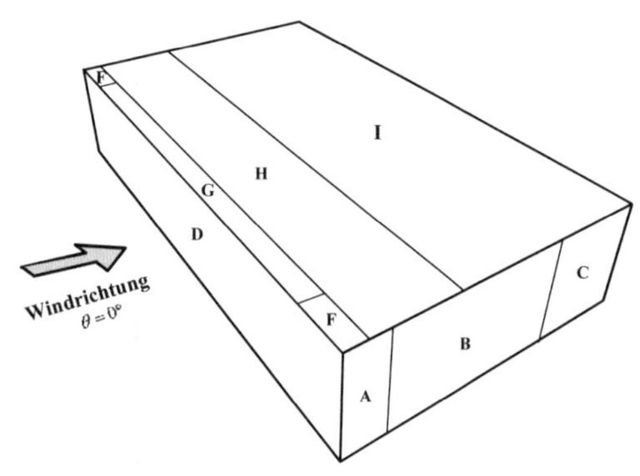

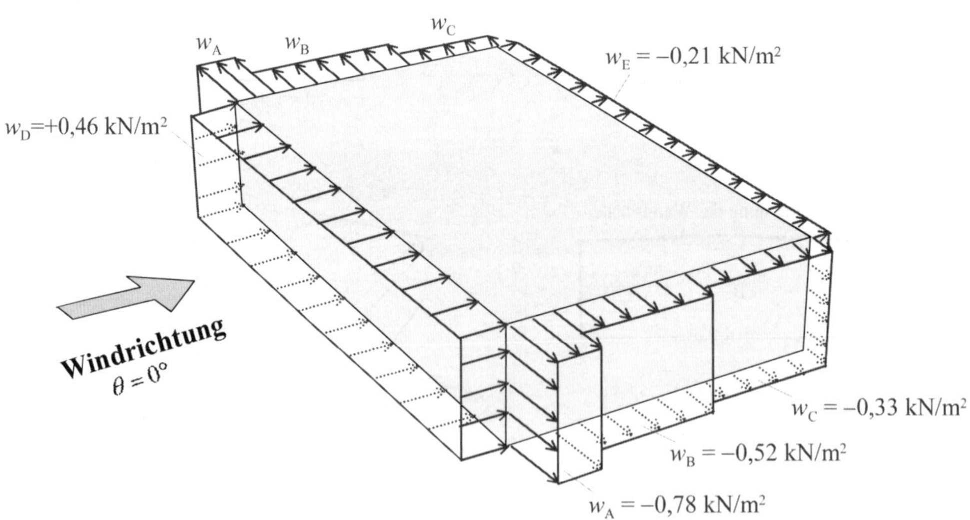

Dachbereiche:

Außendruckbeiwerte für Flachdächer (Dachneigung $\alpha < 5°$)

Bezeichnungen	F	G	H	I
Lasteinzugsfläche A in m²	5,03 <10 m²	39,65	198,10	452,20
c_{pe}	–2,01	–1,2	–0,7	+0,2 / –0,6

Hinweis: Der Dachbereich F hat eine Lasteinzugsfläche von $A = 5{,}03\ \mathrm{m}^2 < 10\ \mathrm{m}^2$.

Für $1\ \mathrm{m}^2 < A < 10\ \mathrm{m}^2$ folgt:

$$c_{\mathrm{pe}} = c_{\mathrm{pe,1}} + (c_{\mathrm{pe,10}} - c_{\mathrm{pe,1}}) \cdot \lg A = -2{,}5 + (-1{,}8 + 2{,}5) \cdot \lg 5{,}03 = -2{,}01$$

Berechnung der Druckwerte (Dachbereiche)

$$w_{\mathrm{F}} = c_{\mathrm{pe}} \cdot q_{\mathrm{p}} = -2{,}01 \cdot 0{,}65 = -1{,}31\ \mathrm{kN/m^2}$$

$$w_{\mathrm{G}} = c_{\mathrm{pe,10}} \cdot q_{\mathrm{p}} = -1{,}2 \cdot 0{,}65 = -0{,}78\ \mathrm{kN/m^2}$$

$$w_{\mathrm{H}} = c_{\mathrm{pe,10}} \cdot q_{\mathrm{p}} = -0{,}7 \cdot 0{,}65 = -0{,}46\ \mathrm{kN/m^2}$$

$$w_{\mathrm{I}} = c_{\mathrm{pe,10}} \cdot q_{\mathrm{p}} = +0{,}2 \cdot 0{,}65 = +0{,}13\ \mathrm{kN/m^2}$$

$$w_{\mathrm{I}} = c_{\mathrm{pe,10}} \cdot q_{\mathrm{p}} = -0{,}6 \cdot 0{,}65 = -0{,}39\ \mathrm{kN/m^2}$$

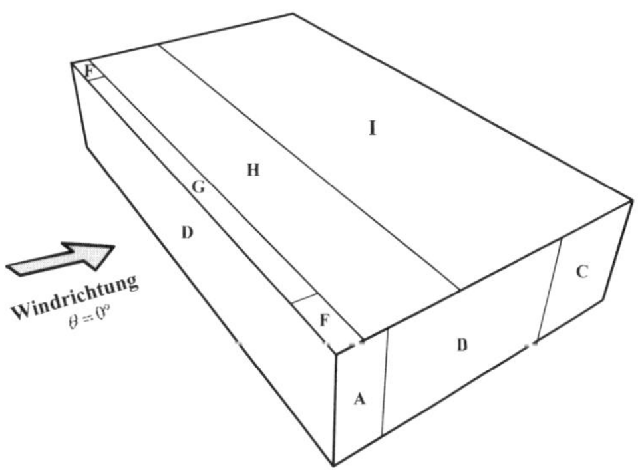

Im Bereich I der Dachfläche treten c_{pe}-Werte sowohl mit positiven als auch negativen Vorzeichen auf (Wirbelbildung möglich). Für die Bemessung ist jeweils der ungünstigste Fall anzusetzen.

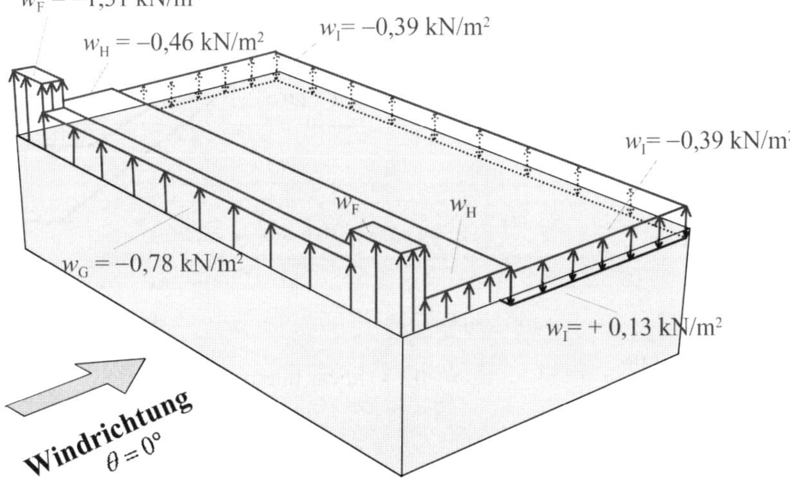

Innendruck und -sog in der Halle

Wände mit einer offenen Außenfläche bis 30 % gelten als durchlässige Wände. Überschreitet die Außenfläche 30 % gilt die betreffende Wand als offen.
Bei Räumen mit durchlässigen Wänden in Gebäuden mit nicht unterteiltem Grundriss (z.B. Hallen) ist es erforderlich den Innendruck und -sog anzusetzen.

Formbeiwert:

$$\mu = \frac{A_1}{A_2}$$

A_1 Gesamtfläche der Öffnungen in den leeseitigen und windparallelen Flächen

A_2 Gesamtfläche der Öffnungen aller Wände

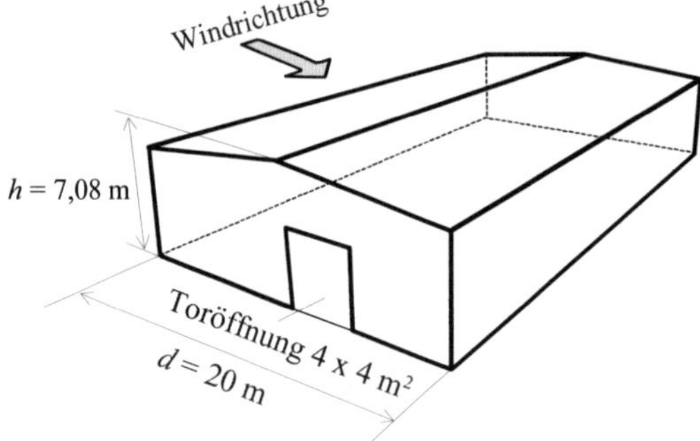

Das Tor ist geöffnet

$$\mu = \frac{A_1}{A_2} = \frac{16}{16} = 1 \quad \text{und für} \quad \frac{h}{d} = \frac{7{,}08}{20} = 0{,}354 \Rightarrow c_{pi} = -0{,}33 \text{ (linear interpoliert)}$$

$$w_i = c_{pi} \cdot q_p = -0{,}33 \cdot 0{,}65 = -0{,}21 \frac{\text{kN}}{\text{m}^2}$$

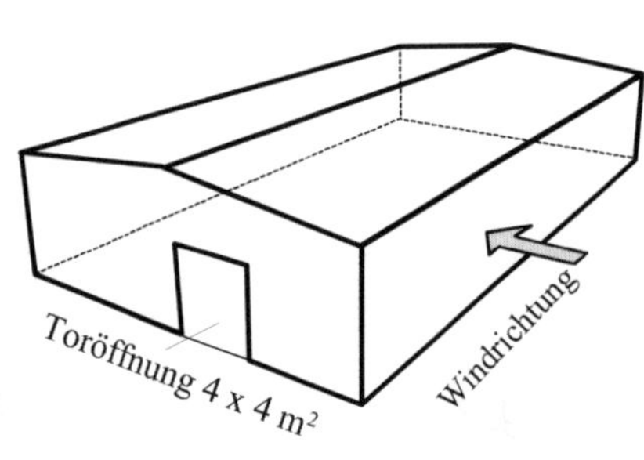

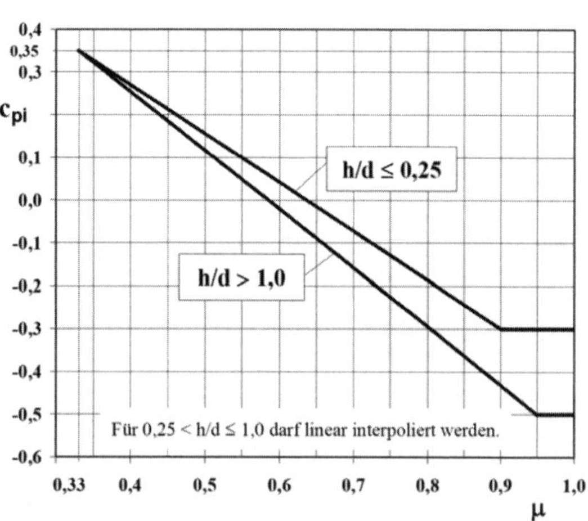

Das Tor ist geöffnet

$$\mu = \frac{A_1}{A_2} = \frac{16}{16} = 1 \text{ und für } \frac{h}{d} = \frac{7{,}08}{20} = 0{,}354 \Rightarrow c_{pi} = -0{,}33 \text{ (linear interpoliert)}$$

$$w_i = c_{pi} \cdot q_p = -0{,}33 \cdot 0{,}65 = -0{,}21 \frac{\text{kN}}{\text{m}^2}$$

1.4.2 Wind auf Querwand (Windanströmrichtung: $\theta = 90°$)

Einteilung der Wandflächen in Wandbereiche

$$e = \min \left\{ \begin{array}{ll} b & = 20{,}00 \text{ m} \\ 2 \cdot h & = 14{,}16 \text{ m} \end{array} \right\} = 14{,}16\,\text{m} < d = 35\,\text{m}$$

Die Außenwände werden in Zone A, B, C, D und E eingeteilt.

Einteilung der Dachfläche in Dachbereiche

Die Dachfläche (Flachdach) wird in die Bereiche F bis I eingeteilt.

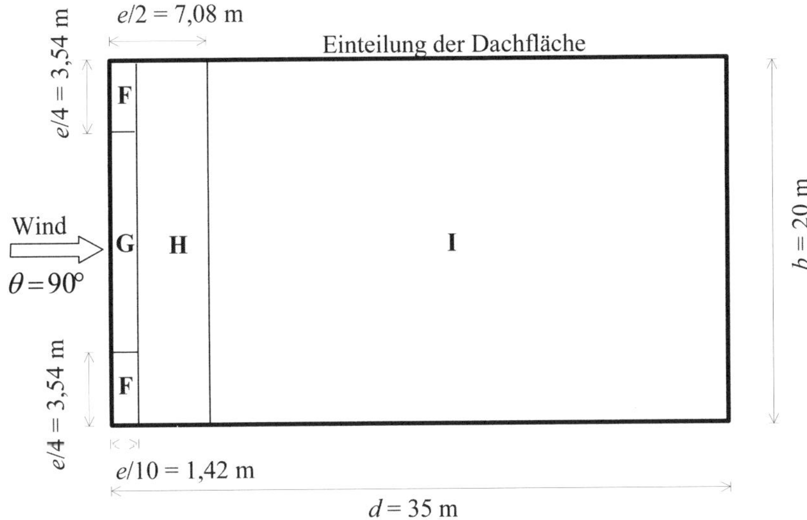

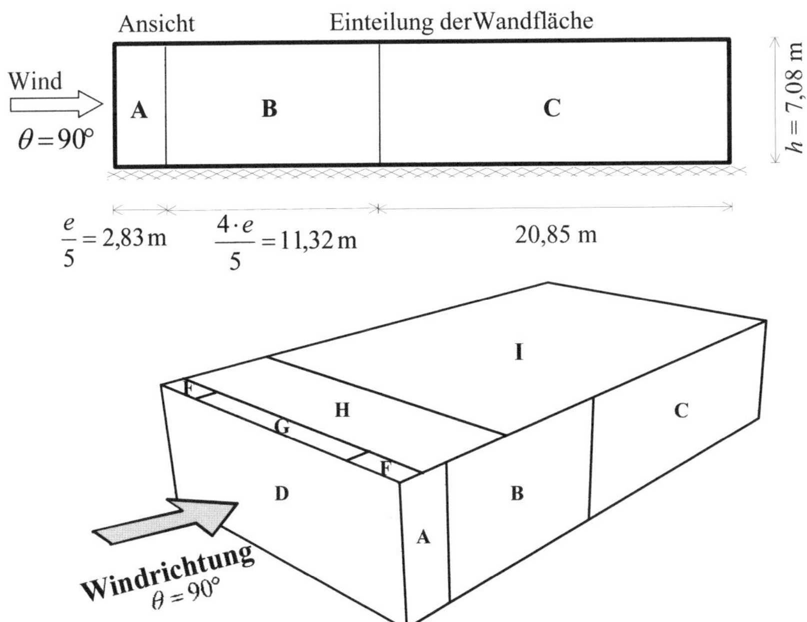

Außendruckbeiwerte für vertikale Wände rechteckiger flacher Bauwerke:

$$\frac{h}{d} = \frac{7{,}08}{35} = 0{,}20 < 0{,}25$$

Bezeichnungen	A	B	C	D	E
Lasteinzugsfläche A in m²	20	80,15	147,62	141,60	141,60
$c_{\text{pe,10}}$ (Lasteinzugsfläche A >10 m²)	–1,2	–0,8	–0,5	+0,7	–0,3

Aus der Windkarte ist zu entnehmen, dass Berlin zur Windzone 2 gehört.
Für Bauwerke mit einer Höhe h bis zu 25 m über dem Gelände darf der Geschwindigkeitsdruck vereinfacht konstant über die gesamte Gebäudehöhe angesetzt werden.
Geschwindigkeitsdruck $\boxed{q_\text{p} = 0{,}65\,\text{kN/m}^2}$ für Gebäudehöhe $h = 7{,}08\,\text{m} < 10\,\text{m}$ (Binnenland).

Berechnung der Druckwerte (Wandbereiche)

$$\boxed{w_\text{e} = c_\text{pe} \cdot q_\text{p}}$$

$$w_\text{A} = c_\text{pe,10} \cdot q_\text{p} = -1{,}2 \cdot 0{,}65 = -0{,}78\ \text{kN/m}^2$$
$$w_\text{B} = c_\text{pe,10} \cdot q_\text{p} = -0{,}8 \cdot 0{,}65 = -0{,}52\ \text{kN/m}^2$$
$$w_\text{C} = c_\text{pe,10} \cdot q_\text{p} = -0{,}5 \cdot 0{,}65 = -0{,}33\ \text{kN/m}^2$$
$$w_\text{D} = c_\text{pe,10} \cdot q_\text{p} = +0{,}7 \cdot 0{,}65 = +0{,}46\ \text{kN/m}^2$$
$$w_\text{E} = c_\text{pe,10} \cdot q_\text{p} = -0{,}3 \cdot 0{,}65 = -0{,}20\ \text{kN/m}^2$$

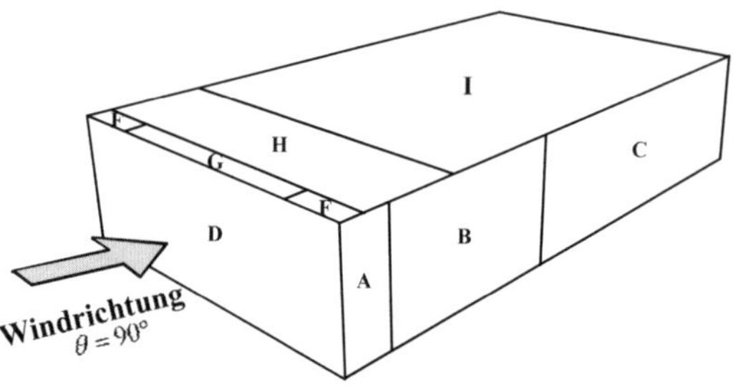

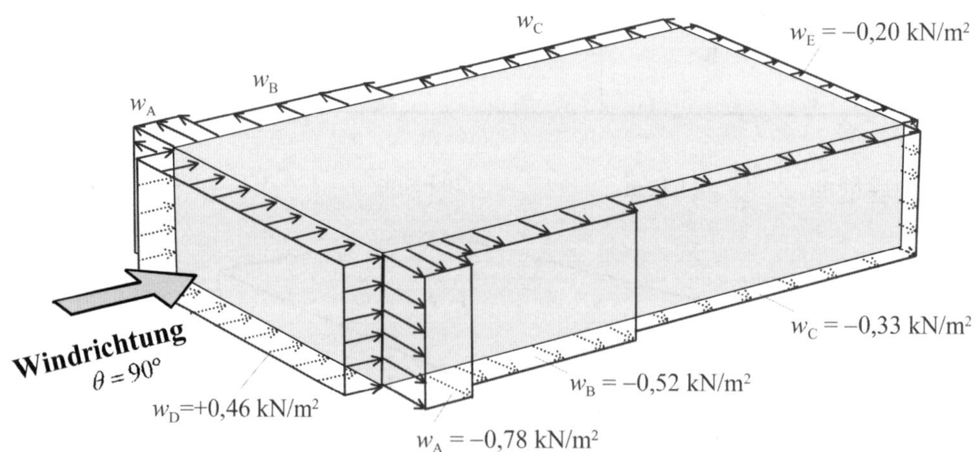

Dachbereiche:

Außendruckbeiwerte für Flachdächer

Bezeichnungen	F	G	H	I
Lasteinzugsfläche A in m^2	5,03 <10 m^2	18,35	113,2	558,4
c_{pe}	–2,01	–1,2	–0,7	+0,2 / –0,6

Hinweis: Der Dachbereich F hat eine Lasteinzugsfläche von $A = 5{,}02$ m^2.

Für $1\ m^2 < A < 10\ m^2$ folgt:

$$c_{pe} = c_{pe,1} + (c_{pe,10} - c_{pe,1}) \cdot \lg A = -2{,}5 + (-1{,}8 + 2{,}5) \cdot \lg 5{,}03 = -2{,}01$$

Berechnung der Druckwerte (Dachbereiche)

$$w_F = c_{pe} \cdot q_p = -2{,}01 \cdot 0{,}65 = -1{,}31\ kN/m^2$$

$$w_G = c_{pe,10} \cdot q_p = -1{,}2 \cdot 0{,}65 = -0{,}78\ kN/m^2$$

$$w_H = c_{pe,10} \cdot q_p = -0{,}7 \cdot 0{,}65 = -0{,}46\ kN/m^2$$

$$w_I = c_{pe,10} \cdot q_p = +0{,}2 \cdot 0{,}65 = +0{,}13\ kN/m^2$$

$$w_I = c_{pe,10} \cdot q_p = -0{,}6 \cdot 0{,}65 = -0{,}39\ kN/m^2$$

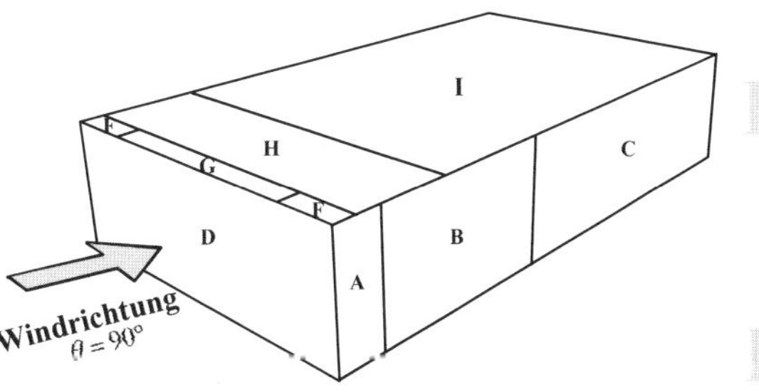

Im Bereich I der Dachfläche treten c_{pe}-Werte sowohl mit positiven als auch negativen Vorzeichen auf (Wirbelbildung möglich). Für die Bemessung ist jeweils der ungünstigste Fall anzusetzen.

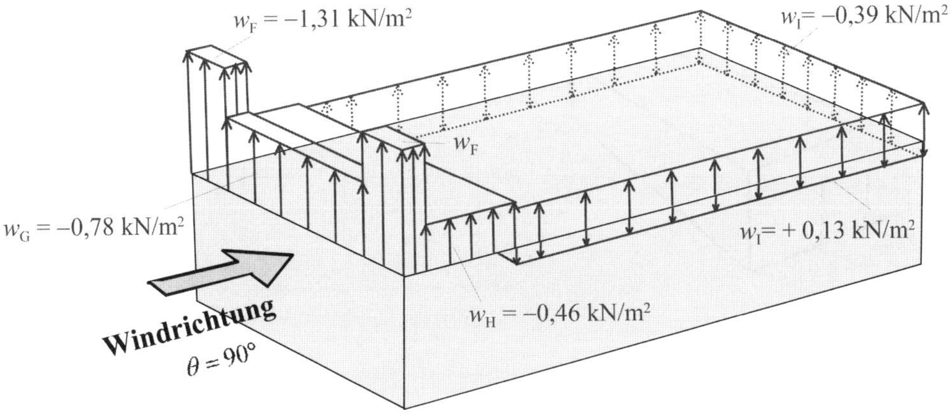

H
KOM-
PLEX-
BEISPIEL

Innendruck und -sog in der Halle

Wände mit einer offenen Außenfläche bis 30 % gelten als durchlässige Wände. Überschreitet die Außenfläche 30 % gilt die betreffende Wand als offen.
Bei Räumen mit durchlässigen Wänden in Gebäuden mit nicht unterteiltem Grundriss (z.B. Hallen) ist es erforderlich den Innendruck und -sog anzusetzen.

Formbeiwert $\mu = \frac{A_1}{A_2}$

A_1 Gesamtfläche der Öffnungen in den leeseitigen und windparallelen Flächen

A_2 Gesamtfläche der Öffnungen aller Wände

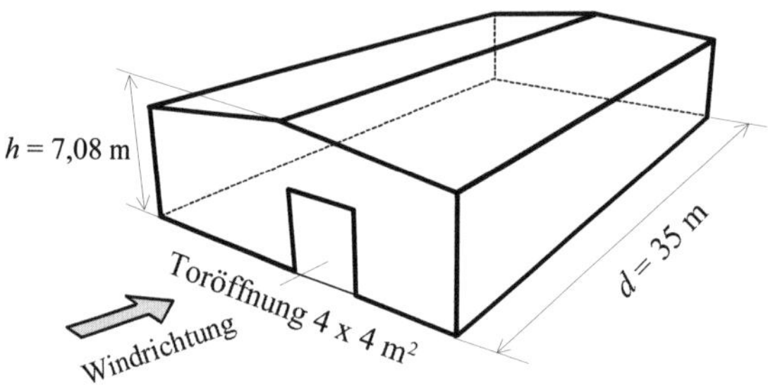

Das Tor ist geöffnet

$$\mu = \frac{A_1}{A_2} = \frac{0}{16} = 0 \text{ und für } \frac{h}{d} = \frac{7{,}08}{35} = 0{,}20 \quad \Rightarrow c_{pi} = +0{,}35$$

$$w_i = c_{pi} \cdot q_p = +0{,}35 \cdot 0{,}65 = +0{,}23 \frac{\text{kN}}{\text{m}^2}$$

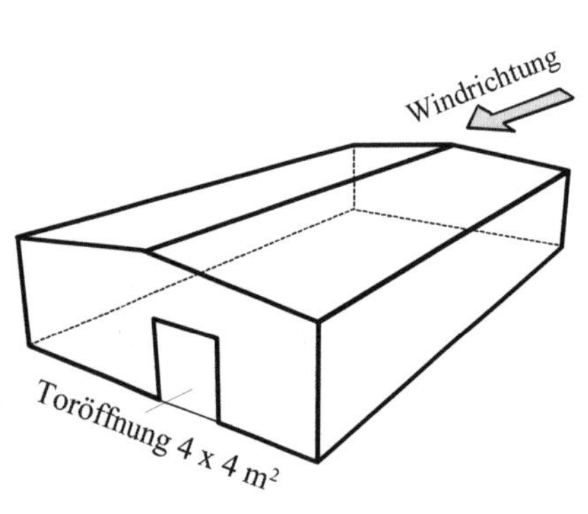

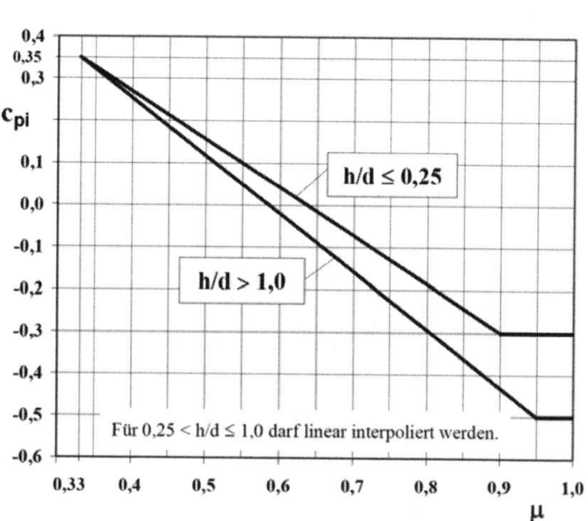

Das Tor ist geöffnet

$$\mu = \frac{A_1}{A_2} = \frac{16}{16} = 1 \text{ und für } \frac{h}{d} = \frac{7{,}08}{35} = 0{,}20 \quad \Rightarrow c_{pi} = -0{,}3$$

$$w_i = c_{pi} \cdot q_p = -0{,}3 \cdot 0{,}65 = -0{,}20 \frac{\text{kN}}{\text{m}^2}$$

1.5 Nutzlast

Nicht begehbares Dach, außer für übliche Erhaltungsmaßnahmen, Reparaturen (Kategorie H).
Anzusetzen: Mannlast $Q_k = 1{,}0\,\text{kN}$ (alternativ zur Schneelast).

1.6 Außergewöhnliche Einwirkung Anprall Gabelstapler

Zu berücksichtigen ist ein Gegengewichtsstapler (Klasse FL3) mit einer zulässigen Gesamtlast: zul $W = 69$ kN

Gemäß DIN EN 1991-1-7 (2010–12) muss in Garagen, Werkstätten etc. mit Gabelstaplerverkehr bei den stützenden Bauteilen eine horizontale Anpralllast gleich der 5-fachen zulässigen Gesamtlast des Staplers angesetzt werden. $F_{A,k} = 5 \cdot \text{zul}\,W = 5 \cdot 69 = 345\,\text{kN}$

Die Anpralllast wirkt 0,75 m über der Hallenfußbodenoberfläche.

1.7 Lastzusammenstellung
Beispiel: Hallen-Rahmen (Achse C − F)

Wind von links ($\theta = 0°$)

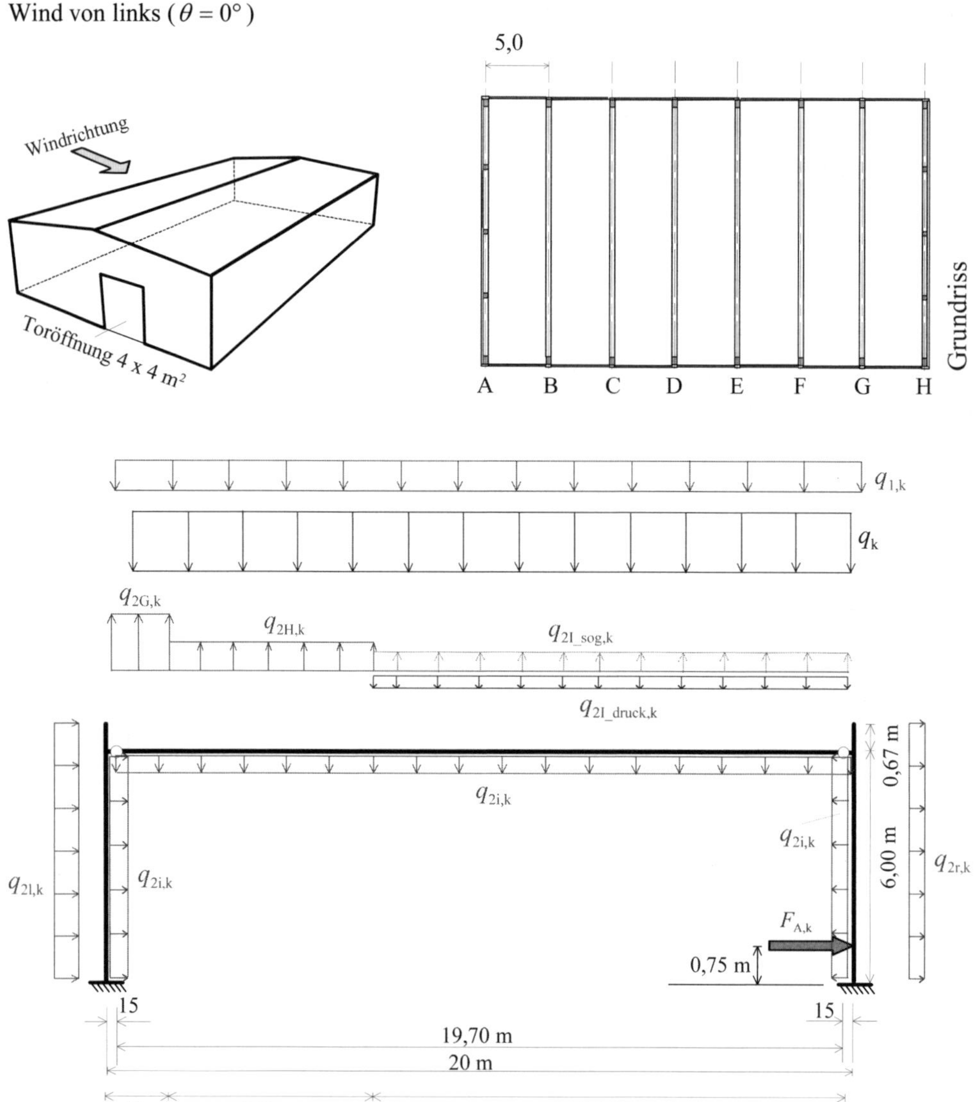

Statisches System in Hallenquerrichtung mit den charakteristischen Werten der Einwirkungen.

Binderabstand	$a = 5\,\text{m}$
Eigenlast je Binder	$q_k = g_k \cdot a = 1{,}66 \cdot 5 = 8{,}30\,\text{kN/m}$
Schneelast je Binder	$q_{1,k} = q_{s,k} \cdot a = 0{,}68 \cdot 5 = 3{,}40\,\text{kN/m}$
Mannlast	$Q_k = 1{,}0\,\text{kN}$ (Schneelast ist maßgebend)

Windlasten von links $q_{2l,k} = w_D \cdot a = 0{,}46 \cdot 5 = 2{,}30\,kN/m$ (Stütze links)

$q_{2r,k} = w_E \cdot a = 0{,}21 \cdot 5 = 1{,}05$ kN/m (Stütze rechts)

$q_{2G,k} = w_G \cdot a = -0{,}78 \cdot 5 = -3{,}90$ kN/m (Binder Bereich G)

$q_{2H,k} = w_H \cdot a = -0{,}46 \cdot 5 = -2{,}30$ kN/m (Binder Bereich H)

$q_{2I\_sog,k} = w_I \cdot a = -0{,}39 \cdot 5 = -1{,}95$ kN/m (Binder Bereich I)

$q_{2I\_druck,k} = w_I \cdot a = 0{,}13 \cdot 5 = +0{,}65\,kN/m$ (Binder Bereich I)

$q_{2i,k} = w_i \cdot a = -0{,}21 \cdot 5 = -1{,}05$ kN/m (Innendruck)

Anpralllast $F_{A,k} = 345\,kN$

1.8 Lastkombinationen
Beispiel: Hallen-Rahmen (Achse C – F), Wind von links

1.8.1 Schnittgrößenermittlung

a) Grenzzustand der Tragfähigkeit GZT (Ultimate limit state ULS)

	Ständig		Schnee		Wind	
Leiteinwirkung ⇩	γ_F	ψ	γ_F	ψ_0	γ_F	ψ_0
Schnee als Leiteinwirkung⇨	1,35	1,0	1,5	1,0	1,5	0,6
Wind als Leiteinwirkung ⇨	1,35	1,0	1,5	0,5	1,5	1,0

ψ-Werte für den Schnee gelten für Orte mit einer Seehöhe niedriger als 1000 m über NN.

<u>Grundkombination (Schnee als Leiteinwirkung)</u>

Eigenlast je Binder
$q_d = \gamma_F \cdot \psi \cdot g_k = 1{,}35 \cdot 1{,}0 \cdot 8{,}30 = 11{,}21\,kN/m$

Schneelast je Binder
$q_{1,d} = \gamma_F \cdot \psi_0 \cdot q_{s,k} = 1{,}50 \cdot 1.0 \cdot 3{,}40 = 5{,}10\,kN/m$

Windlasten von links
$q_{2l,d} = \gamma_F \cdot \psi_0 \cdot q_{2l,k} = 1{,}5 \cdot 0{,}6 \cdot 2{,}30 = 2{,}07 kN/m$ (Stütze links)

$q_{2r,d} = \gamma_F \cdot \psi_0 \cdot q_{2r,k} = 1{,}5 \cdot 0{,}6 \cdot 1{,}05 = 0{,}95$ kN/m (Stütze rechts)

$q_{2G,d} = \gamma_F \cdot \psi_0 \cdot q_{2G,k} = 1{,}5 \cdot 0{,}6 \cdot (-3{,}90) = -3{,}51$ kN/m (Binder Bereich G)

$q_{2H,d} = \gamma_F \cdot \psi_0 \cdot q_{2H,k} = 1{,}5 \cdot 0{,}6 \cdot (-2{,}30) = -2{,}07$ kN/m (Binder Bereich H)

$q_{2I\_sog,d} = 0$ (Binder Bereich I), wirkt günstig

$q_{2I\_druck,d} = \gamma_F \cdot \psi_0 \cdot q_{2I\_druck,k} = 1{,}5 \cdot 0{,}6 \cdot 0{,}65 = 0{,}59$ kN/m (Binder Bereich I)

$q_{2i,d} = \gamma_F \cdot \psi_0 \cdot q_{2i,k} = 1{,}5 \cdot 0{,}6 \cdot (-1{,}05) = -0{,}95$ kN/m (Innendruck)

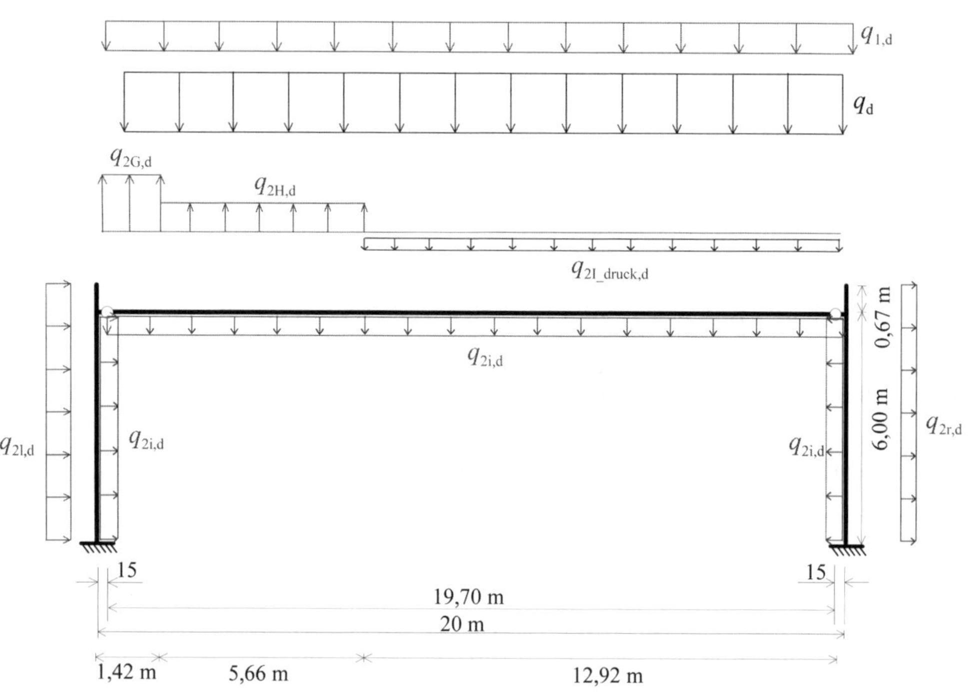

Alternative Grenzwertbildung (Wind als Leiteinwirkung)

Eigenlast je Binder
$q_d = \gamma_F \cdot \psi \cdot g_k = 1{,}35 \cdot 1{,}0 \cdot 8{,}30 = 11{,}21$ kN/m

Schneelast je Binder
$q_{1,d} = \gamma_F \cdot \psi_0 \cdot q_{s,k} = 1{,}50 \cdot 0{,}5 \cdot 3{,}40 = 2{,}55$ kN/m

Windlasten von links
$q_{2l,d} = \gamma_F \cdot \psi_0 \cdot q_{2l,k} = 1{,}5 \cdot 1{,}0 \cdot 2{,}30 = 3{,}45$ kN/m (Stütze links)

$q_{2r,d} = \gamma_F \cdot \psi_0 \cdot q_{2r,k} = 1{,}5 \cdot 1{,}0 \cdot 1{,}05 = 1{,}58$ kN/m (Stütze rechts)

$q_{2G,d} = \gamma_F \cdot \psi_0 \cdot q_{2G,k} = 1{,}5 \cdot 1{,}0 \cdot (-3{,}90) = -5{,}85$ kN/m (Binder Bereich G)

$q_{2H,d} = \gamma_F \cdot \psi_0 \cdot q_{2H,k} = 1{,}5 \cdot 1{,}0 \cdot (-2{,}30) = -3{,}45$ kN/m (Binder Bereich H)

$q_{2I\_sog,d} = 0$ (Binder Bereich I), wirkt günstig

$q_{2I\_druck,d} = \gamma_F \cdot \psi_0 \cdot q_{2I\_druck,k} = 1{,}5 \cdot 1{,}0 \cdot 0{,}65 = 0{,}98$ kN/m (Binder Bereich I)

$q_{2i,d} = \gamma_F \cdot \psi_0 \cdot q_{2i,k} = 1{,}5 \cdot 1{,}0 \cdot (-1{,}05) = -1{,}58$ kN/m (Innendruck)

b) Grenzzustand der Gebrauchstauglichkeit GZG (Serviceability limit state SLS)

	Ständig		Schnee		Wind	
Leiteinwirkung ⇩	γ_F	ψ	γ_F	ψ_0	γ_F	ψ_0
Schnee als Leiteinwirkung⇨	1,0	1,0	1,0	1,0	1,0	0,6
Wind als Leiteinwirkung ⇨	1,0	1,0	1,0	0,5	1,0	1,0

ψ-Werte für den Schnee gelten für Orte mit einer Seehöhe niedriger als 1000 m über NN.

<u>Seltene Kombination (Schnee als Leiteinwirkung)</u>

Eigenlast je Binder
$q_d = \gamma_F \cdot \psi \cdot g_k = 1{,}0 \cdot 1{,}0 \cdot 8{,}30 = 8{,}30$ kN/m

Schneelast je Binder
$q_{1,d} = \gamma_F \cdot \psi_0 \cdot q_{s,k} = 1{,}0 \cdot 1{,}0 \cdot 3{,}40 = 3{,}40$ kN/m

Windlasten von links
$q_{2l,d} = \gamma_F \cdot \psi_0 \cdot q_{2l,k} = 1{,}0 \cdot 0{,}6 \cdot 2{,}30 = 1{,}38$ kN/m (Stütze links)

$q_{2r,d} = \gamma_F \cdot \psi_0 \cdot q_{2r,k} = 1{,}0 \cdot 0{,}6 \cdot 1{,}05 = 0{,}63$ kN/m (Stütze rechts)

$q_{2G,d} = \gamma_F \cdot \psi_0 \cdot q_{2G,k} = 1{,}0 \cdot 0{,}6 \cdot (-3{,}90) = -2{,}34$ kN/m (Binder Bereich G)

$q_{2H,d} = \gamma_F \cdot \psi_0 \cdot q_{2H,k} = 1{,}0 \cdot 0{,}6 \cdot (-2{,}30) = -1{,}38$ kN/m (Binder Bereich H)

$q_{2I\_sog,d} = 0$ (Binder Bereich I), wirkt günstig

$q_{2I\_druck,d} = \gamma_F \cdot \psi_0 \cdot q_{2I\_druck,k} = 1{,}0 \cdot 0{,}6 \cdot 0{,}65 = 0{,}39$ kN/m (Binder Bereich I)

$q_{2i,d} = \gamma_F \cdot \psi_0 \cdot q_{2i,k} = 1{,}0 \cdot 0{,}6 \cdot (-1{,}05) = -0{,}63$ kN/m (Innendruck)

Alternative Grenzwertbildung (Wind als Leiteinwirkung)

Eigenlast je Binder
$q_{\mathrm{d}} = \gamma_{\mathrm{F}} \cdot \psi \cdot g_{\mathrm{k}} = 1{,}0 \cdot 1{,}0 \cdot 8{,}30 = 8{,}30\,\mathrm{kN/m}$

Schneelast je Binder
$q_{1,\mathrm{d}} = \gamma_{\mathrm{F}} \cdot \psi_0 \cdot q_{\mathrm{s,k}} = 1{,}0 \cdot 0{,}5 \cdot 3{,}40 = 1{,}70\,\mathrm{kN/m}$

Windlasten von links
$q_{2\mathrm{l,d}} = \gamma_{\mathrm{F}} \cdot \psi_0 \cdot q_{2\mathrm{l,k}} = 1{,}0 \cdot 1{,}0 \cdot 2{,}30 = 2{,}30\,\mathrm{kN/m}$ (Stütze links)

$q_{2\mathrm{r,d}} = \gamma_{\mathrm{F}} \cdot \psi_0 \cdot q_{2\mathrm{r,k}} = 1{,}0 \cdot 1{,}0 \cdot 1{,}05 = 1{,}05\,\mathrm{kN/m}$ (Stütze rechts)

$q_{2\mathrm{G,d}} = \gamma_{\mathrm{F}} \cdot \psi_0 \cdot q_{2\mathrm{G,k}} = 1{,}0 \cdot 1{,}0 \cdot (-3{,}90) = -3{,}90\,\mathrm{kN/m}$ (Binder Bereich G)

$q_{2\mathrm{H,d}} = \gamma_{\mathrm{F}} \cdot \psi_0 \cdot q_{2\mathrm{H,k}} = 1{,}0 \cdot 1{,}0 \cdot (-2{,}30) = -2{,}30\,\mathrm{kN/m}$ (Binder Bereich H)

$q_{2\mathrm{I\_sog,d}} = 0$ (Binder Bereich I), wirkt günstig

$q_{2\mathrm{I\_druck,d}} = \gamma_{\mathrm{F}} \cdot \psi_0 \cdot q_{2\mathrm{I\_druck,k}} = 1{,}0 \cdot 1{,}0 \cdot 0{,}65 = 0{,}65\,\mathrm{kN/m}$ (Binder Bereich I)

$q_{2\mathrm{i,d}} = \gamma_{\mathrm{F}} \cdot \psi_0 \cdot q_{2\mathrm{i,k}} = 1{,}0 \cdot 1{,}0 \cdot (-1{,}05) = -1{,}05\,\mathrm{kN/m}$ (Innendruck)

c) Außergewöhnliche Einwirkungen

	Ständig		**Schnee**		**Wind**		**Anprall**
Leiteinwirkung ⇩	γ_{F}	ψ	γ_{F}	$\psi_{1/2}$	γ_{F}	$\psi_{1/2}$	γ_{F}
Schnee als Leiteinwirkung ⇨	1,0	1,0	1,0	0,2	1,0	0	1,0
Wind als Leiteinwirkung ⇨	1,0	1,0	1,0	0	1,0	0,2	1,0

ψ-Werte für den Schnee gelten für Orte mit einer Seehöhe niedriger als 1000 m über NN.

Schnee als Leiteinwirkung

Eigenlast je Binder
$q_{\mathrm{d}} = \gamma_{\mathrm{F}} \cdot \psi \cdot g_{\mathrm{k}}$
$= 1{,}0 \cdot 1{,}0 \cdot 8{,}30 = 8{,}30\,\mathrm{kN/m}$

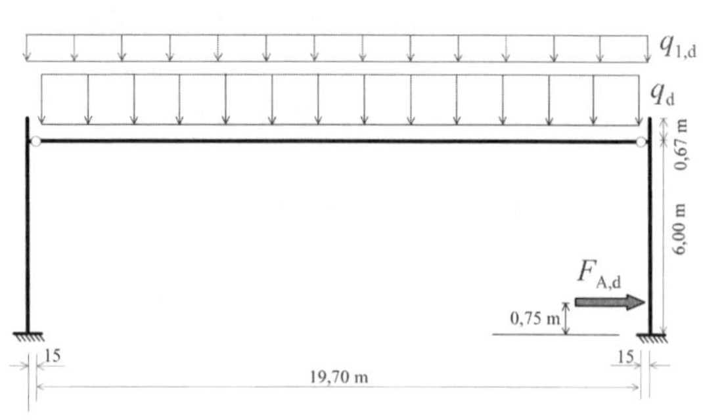

Außergewöhnliche Schneelast je Binder
$q_{1,\mathrm{d}} = \gamma_{\mathrm{F}} \cdot \psi_{1/2} \cdot (C_{\mathrm{esl}} \cdot q_{\mathrm{s,k}})$
$= 1{,}0 \cdot 0{,}2 \cdot (2{,}3 \cdot 3{,}40) = 1{,}56\,\mathrm{kN/m}$

Anpralllast
$F_{\mathrm{A,d}} = \gamma_{\mathrm{F}} \cdot F_{\mathrm{A,k}} = 1{,}0 \cdot 345 = 345\,\mathrm{kN}$

Alternative Grenzwertbildung (Wind als Leiteinwirkung)

Eigenlast je Binder
$q_d = \gamma_F \cdot \psi \cdot g_k = 1{,}0 \cdot 1{,}0 \cdot 8{,}30 = 8{,}30\,\text{kN/m}$

Windlasten von links

$q_{2l,d} = \gamma_F \cdot \psi_{1/2} \cdot q_{2l,k} = 1{,}0 \cdot 0{,}2 \cdot 2{,}30 = 0{,}46\,\text{kN/m}$ (Stütze links)

$q_{2r,d} = \gamma_F \cdot \psi_{1/2} \cdot q_{2r,k} = 1{,}0 \cdot 0{,}2 \cdot 1{,}05 = 0{,}21\,\text{kN/m}$ (Stütze rechts)

$q_{2G,d} = \gamma_F \cdot \psi_{1/2} \cdot q_{2G,k} = 1{,}0 \cdot 0{,}2 \cdot (-3{,}90) = -0{,}78\,\text{kN/m}$ (Binder Bereich G)

$q_{2H,d} = \gamma_F \cdot \psi_{1/2} \cdot q_{2H,k} = 1{,}0 \cdot 0{,}2 \cdot (-2{,}30) = -0{,}46\,\text{kN/m}$ (Binder Bereich H)

$q_{2I\_sog,d} = 0$ (Binder Bereich I), wirkt günstig

$q_{2I\_druck,d} = \gamma_F \cdot \psi_{1/2} \cdot q_{2I\_druck,k} = 1{,}0 \cdot 0{,}2 \cdot 0{,}65 = 0{,}13\,\text{kN/m}$ (Binder Bereich I)

$q_{2i,d} = \gamma_F \cdot \psi_{1/2} \cdot q_{2i,k} = 1{,}0 \cdot 0{,}2 \cdot (-1{,}05) = -0{,}21\,\text{kN/m}$ (Innendruck)

Anpralllast $F_{A,d} = \gamma_F \cdot F_{A,k} = 1{,}0 \cdot 345 = 345\,\text{kN}$

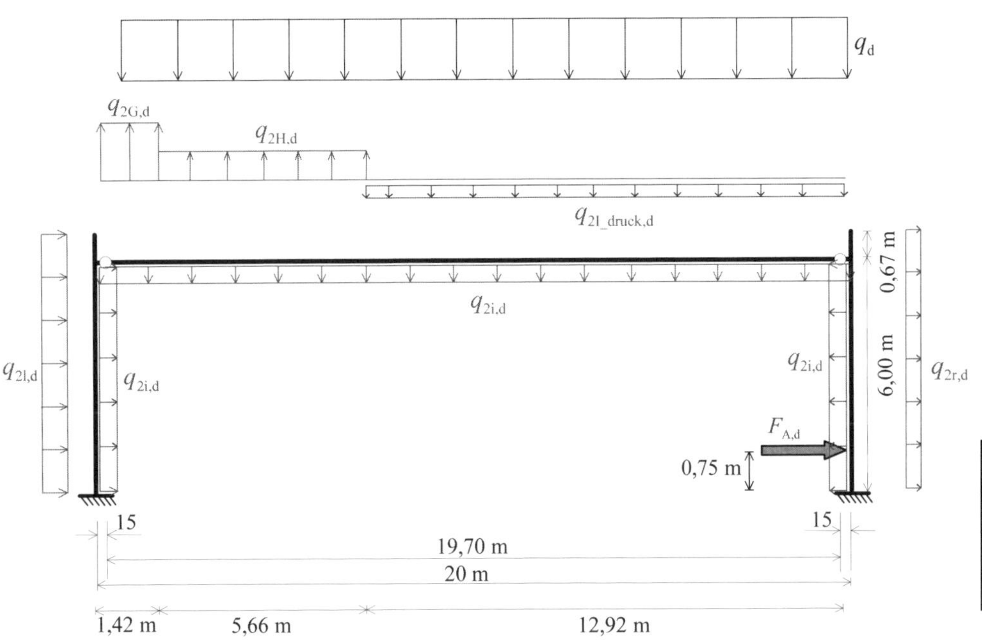

I ANHANG
Windzonen, Schneelastzonen und Erdbebenzonen[1)]

Inhaltsverzeichnis

[1)] Zusätzlich unter www.beuth-mediathek.de zum kostenlosen Download erhältlich:
Kap. I erweitert mit Angaben über die Zuordnung der Erdbebenzonen und Untergrundklassen der Bundesländer Bayern, Hessen, Rheinlandpfalz, Sachsen und Thüringen.

1 Allgemeines

Das deutsche Institut für Bautechnik stellt im Rahmen der Vorbereitung der Einführung der Technischen Baubestimmungen Tabellen hinsichtlich der Zuordnung der Wind- und Schneelastzonen nach Verwaltungsgrenzen und Tabellen hinsichtlich der Zuordnung der Erdbebenzonen und Untergrundklassen zur Verfügung, die nach Stand April 2016 nachfolgend in diesem Kapitel aufgeführt werden. Die jeweils aktuellen Listen können unter **https://www.dibt.de/de/Geschaeftsfelder/BRL-TB.html** eingesehen werden. Diese tabellarische Zusammenstellung ist als zusätzliches Hilfsmittel zu den Gefährdungskarten aus den Kapiteln E, F und G zu betrachten, um den bemessungsrelevanten Standort den Zonen genauer zuordnen und die Einwirkungen aus Wind, Schnee und Erdbeben der Gefährdung entsprechend ermitteln zu können, verbindlich sind jedoch die amtlichen Bekanntmachungen der einzelnen Länder.

Sowohl die Windzonen und Schneelastzonen als auch die Erdbebenzonen sind entsprechend den Verwaltungsgrenzen länderspezifisch zusammengestellt, wobei einzelne Landkreise der Bundesländer oder einzelne Gemeinden der Landkreise teilweise separat zu Gefährdungszonen zugeordnet werden.

Bundesland	Kürzel
Baden-Württemberg	BW
Bayern	BY
Berlin	BE
Brandenburg	BB
Bremen	HB
Hamburg	HH
Hessen	HE
Mecklenburg-Vorpommern	MV
Niedersachsen	NI
Nordrhein-Westfalen	NW
Rheinland-Pfalz	RP
Saarland	SL
Sachsen	SN
Sachsen-Anhalt	ST
Schleswig-Holstein	SH
Thüringen	TH

HINWEISE ZU DEN TABELLEN „SCHNEELASTZONEN“

Für Standorte mit der Fußnote „Nordd. Tiefld.“ ist, entsprechend Kapitel F, der rechnerische Nachweis in

- der ständigen und vorübergehenden Bemessungssituation mit dem charakteristischen Wert der Schneelast s_k und zusätzlich
- in der außergewöhnlichen Bemessungssituation mit der außergewöhnlichen Schneelast $A_{k,S}$

zu führen.

Schneelastzone III im Harz „Harzinsel“ 300 m Höhenlinie

Die Grenze der Schneelastzone III „Harzinsel“ beginnt danach östlich von Bad Harzburg im Eckertal, dort, wo die H 300 in der Nähe der Gebäudegruppe „Holzschleiferei“ die Grenze nach Sachsen-Anhalt schneidet. Sie folgt der H 300 in westlicher Richtung bis zum Okertal in Höhe der Messingbrücke. Vom Schnittpunkt der Verlängerung einer in Fahrbahnmitte der Brunnenstraße gedachten Geraden mit der H 300 folgt sie dieser Geraden über die Messingbrücke bis zum Schnittpunkt dieser Geraden mit dem westlichen Fahrbahnrand der Talstraße. Von dort folgt sie der kürzesten Verbindung zwischen diesem Schnittpunkt und dem Verlauf der H 300 am Hahnenberg und weiter der H 300 über die Granestaumauer bis zur Innerstetalsperre. Hier folgt die Grenze der Staudammkrone; der Anschluss an die östlich und westlich verlaufende H 300 wird durch die kürzeste Verbindung zwischen den beiden Staudammwiderlagern und den jeweiligen Höhenlinien hergestellt. Die Grenze folgt weiterhin der H 300 bis zum Schnittpunkt mit einer gedachten Geraden, die sich als beidseitige Verlängerung des Teiles der Gemarkungsgrenze zwischen Bad Grund und Windhausen darstellt, der zwischen Laubhütte und Haus Roland die Landesstraße 524 quert. Sie folgt dann dieser Geraden bis zu deren Schnittpunkt mit der H 300 am Hang des Heinrichstiegs, um bis Lerbach wiederum der H 300 zu folgen. Ab Lerbach folgt sie der Fahrbahnmitte der Bundesstraße 241 in Richtung Osterode, und zwar von der Mitte der Einmündung der Alten Harzstraße bis zur Mitte der Einmündung des Degenköpferweges. Von dort folgt sie der Mitte des Degenköpferweges bis zu dessen Schnitt mit der Trasse der Hochspannungsleitung. Sie folgt der Trasse der Hochspannungsleitung, den Scheerenberg querend, in östlicher Richtung bis zu deren Schnitt mit der Bundesstraße 498, um dann in Fahrbahnmitte der Bundesstraße 498 bis zum nördlichen Widerlager der Sösestaumauer zu folgen. Über die Sösestaumauer folgt sie dann weiter der H 300 bis zu deren Schnittpunkt mit der Gemarkungsgrenze zwischen der Gemeinde Herzberg und dem gemeindefreien Gebiet Herzberger Forst. Sie folgt dann der kürzesten Verbindung zwischen diesem Schnittpunkt und dem Schnittpunkt der H 300 mit der Mitte des Holzabfuhrweges „Heuerweg“. Dann folgt sie wiederum der H 300 bis zu deren Schnittpunkt mit der Grenze zwischen den Gemarkungen Scharzfeld und Barbis. Sie folgt dann, das Odertal in südlicher Richtung querend, dieser Gemarkungsgrenze bis zu deren Schnittpunkt mit der H 300 am Bühlberg. Von dort folgt sie der H 300 in zunächst westlicher, dann südlicher, zuletzt wieder westlicher Richtung, bis sie am Barbiser Kopf die Grenze nach Sachsen-Anhalt schneidet.

Topographische Karten mit der Darstellung des Grenzverlaufs liegen bei den Landkreisen Goslar und Osterode und bei der großen selbständigen Stadt Goslar als unteren Bauaufsichtsbehörde aus und können dort eingesehen werden.

2 Windzonen

2.1 Baden-Württemberg

		Windzone	Gemeinde
1	**Regierungsbezirk Karlsruhe**	Windzone 1	alle Gemeinden
2	**Regierungsbezirk Stuttgart**	Windzone 1	alle Gemeinden
3	**Regierungsbezirk Freiburg**	Windzone 1	alle Gemeinden, außer den Gemeinden, die Bodensee-Anrainer sind, dort gilt Windzone 2 bis zu einer Tiefe von 3 km von der Uferlinie.
		Windzone 2	Bodensee, Bodenseesnrainergemeinden bis 3 km ins Landesinnere
4	**Regierungsbezirk Tübingen**		
4.1	**Landkreise Reutlingen und Tübingen; Stadtkreis Ulm; Zollernalbkreis**	Windzone 1	alle Gemeinden
4.2	**Alb-Donau-Kreis**	Windzone 1	alle Gemeinden, soweit nicht in Windzone 2
		Windzone 2	Gemeinden Dietenheim, Balzheim, Illerkirchberg, Staig, Illerrieden, Hüttisheim, Schnürpflingen
4.3	**Bodenseekreis; Landkreise Biberach, Ravensburg und Sigmaringen**	Windzone 2	alle Gemeinden
4.4	**Bodensee:**	Windzone 2	

2.2 Bayern

		Windzone	Gemeinde
1	**Unterfranken**	Windzone 1	alle Gemeinden
2	**Oberfranken**	Windzone 1	alle Gemeinden
3	**Mittelfranken**	Windzone 1	alle Gemeinden
4	**Niederbayern**	Windzone 1	alle Gemeinden
5	**Oberpfalz**	Windzone 1	alle Gemeinden
6	**Schwaben**		
6.1	**Kreise Donau-Ries, Dillingen a. d. Donau, kreisfreie Stadt Kempten**	Windzone 1	alle Gemeinden
6.2	**Kreise Grünzburg, Neu-Ulm, Augsburg, Aichach-Friedberg, Unterallgäu, Lindau (Bodensee), kreisfreie Städte Memmingen, Kaufbeuren, Augsburg**	Windzone 2	alle Gemeinden
6.3	**Kreis Oberallgäu**	Windzone 1	alle Gemeinden, soweit nicht in Windzone 2
		Windzone 2	Gemeinden Altusried, Dietmannsried, Haldenwang
6.4	**Kreis Ostallgäu**	Windzone 1	Gemeinden Pfronten, Hopferau, Nesselwang, Füssen, Schangau, Rieden, Roßhaupten, Seeg, Görisried, Wald, Lengenwang, Stötten a. Auerberg
		Windzone 2	alle Gemeinden, soweit nicht in Windzone 1

		Windzone	Gemeinde
7	**Oberbayern**		
7.1	**Kreise Eichstätt, Freising, Neuburg-Schrobenhausen, Erding, Pfaffenhofen a. d. Ilm, Mühldorf am Inn, Berchtesgadener Land, Garmisch-Partenkirchen, Altötting, kreisfreie Stadt Ingolstadt**	Windzone 1	alle Gemeinden
7.2	**Kreise Dachau, München, Fürstenfeldbruck, Landsberg am Lech, Ebersberg, Starnberg, Landeshauptstadt München, kreisfreie Stadt Rosenheim**	Windzone 2	alle Gemeinden
7.3	**Kreis Weilheim-Schongau**	Windzone 1	Verwaltungsgemeinschaft Steingaden, Gemeinde Bernbeuren
		Windzone 2	alle Gemeinden, soweit nicht in Windzone 1
7.4	**Kreis Bad Tölz-Wolfratshausen**	Windzone 1	alle Gemeinden, soweit nicht in Windzone 2
		Windzone 2	Gemeinden Wolfratshausen, Icking, Münsing, Egling, Geretsried, Eurasburg, Königsdorf, Bad Tölz, Reichersbeuren, Dietramszell, Bad Heilbrunn, Sachsenkam
7.5	**Kreis Miesbach**	Windzone 1	alle Gemeinden, soweit nicht in Windzone 2
		Windzone 2	Gemeinden Holzkirchen, Otterfing, Warngau, Valley, Weyarn, Irschenberg, Miesbach, Gmund a. Tegernsee, Waakirchen, Hausham
7.6	**Kreis Traunstein**	Windzone 1	Gemeinden Grassau, Schlechling, Staudach-Egerndach, Marquartstein, Unterwössen, Reit im Winkl, Ruhpolding, Bergen, Siegsdorf, Inzell, Surberg, Petting, Wonneberg, Waging a. See, Kirchanschöring, Fridolfing, Taching a. See, Palling, Tittmoning, Engelsberg, Tacherting
		Windzone 2	alle Gemeinden, soweit nicht in Windzone 1
7.7	**Kreis Rosenheim**	Windzone 1	Gemeinden Kiefersfelden, Oberaudorf, Flintsbach a. Inn, Brannenburg, Nussdorf a. Inn, Samerberg, Aschau i. Chiemgau
		Windzone 2	alle Gemeinden, soweit nicht in Windzone 1

2.3 Berlin

		Windzone	
1	**Berlin**	Windzone 2	Stadt Berlin

I ANHANG

2.4 Brandenburg

		Windzone	Gemeinde
1	**Brandenburg**	Windzone 2	alle Gemeinden

2.5 Bremen

		Windzone	
	Freie Hansestadt Bremen		
1	**Stadt Bremen**	Windzone 3	Stadt Bremen
2	**Stadt Bremerhaven**	Windzone 4	Stadt Bremerhaven

2.6 Hamburg

		Windzone	
1	**Hamburg**	Windzone 2	Stadt Hamburg

2.7 Hessen

		Windzone	Gemeinde
1	**Hessen**	Windzone 1	alle Gemeinden

2.8 Mecklenburg-Vorpommern

		Windzone	Gemeinde
	Landkreis/Kreisfreie Stadt		
1	**Ludwigslust-Parchim, Mecklenburgische Seenplatte, Vorpommern Greifswald**	Windzone 2	jeweils alle Gemeinden
2	Nordwestmecklenburg	Windzone 2	alle Gemeinden in den Amtsgebieten Gadebusch, Lützow-Lübstorf
3	**Rostock**	Windzone 2	alle Gemeinden in den Amtsgebieten Bützow-Land, Güstrow-Land, Laage, Krakow am See, Mecklenburgische Schweiz, Gnoien
4	Greifswald, Güstrow, Neubrandenburg, Schwerin, Teterow	Windzone 2	
5	**Nordwestmecklenburg, Rostock**	Windzone 3	alle Gemeinden, soweit nicht in Windzone 2
6	Vorpommern-Rügen	Windzone 3	alle Gemeinden, soweit nicht in Windzone 4
7	Rostock, Stralsund, Wismar	Windzone 3	
8	**Vorpommern-Rügen**	Windzone 4	alle Gemeinden in den Amtsgebieten West-Rügen (einschließlich Hiddensee), Nord-Rügen, Bergen mit Ausnahme der Gemeinden Gustow, Poseritz, Gaarz/Rügen

2.9 Niedersachsen

		Windzone	Gemeinde
1	**Landkreise Aurich, Wittmund, Friesland, Cuxhaven, kreisfreie Städte Emden, Wilhelmshaven**	Windzone 4	alle Gemeinden
2	**Kreis Wesermarsch**	Windzone 3	alle Gemeinden, soweit nicht in Windzone 4
		Windzone 4	Die Gebiete Butjadingen, Stadland, Jader Marsch mit den Gemeinden Nordenham, Jade, Ovelgönne-Brake
3	**Kreis Stade**	Windzone 3	alle Gemeinden, soweit nicht in Windzone 4
		Windzone 4	das Gebiet Kehdingen mit den Gemeinden Freiburg, Balje, Krummendeich, Oederquart
4	**Kreise Leer, Ammerland, Oldenburg, Osterholz, kreisfreie Städte Oldenburg, Delmenhorst**	Windzone 3	alle Gemeinden
5	**Kreis Rotenburg Wümme**	Windzone 2	alle Gemeinden, soweit nicht in Windzone 3
		Windzone 3	die Gemeinden Bremervörde, Gnarrenburg, Alfstedt, Ebersdorf, Oerel, Hipstedt, Basdahl, Rhade, Breddorf, Hepstedt, Tarmstedt, Wilstedt, Vorwerk, Zeven, Heeslingen, Anderlingen, Selsingen, Seedorf, Ostereistedt, Kirchlimke, Westerlimke
6	**Region Hannover, Landkreise Emsland, Grafschaft Bentheim, Cloppenburg, Vechta, Diepholz, Verden, Harburg, Lüneburg, Soltau-Fallingbostel, Uelzen, Lüchow-Dannenberg, Celle, Nienburg, Gifhorn, Peine, Helmstedt, Wolfenbüttel, Goslar, Osterode am Harz, kreisfreie Städte Hannover, Wolfsburg, Braunschweig, Salzgitter**	Windzone 2	alle Gemeinden
7	**Landkreis Osnabrück, kreisfreie Stadt Osnabrück**	Windzone 1	Gemeinden Wallenhorst, Belm, Bissendorf, Melle, Dissen, Bad Iburg, Hiltern, Georgsmarienhütte, Hagen a. TW., Hasberge, Stadt Osnabrück
		Windzone 2	alle Gemeinden, soweit nicht in Windzone 1
8	**Landkreis Schaumburg**	Windzone 1	Gemeinde Rinteln
		Windzone 2	alle Gemeinden, soweit nicht in Windzone 1
9	**Landkreis Hameln-Pyrmont**	Windzone 1	alle Gemeinden, soweit nicht in Windzone 2
		Windzone 2	Gemeinde Bad Münder
10	**Landkreis Hildesheim**	Windzone 1	Gemeinden Duingen, Alfeld, Freden
		Windzone 2	alle Gemeinden, soweit nicht in Windzone 1
11	**Landkreise Holzminden, Northeim, Göttingen**	Windzone 1	alle Gemeinden

2.10 Nordrhein-Westfalen

		Windzone	Gemeinde
1	**Münster**		
1.1	Kreis Reklinghausen	Windzone 1	Städte Bottrop, Gelsenkirchen, Gemeinde Gladbeck
		Windzone 2	**alle Gemeinden, soweit nicht in Windzone 1**

		Windzone	Gemeinde
1.2	**Kreise Steinfurt, Borken, Coesfeld, Warendorf, kreisfreie Stadt Münster**	Windzone 2	alle Gemeinden
2	**Düsseldorf**		
2.1	**Kreis Mettmann, kreisfreie Städte Oberhausen, Duisburg, Essen, Mühlheim, Düsseldorf, Solingen, Wuppertal, Remscheid**	Windzone 1	alle Gemeinden
2.2	**Kreise Kleve, Wesel, Viersen, Neuss, kreisfreie Städte Krefeld, Mönchengladbach**	Windzone 2	alle Gemeinden
3	**Detmold**		
3.1	**Kreise Herford, Lippe, Paderborn, Höxter, kreisfreie Stadt Bielefeld**	Windzone 1	alle Gemeinden
3.2	**Kreis Gütersloh**	Windzone 1	alle Gemeinden, soweit nicht in Windzone 2
		Windzone 2	die Gemeinden Versmold, Harsewinkel, Gütersloh, Verl, Rheda-Wiedenbrück, Rietberg, Langenberg
3.3	**Kreis Minden-Lübbecke**	Windzone 2	alle Gemeinden
4	**Arnsberg**	Windzone 1	alle Gemeinden außer Hamm in Windzone 2
5	**Köln**	Windzone 1	alle rechtsrheinischen Gemeinden sowie die Stadt Köln
		Windzone 2	alle Gemeinden, soweit nicht in Windzone 1

2.11 Rheinland-Pfalz

		Windzone	Gemeinde
1.	**Kreise Ahrweiler, Daun, Bitburg-Prüm**	Windzone 2	alle Gemeinden
2	**Kreise Cochem-Zell, Bernkastel-Wittlich, Trier-Saarburg, kreisfreie Stadt Trier**	Windzone 1	alle Gemeinden und Teile von Gemeinden rechts der Mosel
		Windzone 2	alle Gemeinden, soweit nicht in Windzone 1
3	**Kreis Mayen-Koblenz, kreisfreie Stadt Koblenz**	Windzone 1	alle Gemeinden und Teile von Gemeinden rechts der Mosel und rechts des Rheins
		Windzone 2	alle Gemeinden, soweit nicht in Windzone 1
4	**Übrige Kreise und kreisfreien Städte in Rheinland-Pfalz**	Windzone 1	alle Gemeinden

2.12 Saarland

		Windzone	Gemeinde
1	**Saarland**	Windzone 1	alle Gemeinden

2.13 Sachsen

		Windzone	Gemeinde
1	**Sachsen**	Windzone 2	alle Gemeinden

2.14 Sachsen-Anhalt

		Windzone	Gemeinde
1	**Sachsen-Anhalt**	Windzone 2	alle Gemeinden

2.15 Schleswig-Holstein

		Windzone	Gemeinde
1	**Kreis Schleswig-Flensburg**	Windzone 3	alle Gemeinden, soweit nicht in Windzone 4
		Windzone 4	Amtsbereich Stapelholm mit den Gemeinden Wohlde, Bergenhusen, Norderstapel, Süderstapel, Erfde, Meggerdorf, Tielen
2	**Kreise Nordfriesland, Dithmarschen**	Windzone 4	alle Gemeinden
3	**Kreise Rendsburg-Eckernförde, Pinneberg, Steinburg**	Windzone 3	alle Gemeinden
4	**Kreise Segeberg, Plön, Stormarn, Herzogtum Lauenburg, kreisfreie Städte Kiel, Lübeck, Neumünster**	Windzone 2	alle Gemeinden
5	**Kreis Ostholstein**	Windzone 2	alle Gemeinden, soweit nicht in Windzone 3 oder 4
		Windzone 3	Amtsbereich Oldenburg Land mit den Gemeinden Gremersdorf, Neukirchen, Heringsdorf, Göhl, Grube, Dahme, Kellenhusen, Riepsdorf, Stadt Großenbrode, Stadt Heiligenhafen
		Windzone 4	Insel Fehmarn

2.16 Thüringen

		Windzone	Gemeinde
1	**Kreise Schmalkalden-Meiningen, Hildburghausen, Sonneberg, kreisfreie Stadt Suhl**	Windzone 1	alle Gemeinden
2	**Kreis Wartburg**	Windzone 1	alle Gemeinden, soweit nicht in Windzone 2
		Windzone 2	Behringen, Berka v.d. Hainich, Bischofroda, Creuzburg (Stadt), Falken, Großenlipnitz, Ifta, Mihla, Nazza, Reichenbach, Ruhla (Stadt), Schnellmannshausen, Treffurt (Stadt), Tüngeda, Wutha-Farnroda
3	**Kreise Eichsfeld, Nordhausen, Unstrut-Hainich-Kreis, Kyffhäuserkreis, Sömmerda, Gotha, Ilmkreis, Weimarer Land, Greiz, Saale-Holzland-Kreis, Saalfeld-Rudolstadt, Altenburger Land, Saale-Orla-Kreis, kreisfreie Städte Erfurt, Weimar, Jena, Gera, Eisenach**	Windzone 2	alle Gemeinden

3 Schneelastzonen

3.1 Baden-Württemberg

Land	Landkreis	Gemeinde-schlüssel	Gemeinde	Schneelastzone
BW	**Regierungsbezirk Stuttgart**			
BW	Böblingen	Alle	Alle	2
BW	Esslingen	Alle	Alle	2
BW	Göppingen	Alle	Alle	2
BW	Heidenheim	Alle	Alle Gemeinden, sofern nicht in Zone 1a	2
BW	Heidenheim	08135027	Niederstotzingen	**1a**
BW	Heidenheim	08135031	Sontheim an der Brenz	**1a**
BW	Heilbronn (Stadt/Land)	Alle	Alle	**2**
BW	Hohenlohekreiis	Alle	Alle Gemeinden, sofern nicht in Schneelastzone 2	**1**
BW	Hohenlohekreis	08126011	Bretzfeld	**2**
BW	Hohenlohekreis	08126058	Neuenstein	**2**
BW	Hohenlohekreis	08126066	Öhringen	**2**
BW	Hohenlohekreis	08126069	Pfedelbach	**2**
BW	Hohenlohekreis	08126085	Waldenburg	**2**
BW	Hohenlohekreis	08126094	Zweiflingen	**2**
BW	Ludwigsburg	Alle	Alle	**2**
BW	Main-Tauber-Kreis	Alle	Alle Gemeinden, sofern nicht in Schneelastzone 2	**1**
BW	Main-Tauber-Kreis	08128039	Freudenberg	**2**
BW	Main-Tauber-Kreis	08128061	Königheim	**2**
BW	Main-Tauber-Kreis	08128064	Külsheim	**2**
BW	Main-Tauber-Kreis	08128131	Wertheim	**2**
BW	Ostalbkreis	Alle	Alle Gemeinden, sofern nicht in Schneelastzone 2a	**2**
BW	Ostalbkreis	08136021	Essingen	**2a**
BW	Ostalbkreis	08136028	Heubach	**2a**
BW	Rems-Murr-Kreis	Alle	Alle	**2**
BW	Schwäbisch Hall	Alle	Alle Gemeinden, sofern nicht in Schneelastzone 1	**2**
BW	Schwäbisch Hall	08127008	Blaufelden	**1**
BW	Schwäbisch Hall	08127009	Braunsbach	**1**
BW	Schwäbisch Hall	08127032	Gerabronn	**1**
BW	Schwäbisch Hall	08127046	Kirchberg an der Jagst	**1**
BW	Schwäbisch Hall	08127047	Langenburg	**1**
BW	Schwäbisch Hall	08127071	Rot am See	**1**
BW	Schwäbisch Hall	08127075	Schrozberg	**1**
BW	Stuttgart	08111000	Stuttgart	**2**
BW	**Regierungsbezirk Karlsruhe**			
BW	Baden-Baden	08211000	Baden-Baden	1
BW	Calw	Alle	Alle	**2**
BW	Enzkreis	Alle	Alle	**2**
BW	Freudenstadt	Alle	Alle Gemeinden, sofern nicht in Schneelastzone 2a	**2**
BW	Freudenstadt	08237075	Bad Rippoldsau-Schapbach	**2a**
BW	Freudenstadt	08237004	Baiersbronn	**2a**
BW	Freudenstadt	08237028	Freudenstadt	**2a**
BW	Freudenstadt	08237045	Loßburg	**2a**
BW	Heidelberg	08221000	Heidelberg	1
BW	Karlsruhe	08212000	Karlsruhe	**1**

Land	Landkreis	Gemeinde-schlüssel	Gemeinde	Schneelastzone
BW	Karlsruhe (Stadt/Land)	Alle	Alle Gemeinden, sofern nicht in Schneelastzone 2	**1**
BW	Karlsruhe (Land)	08215007	Bretten	**2**
BW	Karlsruhe	08215096	Karlsbad	**2**
BW	Karlsruhe	08215040	Kürnbach	**2**
BW	Karlsruhe	08215047	Marxzell	**2**
BW	Karlsruhe	08215059	Oberderdingen	**2**
BW	Karlsruhe	08215082	Sulzfeld	**2**
BW	Karlsruhe	08215094	Zaisenhausen	**2**
BW	Mannheim	08222000	Mannheim	**1**
BW	Neckar-Odenwald-Kreis	Alle	Alle Gemeinden, sofern nicht in Schneelastzone 1	**2**
BW	Neckar-Odenwald-Kreis	08225114	Ravenstein	**1**
BW	Pforzheim	08231000	Pforzheim	**2**
BW	Rastatt	Alle	Alle Gemeinden, sofern nicht in Schneelastzone 2	**1**
BW	Rastatt	08216013	Forbach	**2**
BW	Rastatt	08216015	Gaggenau	**2**
BW	Rastatt	08216017	Gernsbach	**2**
BW	Rastatt	08216029	Loffenau	**2**
BW	Rastatt	08216059	Weisenbach	**2**
BW	Rhein-Neckar-Kreis	Alle	Alle Gemeinden, sofern nicht in Schneelastzone 2	**1**
BW	Rhein-Neckar-Kreis	08225114	Angelbachtal	**2**
BW	Rhein-Neckar-Kreis	08226006	Bammental	**2**
BW	Rhein-Neckar-Kreis	08226010	Dielheim	**2**
BW	Rhein-Neckar-Kreis	08226013	Eberbach	**2**
BW	Rhein-Neckar-Kreis	08226017	Epfenbach	**2**
BW	Rhein-Neckar-Kreis	08226020	Eschelbronn	**2**
BW	Rhein-Neckar-Kreis	08226027	Heddesbach	**2**
BW	Rhein-Neckar-Kreis	08226029	Heiligkreuzsteinach	**2**
BW	Rhein-Neckar-Kreis	08226106	Helmstadt-Bargen	**2**
BW	Rhein-Neckar-Kreis	08226104	Lobbach	**2**
BW	Rhein-Neckar-Kreis	08226048	Mauer	**2**
BW	Rhein-Neckar-Kreis	08226049	Meckesheim	**2**
BW	Rhein-Neckar-Kreis	08226055	Neckarbischofsheim	**2**
BW	Rhein-Neckar-Kreis	08226056	Neckargemünd	**2**
BW	Rhein-Neckar-Kreis	08226058	Neidenstein	**2**
BW	Rhein-Neckar-Kreis	08226066	Reichartshausen	**2**
BW	Rhein-Neckar-Kreis	08226080	Schönau	**2**
BW	Rhein-Neckar-Kreis	08226081	Schönbrunn	**2**
BW	Rhein-Neckar-Kreis	08226085	Sinsheim	**2**
BW	Rhein-Neckar-Kreis	08226086	Spechbach	**2**
BW	Rhein-Neckar-Kreis	08226091	Waibstadt	**2**
BW	Rhein-Neckar-Kreis	08226097	Wiesenbach	**2**
BW	Rhein-Neckar-Kreis	08226099	Wilhelmsfeld	**2**
BW	Rhein-Neckar-Kreis	08226101	Zuzenhausen	**2**
BW	**Regierungsbezirk Freiburg**			
BW	Freiburg im Breisgau	08311000	Freiburg im Breisgau	**2**
BW	Breisgau im Hochschwarzwald	Alle	Alle Gemeinden, sofern nicht in Schneelastzone 2	**2a**
BW	Breisgau-Hochschwarzwald	08315003	Au	**2**
BW	Breisgau-Hochschwarzwald	08315004	Auggen	**2**
BW	Breisgau-Hochschwarzwald	08315006	Bad Krozingen	**2**
BW	Breisgau-Hochschwarzwald	08315007	Badenweiler	**2**

Land	Landkreis	Gemeinde-schlüssel	Gemeinde	Schneelastzone
BW	Breisgau-Hochschwarzwald	08315008	Ballrechten-Dottingen	2
BW	Breisgau-Hochschwarzwald	08315013	Bötzingen	2
BW	Breisgau-Hochschwarzwald	08315014	Bollschweil	2
BW	Breisgau-Hochschwarzwald	08315015	Breisach am Rhein	2
BW	Breisgau-Hochschwarzwald	08315022	Buggingen	2
BW	Breisgau-Hochschwarzwald	08315028	Ebringen	2
BW	Breisgau-Hochschwarzwald	08315131	Ehrenkirchen	2
BW	Breisgau-Hochschwarzwald	08315030	Eichstetten am Kaiserstuhl	2
BW	Breisgau-Hochschwarzwald	08315033	Eschbach	2
BW	Breisgau-Hochschwarzwald	08315043	Gottenheim	2
BW	Breisgau-Hochschwarzwald	08315047	Gundelfingen	2
BW	Breisgau-Hochschwarzwald	08315048	Hartheim	2
BW	Breisgau-Hochschwarzwald	08315050	Heitersheim	2
BW	Breisgau-Hochschwarzwald	08315059	Ihringen	2
BW	Breisgau-Hochschwarzwald	08315132	March	2
BW	Breisgau-Hochschwarzwald	08315072	Merdingen	2
BW	Breisgau-Hochschwarzwald	08315073	Merzhausen	2
BW	Breisgau-Hochschwarzwald	08315074	Müllheim	2
BW	Breisgau-Hochschwarzwald	08315076	Neuenburg am Rhein	2
BW	Breisgau-Hochschwarzwald	08315089	Pfaffenweiler	2
BW	Breisgau-Hochschwarzwald	08315098	Schallstadt	2
BW	Breisgau-Hochschwarzwald	08315108	Staufen im Breisgau	2
BW	Breisgau-Hochschwarzwald	08315111	Sulzburg	2
BW	Breisgau-Hochschwarzwald	08315115	Umkirch	2
BW	Breisgau-Hochschwarzwald	08315133	Vogtsburg im Kaiserstuhl	2
BW	Emmendingen	Alle	Alle	2
BW	Konstanz	Alle	Alle	1
BW	Lörrach	Alle	Alle	2
BW	Ortenaukreis	Alle	Alle Gemeinden, sofern nicht in Schneelastzone 1	2
BW	Ortenaukreis	08317001	Achern	1
BW	Ortenaukreis	08317005	Appenweier	1
BW	Ortenaukreis	08317031	Friesenheim	1
BW	Ortenaukreis	08317047	Hohberg	1
BW	Ortenaukreis	08317152	Kappel-Grafenhausen	1
BW	Ortenaukreis	08317056	Kappelrodeck	1
BW	Ortenaukreis	08317057	Kehl	1
BW	Ortenaukreis	08317059	Kippenheim	1
BW	Ortenaukreis	08317065	Lahr/Schwarzwald	1
BW	Ortenaukreis	08317068	Lauf	1
BW	Ortenaukreis	08317073	Mahlberg	1
BW	Ortenaukreis	08317075	Meißenheim	1
BW	Ortenaukreis	08317151	Neuried	1
BW	Ortenaukreis	08317096	Offenburg	1
BW	Ortenaukreis	08317100	Ortenberg	1
BW	Ortenaukreis	08317110	Renchen	1
BW	Ortenaukreis	08317153	Rheinau	1
BW	Ortenaukreis	08317971	Gemeindefreier Grundbesitz (Rheinauer Wald)	1
BW	Ortenaukreis	08317113	Ringsheim	1
BW	Ortenaukreis	08317114	Rust	1
BW	Ortenaukreis	08317116	Sasbach	1
BW	Ortenaukreis	08317122	Schutterwald	1

Land	Landkreis	Gemeinde-schlüssel	Gemeinde	Schneelastzone
BW	Ortenaukreis	08317150	Schwanau	**1**
BW	Ortenaukreis	08317141	Willstätt	**1**
BW	Rottweil	Alle	Alle	**2**
BW	Schwarzwald-Baar-Kreis	Alle	Alle Gemeinden, sofern nicht in Schneelastzone 2a	2
BW	Schwarzwald-Baar-Kreis	08326054	Schönwald im Schwarzwald	**2a**
BW	Schwarzwald-Baar-Kreis	08326055	Schonach im Schwarzwald	**2a**
BW	Schwarzwald-Baar-Kreis	08326060	Triberg im Schwarzwald	**2a**
BW	Tuttlingen	Alle	Alle Gemeinden, sofern nicht in Schneelastzone 2	1
BW	Tuttlingen	08327002	Aldingen	**2**
BW	Tuttlingen	08327009	Deilingen	**2**
BW	Tuttlingen	08327010	Denkingen	**2**
BW	Tuttlingen	08327012	Durchhausen	**2**
BW	Tuttlingen	08327017	Frittlingen	**2**
BW	Tuttlingen	08327019	Gosheim	**2**
BW	Tuttlingen	08327020	Gunningen	**2**
BW	Tuttlingen	08327046	Spaichingen	**2**
BW	Tuttlingen	08327048	Talheim	**2**
BW	Tuttlingen	08327049	Trossingen	**2**
BW	Tuttlingen	08327051	Wehingen	**2**
BW	Waldshut	Alle	Alle	**2**
BW	**Regierungsbezirk Tübingen**			
BW	Alb-Donau-Kreis	Alle	Alle Gemeinden, sofern nicht in Schneelastzone 1a oder 2	**1**
BW	Alb-Donau-Kreis	08425005	Altheim (Alb)	**2**
BW	Alb-Donau-Kreis	08425008	Amstetten	**2**
BW	Alb-Donau-Kreis	08425011	Asselfingen	**1a**
BW	Alb-Donau-Kreis	08425013	Ballendorf	**2**
BW	Alb-Donau-Kreis	08425014	Beimerstetten	**1a**
BW	Alb-Donau-Kreis	08425017	Berghülen	**1a**
BW	Alb-Donau-Kreis	08425020	Blaubeuren	**1a**
BW	Alb-Donau-Kreis		Blaustein	**1a**
BW	Alb-Donau-Kreis	08425022	Börslingen	**1a**
BW	Alb-Donau-Kreis	08425024	Breitingen	**1a**
BW	Alb-Donau-Kreis	08425031	Dornstadt	**1a**
BW	Alb-Donau-Kreis	08425062	Holzkirch	**1a**
BW	Alb-Donau-Kreis	08425071	Laichingen	**2**
BW	Alb-Donau-Kreis	08425072	Langenau	**1a**
BW	Alb-Donau-Kreis	08425075	Lonsee	**2**
BW	Alb-Donau-Kreis	08425079	Merklingen	**2**
BW	Alb-Donau-Kreis	08425083	Neenstetten	**1a**
BW	Alb-Donau-Kreis	08425084	Nellingen	**2**
BW	Alb-Donau-Kreis	08425085	Nerenstetten	**1a**
BW	Alb-Donau-Kreis	08425092	Öllingen	**1a**
BW	Alb-Donau-Kreis	08425097	Rammingen	**1a**
BW	Alb-Donau-Kreis	08425112	Setzingen	**1a**
BW	Alb-Donau-Kreis	08425130	Weidenstetten	**2**
BW	Alb-Donau-Kreis	08425134	Westerheim	**2**
BW	Alb-Donau-Kreis	08425135	Westerstetten	**1a**

Land	Landkreis	Gemeinde-schlüssel	Gemeinde	Schneelastzone
BW	Biberach	Alle	Alle Gemeinden und Gemeindeteile, sofern nicht in Zone 1a	1
BW	Biberach		Eberhardzell (nur Gemeindeteile Füramoos und Mühlhausen)	1a
BW	Biberach		Rot a. d. Rot	1a
BW	Biberach		Steinhausen a. d. Rottum (nur Gemeindeteile Steinhausen und Bellamont)	1a
BW	Bodensee	Bodensee	Bodensee	1
BW	Bodenseekreis	08435005	Alle Gemeinden, sofern nicht in Schneelastzone 2	1
BW	Bodenseekreis	08435029	Kressbronn am Bodensee	2
BW	Bodenseekreis	08435030	Langenargen	2
BW	Bodenseekreis	08435042	Neukirch	2
BW	Bodenseekreis	08435057	Tettnang	2
BW	Ravensburg	alle	Alle Gemeinden, sofern nicht in Schneelastzone 2 oder 3	1
BW	Ravensburg	08436001	Achberg	2
BW	Ravensburg	08436003	Aichstetten	2
BW	Ravensburg	08436004	Aitrach	2
BW	Ravensburg	08436006	Amtzell	2
BW	Ravensburg	08436094	Argenbühl	3
BW	Ravensburg	08436010	Bad Wurzach	2
BW	Ravensburg	08436018	Bodnegg	2
BW	Ravensburg	08436039	Grünkraut	2
BW	Ravensburg	08436049	Isny im Allgäu	3
BW	Ravensburg	08436052	Kißlegg	2
BW	Ravensburg	08436055	Leutkirch im Allgäu	2
BW	Ravensburg	08436069	Schlier	2
BW	Ravensburg	08436078	Vogt	2
BW	Ravensburg	08436079	Waldburg	2
BW	Ravensburg	08436081	Wangen im Allgäu	2
BW	Ravensburg	08436085	Wolfegg	2
BW	Reutlingen	Alle	Alle Gemeinden, sofern nicht in Schneelastzone 1	2
BW	Reutlingen	08415027	Gomadingen	1
BW	Reutlingen	08415034	Hayingen	1
BW	Reutlingen	08415090	Hohenstein	1
BW	Reutlingen	08415048	Mehrstetten	1
BW	Reutlingen	08415053	Münsingen	1
BW	Reutlingen	08415058	Pfronstetten	1
BW	Reutlingen	08415073	Trochtelfingen	1
BW	Reutlingen	08415085	Zwiefalten	1
BW	Sigmaringen	Alle	Alle	1
BW	Tübingen	Alle	Alle	2
BW	Ulm	Ulm	Ulm	1
BW	Zollernalbkreis	Alle	Alle Gemeinden und Gemeindeteile, sofern nicht in Zone 1	2
BW	Zollernalbkreis	08417010	Bitz	1
BW	Zollernalbkreis	08417044	Meßstetten (ohne Gemeindeteile Hossingen, Oberdigisheim und Tieringen)	1
BW	Zollernalbkreis	08417045	Nusplingen	1
BW	Zollernalbkreis	08417063	Straßberg	1
BW	Zollernalbkreis	08417075	Winterlingen	1

3.2 Bayern

Land	Landkreis	Gemeinde-schlüssel	Gemeinde	Schneelastzone
BY		09000997	Bodensee	2
BY	**Aichach-Friedberg**	alle	alle	1a
BY	**Altötting**	09171111	Altötting	2
BY	Altötting	09171112	Burghausen	3
BY	Altötting	09171113	Burgkirchen a.d. Alz	3
BY	Altötting	09171114	Emmerting	3
BY	Altötting	09171115	Erlbach	3
BY	Altötting	09171116	Feichten a.d. Alz	2
BY	Altötting	09171117	Garching a.d. Alz	2
BY	Altötting	09171118	Haiming	3
BY	Altötting	09171119	Halsbach	2
BY	Altötting	09171121	Kastl	2
BY	Altötting	09171122	Kirchweidach	2
BY	Altötting	09171123	Marktl	3
BY	Altötting	09171124	Mehring	3
BY	Altötting	09171125	Neuötting	3
BY	Altötting	09171126	Perach	3
BY	Altötting	09171127	Pleiskirchen	2
BY	Altötting	09171129	Reischach	2
BY	Altötting	09171130	Stammham	3
BY	Altötting	09171131	Teising	2
BY	Altötting	09171132	Töging a. Inn	2
BY	Altötting	09171133	Tüßling	2
BY	Altötting	09171134	Tyrlaching	2
BY	Altötting	09171135	Unterneukirchen	2
BY	Altötting	09171137	Winhöring	2
BY	**Amberg**	09361000	Amberg	2
BY	**Amberg-Sulzbach**	alle	alle	2
BY	**Ansbach**	09571111	Adelshofen	1
BY	Ansbach	09561000	Ansbach	2
BY	Ansbach	09571113	Arberg	2
BY	Ansbach	09571114	Aurach	2
BY	Ansbach	09571115	Bechhofen	2
BY	Ansbach	09571122	Bruckberg	1
BY	Ansbach	09571125	Buch a. Wald	2
BY	Ansbach	09571127	Burgoberbach	2
BY	Ansbach	09571128	Burk	2
BY	Ansbach	09571130	Colmberg	2
BY	Ansbach	09571132	Dentlein a. Forst	2
BY	Ansbach	09571134	Diebach	1
BY	Ansbach	09571135	Dietenhofen	1
BY	Ansbach	09571136	Dinkelsbühl	2
BY	Ansbach	09571137	Dombühl	2
BY	Ansbach	09571139	Dürrwangen	2
BY	Ansbach	09571141	Ehingen	2
BY	Ansbach	09571145	Feuchtwangen	2
BY	Ansbach	09571146	Flachslanden	1
BY	Ansbach	09571152	Gebsattel	1

Land	Landkreis	Gemeinde-schlüssel	Gemeinde	Schneelastzone
BY	Ansbach	09571154	Gerolfingen	2
BY	Ansbach	09571155	Geslau	1
BY	Ansbach	09571165	Heilsbronn	1
BY	Ansbach	09571166	Herrieden	2
BY	Ansbach	09571169	Insingen	1
BY	Ansbach	09571170	Langfurth	2
BY	Ansbach	09571171	Lehrberg	2
BY	Ansbach	09571174	Leutershausen	2
BY	Ansbach	09571175	Lichtenau	1
BY	Ansbach	09571177	Merkendorf	2
BY	Ansbach	09571178	Mitteleschenbach	1
BY	Ansbach	09571179	Mönchsroth	2
BY	Ansbach	09571180	Neuendettelsau	1
BY	Ansbach	09571181	Neusitz	1
BY	Ansbach	09571183	Oberdachstetten	1
BY	Ansbach	09571188	Ohrenbach	1
BY	Ansbach	09571189	Ornbau	2
BY	Ansbach	09571190	Petersaurach	1
BY	Ansbach	09571192	Röckingen	2
BY	Ansbach	09571193	Rothenburg ob der Tauber	1
BY	Ansbach	09571194	Rügland	1
BY	Ansbach	09571196	Sachsen b. Ansbach	2
BY	Ansbach	09571198	Schillingsfürst	2
BY	Ansbach	09571199	Schnelldorf	2
BY	Ansbach	09571200	Schopfloch	2
BY	Ansbach	09571205	Steinsfeld	1
BY	Ansbach	09571451	Unterer Wald	2
BY	Ansbach	09571208	Unterschwaningen	2
BY	Ansbach	09571214	Wassertrüdingen	2
BY	Ansbach	09571216	Weidenbach	2
BY	Ansbach	09571217	Weihenzell	1
BY	Ansbach	09571218	Weiltingen	2
BY	Ansbach	09571222	Wettringen	2
BY	Ansbach	09571223	Wieseth	2
BY	Ansbach	09571224	Wilburgstetten	2
BY	Ansbach	09571225	Windelsbach	1
BY	Ansbach	09571226	Windsbach	1
BY	Ansbach	09571227	Wittelshofen	2
BY	Ansbach	09571228	Wörnitz	2
BY	Ansbach	09571229	Wolframs-Eschenbach	1
BY	**Aschaffenburg**	09671111	Alzenau i. UFr.	1
BY	Aschaffenburg	09661000	Aschaffenburg	1
BY	Aschaffenburg	09671112	Bessenbach	1
BY	Aschaffenburg	09671113	Blankenbach	1
BY	Aschaffenburg	09671160	Dammbach	2
BY	Aschaffenburg	09671451	Forst Hain i. Spessart	2
BY	Aschaffenburg	09671119	Geiselbach	1
BY	Aschaffenburg	09671452	Geiselbacher Forst	1
BY	Aschaffenburg	09671120	Glattbach	1
BY	Aschaffenburg	09671121	Goldbach	1
BY	Aschaffenburg	09671122	Großostheim	1
BY	Aschaffenburg	09671124	Haibach	1

Land	Landkreis	Gemeinde-schlüssel	Gemeinde	Schneelastzone
BY	Aschaffenburg	09671126	Heigenbrücken	**2**
BY	Aschaffenburg	09671127	Heimbuchenthal	**2**
BY	Aschaffenburg	09671128	Heinrichsthal	**2**
BY	Aschaffenburg	09671453	Heinrichsthaler Forst	**2**
BY	Aschaffenburg	09671130	Hösbach	**1**
BY	Aschaffenburg	09671454	Huckelheimer Wald	**1**
BY	Aschaffenburg	09671133	Johannesberg	**1**
BY	Aschaffenburg	09671134	Kahl a. Main	**1**
BY	Aschaffenburg	09671114	Karlstein a. Main	**1**
BY	Aschaffenburg	09671135	Kleinkahl	**1**
BY	Aschaffenburg	09671136	Kleinostheim	**1**
BY	Aschaffenburg	09671455	Krausenbacher Forst	**2**
BY	Aschaffenburg	09671138	Krombach	**1**
BY	Aschaffenburg	09671139	Laufach	**1**
BY	Aschaffenburg	09671140	Mainaschaff	**1**
BY	Aschaffenburg	09671141	Mespelbrunn	**2**
BY	Aschaffenburg	09671143	Mömbris	**1**
BY	Aschaffenburg	09671456	Rohrbrunner Forst	**2**
BY	Aschaffenburg	09671148	Rothenbuch	**2**
BY	Aschaffenburg	09671457	Rothenbucher Forst	**2**
BY	Aschaffenburg	09671150	Sailauf	**1**
BY	Aschaffenburg	09671458	Sailaufer Forst	**1**
BY	Aschaffenburg	09671152	Schöllkrippen	**1**
BY	Aschaffenburg	09671459	Schöllkrippener Forst	**1**
BY	Aschaffenburg	09671153	Sommerkahl	**1**
BY	Aschaffenburg	09671155	Stockstadt a. Main	**1**
BY	Aschaffenburg	09671156	Waldaschaff	**1**
BY	Aschaffenburg	09671460	Waldaschaffer Forst	**2**
BY	Aschaffenburg	09671157	Weibersbrunn	**2**
BY	Aschaffenburg	09671159	Westerngrund	**1**
BY	Aschaffenburg	09671162	Wiesen	**2**
BY	Aschaffenburg	09671461	Wiesener Forst	**2**
BY	**Augsburg**	alle	alle	**1a**
BY	Augsburg	09761000	Augsburg	**1a**
BY	**Bad Kissingen**	09672111	Aura a.d. Saale	**1**
BY	Bad Kissingen	09672112	Bad Bocklet	**2**
BY	Bad Kissingen	09672113	Bad Brückenau	**2**
BY	Bad Kissingen	09672114	Bad Kissingen	**1**
BY	Bad Kissingen	09672117	Burkardroth	**2**
BY	Bad Kissingen	09672451	Dreistelzer Forst	**2**
BY	Bad Kissingen	09672452	Eckartser Hart u. Fondsberg	**2**
BY	Bad Kissingen	09672121	Elfershausen	**1**
BY	Bad Kissingen	09672122	Euerdorf	**1**
BY	Bad Kissingen	09672454	Forst Detter-Süd	**2**
BY	Bad Kissingen	09672124	Fuchsstadt	**1**
BY	Bad Kissingen	09672455	Geiersnest-Ost	**2**
BY	Bad Kissingen	09672456	Geiersnest-West	**2**
BY	Bad Kissingen	09672126	Geroda	**2**
BY	Bad Kissingen	09672457	Großer Auersberg	**2**
BY	Bad Kissingen	09672127	Hammelburg	**2**
BY	Bad Kissingen	09672458	Kälberberg	**2**
BY	Bad Kissingen	09672460	Klauswald-Süd	**2**

Land	Landkreis	Gemeinde-schlüssel	Gemeinde	Schneelastzone
BY	Bad Kissingen	09672131	Maßbach	**1**
BY	Bad Kissingen	09672134	Motten	**2a**
BY	Bad Kissingen	09672461	Mottener Forst-Süd	**2**
BY	Bad Kissingen	09672135	Münnerstadt	**1**
BY	Bad Kissingen	09672462	Neuwirtshauser Forst	**2**
BY	Bad Kissingen	09672136	Nüdlingen	**1**
BY	Bad Kissingen	09672138	Oberleichtersbach	**2**
BY	Bad Kissingen	09672139	Oberthulba	**2**
BY	Bad Kissingen	09672140	Oerlenbach	**1**
BY	Bad Kissingen	09672463	Omerz u. Roter Berg	**2**
BY	Bad Kissingen	09672142	Ramsthal	**1**
BY	Bad Kissingen	09672143	Rannungen	**1**
BY	Bad Kissingen	09672145	Riedenberg	**2**
BY	Bad Kissingen	09672464	Römershager Forst-Nord	**2**
BY	Bad Kissingen	09672465	Römershager Forst-Ost	**2**
BY	Bad Kissingen	09672466	Roßbacher Forst	**2**
BY	Bad Kissingen	09672149	Schondra	**2**
BY	Bad Kissingen	09672155	Sulzthal	**1**
BY	Bad Kissingen	09672157	Thundorf i. UFr.	**1**
BY	Bad Kissingen	09672468	Waldfensterer Forst	**2**
BY	Bad Kissingen	09672161	Wartmannsroth	**2**
BY	Bad Kissingen	09672163	Wildflecken	**2a**
BY	Bad Kissingen	09672166	Zeitlofs	**2**
BY	**Bad Tölz-Wolfratshausen**	09173111	Bad Heilbrunn	**3**
BY	Bad Tölz-Wolfratshausen	09173112	Bad Tölz	**3**
BY	Bad Tölz-Wolfratshausen	09173113	Benediktbeuern	**3**
BY	Bad Tölz-Wolfratshausen	09173115	Bichl	**3**
BY	Bad Tölz-Wolfratshausen	09173118	Dietramszell	**3**
BY	Bad Tölz-Wolfratshausen	09173120	Egling	**2**
BY	Bad Tölz-Wolfratshausen	09173123	Eurasburg	**3**
BY	Bad Tölz-Wolfratshausen	09173124	Gaißach	**3**
BY	Bad Tölz-Wolfratshausen	09173126	Geretsried	**3**
BY	Bad Tölz-Wolfratshausen	09173127	Greiling	**3**
BY	Bad Tölz-Wolfratshausen	09173130	Icking	**2**
BY	Bad Tölz-Wolfratshausen	09173131	Jachenau	**3**
BY	Bad Tölz-Wolfratshausen	09173133	Kochel a. See	**3**
BY	Bad Tölz-Wolfratshausen	09173134	Königsdorf	**3**
BY	Bad Tölz-Wolfratshausen	09173135	Lenggries	**3**
BY	Bad Tölz-Wolfratshausen	09173137	Münsing	**2**
BY	Bad Tölz-Wolfratshausen	09173451	Pupplinger Au	**2**
BY	Bad Tölz-Wolfratshausen	09173140	Reichersbeuern	**3**
BY	Bad Tölz-Wolfratshausen	09173141	Sachsenkam	**3**
BY	Bad Tölz-Wolfratshausen	09173142	Schlehdorf	**3**
BY	Bad Tölz-Wolfratshausen	09173145	Wackersberg	**3**
BY	Bad Tölz-Wolfratshausen	09173147	Wolfratshausen	**2**
BY	Bad Tölz-Wolfratshausen	09173452	Wolfratshauser Forst	**3**
BY	**Bamberg**	alle	alle außer: Ebrach, Ebracher Forst, Steinachsrangen, Winkelhofer Forst SLZ = 1	**2**
BY	Bamberg	09461000	Bamberg	**2**
BY	**Bayreuth**	09472111	Ahorntal	**2**
BY	Bayreuth	09472115	Aufseß	**2**

Land	Landkreis	Gemeinde-schlüssel	Gemeinde	Schneelastzone
BY	Bayreuth	09472116	Bad Berneck i. Fichtelgebirge	2
BY	Bayreuth	09462000	Bayreuth	2
BY	Bayreuth	09472118	Betzenstein	2
BY	Bayreuth	09472119	Bindlach	2
BY	Bayreuth	09472121	Bischofsgrün	3
BY	Bayreuth	09472451	Bischofsgrüner Forst	3
BY	Bayreuth	09472127	Creußen	2
BY	Bayreuth	09472452	Creußener Hagenreuth	2
BY	Bayreuth	09472131	Eckersdorf	2
BY	Bayreuth	09472133	Emtmannsberg	2
BY	Bayreuth	09472138	Fichtelberg	3
BY	Bayreuth	09472453	Fichtelberg	3
BY	Bayreuth	09472454	Forst Neustädtlein a. Forst	2
BY	Bayreuth	09472455	Forst Thiergarten	2
BY	Bayreuth	09472139	Gefrees	3
BY	Bayreuth	09472140	Gesees	2
BY	Bayreuth	09472141	Glashütten	2
BY	Bayreuth	09472456	Glashüttener Forst	2
BY	Bayreuth	09472143	Goldkronach	2
BY	Bayreuth	09472457	Goldkronacher Forst	2
BY	Bayreuth	09472146	Haag	2
BY	Bayreuth	09472150	Heinersreuth	2
BY	Bayreuth	09472458	Heinersreuther Forst	2
BY	Bayreuth	09472154	Hollfeld	2
BY	Bayreuth	09472155	Hummeltal	2
BY	Bayreuth	09472156	Kirchenpingarten	2
BY	Bayreuth	09472459	Langweiler Wald	2
BY	Bayreuth	09472460	Lindenhardter Forst-Nordwest	2
BY	Bayreuth	09472461	Lindenhardter Forst-Südost	2
BY	Bayreuth	09472462	Löhlitzer Wald	2
BY	Bayreuth	09472164	Mehlmeisel	3
BY	Bayreuth	09472166	Mistelbach	2
BY	Bayreuth	09472167	Mistelgau	2
BY	Bayreuth	09472463	Neubauer Forst-Nord	3
BY	Bayreuth	09472175	Pegnitz	2
BY	Bayreuth	09472176	Plankenfels	2
BY	Bayreuth	09472177	Plech	2
BY	Bayreuth	09472179	Pottenstein	2
BY	Bayreuth	09472180	Prebitz	2
BY	Bayreuth	09472464	Prüll	2
BY	Bayreuth	09472184	Schnabelwaid	2
BY	Bayreuth	09472188	Seybothenreuth	2
BY	Bayreuth	09472465	Seybothenreuther Forst	2
BY	Bayreuth	09472190	Speichersdorf	2
BY	Bayreuth	09472468	Veldensteiner Forst	2
BY	Bayreuth	09472469	Waidacher Forst	2
BY	Bayreuth	09472197	Waischenfeld	2
BY	Bayreuth	09472198	Warmensteinach	2
BY	Bayreuth	09472470	Warmensteinacher Forst-Nord	3
BY	Bayreuth	09472199	Weidenberg	2
BY	**Berchtesgadener Land**	alle	alle	3

Land	Landkreis	Gemeinde-schlüssel	Gemeinde	Schneelastzone
BY	**Cham**	09372112	Arnschwang	3
BY	Cham	09372113	Arrach	3
BY	Cham	09372137	Bad Kötzting	3
BY	Cham	09372115	Blaibach	3
BY	Cham	09372116	Cham	2
BY	Cham	09372117	Chamerau	3
BY	Cham	09372124	Eschlkam	3
BY	Cham	09372125	Falkenstein	2
BY	Cham	09372126	Furth im Wald	3
BY	Cham	09372128	Gleißenberg	3
BY	Cham	09372130	Grafenwiesen	3
BY	Cham	09372135	Hohenwarth	3
BY	Cham	09372138	Lam	3
BY	Cham	09372178	Lohberg	3
BY	Cham	09372142	Michelsneukirchen	2
BY	Cham	09372143	Miltach	3
BY	Cham	09372144	Neukirchen b. Hl. Blut	3
BY	Cham	09372146	Pemfling	2
BY	Cham	09372147	Pösing	2
BY	Cham	09372149	Reichenbach	2
BY	Cham	09372150	Rettenbach	2
BY	Cham	09372151	Rimbach	3
BY	Cham	09372153	Roding	2
BY	Cham	09372154	Rötz	2
BY	Cham	09372155	Runding	3
BY	Cham	09372157	Schönthal	3
BY	Cham	09372158	Schorndorf	2
BY	Cham	09372161	Stamsried	2
BY	Cham	09372163	Tiefenbach	3
BY	Cham	09372164	Traitsching	2
BY	Cham	09372165	Treffelstein	3
BY	Cham	09372168	Waffenbrunn	3
BY	Cham	09372169	Wald	2
BY	Cham	09372170	Walderbach	2
BY	Cham	09372171	Waldmünchen	3
BY	Cham	09372174	Weiding	3
BY	Cham	09372175	Willmering	3
BY	Cham	09372177	Zandt	2
BY	Cham	09372167	Zell	2
BY	**Coburg**	alle	alle	2
BY	Coburg	09463000	Coburg	2
BY	**Dachau**	alle	alle	1a
BY	**Deggendorf**	09271111	Aholming	2
BY	Deggendorf	09271113	Auerbach	3
BY	Deggendorf	09271114	Außernzell	2
BY	Deggendorf	09271116	Bernried	3
BY	Deggendorf	09271118	Buchhofen	2
BY	Deggendorf	09271119	Deggendorf	3
BY	Deggendorf	09271122	Grafling	3
BY	Deggendorf	09271123	Grattersdorf	3
BY	Deggendorf	09271125	Hengersberg	3

Land	Landkreis	Gemeinde-schlüssel	Gemeinde	Schneelastzone
BY	Deggendorf	09271126	Hunding	3
BY	Deggendorf	09271127	Iggensbach	2
BY	Deggendorf	09271128	Künzing	2
BY	Deggendorf	09271130	Lalling	3
BY	Deggendorf	09271132	Metten	3
BY	Deggendorf	09271135	Moos	2
BY	Deggendorf	09271138	Niederalteich	2
BY	Deggendorf	09271139	Oberpöring	2
BY	Deggendorf	09271140	Offenberg	2
BY	Deggendorf	09271141	Osterhofen	2
BY	Deggendorf	09271143	Otzing	2
BY	Deggendorf	09271146	Plattling	2
BY	Deggendorf	09271148	Schaufling	3
BY	Deggendorf	09271149	Schöllnach	3
BY	Deggendorf	09271151	Stephansposching	2
BY	Deggendorf	09271152	Wallerfing	2
BY	Deggendorf	09271153	Winzer	2
BY	**Dillingen a.d. Donau**	09773111	Aislingen	1a
BY	Dillingen a.d. Donau	09773112	Bachhagel	2
BY	Dillingen a.d. Donau	09773113	Bächingen a.d. Brenz	1a
BY	Dillingen a.d. Donau	09773116	Binswangen	1a
BY	Dillingen a.d. Donau	09773117	Bissingen	2
BY	Dillingen a.d. Donau	09773119	Blindheim	1a
BY	Dillingen a.d. Donau	09773122	Buttenwiesen	1a
BY	Dillingen a.d. Donau	09773125	Dillingen a.d. Donau	1a
BY	Dillingen a.d. Donau	09773150	Finningen	2
BY	Dillingen a.d. Donau	09773133	Glött	1a
BY	Dillingen a.d. Donau	09773136	Gundelfingen a.d. Donau	1a
BY	Dillingen a.d. Donau	09773137	Haunsheim	1a
BY	Dillingen a.d. Donau	09773139	Höchstädt a.d. Donau	1a
BY	Dillingen a.d. Donau	09773140	Holzheim	1a
BY	Dillingen a.d. Donau	09773143	Laugna	1a
BY	Dillingen a.d. Donau	09773144	Lauingen (Donau)	1a
BY	Dillingen a.d. Donau	09773146	Lutzingen	2
BY	Dillingen a.d. Donau	09773153	Medlingen	1a
BY	Dillingen a.d. Donau	09773147	Mödingen	2
BY	Dillingen a.d. Donau	09773164	Schwenningen	1a
BY	Dillingen a.d. Donau	09773170	Syrgenstein	2
BY	Dillingen a.d. Donau	09773179	Villenbach	1a
BY	Dillingen a.d. Donau	09773182	Wertingen	1a
BY	Dillingen a.d. Donau	09773183	Wittislingen	1a
BY	Dillingen a.d. Donau	09773186	Ziertheim	2
BY	Dillingen a.d. Donau	09773187	Zöschingen	2
BY	Dillingen a.d. Donau	09773188	Zusamaltheim	1a
BY	**Dingolfing-Landau**	09279112	Dingolfing	1a
BY	Dingolfing-Landau	09279113	Eichendorf	2
BY	Dingolfing-Landau	09279115	Frontenhausen	1a
BY	Dingolfing-Landau	09279116	Gottfrieding	1a
BY	Dingolfing-Landau	09279122	Landau a.d. Isar	2
BY	Dingolfing-Landau	09279124	Loiching	1a
BY	Dingolfing-Landau	09279125	Mamming	2

Land	Landkreis	Gemeinde-schlüssel	Gemeinde	Schneelastzone
BY	Dingolfing-Landau	09279126	Marklkofen	**1a**
BY	Dingolfing-Landau	09279127	Mengkofen	**1a**
BY	Dingolfing-Landau	09279128	Moosthenning	**1a**
BY	Dingolfing-Landau	09279130	Niederviehbach	**1a**
BY	Dingolfing-Landau	09279132	Pilsting	**2**
BY	Dingolfing-Landau	09279134	Reisbach	**2**
BY	Dingolfing-Landau	09279135	Simbach	**2**
BY	Dingolfing-Landau	09279137	Wallersdorf	**2**
BY	**Donau-Ries**	09779111	Alerheim	**2**
BY	Donau-Ries	09779112	Amerdingen	**2**
BY	Donau-Ries	09779115	Asbach-Bäumenheim	**1a**
BY	Donau-Ries	09779117	Auhausen	**2**
BY	Donau-Ries	09779451	Brand	**1a**
BY	Donau-Ries	09779126	Buchdorf	**1a**
BY	Donau-Ries	09779129	Daiting	**1a**
BY	Donau-Ries	09779130	Deiningen	**2**
BY	Donau-Ries	09779131	Donauwörth	**1a**
BY	Donau-Ries	09779452	Dornstadt-Linkersbaindt	**2**
BY	Donau-Ries	09779136	Ederheim	**2**
BY	Donau-Ries	09779138	Ehingen a. Ries	**2**
BY	Donau-Ries	09779453	Esterholz	**1a**
BY	Donau-Ries	09779146	Forheim	**2**
BY	Donau-Ries	09779147	Fremdingen	**2**
BY	Donau-Ries	09779148	Fünfstetten	**2**
BY	Donau-Ries	09779149	Genderkingen	**1a**
BY	Donau-Ries	09779154	Hainsfarth	**2**
BY	Donau-Ries	09779155	Harburg (Schwaben)	**2**
BY	Donau-Ries	09779162	Hohenaltheim	**2**
BY	Donau-Ries	09779163	Holzheim	**1a**
BY	Donau-Ries	09779167	Huisheim	**2**
BY	Donau-Ries	09779169	Kaisheim	**2**
BY	Donau-Ries	09779176	Maihingen	**2**
BY	Donau-Ries	09779177	Marktoffingen	**2**
BY	Donau-Ries	09779178	Marxheim	**1a**
BY	Donau-Ries	09779180	Megesheim	**2**
BY	Donau-Ries	09779181	Mertingen	**1a**
BY	Donau-Ries	09779184	Mönchsdeggingen	**2**
BY	Donau-Ries	09779185	Möttingen	**2**
BY	Donau-Ries	09779186	Monheim	**2**
BY	Donau-Ries	09779187	Münster	**1a**
BY	Donau-Ries	09779188	Munningen	**2**
BY	Donau-Ries	09779192	Niederschönenfeld	**1a**
BY	Donau-Ries	09779194	Nördlingen	**2**
BY	Donau-Ries	09779196	Oberndorf a. Lech	**1a**
BY	Donau-Ries	09779197	Oettingen i. Bay.	**2**
BY	Donau-Ries	09779198	Otting	**2**
BY	Donau-Ries	09779201	Rain	**1a**
BY	Donau-Ries	09779203	Reimlingen	**2**
BY	Donau-Ries	09779206	Rögling	**1a**
BY	Donau-Ries	09779217	Tagmersheim	**1a**
BY	Donau-Ries	09779218	Tapfheim	**1a**

Land	Landkreis	Gemeinde-schlüssel	Gemeinde	Schneelastzone
BY	Donau-Ries	09779224	Wallerstein	**2**
BY	Donau-Ries	09779226	Wechingen	**2**
BY	Donau-Ries	09779228	Wemding	**2**
BY	Donau-Ries	09779231	Wolferstadt	**2**
BY	**Ebersberg**	09175111	Anzing	**1a**
BY	Ebersberg	09175451	Anzinger Forst	**1a**
BY	Ebersberg	09175112	Aßling	**2**
BY	Ebersberg	09175113	Baiern	**2**
BY	Ebersberg	09175114	Bruck	**2**
BY	Ebersberg	09175115	Ebersberg	**2**
BY	Ebersberg	09175452	Ebersberger Forst	**1a**
BY	Ebersberg	09175453	Eglhartinger Forst	**1a**
BY	Ebersberg	09175116	Egmating	**2**
BY	Ebersberg	09175136	Emmering	**2**
BY	Ebersberg	09175118	Forstinning	**1a**
BY	Ebersberg	09175119	Frauenneuharting	**2**
BY	Ebersberg	09175121	Glonn	**2**
BY	Ebersberg	09175122	Grafing b. München	**2**
BY	Ebersberg	09175123	Hohenlinden	**1a**
BY	Ebersberg	09175124	Kirchseeon	**2**
BY	Ebersberg	09175127	Markt Schwaben	**1a**
BY	Ebersberg	09175128	Moosach	**2**
BY	Ebersberg	09175131	Oberpframmern	**2**
BY	Ebersberg	09175133	Pliening	**1a**
BY	Ebersberg	09175135	Poing	**1a**
BY	Ebersberg	09175137	Steinhöring	**2**
BY	Ebersberg	09175132	Vaterstetten	**1a**
BY	Ebersberg	09175139	Zorneding	**1a**
BY	**Eichstätt**	alle	alle	**1a**
BY	**Erding**	alle	alle	**1a**
BY	**Erlangen**	09562000	Erlangen	**1**
BY	**Erlangen-Höchstadt**	09572111	Adelsdorf	**2**
BY	Erlangen-Höchstadt	09572114	Aurachtal	**1**
BY	Erlangen-Höchstadt	09572115	Baiersdorf	**1**
BY	Erlangen-Höchstadt	09572451	Birkach	**2**
BY	Erlangen-Höchstadt	09572119	Bubenreuth	**1**
BY	Erlangen-Höchstadt	09572120	Buckenhof	**1**
BY	Erlangen-Höchstadt	09572452	Buckenhofer Forst	**1**
BY	Erlangen-Höchstadt	09572453	Dormitzer Forst	**1**
BY	Erlangen-Höchstadt	09572121	Eckental	**1**
BY	Erlangen-Höchstadt	09572454	Erlenstegener Forst	**1**
BY	Erlangen-Höchstadt	09572455	Forst Tennenlohe	**1**
BY	Erlangen-Höchstadt	09572456	Geschaidt	**1**
BY	Erlangen-Höchstadt	09572126	Gremsdorf	**2**
BY	Erlangen-Höchstadt	09572127	Großenseebach	**1**
BY	Erlangen-Höchstadt	09572130	Hemhofen	**1**
BY	Erlangen-Höchstadt	09572131	Heroldsberg	**1**
BY	Erlangen-Höchstadt	09572132	Herzogenaurach	**1**
BY	Erlangen-Höchstadt	09572133	Heßdorf	**1**
BY	Erlangen-Höchstadt	09572135	Höchstadt a. d. Aisch	**2**
BY	Erlangen-Höchstadt	09572137	Kalchreuth	**1**

Land	Landkreis	Gemeinde-schlüssel	Gemeinde	Schneelastzone
BY	Erlangen-Höchstadt	09572457	Kalchreuther Forst	1
BY	Erlangen-Höchstadt	09572458	Kraftshofer Forst	1
BY	Erlangen-Höchstadt	09572139	Lonnerstadt	2
BY	Erlangen-Höchstadt	09572141	Marloffstein	1
BY	Erlangen-Höchstadt	09572459	Mark	1
BY	Erlangen-Höchstadt	09572142	Möhrendorf	1
BY	Erlangen-Höchstadt	09572143	Mühlhausen	2
BY	Erlangen-Höchstadt	09572460	Neunhofer Forst	1
BY	Erlangen-Höchstadt	09572147	Oberreichenbach	1
BY	Erlangen-Höchstadt	09572149	Röttenbach	1
BY	Erlangen-Höchstadt	09572154	Spardorf	1
BY	Erlangen-Höchstadt	09572158	Uttenreuth	1
BY	Erlangen-Höchstadt	09572159	Vestenbergsgreuth	2
BY	Erlangen-Höchstadt	09572160	Wachenroth	2
BY	Erlangen-Höchstadt	09572164	Weisendorf	1
BY	**Forchheim**	09474119	Dormitz	1
BY	Forchheim	09474121	Ebermannstadt	2
BY	Forchheim	09474122	Effeltrich	1
BY	Forchheim	09474123	Eggolsheim	2
BY	Forchheim	09474124	Egloffstein	2
BY	Forchheim	09474126	Forchheim	2
BY	Forchheim	09474129	Gößweinstein	2
BY	Forchheim	09474132	Gräfenberg	1
BY	Forchheim	09474133	Hallerndorf	2
BY	Forchheim	09474134	Hausen	1
BY	Forchheim	09474135	Heroldsbach	1
BY	Forchheim	09474137	Hetzles	1
BY	Forchheim	09474138	Hiltpoltstein	2
BY	Forchheim	09474140	Igensdorf	1
BY	Forchheim	09474143	Kirchehrenbach	2
BY	Forchheim	09474144	Kleinsendelbach	1
BY	Forchheim	09474145	Kunreuth	1
BY	Forchheim	09474146	Langensendelbach	1
BY	Forchheim	09474147	Leutenbach	2
BY	Forchheim	09474154	Neunkirchen a. Brand	1
BY	Forchheim	09474156	Obertrubach	2
BY	Forchheim	09474158	Pinzberg	1
BY	Forchheim	09474160	Poxdorf	1
BY	Forchheim	09474161	Pretzfeld	2
BY	Forchheim	09474168	Unterleinleiter	2
BY	Forchheim	09474171	Weilersbach	2
BY	Forchheim	09474173	Weißenohe	1
BY	Forchheim	09474175	Wiesenthau	2
BY	Forchheim	09474176	Wiesenttal	2
BY	**Freising**	alle	alle	1a
BY	**Freyung-Grafenau**	alle	alle	3
BY	**Fürstenfeldbruck**	alle	alle	1a
BY	**Fürth**	alle	alle	1
BY	Fürth	09563000	Fürth	1

Land	Landkreis	Gemeinde-schlüssel	Gemeinde	Schneelastzone
BY	**Garmisch-Partenkirchen**	alle	alle	**3**
BY	**Günzburg**	alle	alle	**1a**
BY	**Haßberge**	09674111	Aidhausen	**1**
BY	Haßberge	09674118	Breitbrunn	**2**
BY	Haßberge	09674120	Bundorf	**1**
BY	Haßberge	09674121	Burgpreppach	**1**
BY	Haßberge	09674129	Ebelsbach	**2**
BY	Haßberge	09674130	Ebern	**2**
BY	Haßberge	09674133	Eltmann	**2**
BY	Haßberge	09674223	Ermershausen	**1**
BY	Haßberge	09674451	Fabrik-Schleichacher Forst-Nordost Nordost	**1**
BY	Haßberge	09674452	Fabrik-Schleichacher Forst-Südwest Südwest	**1**
BY	Haßberge	09674139	Gädheim	**1**
BY	Haßberge	09674147	Haßfurt	**1**
BY	Haßberge	09674149	Hofheim i. UFr.	**1**
BY	Haßberge	09674160	Kirchlauter	**2**
BY	Haßberge	09674163	Knetzgau	**1**
BY	Haßberge	09674164	Königsberg i. Bay.	**1**
BY	Haßberge	09674453	Markertsgrüner Forst-Ost	**2**
BY	Haßberge	09674454	Markertsgrüner Forst-West	**2**
BY	Haßberge	09674171	Maroldsweisach	**2**
BY	Haßberge	09674455	Neuhauser Forst	**1**
BY	Haßberge	09674159	Oberaurach	**2**
BY	Haßberge	09674184	Pfarrweisach	**2**
BY	Haßberge	09674187	Rauhenebrach	**1**
BY	Haßberge	09674190	Rentweinsdorf	**2**
BY	Haßberge	09674153	Riedbach	**1**
BY	Haßberge	09674195	Sand a. Main	**1**
BY	Haßberge	09674201	Stettfeld	**2**
BY	Haßberge	09674180	Theres	**1**
BY	Haßberge	09674210	Untermerzbach	**2**
BY	Haßberge	09674219	Wonfurt	**1**
BY	Haßberge	09674221	Zeil a. Main	**2**
BY	Haßberge	09674457	Zeller Forst-West	**1**
BY	**Hof**	alle	alle	**3**
BY	Hof	09464000	Hof	**3**
BY	**Ingolstadt**	09161000	Ingolstadt	**1a**
BY	**Kaufbeuren**	09762000	Kaufbeuren	**2**
BY	**Kelheim**	alle	alle	**1a**
BY	**Kempten (Allgäu)**	09763000	Kempten (Allgäu)	**3**
BY	**Kitzingen**	alle	alle	**1**
BY	**Kronach**	09476451	Birnbaum	**3**
BY	Kronach	09476452	Eppenberg u. Lehen	**3**
BY	Kronach	09476145	Kronach	**2**
BY	Kronach	09476146	Küps	**2**
BY	Kronach	09476453	Langenbacher Forst	**3**
BY	Kronach	09476152	Ludwigsstadt	**3**
BY	Kronach	09476183	Marktrodach	**3**
BY	Kronach	09476154	Mitwitz	**2**
BY	Kronach	09476159	Nordhalben	**3**
BY	Kronach	09476164	Pressig	**3**

Land	Landkreis	Gemeinde-schlüssel	Gemeinde	Schneelastzone
BY	Kronach	09476166	Reichenbach	3
BY	Kronach	09476171	Schneckenlohe	2
BY	Kronach	09476175	Steinbach a. Wald	3
BY	Kronach	09476454	Steinberg	3
BY	Kronach	09476177	Steinwiesen	3
BY	Kronach	09476178	Stockheim	2
BY	Kronach	09476179	Tettau	3
BY	Kronach	09476180	Teuschnitz	3
BY	Kronach	09476182	Tschirn	3
BY	Kronach	09476184	Wallenfels	3
BY	Kronach	09476185	Weißenbrunn	2
BY	Kronach	09476189	Wilhelmsthal	3
BY	**Kulmbach**	09477117	Grafengehaig	3
BY	Kulmbach	09477118	Guttenberg	3
BY	Kulmbach	09477119	Harsdorf	2
BY	Kulmbach	09477121	Himmelkron	2
BY	Kulmbach	09477124	Kasendorf	2
BY	Kulmbach	09477127	Ködnitz	2
BY	Kulmbach	09477128	Kulmbach	2
BY	Kulmbach	09477129	Kupferberg	2
BY	Kulmbach	09477135	Ludwigschorgast	2
BY	Kulmbach	09477136	Mainleus	2
BY	Kulmbach	09477138	Marktleugast	3
BY	Kulmbach	09477139	Marktschorgast	2
BY	Kulmbach	09477142	Neudrossenfeld	2
BY	Kulmbach	09477143	Neuenmarkt	2
BY	Kulmbach	09477148	Presseck	3
BY	Kulmbach	09477151	Rugendorf	2
BY	Kulmbach	09477156	Stadtsteinach	2
BY	Kulmbach	09477157	Thurnau	2
BY	Kulmbach	09477158	Trebgast	2
BY	Kulmbach	09477159	Untersteinach	2
BY	Kulmbach	09477163	Wirsberg	2
BY	Kulmbach	09477164	Wonsees	2
BY	**Landsberg a. Lech**	09181451	Ammersee	2
BY	Landsberg a. Lech	09181111	Apfeldorf	2
BY	Landsberg a. Lech	09181113	Denklingen	2
BY	Landsberg a. Lech	09181114	Dießen a. Ammersee	2
BY	Landsberg a. Lech	09181115	Eching a. Ammersee	1a
BY	Landsberg a. Lech	09181116	Egling a.d. Paar	1a
BY	Landsberg a. Lech	09181118	Eresing	1a
BY	Landsberg a. Lech	09181120	Finning	1a
BY	Landsberg a. Lech	09181121	Fuchstal	2
BY	Landsberg a. Lech	09181122	Geltendorf	1a
BY	Landsberg a. Lech	09181123	Greifenberg	1a
BY	Landsberg a. Lech	09181124	Hofstetten	2
BY	Landsberg a. Lech	09181126	Hurlach	1a
BY	Landsberg a. Lech	09181127	Igling	1a
BY	Landsberg a. Lech	09181128	Kaufering	1a
BY	Landsberg a. Lech	09181129	Kinsau	2
BY	Landsberg a. Lech	09181130	Landsberg a. Lech	1a
BY	Landsberg a. Lech	09181131	Obermeitingen	1a

Land	Landkreis	Gemeinde-schlüssel	Gemeinde	Schneelastzone
BY	Landsberg a. Lech	09181132	Penzing	**1a**
BY	Landsberg a. Lech	09181134	Prittriching	**1a**
BY	Landsberg a. Lech	09181141	Pürgen	**2**
BY	Landsberg a. Lech	09181135	Reichling	**2**
BY	Landsberg a. Lech	09181137	Rott	**2**
BY	Landsberg a. Lech	09181138	Scheuring	**1a**
BY	Landsberg a. Lech	09181139	Schondorf a. Ammersee	**1a**
BY	Landsberg a. Lech	09181140	Schwifting	**1a**
BY	Landsberg a. Lech	09181142	Thaining	**2**
BY	Landsberg a. Lech	09181143	Unterdießen	**2**
BY	Landsberg a. Lech	09181144	Utting a. Ammersee	**1a**
BY	Landsberg a. Lech	09181133	Vilgertshofen	**2**
BY	Landsberg a. Lech	09181145	Weil	**1a**
BY	Landsberg a. Lech	09181146	Windach	**1a**
BY	**Landshut**	alle	alle	**1a**
BY	Landshut	09261000	Landshut	**1a**
BY	**Lichtenfels**	alle	alle	**2**
BY	**Lindau (Bodensee)**	alle	alle außer Bodolz, Lindau (Bodensee), Nonnenhorn, Wasserburg (Bodensee), Weißensberg = SLZ 2	**3**
BY	**Main-Spessart**	alle	alle außer: Arnstein, Retzstadt, Thüngen = SLZ 1	**2**
BY	**Memmingen**	09764000	Memmingen	**2**
BY	**Miesbach**	alle	alle	**3**
BY	**Miltenberg**	alle	alle außer Großwallstadt, Niedernberg, Sulzbach a. Main = SLZ 1	**2**
BY	**Mühldorf a. Inn**	09183112	Ampfing	**2**
BY	Mühldorf a. Inn	09183113	Aschau a. Inn	**2**
BY	Mühldorf a. Inn	09183114	Buchbach	**1a**
BY	Mühldorf a. Inn	09183115	Egglkofen	**1a**
BY	Mühldorf a. Inn	09183116	Erharting	**2**
BY	Mühldorf a. Inn	09183118	Gars a. Inn	**2**
BY	Mühldorf a. Inn	09183119	Haag i. OB.	**2**
BY	Mühldorf a. Inn	09183120	Heldenstein	**2**
BY	Mühldorf a. Inn	09183122	Jettenbach	**2**
BY	Mühldorf a. Inn	09183123	Kirchdorf	**2**
BY	Mühldorf a. Inn	09183124	Kraiburg a. Inn	**2**
BY	Mühldorf a. Inn	09183125	Lohkirchen	**2**
BY	Mühldorf a. Inn	09183126	Maitenbeth	**2**
BY	Mühldorf a. Inn	09183127	Mettenheim	**2**
BY	Mühldorf a. Inn	09183128	Mühldorf a. Inn	**2**
BY	Mühldorf a. Inn	09183451	Mühldorfer Hart	**2**
BY	Mühldorf a. Inn	09183129	Neumarkt-Sankt Veit	**2**
BY	Mühldorf a. Inn	09183130	Niederbergkirchen	**2**
BY	Mühldorf a. Inn	09183131	Niedertaufkirchen	**2**
BY	Mühldorf a. Inn	09183132	Oberbergkirchen	**1a**
BY	Mühldorf a. Inn	09183134	Oberneukirchen	**2**
BY	Mühldorf a. Inn	09183135	Obertaufkirchen	**1a**
BY	Mühldorf a. Inn	09183136	Polling	**2**
BY	Mühldorf a. Inn	09183138	Rattenkirchen	**2**
BY	Mühldorf a. Inn	09183139	Rechtmehring	**2**
BY	Mühldorf a. Inn	09183140	Reichertsheim	**2**

Land	Landkreis	Gemeinde-schlüssel	Gemeinde	Schneelastzone
BY	Mühldorf a. Inn	09183143	Schönberg	**1a**
BY	Mühldorf a. Inn	09183144	Schwindegg	**1a**
BY	Mühldorf a. Inn	09183145	Taufkirchen	**2**
BY	Mühldorf a. Inn	09183147	Unterreit	**2**
BY	Mühldorf a. Inn	09183148	Waldkraiburg	**2**
BY	Mühldorf a. Inn	09183151	Zangberg	**2**
BY	**München**	09184112	Aschheim	**1a**
BY	München	09184137	Aying	**2**
BY	München	09184113	Baierbrunn	**2**
BY	München	09184114	Brunnthal	**2**
BY	München	09184451	Deisenhofener Forst	**2**
BY	München	09184118	Feldkirchen	**1a**
BY	München	09184453	Forst Kasten	**1a**
BY	München	09184452	Forstenrieder Park	**1a**
BY	München	09184119	Garching b. München	**1a**
BY	München	09184120	Gräfelfing	**1a**
BY	München	09184121	Grasbrunn	**1a**
BY	München	09184122	Grünwald	**1a**
BY	München	09184454	Grünwalder Forst	**2**
BY	München	09184123	Haar	**1a**
BY	München	09184455	Höhenkirchener Forst	**2**
BY	München	09184127	Höhenkirchen-Siegertsbrunn	**2**
BY	München	09184456	Hofoldinger Forst	**2**
BY	München	09184129	Hohenbrunn	**2**
BY	München	09184130	Ismaning	**1a**
BY	München	09184131	Kirchheim b. München	**1a**
BY	München	09162000	München	**1a**
BY	München	09184146	Neubiberg	**1a**
BY	München	09184132	Neuried	**1a**
BY	München	09184134	Oberhaching	**2**
BY	München	09184135	Oberschleißheim	**1a**
BY	München	09184136	Ottobrunn	**1a**
BY	München	09184457	Perlacher Forst	**1a**
BY	München	09184138	Planegg	**1a**
BY	München	09184139	Pullach i. Isartal	**1a**
BY	München	09184140	Putzbrunn	**1a**
BY	München	09184141	Sauerlach	**2**
BY	München	09184142	Schäftlarn	**2**
BY	München	09184144	Straßlach-Dingharting	**2**
BY	München	09184145	Taufkirchen	**2**
BY	München	09184147	Unterföhring	**1a**
BY	München	09184148	Unterhaching	**1a**
BY	München	09184149	Unterschleißheim	**1a**
BY	**Neuburg-Schrobenhausen**	alle	alle	**1a**
BY	**Neumarkt i.d. OPf.**	09373112	Berching	**1a**
BY	Neumarkt i.d. OPf.	09373113	Berg b. Neumarkt i.d. OPf.	**2**
BY	Neumarkt i.d. OPf.	09373114	Berngau	**1**
BY	Neumarkt i.d. OPf.	09373115	Breitenbrunn	**1a**
BY	Neumarkt i.d. OPf.	09373119	Deining	**2**
BY	Neumarkt i.d. OPf.	09373121	Dietfurt a.d. Altmühl	**1a**
BY	Neumarkt i.d. OPf.	09373126	Freystadt	**1**

Land	Landkreis	Gemeinde-schlüssel	Gemeinde	Schneelastzone
BY	Neumarkt i.d. OPf.	09373451	Grafenbucher Forst	2
BY	Neumarkt i.d. OPf.	09373134	Hohenfels	2
BY	Neumarkt i.d. OPf.	09373140	Lauterhofen	2
BY	Neumarkt i.d. OPf.	09373143	Lupburg	2
BY	Neumarkt i.d. OPf.	09373146	Mühlhausen	1
BY	Neumarkt i.d. OPf.	09373147	Neumarkt i.d. OPf.	2
BY	Neumarkt i.d. OPf.	09373151	Parsberg	2
BY	Neumarkt i.d. OPf.	09373153	Pilsach	2
BY	Neumarkt i.d. OPf.	09373155	Postbauer-Heng	1
BY	Neumarkt i.d. OPf.	09373156	Pyrbaum	1
BY	Neumarkt i.d. OPf.	09373159	Sengenthal	1
BY	Neumarkt i.d. OPf.	09373160	Seubersdorf i.d. OPf.	1a
BY	Neumarkt i.d. OPf.	09373167	Velburg	2
BY	**Neustadt a.d. Aisch-Bad Windsheim**	alle	alle	1
BY	**Neustadt a.d. Waldnaab**	09374111	Altenstadt a.d. Waldnaab	2
BY	Neustadt a.d. Waldnaab	09374170	Bechtsrieth	2
BY	Neustadt a.d. Waldnaab	09374117	Eschenbach i.d. OPf.	2
BY	Neustadt a.d. Waldnaab	09374118	Eslarn	3
BY	Neustadt a.d. Waldnaab	09374119	Etzenricht	2
BY	Neustadt a.d. Waldnaab	09374121	Floß	3
BY	Neustadt a.d. Waldnaab	09374122	Flossenbürg	3
BY	Neustadt a.d. Waldnaab	09374123	Georgenberg	3
BY	Neustadt a.d. Waldnaab	09374124	Grafenwöhr	2
BY	Neustadt a.d. Waldnaab	09374451	Heinersreuther Forst	2
BY	Neustadt a.d. Waldnaab	09374127	Irchenrieth	2
BY	Neustadt a.d. Waldnaab	09374128	Kirchendemenreuth	2
BY	Neustadt a.d. Waldnaab	09374129	Kirchenthumbach	2
BY	Neustadt a.d. Waldnaab	09374131	Kohlberg	2
BY	Neustadt a.d. Waldnaab	09374132	Leuchtenberg	2
BY	Neustadt a.d. Waldnaab	09374133	Luhe-Wildenau	2
BY	Neustadt a.d. Waldnaab	09374134	Mantel	2
BY	Neustadt a.d. Waldnaab	09374452	Manteler Forst	2
BY	Neustadt a.d. Waldnaab	09374453	Michlbach	3
BY	Neustadt a.d. Waldnaab	09374454	Mitterberg	3
BY	Neustadt a.d. Waldnaab	09374137	Moosbach	3
BY	Neustadt a.d. Waldnaab	09374139	Neustadt a.d. Waldnaab	2
BY	Neustadt a.d. Waldnaab	09374140	Neustadt am Kulm	2
BY	Neustadt a.d. Waldnaab	09374144	Parkstein	2
BY	Neustadt a.d. Waldnaab	09374146	Pirk	2
BY	Neustadt a.d. Waldnaab	09374147	Pleystein	3
BY	Neustadt a.d. Waldnaab	09374149	Pressath	2
BY	Neustadt a.d. Waldnaab	09374150	Püchersreuth	3
BY	Neustadt a.d. Waldnaab	09374154	Schirmitz	2
BY	Neustadt a.d. Waldnaab	09374155	Schlammersdorf	2
BY	Neustadt a.d. Waldnaab	09374156	Schwarzenbach	2
BY	Neustadt a.d. Waldnaab	09374157	Speinshart	2
BY	Neustadt a.d. Waldnaab	09374458	Speinsharter Forst	2
BY	Neustadt a.d. Waldnaab	09374158	Störnstein	2
BY	Neustadt a.d. Waldnaab	09374159	Tännesberg	2
BY	Neustadt a.d. Waldnaab	09374160	Theisseil	2
BY	Neustadt a.d. Waldnaab	09374148	Trabitz	2

Land	Landkreis	Gemeinde-schlüssel	Gemeinde	Schneelastzone
BY	Neustadt a.d. Waldnaab	09374162	Vohenstrauß	3
BY	Neustadt a.d. Waldnaab	09374163	Vorbach	2
BY	Neustadt a.d. Waldnaab	09374164	Waidhaus	3
BY	Neustadt a.d. Waldnaab	09374165	Waldthurn	3
BY	Neustadt a.d. Waldnaab	09374166	Weiherhammer	2
BY	Neustadt a.d. Waldnaab	09374168	Windischeschenbach	2
BY	**Neu-Ulm**	09775111	Altenstadt	1
BY	Neu-Ulm	09775451	Auwald	1
BY	Neu-Ulm	09775115	Bellenberg	1
BY	Neu-Ulm	09775118	Buch	1a
BY	Neu-Ulm	09775139	Elchingen	1a
BY	Neu-Ulm	09775126	Holzheim	1a
BY	Neu-Ulm	09775129	Illertissen	1
BY	Neu-Ulm	09775132	Kellmünz a.d. Iller	1
BY	Neu-Ulm	09775134	Nersingen	1a
BY	Neu-Ulm	09775135	Neu-Ulm	1
BY	Neu-Ulm	09775452	Oberroggenburger Wald	1a
BY	Neu-Ulm	09775141	Oberroth	1a
BY	Neu-Ulm	09775142	Osterberg	1a
BY	Neu-Ulm	09775143	Pfaffenhofen a.d. Roth	1a
BY	Neu-Ulm	09775149	Roggenburg	1a
BY	Neu-Ulm	09775152	Senden	1
BY	Neu-Ulm	09775454	Stoffenrieder Forst	1a
BY	Neu-Ulm	09775455	Unterroggenburger Wald	1a
BY	Neu-Ulm	09775161	Unterroth	1a
BY	Neu-Ulm	09775162	Vöhringen	1
BY	Neu-Ulm	09775164	Weißenhorn	1a
BY	**Nürnberg**	09564000	Nürnberg	1
BY	**Nürnberger Land**	09574111	Alfeld	2
BY	Nürnberger Land	09574112	Altdorf b. Nürnberg	1
BY	Nürnberger Land	09574451	Behringersdorfer Forst	1
BY	Nürnberger Land	09574452	Brunn	1
BY	Nürnberger Land	09574117	Burgthann	1
BY	Nürnberger Land	09574120	Engelthal	1
BY	Nürnberger Land	09574453	Engelthaler Forst	1
BY	Nürnberger Land	09574123	Feucht	1
BY	Nürnberger Land	09574454	Feuchter Forst	1
BY	Nürnberger Land	09574455	Fischbach	1
BY	Nürnberger Land	09574456	Forsthof	1
BY	Nürnberger Land	09574457	Günthersbühler Forst	1
BY	Nürnberger Land	09574458	Haimendorfer Forst	1
BY	Nürnberger Land	09574128	Happurg	2
BY	Nürnberger Land	09574129	Hartenstein	2
BY	Nürnberger Land	09574459	Hartenstein	2
BY	Nürnberger Land	09574131	Henfenfeld	1
BY	Nürnberger Land	09574132	Hersbruck	2
BY	Nürnberger Land	09574135	Kirchensittenbach	2
BY	Nürnberger Land	09574138	Lauf a.d. Pegnitz	1
BY	Nürnberger Land	09574460	Laufamholzer Forst	1
BY	Nürnberger Land	09574139	Leinburg	1
BY	Nürnberger Land	09574461	Leinburg	1

Land	Landkreis	Gemeinde-schlüssel	Gemeinde	Schneelastzone
BY	Nürnberger Land	09574140	Neuhaus a.d. Pegnitz	2
BY	Nürnberger Land	09574141	Neunkirchen a. Sand	1
BY	Nürnberger Land	09574145	Offenhausen	1
BY	Nürnberger Land	09574146	Ottensoos	1
BY	Nürnberger Land	09574147	Pommelsbrunn	2
BY	Nürnberger Land	09574150	Reichenschwand	1
BY	Nürnberger Land	09574152	Röthenbach a.d. Pegnitz	1
BY	Nürnberger Land	09574154	Rückersdorf	1
BY	Nürnberger Land	09574462	Rückersdorfer Forst	1
BY	Nürnberger Land	09574155	Schnaittach	1
BY	Nürnberger Land	09574463	Schönberg	1
BY	Nürnberger Land	09574156	Schwaig b. Nürnberg	1
BY	Nürnberger Land	09574157	Schwarzenbruck	1
BY	Nürnberger Land	09574158	Simmelsdorf	2
BY	Nürnberger Land	09574160	Velden	2
BY	Nürnberger Land	09574161	Vorra	2
BY	Nürnberger Land	09574164	Winkelhaid	1
BY	Nürnberger Land	09574464	Winkelhaid	1
BY	Nürnberger Land	09574465	Zerzabelshofer Forst	1
BY	**Oberallgäu**	alle	alle außer Haldenwang, Wildpoldsried = SLZ 2	3
BY	**Ostallgäu**	09777111	Aitrang	2
BY	Ostallgäu	09777114	Baisweil	2
BY	Ostallgäu	09777118	Bidingen	2
BY	Ostallgäu	09777112	Biessenhofen	2
BY	Ostallgäu	09777121	Buchloe	1a
BY	Ostallgäu	09777124	Eggenthal	2
BY	Ostallgäu	09777125	Eisenberg	3
BY	Ostallgäu	09777128	Friesenried	2
BY	Ostallgäu	09777129	Füssen	3
BY	Ostallgäu	09777130	Germaringen	2
BY	Ostallgäu	09777131	Görisried	3
BY	Ostallgäu	09777138	Günzach	2
BY	Ostallgäu	09777173	Halblech	3
BY	Ostallgäu	09777135	Hopferau	3
BY	Ostallgäu	09777139	Irsee	2
BY	Ostallgäu	09777140	Jengen	2
BY	Ostallgäu	09777141	Kaltental	2
BY	Ostallgäu	09777144	Kraftisried	2
BY	Ostallgäu	09777145	Lamerdingen	1a
BY	Ostallgäu	09777147	Lechbruck am See	2
BY	Ostallgäu	09777149	Lengenwang	2
BY	Ostallgäu	09777151	Marktoberdorf	2
BY	Ostallgäu	09777152	Mauerstetten	2
BY	Ostallgäu	09777153	Nesselwang	3
BY	Ostallgäu	09777154	Obergünzburg	2
BY	Ostallgäu	09777155	Oberostendorf	2
BY	Ostallgäu	09777157	Osterzell	2
BY	Ostallgäu	09777158	Pforzen	2
BY	Ostallgäu	09777159	Pfronten	3
BY	Ostallgäu	09777164	Rieden	2
BY	Ostallgäu	09777163	Rieden a. Forggensee	3

Land	Landkreis	Gemeinde-schlüssel	Gemeinde	Schneelastzone
BY	Ostallgäu	09777183	Rettenbach a. Auerberg	2
BY	Ostallgäu	09777165	Ronsberg	2
BY	Ostallgäu	09777166	Roßhaupten	2
BY	Ostallgäu	09777168	Rückholz	3
BY	Ostallgäu	09777167	Ruderatshofen	2
BY	Ostallgäu	09777169	Schwangau	3
BY	Ostallgäu	09777170	Seeg	3
BY	Ostallgäu	09777171	Stötten a. Auerberg	2
BY	Ostallgäu	09777172	Stöttwang	2
BY	Ostallgäu	09777175	Unterthingau	2
BY	Ostallgäu	09777176	Untrasried	2
BY	Ostallgäu	09777177	Waal	2
BY	Ostallgäu	09777179	Wald	2
BY	Ostallgäu	09777182	Westendorf	2
BY	**Passau**	09275111	Aicha vorm Wald	2
BY	Passau	09275112	Aidenbach	3
BY	Passau	09275114	Aldersbach	2
BY	Passau	09275116	Bad Füssing	3
BY	Passau	09275124	Bad Griesbach i. Rottal	3
BY	Passau	09275117	Beutelsbach	3
BY	Passau	09275118	Breitenberg	3
BY	Passau	09275119	Büchlberg	3
BY	Passau	09275120	Eging a. See	2
BY	Passau	09275121	Fürstenstein	[illegible]
BY	Passau	09275122	Fürstenzell	3
BY	Passau	09275125	Haarbach	3
BY	Passau	09275126	Hauzenberg	3
BY	Passau	09275127	Hofkirchen	2
BY	Passau	09275128	Hutthurm	3
BY	Passau	09275130	Kirchham	3
BY	Passau	09275131	Kößlarn	3
BY	Passau	09275132	Malching	3
BY	Passau	09275133	Neuburg a. Inn	3
BY	Passau	09275134	Neuhaus a. Inn	3
BY	Passau	09275135	Neukirchen vorm Wald	2
BY	Passau	09275137	Obernzell	2
BY	Passau	09275138	Ortenburg	3
BY	Passau	09262000	Passau	2
BY	Passau	09275141	Pocking	3
BY	Passau	09275143	Rotthalmünster	3
BY	Passau	09275144	Ruderting	2
BY	Passau	09275145	Ruhstorf a.d. Rott	3
BY	Passau	09275146	Salzweg	2
BY	Passau	09275148	Sonnen	3
BY	Passau	09275149	Tettenweis	3
BY	Passau	09275150	Thyrnau	2
BY	Passau	09275151	Tiefenbach	2
BY	Passau	09275152	Tittling	2
BY	Passau	09275153	Untergriesbach	2
BY	Passau	09275154	Vilshofen	2
BY	Passau	09275156	Wegscheid	3

Land	Landkreis	Gemeinde-schlüssel	Gemeinde	Schneelastzone
BY	Passau	09275159	Windorf	**2**
BY	Passau	09275160	Witzmannsberg	**2**
BY	**Pfaffenhofen a.d. Ilm**	alle	alle	**1a**
BY	**Regen**	09276111	Achslach	**3**
BY	Regen	09276113	Arnbruck	**3**
BY	Regen	09276115	Bayerisch Eisenstein	**3**
BY	Regen	09276116	Bischofsmais	**3**
BY	Regen	09276117	Bodenmais	**3**
BY	Regen	09276118	Böbrach	**3**
BY	Regen	09276120	Drachselsried	**3**
BY	Regen	09276121	Frauenau	**3**
BY	Regen	09276122	Geiersthal	**3**
BY	Regen	09276123	Gotteszell	**3**
BY	Regen	09276126	Kirchberg i. Wald	**3**
BY	Regen	09276127	Kirchdorf i. Wald	**3**
BY	Regen	09276128	Kollnburg	**3**
BY	Regen	09276129	Langdorf	**3**
BY	Regen	09276130	Lindberg	**3**
BY	Regen	09276134	Patersdorf	**3**
BY	Regen	09276135	Prackenbach	**3**
BY	Regen	09276138	Regen	**3**
BY	Regen	09276139	Rinchnach	**3**
BY	Regen	09276142	Ruhmannsfelden	**3**
BY	Regen	09276143	Teisnach	**3**
BY	Regen	09276144	Viechtach	**3**
BY	Regen	09276146	Zachenberg	**3**
BY	Regen	09276148	Zwiesel	**3**
BY	**Regensburg**	09375113	Alteglofsheim	**1a**
BY	Regensburg	09375114	Altenthann	**2**
BY	Regensburg	09375115	Aufhausen	**1a**
BY	Regensburg	09375116	Bach a.d. Donau	**2**
BY	Regensburg	09375117	Barbing	**1a**
BY	Regensburg	09375118	Beratzhausen	**2**
BY	Regensburg	09375119	Bernhardswald	**2**
BY	Regensburg	09375120	Brennberg	**2**
BY	Regensburg	09375122	Brunn	**2**
BY	Regensburg	09375127	Deuerling	**1a**
BY	Regensburg	09375130	Donaustauf	**2**
BY	Regensburg	09375131	Duggendorf	**2**
BY	Regensburg	09375451	Forstmühler Forst	**2**
BY	Regensburg	09375143	Hagelstadt	**1a**
BY	Regensburg	09375148	Hemau	**1a**
BY	Regensburg	09375153	Holzheim a. Forst	**2**
BY	Regensburg	09375156	Kallmünz	**2**
BY	Regensburg	09375161	Köfering	**1a**
BY	Regensburg	09375452	Kreuther Forst	**2**
BY	Regensburg	09375162	Laaber	**1a**
BY	Regensburg	09375165	Lappersdorf	**2**
BY	Regensburg	09375170	Mintraching	**1a**
BY	Regensburg	09375171	Mötzing	**1a**
BY	Regensburg	09375174	Neutraubling	**1a**

Land	Landkreis	Gemeinde-schlüssel	Gemeinde	Schneelastzone
BY	Regensburg	09375175	Nittendorf	1a
BY	Regensburg	09375179	Obertraubling	1a
BY	Regensburg	09375180	Pentling	1a
BY	Regensburg	09375181	Pettendorf	1a
BY	Regensburg	09375182	Pfakofen	1a
BY	Regensburg	09375183	Pfatter	2
BY	Regensburg	09375184	Pielenhofen	2
BY	Regensburg	09375454	Pielenhofer Wald r.d. Naab	2
BY	Regensburg	09362000	Regensburg	1a
BY	Regensburg	09375190	Regenstauf	2
BY	Regensburg	09375191	Riekofen	1a
BY	Regensburg	09375196	Schierling	1a
BY	Regensburg	09375455	Schwaighauser Forst	2
BY	Regensburg	09375199	Sinzing	1a
BY	Regensburg	09375201	Sünching	1a
BY	Regensburg	09375204	Tegernheim	1a
BY	Regensburg	09375205	Thalmassing	1a
BY	Regensburg	09375208	Wenzenbach	2
BY	Regensburg	09375209	Wiesent	2
BY	Regensburg	09375210	Wörth a.d. Donau	2
BY	Regensburg	09375211	Wolfsegg	2
BY	Regensburg	09375213	Zeitlarn	2
BY	**Rhön-Grabfeld**	09673113	Aubstadt	2
BY	Rhön-Grabfeld	09673141	Bad Königshofen i. Grabfeld	1
BY	Rhön-Grabfeld	09673114	Bad Neustadt a.d. Saale	2
BY	Rhön-Grabfeld	09673116	Bastheim	2
BY	Rhön-Grabfeld	09673117	Bischofsheim a.d. Rhön	2a
BY	Rhön-Grabfeld	09673451	Bundorfer Forst	1
BY	Rhön-Grabfeld	09673186	Burglauer	1
BY	Rhön-Grabfeld	09673452	Burgwallbacher Forst	2
BY	Rhön-Grabfeld	09673123	Fladungen	2a
BY	Rhön-Grabfeld	09673453	Forst Schmalwasser-Nord	2
BY	Rhön-Grabfeld	09673454	Forst Schmalwasser-Süd	2
BY	Rhön-Grabfeld	09673126	Großbardorf	1
BY	Rhön-Grabfeld	09673127	Großeibstadt	1
BY	Rhön-Grabfeld	09673129	Hausen	2a
BY	Rhön-Grabfeld	09673130	Hendungen	2
BY	Rhön-Grabfeld	09673131	Herbstadt	2
BY	Rhön-Grabfeld	09673133	Heustreu	2
BY	Rhön-Grabfeld	09673134	Höchheim	2
BY	Rhön-Grabfeld	09673135	Hohenroth	2
BY	Rhön-Grabfeld	09673136	Hollstadt	2
BY	Rhön-Grabfeld	09673142	Mellrichstadt	2
BY	Rhön-Grabfeld	09673455	Mellrichstadter Forst	2a
BY	Rhön-Grabfeld	09673146	Niederlauer	2
BY	Rhön-Grabfeld	09673147	Nordheim v.d. Rhön	2a
BY	Rhön-Grabfeld	09673149	Oberelsbach	2a
BY	Rhön-Grabfeld	09673151	Oberstreu	2
BY	Rhön-Grabfeld	09673153	Ostheim v.d. Rhön	2
BY	Rhön-Grabfeld	09673156	Rödelmaier	2
BY	Rhön-Grabfeld	09673160	Saal a.d. Saale	2

Land	Landkreis	Gemeinde-schlüssel	Gemeinde	Schneelastzone
BY	Rhön-Grabfeld	09673161	Salz	2
BY	Rhön-Grabfeld	09673162	Sandberg	2
BY	Rhön-Grabfeld	09673163	Schönau a.d. Brend	2
BY	Rhön-Grabfeld	09673167	Sondheim v.d. Rhön	2a
BY	Rhön-Grabfeld	09673456	Steinacher Forst-r.d. Saale	2
BY	Rhön-Grabfeld	09673170	Stockheim	2
BY	Rhön-Grabfeld	09673171	Strahlungen	1
BY	Rhön-Grabfeld	09673172	Sulzdorf a.d. Lederhecke	1
BY	Rhön-Grabfeld	09673173	Sulzfeld	1
BY	Rhön-Grabfeld	09673457	Sulzfelder Forst	1
BY	Rhön-Grabfeld	09673174	Trappstadt	1
BY	Rhön-Grabfeld	09673175	Unsleben	2
BY	Rhön-Grabfeld	09673458	Weigler	2
BY	Rhön-Grabfeld	09673182	Willmars	2
BY	Rhön-Grabfeld	09673183	Wollbach	2
BY	Rhön-Grabfeld	09673184	Wülfershausen a.d. Saale	2
BY	**Rosenheim**	09187186	Albaching	2
BY	Rosenheim	09187113	Amerang	2
BY	Rosenheim	09187114	Aschau i. Chiemgau	3
BY	Rosenheim	09187116	Babensham	2
BY	Rosenheim	09187117	Bad Aibling	2
BY	Rosenheim	09187128	Bad Endorf	2
BY	Rosenheim	09187129	Bad Feilnbach	3
BY	Rosenheim	09187118	Bernau a. Chiemsee	3
BY	Rosenheim	09187120	Brannenburg	3
BY	Rosenheim	09187121	Breitbrunn a. Chiemsee	2
BY	Rosenheim	09187122	Bruckmühl	2
BY	Rosenheim	09187123	Chiemsee	2
BY	Rosenheim	09187124	Edling	2
BY	Rosenheim	09187125	Eggstätt	2
BY	Rosenheim	09187126	Eiselfing	2
BY	Rosenheim	09187130	Feldkirchen-Westerham	2
BY	Rosenheim	09187131	Flintsbach a. Inn	3
BY	Rosenheim	09187132	Frasdorf	3
BY	Rosenheim	09187134	Griesstätt	2
BY	Rosenheim	09187137	Großkarolinenfeld	2
BY	Rosenheim	09187138	Gstadt a. Chiemsee	2
BY	Rosenheim	09187139	Halfing	2
BY	Rosenheim	09187145	Höslwang	2
BY	Rosenheim	09187148	Kiefersfelden	3
BY	Rosenheim	09187150	Kolbermoor	2
BY	Rosenheim	09187154	Neubeuern	3
BY	Rosenheim	09187156	Nußdorf a. Inn	3
BY	Rosenheim	09187157	Oberaudorf	3
BY	Rosenheim	09187159	Pfaffing	2
BY	Rosenheim	09187162	Prien a. Chiemsee	2
BY	Rosenheim	09187163	Prutting	2
BY	Rosenheim	09187164	Ramerberg	2
BY	Rosenheim	09187165	Raubling	3
BY	Rosenheim	09187167	Riedering	2
BY	Rosenheim	09187168	Rimsting	2

Land	Landkreis	Gemeinde-schlüssel	Gemeinde	Schneelastzone
BY	Rosenheim	09187169	Rohrdorf	**3**
BY	Rosenheim	09163000	Rosenheim	**2**
BY	Rosenheim	09187170	Rott a. Inn	**2**
BY	Rosenheim	09187451	Rotter Forst-Nord	**2**
BY	Rosenheim	09187452	Rotter Forst-Süd	**2**
BY	Rosenheim	09187172	Samerberg	**3**
BY	Rosenheim	09187142	Schechen	**2**
BY	Rosenheim	09187173	Schonstett	**2**
BY	Rosenheim	09187174	Söchtenau	**2**
BY	Rosenheim	09187176	Soyen	**2**
BY	Rosenheim	09187177	Stephanskirchen	**2**
BY	Rosenheim	09187179	Tuntenhausen	**2**
BY	Rosenheim	09187181	Vogtareuth	**2**
BY	Rosenheim	09187182	Wasserburg a. Inn	**2**
BY	**Roth**	alle	alle außer: Hilpoltstein, Röttenbach, Spalt, Greding, Heideck, Thalmässing = SLZ 1a	**1**
BY	**Rottal-Inn**	09277111	Arnstorf	**2**
BY	Rottal-Inn	09277113	Bad Birnbach	**3**
BY	Rottal-Inn	09277112	Bayerbach	**3**
BY	Rottal-Inn	09277114	Dietersburg	**3**
BY	Rottal-Inn	09277116	Eggenfelden	**2**
BY	Rottal-Inn	09277117	Egglham	**3**
BY	Rottal-Inn	09277118	Ering	**3**
BY	Rottal-Inn	09277119	Falkenberg	**2**
BY	Rottal-Inn	09277121	Gangkofen	**2**
BY	Rottal-Inn	09277122	Geratskirchen	**2**
BY	Rottal-Inn	09277124	Hebertsfelden	**3**
BY	Rottal-Inn	09277126	Johanniskirchen	**2**
BY	Rottal-Inn	09277127	Julbach	**3**
BY	Rottal-Inn	09277128	Kirchdorf a. Inn	**3**
BY	Rottal-Inn	09277131	Malgersdorf	**2**
BY	Rottal-Inn	09277133	Massing	**2**
BY	Rottal-Inn	09277134	Mitterskirchen	**2**
BY	Rottal-Inn	09277138	Pfarrkirchen	**3**
BY	Rottal-Inn	09277139	Postmünster	**3**
BY	Rottal-Inn	09277140	Reut	**3**
BY	Rottal-Inn	09277141	Rimbach	**2**
BY	Rottal-Inn	09277142	Roßbach	**2**
BY	Rottal-Inn	09277144	Schönau	**2**
BY	Rottal-Inn	09277145	Simbach a. Inn	**3**
BY	Rottal-Inn	09277147	Stubenberg	**3**
BY	Rottal-Inn	09277148	Tann	**3**
BY	Rottal-Inn	09277149	Triftern	**3**
BY	Rottal-Inn	09277151	Unterdietfurt	**2**
BY	Rottal-Inn	09277152	Wittibreut	**3**
BY	Rottal-Inn	09277153	Wurmannsquick	**3**
BY	Rottal-Inn	09277154	Zeilarn	**3**
BY	**Schwabach**	09565000	Schwabach	**1**
BY	**Schwandorf**	alle	alle außer Schönsee, Stadlern, Weiding, Oberviechtach, Winklarn = SLZ 3	**2**
BY	**Schweinfurt**	alle	alle	**1**

Land	Landkreis	Gemeinde-schlüssel	Gemeinde	Schneelastzone
BY	Schweinfurt	09662000	Schweinfurt	1
BY	**Starnberg**	09188117	Andechs	2
BY	Starnberg	09188113	Berg	2
BY	Starnberg	09188118	Feldafing	2
BY	Starnberg	09188120	Gauting	1a
BY	Starnberg	09188121	Gilching	1a
BY	Starnberg	09188124	Herrsching a. Ammersee	2
BY	Starnberg	09188126	Inning a. Ammersee	1a
BY	Starnberg	09188127	Krailling	1a
BY	Starnberg	09188137	Pöcking	2
BY	Starnberg	09188132	Seefeld	1a
BY	Starnberg	09188139	Starnberg	2
BY	Starnberg	09188451	Starnberger See	2
BY	Starnberg	09188141	Tutzing	2
BY	Starnberg	09188452	Unterbrunn	1a
BY	Starnberg	09188144	Weßling	1a
BY	Starnberg	09188145	Wörthsee	1a
BY	**Straubing**	09263000	Straubing	2
BY	**Straubing-Bogen**	alle	alle außer: Laberweinting, Mallersdorf-Pfaffenberg, Geiselhöring, Leiblfing, Perkam = SLZ 1a	2
BY	**Tirschenreuth**	09377451	Ahornberger Forst	2
BY	Tirschenreuth	09377112	Bärnau	3
BY	Tirschenreuth	09377113	Brand	2
BY	Tirschenreuth	09377115	Ebnath	2
BY	Tirschenreuth	09377116	Erbendorf	2
BY	Tirschenreuth	09377117	Falkenberg	3
BY	Tirschenreuth	09377453	Flötz	2
BY	Tirschenreuth	09377118	Friedenfels	3
BY	Tirschenreuth	09377119	Fuchsmühl	3
BY	Tirschenreuth	09377454	Hessenreuther Forst	2
BY	Tirschenreuth	09377127	Immenreuth	2
BY	Tirschenreuth	09377128	Kastl	2
BY	Tirschenreuth	09377129	Kemnath	2
BY	Tirschenreuth	09377131	Konnersreuth	3
BY	Tirschenreuth	09377132	Krummennaab	2
BY	Tirschenreuth	09377133	Kulmain	2
BY	Tirschenreuth	09377455	Lenauer Forst	2
BY	Tirschenreuth	09377137	Leonberg	3
BY	Tirschenreuth	09377139	Mähring	3
BY	Tirschenreuth	09377141	Mitterteich	3
BY	Tirschenreuth	09377142	Neualbenreuth	3
BY	Tirschenreuth	09377143	Neusorg	2
BY	Tirschenreuth	09377145	Pechbrunn	3
BY	Tirschenreuth	09377146	Plößberg	3
BY	Tirschenreuth	09377148	Pullenreuth	2
BY	Tirschenreuth	09377149	Reuth b. Erbendorf	3
BY	Tirschenreuth	09377154	Tirschenreuth	3
BY	Tirschenreuth	09377157	Waldershof	3
BY	Tirschenreuth	09377158	Waldsassen	3
BY	Tirschenreuth	09377159	Wiesau	3

Land	Landkreis	Gemeinde-schlüssel	Gemeinde	Schneelastzone
BY	**Traunstein**	09189111	Altenmarkt a.d. Alz	2
BY	Traunstein	09189113	Bergen	3
BY	Traunstein	09189114	Chieming	2
BY	Traunstein	09189451	Chiemsee (See)	2
BY	Traunstein	09189115	Engelsberg	2
BY	Traunstein	09189118	Fridolfing	3
BY	Traunstein	09189119	Grabenstätt	3
BY	Traunstein	09189120	Grassau	3
BY	Traunstein	09189124	Inzell	3
BY	Traunstein	09189126	Kienberg	2
BY	Traunstein	09189127	Kirchanschöring	3
BY	Traunstein	09189129	Marquartstein	3
BY	Traunstein	09189130	Nußdorf	3
BY	Traunstein	09189133	Obing	2
BY	Traunstein	09189134	Palling	2
BY	Traunstein	09189135	Petting	3
BY	Traunstein	09189137	Pittenhart	2
BY	Traunstein	09189139	Reit im Winkl	3
BY	Traunstein	09189140	Ruhpolding	3
BY	Traunstein	09189141	Schleching	3
BY	Traunstein	09189142	Schnaitsee	2
BY	Traunstein	09189143	Seeon-Seebruck	2
BY	Traunstein	09189145	Siegsdorf	3
BY	Traunstein	09189146	Staudach-Egerndach	3
BY	Traunstein	09189148	Surberg	3
BY	Traunstein	09189149	Tacherting	2
BY	Traunstein	09189150	Taching a. See	3
BY	Traunstein	09189152	Tittmoning	3
BY	Traunstein	09189154	Traunreut	2
BY	Traunstein	09189155	Traunstein	3
BY	Traunstein	09189157	Trostberg	2
BY	Traunstein	09189159	Übersee	3
BY	Traunstein	09189160	Unterwössen	3
BY	Traunstein	09189161	Vachendorf	3
BY	Traunstein	09189162	Waging a. See	3
BY	Traunstein	09189452	Waginger See	3
BY	Traunstein	09189165	Wonneberg	3
BY	**Unterallgäu**	09778111	Amberg	1a
BY	Unterallgäu	09778113	Apfeltrach	1a
BY	Unterallgäu	09778115	Babenhausen	1a
BY	Unterallgäu	09778144	Bad Grönenbach	2
BY	Unterallgäu	09778116	Bad Wörishofen	2
BY	Unterallgäu	09778118	Benningen	2
BY	Unterallgäu	09778119	Böhen	2
BY	Unterallgäu	09778120	Boos	1a
BY	Unterallgäu	09778121	Breitenbrunn	1a
BY	Unterallgäu	09778123	Buxheim	1
BY	Unterallgäu	09778127	Dirlewang	2
BY	Unterallgäu	09778130	Egg a.d. Günz	1a
BY	Unterallgäu	09778134	Eppishausen	1a
BY	Unterallgäu	09778136	Erkheim	1a

Land	Landkreis	Gemeinde-schlüssel	Gemeinde	Schneelastzone
BY	Unterallgäu	09778137	Ettringen	**1a**
BY	Unterallgäu	09778139	Fellheim	**1**
BY	Unterallgäu	09778149	Hawangen	**2**
BY	Unterallgäu	09778150	Heimertingen	**1**
BY	Unterallgäu	09778151	Holzgünz	**1a**
BY	Unterallgäu	09778180	Kammlach	**1a**
BY	Unterallgäu	09778221	Kettershausen	**1a**
BY	Unterallgäu	09778157	Kirchhaslach	**1a**
BY	Unterallgäu	09778158	Kirchheim i. Schw.	**1a**
BY	Unterallgäu	09778161	Kronburg	**2**
BY	Unterallgäu	09778162	Lachen	**2**
BY	Unterallgäu	09778163	Lauben	**1a**
BY	Unterallgäu	09778164	Lautrach	**2**
BY	Unterallgäu	09778165	Legau	**2**
BY	Unterallgäu	09778168	Markt Rettenbach	**2**
BY	Unterallgäu	09778169	Markt Wald	**1a**
BY	Unterallgäu	09778171	Memmingerberg	**1**
BY	Unterallgäu	09778173	Mindelheim	**1a**
BY	Unterallgäu	09778177	Niederrieden	**1**
BY	Unterallgäu	09778183	Oberrieden	**1a**
BY	Unterallgäu	09778184	Oberschönegg	**1a**
BY	Unterallgäu	09778186	Ottobeuren	**2**
BY	Unterallgäu	09778187	Pfaffenhausen	**1a**
BY	Unterallgäu	09778188	Pleß	**1**
BY	Unterallgäu	09778209	Rammingen	**1a**
BY	Unterallgäu	09778190	Salgen	**1a**
BY	Unterallgäu	09778196	Sontheim	**1a**
BY	Unterallgäu	09778199	Stetten	**1a**
BY	Unterallgäu	09778202	Trunkelsberg	**1**
BY	Unterallgäu	09778203	Türkheim	**1a**
BY	Unterallgäu	09778204	Tussenhausen	**1a**
BY	Unterallgäu	09778205	Ungerhausen	**1a**
BY	Unterallgäu	09778451	Ungerhauser Wald	**1a**
BY	Unterallgäu	09778207	Unteregg	**2**
BY	Unterallgäu	09778214	Westerheim	**1a**
BY	Unterallgäu	09778216	Wiedergeltingen	**1a**
BY	Unterallgäu	09778217	Winterrieden	**1a**
BY	Unterallgäu	09778218	Wolfertschwenden	**2**
BY	Unterallgäu	09778219	Woringen	**2**
BY	**Weiden i.d. OPf.**	09363000	Weiden i.d. OPf.	**2**
BY	**Weilheim-Schongau**	09190111	Altenstadt	**2**
BY	Weilheim-Schongau	09190113	Antdorf	**3**
BY	Weilheim-Schongau	09190114	Bernbeuren	**2**
BY	Weilheim-Schongau	09190115	Bernried	**2**
BY	Weilheim-Schongau	09190117	Böbing	**2**
BY	Weilheim-Schongau	09190118	Burggen	**2**
BY	Weilheim-Schongau	09190120	Eberfing	**2**
BY	Weilheim-Schongau	09190121	Eglfing	**3**
BY	Weilheim-Schongau	09190126	Habach	**3**
BY	Weilheim-Schongau	09190129	Hohenfurch	**2**
BY	Weilheim-Schongau	09190130	Hohenpeißenberg	**2**

Land	Landkreis	Gemeinde-schlüssel	Gemeinde	Schneelastzone
BY	Weilheim-Schongau	09190131	Huglfing	**2**
BY	Weilheim-Schongau	09190132	Iffeldorf	**3**
BY	Weilheim-Schongau	09190133	Ingenried	**2**
BY	Weilheim-Schongau	09190135	Oberhausen	**2**
BY	Weilheim-Schongau	09190136	Obersöchering	**3**
BY	Weilheim-Schongau	09190138	Pähl	**2**
BY	Weilheim-Schongau	09190139	Peißenberg	**2**
BY	Weilheim-Schongau	09190140	Peiting	**2**
BY	Weilheim-Schongau	09190141	Penzberg	**3**
BY	Weilheim-Schongau	09190142	Polling	**2**
BY	Weilheim-Schongau	09190143	Prem	**2**
BY	Weilheim-Schongau	09190144	Raisting	**2**
BY	Weilheim-Schongau	09190145	Rottenbuch	**3**
BY	Weilheim-Schongau	09190148	Schongau	**2**
BY	Weilheim-Schongau	09190149	Schwabbruck	**2**
BY	Weilheim-Schongau	09190151	Schwabsoien	**2**
BY	Weilheim-Schongau	09190152	Seeshaupt	**2**
BY	Weilheim-Schongau	09190153	Sindelsdorf	**3**
BY	Weilheim-Schongau	09190154	Steingaden	**2**
BY	Weilheim-Schongau	09190157	Weilheim i. OB	**2**
BY	Weilheim-Schongau	09190158	Wessobrunn	**2**
BY	Weilheim-Schongau	09190159	Wielenbach	**2**
BY	Weilheim-Schongau	09190160	Wildsteig	**3**
BY	**Weißenburg-Gunzenhausen**	09577111	Absberg	**1**
BY	Weißenburg-Gunzenhausen	09577113	Alesheim	**1a**
BY	Weißenburg-Gunzenhausen	09577115	Bergen	**1a**
BY	Weißenburg-Gunzenhausen	09577120	Burgsalach	**1a**
BY	Weißenburg-Gunzenhausen	09577122	Dittenheim	**2**
BY	Weißenburg-Gunzenhausen	09577125	Ellingen	**1a**
BY	Weißenburg-Gunzenhausen	09577127	Ettenstatt	**1a**
BY	Weißenburg-Gunzenhausen	09577133	Gnotzheim	**2**
BY	Weißenburg-Gunzenhausen	09577136	Gunzenhausen	**2**
BY	Weißenburg-Gunzenhausen	09577138	Haundorf	**1a**
BY	Weißenburg-Gunzenhausen	09577140	Heidenheim	**2**
BY	Weißenburg-Gunzenhausen	09577141	Höttingen	**1a**
BY	Weißenburg-Gunzenhausen	09577148	Langenaltheim	**1a**
BY	Weißenburg-Gunzenhausen	09577149	Markt Berolzheim	**2**
BY	Weißenburg-Gunzenhausen	09577150	Meinheim	**2**
BY	Weißenburg-Gunzenhausen	09577114	Muhr a. See	**2**
BY	Weißenburg-Gunzenhausen	09577151	Nennslingen	**1a**
BY	Weißenburg-Gunzenhausen	09577158	Pappenheim	**1a**
BY	Weißenburg-Gunzenhausen	09577159	Pfofeld	**1a**
BY	Weißenburg-Gunzenhausen	09577161	Pleinfeld	**1a**
BY	Weißenburg-Gunzenhausen	09577162	Polsingen	**2**
BY	Weißenburg-Gunzenhausen	09577163	Raitenbuch	**1a**
BY	Weißenburg-Gunzenhausen	09577168	Solnhofen	**1a**
BY	Weißenburg-Gunzenhausen	09577172	Theilenhofen	**1a**
BY	Weißenburg-Gunzenhausen	09577173	Treuchtlingen	**1a**
BY	Weißenburg-Gunzenhausen	09577177	Weißenburg i. Bay.	**1a**
BY	Weißenburg-Gunzenhausen	09577179	Westheim	**2**
BY	**Wunsiedel i. Fichtelgebirge**	alle	alle	**3**

Land	Landkreis	Gemeinde-schlüssel	Gemeinde	Schneelastzone
BY	**Würzburg**	alle	alle	**1**
BY	Würzburg	09663000	Würzburg	**1**

3.3 Berlin

Land	Landkreis	Gemeinde-schlüssel	Gemeinde	Schneelastzone
BE	**Berlin**	11000000	Berlin	**2**

3.4 Brandenburg

Land	Landkreis	Gemeinde-schlüssel	Gemeinde	Schneelastzone	Fußnote(n)
BB	**Brandenburg an der Havel**	12051000	Brandenburg an der Havel	**2**	*Nordd. Tiefl.
BB	**Cottbus**	12052000	Cottbus	**2**	
BB	**Frankfurt (Oder)**	12053000	Frankfurt (Oder)	**2**	*Nordd. Tiefl.
BB	**Potsdam**	12054000	Potsdam	**2**	*Nordd. Tiefl.
BB	**Barnim**	alle	alle	**2**	*Nordd. Tiefl.
BB	**Dahme-Spreewald**	alle	alle	**2**	*Nordd. Tiefl.
BB	**Elbe-Elster**	alle	alle	**2**	
BB	**Havelland**	alle	alle	**2**	*Nordd. Tiefl.
BB	**Märkisch-Oderland**	alle	alle	**2**	*Nordd. Tiefl.
BB	**Oberhavel**	alle	alle	**2**	*Nordd. Tiefl.
BB	**Oberspreewald-Lausitz**	alle	alle	**2**	
BB	**Oder-Spree**	alle	alle	**2**	*Nordd. Tiefl.
BB	**Ostprignitz-Ruppin**	alle	alle	**2**	*Nordd. Tiefl.
BB	**Potsdam-Mittelmark**	alle	alle	**2**	*Nordd. Tiefl.
BB	**Prignitz**	alle	alle	**2**	*Nordd. Tiefl.
BB	**Spree-Neiße**	alle	alle	**2**	
BB	**Teltow-Fläming**	alle	alle	**2**	*Nordd. Tiefl.
BB	**Uckermark**	alle	alle	**2**	*Nordd. Tiefl.

3.5 Bremen

Land	Landkreis	Gemeinde-schlüssel	Gemeinde	Schneelastzone	Fußnote(n)
HB	**Bremen**	04011000	Bremen	**2**	*Nord. Tiefld
HB	**Bremerhaven**	04012000	Bremerhaven	**2**	*Nord. Tiefld

3.6 Hamburg

Land	Landkreis	Gemeinde-schlüssel	Gemeinde	Schneelastzone	Fußnote(n)
HH	**Hamburg**	02000000	Hamburg	**2**	*Nord. Tiefld

3.7 Hessen

Land	Landkreis	Gemeinde-schlüssel	Gemeinde	Schneelastzone
HE	**Bergstraße**	06431001	Abtsteinach	**2**
HE	Bergstraße	06431002	Bensheim	**1**
HE	Bergstraße	06431003	Biblis	**1**
HE	Bergstraße	06431004	Birkenau	**2**

Land	Landkreis	Gemeinde-schlüssel	Gemeinde	Schneelastzone
HE	Bergstraße	06431005	Bürstadt	**1**
HE	Bergstraße	06431006	Einhausen	**1**
HE	Bergstraße	06431007	Fürth	**2**
HE	Bergstraße	06431008	Gorxheimertal	**2**
HE	Bergstraße	06431009	Grasellenbach	**2**
HE	Bergstraße	06431010	Groß-Rohrheim	**1**
HE	Bergstraße	06431011	Heppenheim (Bergstraße)	**2**
HE	Bergstraße	06431012	Hirschhorn (Neckar)	**2**
HE	Bergstraße	06431013	Lampertheim	**1**
HE	Bergstraße	06431014	Lautertal (Odenwald)	**2**
HE	Bergstraße	06431015	Lindenfels	**2**
HE	Bergstraße	06431016	Lorsch	**1**
HE	Bergstraße	06431017	Mörlenbach	**2**
HE	Bergstraße	06431018	Neckarsteinach	**2**
HE	Bergstraße	06431019	Rimbach	**2**
HE	Bergstraße	06431020	Viernheim	**1**
HE	Bergstraße	06431021	Wald-Michelbach	**2**
HE	Bergstraße	06431022	Zwingenberg	**1**
HE	Bergstraße	06431200	Michelbuch, gemfr. Gebiet	**2**
HE	Darmstadt	06411000	Darmstadt	**1**
HE	**Darmstadt-Dieburg**	06432001	Alsbach-Hähnlein	**1**
HE	Darmstadt-Dieburg	06432002	Babenhausen	**1**
HE	Darmstadt-Dieburg	06432003	Bickenbach	**1**
HE	Darmstadt-Dieburg	06432004	Dieburg	**2**
HE	Darmstadt-Dieburg	06432005	Eppertshausen	**1**
HE	Darmstadt-Dieburg	06432006	Erzhausen	**1**
HE	Darmstadt-Dieburg	06432007	Fischbachtal	**2**
HE	Darmstadt-Dieburg	06432008	Griesheim	**1**
HE	Darmstadt-Dieburg	06432009	Groß-Bieberau	**2**
HE	Darmstadt-Dieburg	06432010	Groß-Umstadt	**2**
HE	Darmstadt-Dieburg	06432011	Groß-Zimmern	**2**
HE	Darmstadt-Dieburg	06432012	Messel	**1**
HE	Darmstadt-Dieburg	06432013	Modautal	**2**
HE	Darmstadt-Dieburg	06432014	Mühltal	**2**
HE	Darmstadt-Dieburg	06432015	Münster	**1**
HE	Darmstadt-Dieburg	06432016	Ober-Ramstadt	**2**
HE	Darmstadt-Dieburg	06432017	Otzberg	**2**
HE	Darmstadt-Dieburg	06432018	Pfungstadt	**1**
HE	Darmstadt-Dieburg	06432019	Reinheim	**2**
HE	Darmstadt-Dieburg	06432020	Roßdorf	**2**
HE	Darmstadt-Dieburg	06432021	Schaafheim	**1**
HE	Darmstadt-Dieburg	06432022	Seeheim-Jugenheim	**2**
HE	Darmstadt-Dieburg	06432023	Weiterstadt	**1**
HE	**Frankfurt am Main**	06412000	Frankfurt am Main	**1**
HE	**Fulda**	alle	alle außer: Burghaun, Eiterfeld und Rasdorf = SLZ 2	**2a**
HE	**Gießen**	alle	alle	**2**
HE	**Groß-Gerau**	alle	alle	**1**
HE	**Hersfeld-Rotenburg**	alle	alle	**2**
HE	**Hochtaunuskreis**	06434001	Bad Homburg v.d. Höhe	**2**
HE	Hochtaunuskreis	06434002	Friedrichsdorf	**2**
HE	Hochtaunuskreis	06434003	Glashütten	**2**

Land	Landkreis	Gemeinde-schlüssel	Gemeinde	Schneelastzone
HE	Hochtaunuskreis	06434004	Grävenwiesbach	**2**
HE	Hochtaunuskreis	06434005	Königstein im Taunus	**2**
HE	Hochtaunuskreis	06434006	Kronberg im Taunus	**1**
HE	Hochtaunuskreis	06434007	Neu-Anspach	**2**
HE	Hochtaunuskreis	06434008	Oberursel (Taunus)	**2**
HE	Hochtaunuskreis	06434009	Schmitten	**2**
HE	Hochtaunuskreis	06434010	Steinbach (Taunus)	**1**
HE	Hochtaunuskreis	06434011	Usingen	**2**
HE	Hochtaunuskreis	06434012	Wehrheim	**2**
HE	Hochtaunuskreis	06434013	Weilrod	**2**
HE	**Kassel**	alle	alle außer Grebenstein und Hofgeismar = SLZ 2a	**2**
HE	**Lahn-Dill-Kreis**	alle	alle außer: Dietzhölztal, Dillenburg, Eschenburg und Haiger = SLZ 2a	**2**
HE	**Limburg-Weilburg**	alle	alle	**2**
HE	**Main-Kinzig-Kreis**	06435001	Bad Orb	**2**
HE	Main-Kinzig-Kreis	06435002	Bad Soden-Salmünster	**2**
HE	Main-Kinzig-Kreis	06435003	Biebergemünd	**2**
HE	Main-Kinzig-Kreis	06435004	Birstein	**2a**
HE	Main-Kinzig-Kreis	06435005	Brachttal	**2**
HE	Main-Kinzig-Kreis	06435006	Bruchköbel	**1**
HE	Main-Kinzig-Kreis	06435007	Erlensee	**1**
HE	Main-Kinzig-Kreis	06435008	Flörsbachtal	**2**
HE	Main-Kinzig-Kreis	06435009	Freigericht	**1**
HE	Main-Kinzig-Kreis	06435010	Gelnhausen	**2**
HE	Main-Kinzig-Kreis	06435011	Großkrotzenburg	**1**
HE	Main-Kinzig-Kreis	06435012	Gründau	**2**
HE	Main-Kinzig-Kreis	06435013	Hammersbach	**1**
HE	Main-Kinzig-Kreis	06435014	Hanau	**1**
HE	Main-Kinzig-Kreis	06435015	Hasselroth	**1**
HE	Main-Kinzig-Kreis	06435016	Jossgrund	**2**
HE	Main-Kinzig-Kreis	06435017	Langenselbold	**1**
HE	Main-Kinzig-Kreis	06435018	Linsengericht	**2**
HE	Main-Kinzig-Kreis	06435019	Maintal	**1**
HE	Main-Kinzig-Kreis	06435020	Neuberg	**1**
HE	Main-Kinzig-Kreis	06435021	Nidderau	**1**
HE	Main-Kinzig-Kreis	06435022	Niederdorfelden	**1**
HE	Main-Kinzig-Kreis	06435023	Rodenbach	**1**
HE	Main-Kinzig-Kreis	06435024	Ronneburg	**1**
HE	Main-Kinzig-Kreis	06435025	Schlüchtern	**2a**
HE	Main-Kinzig-Kreis	06435026	Schöneck	**1**
HE	Main-Kinzig-Kreis	06435027	Sinntal	**2a**
HE	Main-Kinzig-Kreis	06435028	Steinau an der Straße	**2a**
HE	Main-Kinzig-Kreis	06435029	Wächtersbach	**2**
HE	Main-Kinzig-Kreis	06435200	Gutsbezirk Spessart, gemfr. Gebiet	**2**
HE	Main-Taunus-Kreis	alle	alle	**1**
HE	**Marburg-Biedenkopf**	alle	alle außer: Biedenkopf, Breidenbach und Münchhausen = SLZ 2a	**2**
HE	**Odenwaldkreis**	alle	alle	**2**
HE	**Offenbach**	alle	alle	**1**
HE	**Offenbach am Main**	06413000	Offenbach am Main	**1**

Land	Landkreis	Gemeinde-schlüssel	Gemeinde	Schneelastzone
HE	**Rheingau-Taunus-Kreis**	06439001	Aarbergen	2
HE	Rheingau-Taunus-Kreis	06439002	Bad Schwalbach	2
HE	Rheingau-Taunus-Kreis	06439003	Eltville am Rhein	2
HE	Rheingau-Taunus-Kreis	06439004	Geisenheim	1
HE	Rheingau-Taunus-Kreis	06439005	Heidenrod	2
HE	Rheingau-Taunus-Kreis	06439006	Hohenstein	2
HE	Rheingau-Taunus-Kreis	06439007	Hünstetten	2
HE	Rheingau-Taunus-Kreis	06439008	Idstein	2
HE	Rheingau-Taunus-Kreis	06439009	Kiedrich	2
HE	Rheingau-Taunus-Kreis	06439010	Lorch	1
HE	Rheingau-Taunus-Kreis	06439011	Niedernhausen	2
HE	Rheingau-Taunus-Kreis	06439012	Oestrich-Winkel	2
HE	Rheingau-Taunus-Kreis	06439013	Rüdesheim am Rhein	1
HE	Rheingau-Taunus-Kreis	06439014	Schlangenbad	2
HE	Rheingau-Taunus-Kreis	06439015	Taunusstein	2
HE	Rheingau-Taunus-Kreis	06439016	Waldems	2
HE	Rheingau-Taunus-Kreis	06439017	Walluf	1
HE	**Schwalm-Eder-Kreis**	alle	alle	2
HE	**Vogelsbergkreis**	alle	alle außer: Freiensteinau, Grebenhain, Herbstein, Lauterbach (Hessen), Schlitz und Wartenberg = SLZ 2a	2
HE	**Waldeck-Frankenberg**	alle	alle außer: Bad Wildungen, Diemelstadt, Gemünden (Wohra), Haina (Kloster), Rosenthal, Volkmarsen = SLZ 2	2a
HE	**Werra-Meißner-Kreis**	alle	alle außer: Großalmerode, Hessisch Lichtenau, Neu-Eichenberg, Sontra, Waldkappel und Gutsbezirk Kaufunger Wald = SLZ 2	3
HE	**Wetteraukreis**	06440001	Altenstadt	2
HE	Wetteraukreis	06440002	Bad Nauheim	2
HE	Wetteraukreis	06440003	Bad Vilbel	1
HE	Wetteraukreis	06440004	Büdingen	2
HE	Wetteraukreis	06440005	Butzbach	2
HE	Wetteraukreis	06440006	Echzell	2
HE	Wetteraukreis	06440007	Florstadt	2
HE	Wetteraukreis	06440008	Friedberg (Hessen)	2
HE	Wetteraukreis	06440009	Gedern	2
HE	Wetteraukreis	06440010	Glauburg	2
HE	Wetteraukreis	06440011	Hirzenhain	2
HE	Wetteraukreis	06440012	Karben	1
HE	Wetteraukreis	06440013	Kefenrod	2
HE	Wetteraukreis	06440014	Limeshain	1
HE	Wetteraukreis	06440015	Münzenberg	2
HE	Wetteraukreis	06440016	Nidda	2
HE	Wetteraukreis	06440017	Niddatal	1
HE	Wetteraukreis	06440018	Ober-Mörlen	2
HE	Wetteraukreis	06440019	Ortenberg	2
HE	Wetteraukreis	06440020	Ranstadt	2
HE	Wetteraukreis	06440021	Reichelsheim (Wetterau)	2
HE	Wetteraukreis	06440022	Rockenberg	2
HE	Wetteraukreis	06440023	Rosbach v.d. Höhe	2
HE	Wetteraukreis	06440024	Wölfersheim	2
HE	Wetteraukreis	06440025	Wöllstadt	2

Land	Landkreis	Gemeinde-schlüssel	Gemeinde	Schneelastzone
HE	**Wiesbaden**	06414000	Wiesbaden	**1**

3.8 Mecklenburg-Vorpommern

Land	Landkreis	Gemeinde-schlüssel	Gemeinde	Schneelastzone
MV	**Bad Doberan**	13051001	alle außer: Admannshagen-Bargeshagen, Elmen-horst/Lichtenhagen, Poppendorf sowie die Gemeinden des Amts- gebietes Rostocker Heide = SLZ 3	**2*)**
MV	**Demmin**	alle	alle	**2*)**
MV	**Greifswald**	13001000	Greifswald	**3**
MV	**Greifswalder Bodden**	alle	alle inseln	**3**
MV	**Güstrow**	alle	alle	**2*)**
MV	**Ludwigslust**	alle	alle	**2*)**
MV	**Mecklenburg-Strelitz**	alle	alle	**2*)**
MV	**Müritz**	alle	alle	**2*)**
MV	**Neubrandenburg**	13002000	Neubrandenburg	**2*)**
MV	**Nordvorpommern**	13057001	Ahrenshagen-Daskow	**3**
MV	Nordvorpommern	13057002	Ahrenshoop	**3**
MV	Nordvorpommern	13057005	Altenpleen	**3**
MV	Nordvorpommern	13057006	Bad Sülze	**2*)**
MV	Nordvorpommern	13057008	Bartelshagen II b. Barth	**3**
MV	Nordvorpommern	13057009	Barth	**3**
MV	Nordvorpommern	13057011	Behnkendorf	**3**
MV	Nordvorpommern	13057013	Born a. Darß	**3**
MV	Nordvorpommern	13057014	Brandshagen	**3**
MV	Nordvorpommern	13057020	Dettmannsdorf	**2*)**
MV	Nordvorpommern	13057021	Deyelsdorf	**2*)**
MV	Nordvorpommern	13057022	Dierhagen	**3**
MV	Nordvorpommern	13057024	Drechow	**3**
MV	Nordvorpommern	13057026	Eixen	**3**
MV	Nordvorpommern	13057027	Elmenhorst	**3**
MV	Nordvorpommern	13057028	Franzburg	**3**
MV	Nordvorpommern	13057029	Fuhlendorf	**3**
MV	Nordvorpommern	13057030	Glewitz	**2*)**
MV	Nordvorpommern	13057031	Grammendorf	**2*)**
MV	Nordvorpommern	13057032	Gransebieth	**2*)**
MV	Nordvorpommern	13057036	Grimmen	**3**
MV	Nordvorpommern	13057037	Groß Kordshagen	**3**
MV	Nordvorpommern	13057038	Groß Mohrdorf	**3**
MV	Nordvorpommern	13057039	Horst	**3**
MV	Nordvorpommern	13057040	Hugoldsdorf	**3**
MV	Nordvorpommern	13057041	Jakobsdorf	**3**
MV	Nordvorpommern	13057043	Karnin	**3**
MV	Nordvorpommern	13057046	Kirchdorf	**3**
MV	Nordvorpommern	13057047	Klausdorf	**3**
MV	Nordvorpommern	13057049	Kramerhof	**3**
MV	Nordvorpommern	13057051	Kummerow	**3**
MV	Nordvorpommern	13057053	Lindholz	**2*)**
MV	Nordvorpommern	13057054	Löbnitz	**3**
MV	Nordvorpommern	13057055	Lüdershagen	**3**

Land	Landkreis	Gemeinde-schlüssel	Gemeinde	Schneelastzone
MV	Nordvorpommern	13057056	Lüssow	3
MV	Nordvorpommern	13057057	Marlow	3
MV	Nordvorpommern	13057059	Miltzow	3
MV	Nordvorpommern	13057060	Neu Bartelshagen	3
MV	Nordvorpommern	13057062	Niepars	3
MV	Nordvorpommern	13057064	Pantelitz	3
MV	Nordvorpommern	13057065	Papenhagen	3
MV	Nordvorpommern	13057067	Preetz	3
MV	Nordvorpommern	13057068	Prerow	3
MV	Nordvorpommern	13057069	Prohn	3
MV	Nordvorpommern	13057070	Pruchten	3
MV	Nordvorpommern	13057073	Reinberg	3
MV	Nordvorpommern	13057074	Ribnitz-Damgarten	3
MV	Nordvorpommern	13057075	Richtenberg	3
MV	Nordvorpommern	13057076	Saal	3
MV	Nordvorpommern	13057077	Schlemmin	3
MV	Nordvorpommern	13057078	Schulenberg	3
MV	Nordvorpommern	13057079	Semlow	3
MV	Nordvorpommern	13057081	Splietsdorf	3
MV	Nordvorpommern	13057083	Steinhagen	3
MV	Nordvorpommern	13057084	Stoltenhagen	3
MV	Nordvorpommern	13057085	Tribsees	2*)
MV	Nordvorpommern	13057086	Trinwillershagen	3
MV	Nordvorpommern	13057087	Velgast	3
MV	Nordvorpommern	13057088	Weitenhagen	3
MV	Nordvorpommern	13057089	Wendisch Baggendorf	2*)
MV	Nordvorpommern	13057090	Wendorf	3
MV	Nordvorpommern	13057091	Wieck a. Darß	3
MV	Nordvorpommern	13057092	Wilmshagen	3
MV	Nordvorpommern	13057093	Wittenhagen	3
MV	Nordvorpommern	13057094	Wustrow	3
MV	Nordvorpommern	13057095	Zarrendorf	3
MV	Nordvorpommern	13057096	Zingst	3
MV	Nordvorpommern	13057097	Süderholz	2*)
MV	Nordvorpommern	13057098	Divitz-Spoldershagen	3
MV	Nordvorpommern	13057099	Gremersdorf-Buchholz	3
MV	Nordvorpommern	13057100	Millienhagen-Oebelitz	3
MV	Nordvorpommern	13057101	Kenz-Küstrow	3
MV	**Nordwestmecklenburg**	alle	alle	2*)
MV	**Ostvorpommern**	13059001	alle außer: im Amtsgebiet Landshagen die Gemeinden Levenhagen, Dersekow, Beherndorf sowie im Amtsgebiet Lubmin die Gemeinde Hanshagen sowie alle Gemeinden in den Amtsgebieten Anklam Land und Züsssow = SLZ 2	3
MV	**Parchim**	alle	alle	2*)
MV	**Rostock**	13003000	Rostock	3
MV	**Rügen**	alle	alle	3
MV	**Schwerin**	13004000	Schwerin	2*)
MV	**Stralsund**	13005000	Stralsund	3
MV	**Uecker-Randow**	alle	alle	2*)

Land	Landkreis	Gemeinde-schlüssel	Gemeinde	Schneelastzone
MV	**Wismar**	13006000	Wismar	**2[*)]**

[*)] **Für alle Gemeinden in Schneelastzone 2 ist die Festlegung unter Anlage 1.2/2 der Liste der Technischen Baubestimmungen hin sichtlich der Untersuchung einer zusätzlichen Einwirkungskombination zu beachten.**

3.9 Niedersachsen

Land	Landkreis	Gemeinde-schlüssel	Gemeinde	Schneelastzone	Fußnote(n)
NI	**Ammerland**	alle	alle	**1**	1)
NI	**Aurich**	alle	alle	**1**	1)
NI	**Braunschweig (Stadt)**	03101000	Braunschweig	**2**	1)
NI	**Celle**	alle	alle Gemeinden	**2**	1)
NI	**Cloppenburg**	alle	alle	**2**	1)
NI	**Cuxhaven**	alle	alle Gemeinden	**2**	1)
NI	**Delmenhorst**	03401000	Delmenhorst	**2**	1)
NI	**Diepholz**	alle	alle	**2**	1)
NI	**Emden (Stadt)**	03402000	Emden	**1**	1)
NI	**Emsland**	alle	alle	**1**	1)
NI	**Friesland**	alle	alle	**1**	1)
NI	**Gifhorn**	alle	alle	**2**	1)
NI	**Goslar**	03153001	Altenau, bis auf Ortsteil Torfhaus, dort gilt s_k= 5,5 kN/m²	**3**	Erl. Harzinsel
NI	Goslar	03153002	Bad Harzburg	**3**	Erl. Harzinsel
NI	Goslar	03153003	Braunlage: s_k = 5,5 kN/m²	**3**	Erl. Harzinsel
NI	Goslar	03153004	Clausthal-Zellerfeld	**3**	Erl. Harzinsel
NI	Goslar	03153005	Goslar	**3**	Erl. Harzinsel
NI	Goslar	03153006	Hahausen	**2**	Erl. Harzinsel
NI	Goslar	03153007	Langelsheim	**2**	Erl. Harzinsel
NI	Goslar	03153008	Liebenburg	**2**	Erl. Harzinsel
NI	Goslar	03153009	Lutter am Barenberge	**2**	Erl. Harzinsel
NI	Goslar	03153010	St.Andreasberg s_k = 5,5 kN/m²	**3**	Erl. Harzinsel
NI	Goslar	03153011	Schulenberg im Oberharz	**3**	Erl. Harzinsel
NI	Goslar	03153012	Seesen	**2**	Erl. Harzinsel
NI	Goslar	03153013	Vienenburg	**2**	Erl. Harzinsel
NI	Goslar	03153014	Wallmoden	**2**	Erl. Harzinsel
NI	Goslar	03153015	Wildemann	**3**	Erl. Harzinsel
NI	Goslar	03153504	Harz (Lkr. Goslar), gemfr. Gebiet	**3**	Erl. Harzinsel
NI	**Göttingen**	alle	alle	**2**	
NI	**Grafschaft Bentheim**	alle	alle	**1**	1)
NI	**Hameln-Pyrmont**		alle außer Bad Münder = SLZ 3	**2**	2)
NI	**Hannover (Stadt)**	3241001	Hannover	**2**	
NI	**Hannover, Region**	alle	alle außer Stadt Springe und Wennigsen (Deister) = SLZ 3	**2**	2)
NI	**Harburg**	alle	alle Gemeinden	**2**	1)
NI	**Helmstedt**	alle	alle	**2**	1)
NI	**Hildesheim**	alle	alle	**2**	
NI	**Holzminden**	alle	alle Gemeinden	**2**	
NI	**Leer**	alle	alle	**1**	1)
NI	**Lüchow-Dannenberg**	alle	alle Gemeinden	**2**	1)
NI	**Lüneburg**	alle	alle Gemeinden	**2**	1)
NI	**Nienburg (Weser)**	alle	alle Gemeinden	**2**	1)
NI	**Northeim**	alle	alle	**2**	
NI	**Oldenburg**	alle	alle	**2**	1)

Land	Landkreis	Gemeinde-schlüssel	Gemeinde	Schneelastzone	Fußnote(n)
NI	**Oldenburg (Stadt)**	03403000	Oldenburg (Stadt)	**2**	1)
NI	**Osnabrück**	alle	alle	**2**	
NI	**Osnabrück (Stadt)**	03404000	Osnabrück (Stadt)	**2**	
NI	**Osterholz**	alle	alle Gemeinden	**2**	1)
NI	**Osterode am Harz**	03156001	Bad Grund (Harz)	**3**	Erl. Harzinsel
NI	Osterode am Harz	03156002	Bad Lauterberg im Harz	**3**	Erl. Harzinsel
NI	Osterode am Harz	03156003	Bad Sachsa	**3**	Erl. Harzinsel
NI	Osterode am Harz	03156004	Badenhausen	**2**	Erl. Harzinsel
NI	Osterode am Harz	03156005	Eisdorf	**2**	Erl. Harzinsel
NI	Osterode am Harz	03156006	Elbingerode	**2**	Erl. Harzinsel
NI	Osterode am Harz	03156007	Gittelde	**2**	Erl. Harzinsel
NI	Osterode am Harz	03156008	Hattorf am Harz	**2**	Erl. Harzinsel
NI	Osterode am Harz	03156009	Herzberg am Harz	**2**	Erl. Harzinsel
NI	Osterode am Harz	03156010	Hörden	**2**	Erl. Harzinsel
NI	Osterode am Harz	03156011	Osterode am Harz	**2**	Erl. Harzinsel
NI	Osterode am Harz	03156012	Walkenried	**3**	Erl. Harzinsel
NI	Osterode am Harz	03156013	Wieda	**3**	Erl. Harzinsel
NI	Osterode am Harz	03156014	Windhausen	**2**	Erl. Harzinsel
NI	Osterode am Harz	03156015	Wulften	**2**	Erl. Harzinsel
NI	Osterode am Harz	03156016	Zorge	**3**	Erl. Harzinsel
NI	Osterode am Harz	03156501	Harz (Lkr. Osterrode), gemfr. Gebiet	**3**	3)Erl. Harzinsel
NI	**Peine**	alle	alle	**2**	1)
NI	**Rothenburg (Wümme)**	alle	alle Gemeinden	**2**	1)
NI	**Salzgitter (Stadt)**	03102000	Salzgitter	**2**	1)
NI	**Schaumburg**	alle	alle Gemeinden	**2**	
NI	**Soltau-Fallingbostel**	alle	alle Gemeinden	**2**	1)
NI	**Stade**	alle	alle Gemeinden	**2**	1)
NI	**Uelzen**	alle	allle Gemeinden	**2**	1)
NI	**Vechta**	alle	alle	**2**	1)
NI	**Verden**	alle	alle Gemeinden	**2**	1)
NI	**Wesermarsch**	alle	alle	**2**	1)
NI	**Wilhelmshaven (Stadt)**	03405000	Wilhelmshaven	**1**	1)
NI	**Wittmund**	alle	alle	**1**	1)
NI	**Wolfenbüttel**	alle	alle	**2**	1)
NI	**Wolfsburg (Stadt)**	03103000	Wolfsburg	**2**	1)

1) Norddeutsches Tiefland

2) Orte im Deister mit höheren Schneelasten: Gemeinden Springe, Bad Münder, Wennigsen (Schneelastzone 3).

3) Orte im Harz mit höheren Schneelasten: Altenau, Ortsteil Torfhaus, Braunlage und Sankt Andreasberg (sk = 5,5 KN/m^2).

3.10 Nordrhein-Westfalen

Land	Landkreis	Gemeinde-schlüssel	Gemeinde	Schneelastzone
NW	**Aachen**	05313000	Aachen	**2**
NW	Aachen	05354004	Alsdorf	**2**
NW	Aachen	05354008	Baesweiler	**1**
NW	Aachen	05354012	Eschweiler	**2**
NW	Aachen	05354016	Herzogenrath	**2**
NW	Aachen	05354020	Monschau	**2**
NW	Aachen	05354024	Roetgen	**2**
NW	Aachen	05354028	Simmerath	**2**
NW	Aachen	05354032	Stolberg (Rhld.)	**2**
NW	Aachen	05354036	Würselen	**2**

Land	Landkreis	Gemeinde-schlüssel	Gemeinde	Schneelastzone
NW	**Bielefeld**	05711000	Bielefeld	**2**
NW	**Bochum**	05911000	Bochum	**1**
NW	**Bonn**	05314000	Bonn	**1**
NW	**Borken**	alle	alle	**1**
NW	**Bottrop**	05512000	Bottrop	**1**
NW	**Coesfeld**	alle	alle	**1**
NW	**Dortmund**	05913000	Dortmund	**1**
NW	**Duisburg**	05112000	Duisburg	**1**
NW	**Düren**	05358004	Aldenhoven	**1**
NW	Düren	05358008	Düren	**2**
NW	Düren	05358012	Heimbach	**2**
NW	Düren	05358016	Hürtgenwald	**2**
NW	Düren	05358020	Inden	**1**
NW	Düren	05358024	Jülich	**1**
NW	Düren	05358028	Kreuzau	**2**
NW	Düren	05358032	Langerwehe	**2**
NW	Düren	05358036	Linnich	**1**
NW	Düren	05358040	Merzenich	**1**
NW	Düren	05358044	Nideggen	**2**
NW	Düren	05358048	Niederzier	**1**
NW	Düren	05358052	Nörvenich	**1**
NW	Düren	05358056	Titz	**1**
NW	Düren	05358060	Vettweiß	**2**
NW	**Düsseldorf**	05111000	Düsseldorf	**1**
NW	**Ennepe-Ruhr-Kreis**	05954004	Breckerfeld	**2**
NW	Ennepe-Ruhr-Kreis	05954008	Ennepetal	**2**
NW	Ennepe-Ruhr-Kreis	05954012	Gevelsberg	**1**
NW	Ennepe-Ruhr-Kreis	05954016	Hattingen	**1**
NW	Ennepe-Ruhr-Kreis	05954020	Herdecke	**1**
NW	Ennepe-Ruhr-Kreis	05954024	Schwelm	**1**
NW	Ennepe-Ruhr-Kreis	05954028	Sprockhövel	**1**
NW	Ennepe-Ruhr-Kreis	05954032	Wetter (Ruhr)	**1**
NW	Ennepe-Ruhr-Kreis	05954036	Witten	**1**
NW	**Erftkreis**	alle	alle	**1**
NW	**Essen**	05113000	Essen	**1**
NW	**Euskirchen**	alle	alle	**2**
NW	**Gelsenkirchen**	05513000	Gelsenkirchen	**1**
NW	**Gütersloh**	alle	alle	**2**
NW	**Hagen**	05914000	Hagen	**2**
NW	**Hamm**	05915000	Hamm	**1**
NW	**Heinsberg**	alle	alle	**1**
NW	**Herford**	alle	alle	**2**
NW	**Herne**	05916000	Herne	**1**
NW	**Hochsauerlandkreis**	05958004	Arnsberg	**2**
NW	Hochsauerlandkreis	05958008	Bestwig	**2a**
NW	Hochsauerlandkreis	05958012	Brilon	**2a**
NW	Hochsauerlandkreis	05958016	Eslohe (Sauerland)	**2a**
NW	Hochsauerlandkreis	05958020	Hallenberg	**2a**
NW	Hochsauerlandkreis	05958024	Marsberg	**2a**
NW	Hochsauerlandkreis	05958028	Medebach	**2a**
NW	Hochsauerlandkreis	05958032	Meschede	**2a**
NW	Hochsauerlandkreis	05958036	Olsberg	**2a**

Land	Landkreis	Gemeinde-schlüssel	Gemeinde	Schneelastzone
NW	Hochsauerlandkreis	05958040	Schmallenberg	**2a**
NW	Hochsauerlandkreis	05958044	Sundern (Sauerland)	**2a**
NW	Hochsauerlandkreis	05958048	Winterberg	**3**
NW	**Höxter**	alle	alle	**2**
NW	**Kleve**	alle	alle	**1**
NW	**Köln**	05315000	Köln	**1**
NW	**Krefeld**	05114000	Krefeld	**1**
NW	**Leverkusen**	05316000	Leverkusen	**1**
NW	**Lippe**	alle	alle	**2**
NW	**Märkischer Kreis**	05962004	Altena	**2a**
NW	Märkischer Kreis	05962008	Balve	**2a**
NW	Märkischer Kreis	5962012	Halver	**2a**
NW	Märkischer Kreis	05962016	Hemer	**2a**
NW	Märkischer Kreis	05962020	Herscheid	**2a**
NW	Märkischer Kreis	05962024	Iserlohn	**2**
NW	Märkischer Kreis	05962028	Kierspe	**2a**
NW	Märkischer Kreis	05962032	Lüdenscheid	**2a**
NW	Märkischer Kreis	05962036	Meinerzhagen	**2a**
NW	Märkischer Kreis	05962040	Menden (Sauerland)	**2**
NW	Märkischer Kreis	05962044	Nachrodt-Wiblingwerde	**2a**
NW	Märkischer Kreis	05962048	Neuenrade	**2a**
NW	Märkischer Kreis	05962052	Plettenberg	**2a**
NW	Märkischer Kreis	05962056	Schalksmühle	**2a**
NW	Märkischer Kreis	05962060	Werdohl	**2a**
NW	**Mettmann**	alle	alle	**1**
NW	**Minden-Lübbecke**	alle	alle	**2**
NW	**Mönchengladbach**	05116000	Mönchengladbach	**1**
NW	**Mülheim an der Ruhr**	05117000	Mülheim an der Ruhr	**1**
NW	**Münster**	05515000	Münster	**1**
NW	**Neuss**	alle	alle	**1**
NW	**Oberbergischer Kreis**	05374004	Bergneustadt	**2a**
NW	Oberbergischer Kreis	05374008	Engelskirchen	**2**
NW	Oberbergischer Kreis	05374012	Gummersbach	**2a**
NW	Oberbergischer Kreis	05374016	Hückeswagen	**2**
NW	Oberbergischer Kreis	05374020	Lindlar	**2**
NW	Oberbergischer Kreis	05374024	Marienheide	**2a**
NW	Oberbergischer Kreis	05374028	Morsbach	**2a**
NW	Oberbergischer Kreis	5374032	Nümbrecht	**2a**
NW	Oberbergischer Kreis	05374036	Radevormwald	**2**
NW	Oberbergischer Kreis	05374040	Reichshof	**2a**
NW	Oberbergischer Kreis	05374044	Waldbröl	**2a**
NW	Oberbergischer Kreis	05374048	Wiehl	**2a**
NW	Oberbergischer Kreis	05374052	Wipperfürth	**2a**
NW	**Oberhausen**	05119000	Oberhausen	**1**
NW	**Olpe**	alle	alle	**2a**
NW	**Paderborn**	alle	alle	**2**
NW	**Recklinghausen**	alle	alle	**1**
NW	**Remscheid**	05120000	Remscheid	**2**
NW	**Rheinisch-Bergischer Kreis**	05378004	Bergisch Gladbach	**1**
NW	Rheinisch-Bergischer Kreis	05378008	Burscheid	**1**
NW	Rheinisch-Bergischer Kreis	05378012	Kürten	**2**
NW	Rheinisch-Bergischer Kreis	05378016	Leichlingen (Rhld.)	**1**

Land	Landkreis	Gemeinde-schlüssel	Gemeinde	Schneelastzone
NW	Rheinisch-Bergischer Kreis	05378020	Odenthal	1
NW	Rheinisch-Bergischer Kreis	05378024	Overath	2
NW	Rheinisch-Bergischer Kreis	05378028	Rösrath	1
NW	Rheinisch-Bergischer Kreis	05378032	Wermelskirchen	2
NW	**Rhein-Sieg-Kreis**	05382004	Alfter	1
NW	Rhein-Sieg-Kreis	05382008	Bad Honnef	1
NW	Rhein-Sieg-Kreis	05382012	Bornheim	1
NW	Rhein-Sieg-Kreis	05382016	Eitorf	2
NW	Rhein-Sieg-Kreis	05382020	Hennef (Sieg)	1
NW	Rhein-Sieg-Kreis	05382024	Königswinter	1
NW	Rhein-Sieg-Kreis	05382028	Lohmar	1
NW	Rhein-Sieg-Kreis	05382032	Meckenheim	1
NW	Rhein-Sieg-Kreis	05382036	Much	2
NW	Rhein-Sieg-Kreis	05382040	Neunkirchen-Seelscheid	2
NW	Rhein-Sieg-Kreis	05382044	Niederkassel	1
NW	Rhein-Sieg-Kreis	05382048	Rheinbach	1
NW	Rhein-Sieg-Kreis	05382052	Ruppichteroth	2
NW	Rhein-Sieg-Kreis	05382056	Sankt Augustin	1
NW	Rhein-Sieg-Kreis	05382060	Siegburg	1
NW	Rhein-Sieg-Kreis	05382064	Swisttal	1
NW	Rhein-Sieg-Kreis	05382068	Troisdorf	1
NW	Rhein-Sieg-Kreis	05382072	Wachtberg	1
NW	Rhein-Sieg-Kreis	05382076	Windeck	2
NW	**Siegen-Wittgenstein**	alle	alle bis auf Bad Berleburg und Erndte-brück = SLZ 3	2a
NW	**Soest**	05974004	Anröchte	2
NW	Soest	05974008	Bad Sassendorf	2
NW	Soest	05974012	Ense	2
NW	Soest	05974016	Erwitte	2
NW	Soest	05974020	Geseke	2
NW	Soest	05974024	Lippetal	1
NW	Soest	05974028	Lippstadt	2
NW	Soest	05974032	Möhnesee	2
NW	Soest	05974036	Rüthen	2
NW	Soest	05974040	Soest	2
NW	Soest	05974044	Warstein	2
NW	Soest	05974048	Welver	2
NW	Soest	05974052	Werl	2
NW	Soest	05974056	Wickede (Ruhr)	2
NW	**Solingen**	05122000	Solingen	1
NW	**Steinfurt**	05566004	Altenberge	1
NW	Steinfurt	05566008	Emsdetten	1
NW	Steinfurt	05566012	Greven	1
NW	Steinfurt	05566016	Hörstel	1
NW	Steinfurt	05566020	Hopsten	1
NW	Steinfurt	05566024	Horstmar	1
NW	Steinfurt	05566028	Ibbenbüren	1
NW	Steinfurt	05566032	Ladbergen	1
NW	Steinfurt	05566036	Laer	1
NW	Steinfurt	05566040	Lengerich	1
NW	Steinfurt	05566044	Lienen	2
NW	Steinfurt	05566048	Lotte	2
NW	Steinfurt	05566052	Metelen	1

Land	Landkreis	Gemeinde-schlüssel	Gemeinde	Schneelastzone
NW	Steinfurt	05566056	Mettingen	**1**
NW	Steinfurt	05566060	Neuenkirchen	**1**
NW	Steinfurt	05566064	Nordwalde	**1**
NW	Steinfurt	05566068	Ochtrup	**1**
NW	Steinfurt	05566072	Recke	**1**
NW	Steinfurt	05566076	Rheine	**1**
NW	Steinfurt	05566080	Saerbeck	**1**
NW	Steinfurt	05566084	Steinfurt	**1**
NW	Steinfurt	05566088	Tecklenburg	**1**
NW	Steinfurt	05566092	Westerkappeln	**1**
NW	Steinfurt	05566096	Wettringen	**1**
NW	**Unna**	05978004	Bergkamen	**1**
NW	Unna	05978008	Bönen	**1**
NW	Unna	05978012	Fröndenberg	**2**
NW	Unna	05978016	Holzwickede	**1**
NW	Unna	05978020	Kamen	**1**
NW	Unna	05978024	Lünen	**1**
NW	Unna	05978028	Schwerte	**2**
NW	Unna	05978032	Selm	**1**
NW	Unna	05978036	Unna	**1**
NW	Unna	05978040	Werne	**1**
NW	**Viersen**	alle	alle	**1**
NW	**Warendorf**	05570004	Ahlen	**1**
NW	Warendorf	05570008	Beckum	**1**
NW	Warendorf	05570012	Beelen	**2**
NW	Warendorf	05570016	Drensteinfurt	**1**
NW	Warendorf	05570020	Ennigerloh	**1**
NW	Warendorf	05570024	Everswinkel	**1**
NW	Warendorf	05570028	Oelde	**2**
NW	Warendorf	05570032	Ostbevern	**1**
NW	Warendorf	05570036	Sassenberg	**2**
NW	Warendorf	05570040	Sendenhorst	**1**
NW	Warendorf	05570044	Telgte	**1**
NW	Warendorf	05570048	Wadersloh	**2**
NW	Warendorf	05570052	Warendorf	**1**
NW	**Wesel**	alle	alle	**1**
NW	**Wuppertal**	05124000	Wuppertal	**1**

3.11 Rheinland-Pfalz

Land	Landkreis	Gemeinde-schlüssel	Gemeinde	Schneelastzone
RP	**Ahrweiler**	07131001	Adenau	**2**
RP	Ahrweiler	07131002	Ahrbrück	**2**
RP	Ahrweiler	07131003	Altenahr	**2**
RP	Ahrweiler	07131004	Antweiler	**2**
RP	Ahrweiler	07131005	Aremberg	**2**
RP	Ahrweiler	07131006	Bad Breisig	**1**
RP	Ahrweiler	07131007	Bad Neuenahr-Ahrweiler	**1**
RP	Ahrweiler	07131008	Barweiler	**2**
RP	Ahrweiler	07131009	Bauler	**2**
RP	Ahrweiler	07131011	Berg	**2**
RP	Ahrweiler	07131201	Brenk	**2**

Land	Landkreis	Gemeinde-schlüssel	Gemeinde	Schneelastzone
RP	Ahrweiler	07131014	Brohl-Lützing	1
RP	Ahrweiler	07131202	Burgbrohl	1
RP	Ahrweiler	07131015	Dankerath	2
RP	Ahrweiler	07131016	Dedenbach	2
RP	Ahrweiler	07131017	Dernau	2
RP	Ahrweiler	07131018	Dorsel	2
RP	Ahrweiler	07131501	Dümpelfeld	2
RP	Ahrweiler	07131021	Eichenbach	2
RP	Ahrweiler	07131022	Fuchshofen	2
RP	Ahrweiler	07131204	Galenberg	2
RP	Ahrweiler	07131205	Glees	2
RP	Ahrweiler	07131025	Gönnersdorf	1
RP	Ahrweiler	07131090	Grafschaft	1
RP	Ahrweiler	07131026	Harscheid	2
RP	Ahrweiler	07131027	Heckenbach	2
RP	Ahrweiler	07131028	Herschbroich	2
RP	Ahrweiler	07131029	Hönningen	2
RP	Ahrweiler	07131030	Hoffeld	2
RP	Ahrweiler	07131206	Hohenleimbach	2
RP	Ahrweiler	07131032	Honerath	2
RP	Ahrweiler	07131033	Hümmel	2
RP	Ahrweiler	07131034	Insul	2
RP	Ahrweiler	07131036	Kalenborn	2
RP	Ahrweiler	07131037	Kaltenborn	2
RP	Ahrweiler	07131502	Kempenich	2
RP	Ahrweiler	07131039	Kesseling	2
RP	Ahrweiler	07131040	Kirchsahr	2
RP	Ahrweiler	07131041	Königsfeld	1
RP	Ahrweiler	07131042	Kottenborn	2
RP	Ahrweiler	07131044	Leimbach	2
RP	Ahrweiler	07131047	Lind	2
RP	Ahrweiler	07131049	Mayschoß	2
RP	Ahrweiler	07131050	Meuspath	2
RP	Ahrweiler	07131051	Müllenbach	2
RP	Ahrweiler	07131052	Müsch	2
RP	Ahrweiler	07131054	Niederdürenbach	2
RP	Ahrweiler	07131055	Niederzissen	1
RP	Ahrweiler	07131058	Nürburg	2
RP	Ahrweiler	07131059	Oberdürenbach	2
RP	Ahrweiler	07131060	Oberzissen	2
RP	Ahrweiler	07131062	Ohlenhard	2
RP	Ahrweiler	07131065	Pomster	2
RP	Ahrweiler	07131066	Quiddelbach	2
RP	Ahrweiler	07131068	Rech	2
RP	Ahrweiler	07131069	Reifferscheid	2
RP	Ahrweiler	07131070	Remagen	1
RP	Ahrweiler	07131072	Rodder	2
RP	Ahrweiler	07131073	Schalkenbach	2
RP	Ahrweiler	07131074	Schuld	2
RP	Ahrweiler	07131075	Senscheid	2
RP	Ahrweiler	07131076	Sierscheid	2
RP	Ahrweiler	07131077	Sinzig	1

Land	Landkreis	Gemeinde-schlüssel	Gemeinde	Schneelastzone
RP	Ahrweiler	07131208	Spessart	**2**
RP	Ahrweiler	07131079	Trierscheid	**2**
RP	Ahrweiler	07131081	Waldorf	**1**
RP	Ahrweiler	07131209	Wassenach	**1**
RP	Ahrweiler	07131210	Wehr	**2**
RP	Ahrweiler	07131211	Weibern	**2**
RP	Ahrweiler	07131082	Wershofen	**2**
RP	Ahrweiler	07131083	Wiesemscheid	**2**
RP	Ahrweiler	07131084	Wimbach	**2**
RP	Ahrweiler	07131085	Winnerath	**2**
RP	Ahrweiler	07131086	Wirft	**2**
RP	**Altenkirchen (Westerwald)**	07132001	Almersbach	**2**
RP	Altenkirchen (Westerwald)	07132002	Alsdorf	**2a**
RP	Altenkirchen (Westerwald)	07132501	Altenkirchen (Westerwald)	**2**
RP	Altenkirchen (Westerwald)	07132004	Bachenberg	**2**
RP	Altenkirchen (Westerwald)	07132201	Berod bei Hachenburg	**2**
RP	Altenkirchen (Westerwald)	07132005	Berzhausen	**2**
RP	Altenkirchen (Westerwald)	07132006	Betzdorf	**2a**
RP	Altenkirchen (Westerwald)	07132007	Birkenbeul	**2**
RP	Altenkirchen (Westerwald)	07132008	Birken-Honigsessen	**2a**
RP	Altenkirchen (Westerwald)	07132009	Birnbach	**2**
RP	Altenkirchen (Westerwald)	07132010	Bitzen	**2a**
RP	Altenkirchen (Westerwald)	07132012	Brachbach	**2a**
RP	Altenkirchen (Westerwald)	07132013	Breitscheidt	**2**
RP	Altenkirchen (Westerwald)	07132014	Bruchertseifen	**2**
RP	Altenkirchen (Westerwald)	07132015	Bürdenbach	**2**
RP	Altenkirchen (Westerwald)	07132016	Burglahr	**2**
RP	Altenkirchen (Westerwald)	07132017	Busenhausen	**2**
RP	Altenkirchen (Westerwald)	07132018	Daaden	**2a**
RP	Altenkirchen (Westerwald)	07132019	Derschen	**2a**
RP	Altenkirchen (Westerwald)	07132020	Dickendorf	**2a**
RP	Altenkirchen (Westerwald)	07132022	Eichelhardt	**2**
RP	Altenkirchen (Westerwald)	07132023	Eichen	**2**
RP	Altenkirchen (Westerwald)	07132024	Elben	**2a**
RP	Altenkirchen (Westerwald)	07132025	Elkenroth	**2a**
RP	Altenkirchen (Westerwald)	07132026	Emmerzhausen	**2a**
RP	Altenkirchen (Westerwald)	07132027	Ersfeld	**2**
RP	Altenkirchen (Westerwald)	07132028	Etzbach	**2**
RP	Altenkirchen (Westerwald)	07132029	Eulenberg	**1**
RP	Altenkirchen (Westerwald)	07132030	Fensdorf	**2a**
RP	Altenkirchen (Westerwald)	07132031	Fiersbach	**2**
RP	Altenkirchen (Westerwald)	07132032	Flammersfeld	**2**
RP	Altenkirchen (Westerwald)	07132033	Fluterschen	**2**
RP	Altenkirchen (Westerwald)	07132034	Forst	**2a**
RP	Altenkirchen (Westerwald)	07132035	Forstmehren	**2**
RP	Altenkirchen (Westerwald)	07132036	Friedewald	**2a**
RP	Altenkirchen (Westerwald)	07132037	Friesenhagen	**2a**
RP	Altenkirchen (Westerwald)	07132038	Fürthen	**2**
RP	Altenkirchen (Westerwald)	07132039	Gebhardshain	**2a**
RP	Altenkirchen (Westerwald)	07132040	Gieleroth	**2**
RP	Altenkirchen (Westerwald)	07132041	Giershausen	**2**
RP	Altenkirchen (Westerwald)	07132042	Grünebach	**2a**

Land	Landkreis	Gemeinde-schlüssel	Gemeinde	Schneelastzone
RP	Altenkirchen (Westerwald)	07132043	Güllesheim	2
RP	Altenkirchen (Westerwald)	07132044	Hamm (Sieg)	2
RP	Altenkirchen (Westerwald)	07132045	Harbach	2a
RP	Altenkirchen (Westerwald)	07132046	Hasselbach	2
RP	Altenkirchen (Westerwald)	07132047	Helmenzen	2
RP	Altenkirchen (Westerwald)	07132048	Helmeroth	2
RP	Altenkirchen (Westerwald)	07132049	Hemmelzen	2
RP	Altenkirchen (Westerwald)	07132050	Herdorf	2a
RP	Altenkirchen (Westerwald)	07132051	Heupelzen	2
RP	Altenkirchen (Westerwald)	07132052	Hilgenroth	2
RP	Altenkirchen (Westerwald)	07132053	Hirz-Maulsbach	2
RP	Altenkirchen (Westerwald)	07132054	Hövels	2a
RP	Altenkirchen (Westerwald)	07132055	Horhausen (Westerwald)	2
RP	Altenkirchen (Westerwald)	07132056	Idelberg	2
RP	Altenkirchen (Westerwald)	07132057	Ingelbach	2
RP	Altenkirchen (Westerwald)	07132058	Isert	2
RP	Altenkirchen (Westerwald)	07132059	Kausen	2a
RP	Altenkirchen (Westerwald)	07132060	Kescheid	2
RP	Altenkirchen (Westerwald)	07132061	Kettenhausen	2
RP	Altenkirchen (Westerwald)	07132062	Kircheib	2
RP	Altenkirchen (Westerwald)	07132063	Kirchen (Sieg)	2a
RP	Altenkirchen (Westerwald)	07132064	Kraam	2
RP	Altenkirchen (Westerwald)	07132065	Krunkel	1
RP	Altenkirchen (Westerwald)	07132066	Malberg	2a
RP	Altenkirchen (Westerwald)	07132067	Mammelzen	2
RP	Altenkirchen (Westerwald)	07132068	Mauden	2a
RP	Altenkirchen (Westerwald)	07132069	Mehren	2
RP	Altenkirchen (Westerwald)	07132070	Michelbach (Westerwald)	2
RP	Altenkirchen (Westerwald)	07132011	Mittelhof	2a
RP	Altenkirchen (Westerwald)	07132071	Molzhain	2a
RP	Altenkirchen (Westerwald)	07132072	Mudersbach	2a
RP	Altenkirchen (Westerwald)	07132073	Nauroth	2a
RP	Altenkirchen (Westerwald)	07132074	Neitersen	2
RP	Altenkirchen (Westerwald)	07132075	Niederdreisbach	2a
RP	Altenkirchen (Westerwald)	07132076	Niederfischbach	2a
RP	Altenkirchen (Westerwald)	07132077	Niederirsen	2
RP	Altenkirchen (Westerwald)	07132078	Niedersteinebach	2
RP	Altenkirchen (Westerwald)	07132079	Nisterberg	2a
RP	Altenkirchen (Westerwald)	07132080	Katzwinkel (Sieg)	2a
RP	Altenkirchen (Westerwald)	07132081	Obererbach (Westerwald)	2
RP	Altenkirchen (Westerwald)	07132082	Oberirsen	2
RP	Altenkirchen (Westerwald)	07132083	Oberlahr	2
RP	Altenkirchen (Westerwald)	07132084	Obernau	2
RP	Altenkirchen (Westerwald)	07132085	Obersteinebach	1
RP	Altenkirchen (Westerwald)	07132086	Oberwambach	2
RP	Altenkirchen (Westerwald)	07132087	Ölsen	2
RP	Altenkirchen (Westerwald)	07132088	Orfgen	2
RP	Altenkirchen (Westerwald)	07132089	Peterslahr	2
RP	Altenkirchen (Westerwald)	07132090	Pleckhausen	2
RP	Altenkirchen (Westerwald)	07132091	Pracht	2
RP	Altenkirchen (Westerwald)	07132092	Racksen	2
RP	Altenkirchen (Westerwald)	07132093	Reiferscheid	2

Land	Landkreis	Gemeinde-schlüssel	Gemeinde	Schneelastzone
RP	Altenkirchen (Westerwald)	07132094	Rettersen	**2**
RP	Altenkirchen (Westerwald)	07132095	Rosenheim (Lkr. Altenkirchen)	**2a**
RP	Altenkirchen (Westerwald)	07132096	Roth	**2**
RP	Altenkirchen (Westerwald)	07132097	Rott	**2**
RP	Altenkirchen (Westerwald)	07132098	Scheuerfeld	**2a**
RP	Altenkirchen (Westerwald)	07132099	Schöneberg	**2**
RP	Altenkirchen (Westerwald)	07132100	Schürdt	**2**
RP	Altenkirchen (Westerwald)	07132101	Schutzbach	**2a**
RP	Altenkirchen (Westerwald)	07132102	Seelbach bei Hamm (Sieg)	**2**
RP	Altenkirchen (Westerwald)	07132103	Seelbach (Westerwald)	**2**
RP	Altenkirchen (Westerwald)	07132104	Seifen	**2**
RP	Altenkirchen (Westerwald)	07132105	Selbach (Sieg)	**2a**
RP	Altenkirchen (Westerwald)	07132106	Sörth	**2**
RP	Altenkirchen (Westerwald)	07132107	Steinebach/Sieg	**2a**
RP	Altenkirchen (Westerwald)	07132108	Steineroth	**2a**
RP	Altenkirchen (Westerwald)	07132109	Stürzelbach	**2**
RP	Altenkirchen (Westerwald)	07132110	Volkerzen	**2**
RP	Altenkirchen (Westerwald)	07132111	Wallmenroth	**2a**
RP	Altenkirchen (Westerwald)	07132112	Walterschen	**2**
RP	Altenkirchen (Westerwald)	07132113	Weitefeld	**2a**
RP	Altenkirchen (Westerwald)	07132114	Werkhausen	**2**
RP	Altenkirchen (Westerwald)	07132115	Weyerbusch	**2**
RP	Altenkirchen (Westerwald)	07132116	Willroth	**2**
RP	Altenkirchen (Westerwald)	07132117	Wissen	**2a**
RP	Altenkirchen (Westerwald)	07132118	Wölmersen	**2**
RP	Altenkirchen (Westerwald)	07132119	Ziegenhain	**2**
RP	**Alzey-Worms**	07331001	Albig	**1**
RP	Alzey-Worms	07331002	Alsheim	**1**
RP	Alzey-Worms	07331003	Alzey	**2**
RP	Alzey-Worms	07331004	Armsheim	**1**
RP	Alzey-Worms	07331005	Bechenheim	**2**
RP	Alzey-Worms	07331006	Bechtheim	**1**
RP	Alzey-Worms	07331007	Bechtolsheim	**1**
RP	Alzey-Worms	07331008	Bermersheim vor der Höhe	**1**
RP	Alzey-Worms	07331009	Bermersheim	**1**
RP	Alzey-Worms	07331010	Biebelnheim	**1**
RP	Alzey-Worms	07331012	Bornheim	**2**
RP	Alzey-Worms	07331014	Dintesheim	**2**
RP	Alzey-Worms	07331015	Dittelsheim-Heßloch	**1**
RP	Alzey-Worms	07331017	Eckelsheim	**2**
RP	Alzey-Worms	07331018	Eich	**1**
RP	Alzey-Worms	07331019	Ensheim	**1**
RP	Alzey-Worms	07331020	Eppelsheim	**1**
RP	Alzey-Worms	07331021	Erbes-Büdesheim	**2**
RP	Alzey-Worms	07331022	Esselborn	**2**
RP	Alzey-Worms	07331023	Flörsheim-Dalsheim	**1**
RP	Alzey-Worms	07331024	Flomborn	**2**
RP	Alzey-Worms	07331025	Flonheim	**2**
RP	Alzey-Worms	07331026	Framersheim	**1**
RP	Alzey-Worms	07331027	Freimersheim	**2**
RP	Alzey-Worms	07331028	Frettenheim	**1**
RP	Alzey-Worms	07331029	Gabsheim	**1**

Land	Landkreis	Gemeinde-schlüssel	Gemeinde	Schneelastzone
RP	Alzey-Worms	07331030	Gau-Bickelheim	2
RP	Alzey-Worms	07331031	Gau-Heppenheim	1
RP	Alzey-Worms	07331032	Gau-Odernheim	1
RP	Alzey-Worms	07331033	Gau-Weinheim	1
RP	Alzey-Worms	07331034	Gimbsheim	1
RP	Alzey-Worms	07331035	Gumbsheim	2
RP	Alzey-Worms	07331036	Gundersheim	1
RP	Alzey-Worms	07331037	Gundheim	1
RP	Alzey-Worms	07331038	Hamm	1
RP	Alzey-Worms	07331039	Hangen-Weisheim	1
RP	Alzey-Worms	07331011	Hochborn	1
RP	Alzey-Worms	07331041	Hohen-Sülzen	1
RP	Alzey-Worms	07331042	Kettenheim	2
RP	Alzey-Worms	07331043	Lonsheim	2
RP	Alzey-Worms	07331044	Mauchenheim	2
RP	Alzey-Worms	07331045	Mettenheim	1
RP	Alzey-Worms	07331046	Mölsheim	2
RP	Alzey-Worms	07331047	Mörstadt	1
RP	Alzey-Worms	07331048	Monsheim	1
RP	Alzey-Worms	07331049	Monzernheim	1
RP	Alzey-Worms	07331050	Nack	2
RP	Alzey-Worms	07331051	Nieder-Wiesen	2
RP	Alzey-Worms	07331052	Ober-Flörsheim	2
RP	Alzey-Worms	07331053	Offenheim	2
RP	Alzey-Worms	07331054	Offstein	1
RP	Alzey-Worms	07331055	Osthofen	1
RP	Alzey-Worms	07331056	Partenheim	1
RP	Alzey-Worms	07331058	Saulheim	1
RP	Alzey-Worms	07331059	Schornsheim	1
RP	Alzey-Worms	07331060	Siefersheim	2
RP	Alzey-Worms	07331061	Spiesheim	1
RP	Alzey-Worms	07331062	Stein-Bockenheim	2
RP	Alzey-Worms	07331063	Sulzheim	1
RP	Alzey-Worms	07331064	Udenheim	1
RP	Alzey-Worms	07331065	Vendersheim	1
RP	Alzey-Worms	07331066	Wachenheim	2
RP	Alzey-Worms	07331067	Wahlheim	2
RP	Alzey-Worms	07331068	Wallertheim	1
RP	Alzey-Worms	07331070	Wendelsheim	2
RP	Alzey-Worms	07331071	Westhofen	1
RP	Alzey-Worms	07331072	Wöllstein	2
RP	Alzey-Worms	07331073	Wörrstadt	1
RP	Alzey-Worms	07331075	Wonsheim	2
RP	**Bad Dürkheim**	07332001	Altleiningen	2
RP	Bad Dürkheim	07332002	Bad Dürkheim	2
RP	Bad Dürkheim	07332003	Battenberg (Pfalz)	2
RP	Bad Dürkheim	07332004	Bissersheim	2
RP	Bad Dürkheim	07332005	Bobenheim am Berg	2
RP	Bad Dürkheim	07332006	Bockenheim an der Weinstraße	2
RP	Bad Dürkheim	07332007	Carlsberg	2
RP	Bad Dürkheim	07332008	Dackenheim	2
RP	Bad Dürkheim	07332009	Deidesheim	2

Land	Landkreis	Gemeinde-schlüssel	Gemeinde	Schneelastzone
RP	Bad Dürkheim	07332010	Dirmstein	1
RP	Bad Dürkheim	07332012	Ebertsheim	2
RP	Bad Dürkheim	07332013	Ellerstadt	1
RP	Bad Dürkheim	07332014	Elmstein	2
RP	Bad Dürkheim	07332015	Erpolzheim	2
RP	Bad Dürkheim	07332016	Esthal	2
RP	Bad Dürkheim	07332017	Forst an der Weinstraße	2
RP	Bad Dürkheim	07332018	Frankeneck	2
RP	Bad Dürkheim	07332019	Freinsheim	2
RP	Bad Dürkheim	07332020	Friedelsheim	2
RP	Bad Dürkheim	07332021	Gerolsheim	1
RP	Bad Dürkheim	07332022	Gönnheim	1
RP	Bad Dürkheim	07332023	Großkarlbach	2
RP	Bad Dürkheim	07332024	Grünstadt	2
RP	Bad Dürkheim	07332025	Haßloch	1
RP	Bad Dürkheim	07332026	Herxheim am Berg	2
RP	Bad Dürkheim	07332027	Hettenleidelheim	2
RP	Bad Dürkheim	07332028	Kallstadt	2
RP	Bad Dürkheim	07332029	Kindenheim	2
RP	Bad Dürkheim	07332030	Kirchheim an der Weinstraße	2
RP	Bad Dürkheim	07332031	Kleinkarlbach	2
RP	Bad Dürkheim	07332032	Lambrecht (Pfalz)	2
RP	Bad Dürkheim	07332033	Laumersheim	1
RP	Bad Dürkheim	07332034	Lindenberg	2
RP	Bad Dürkheim	07332035	Meckenheim	1
RP	Bad Dürkheim	07332036	Mertesheim	2
RP	Bad Dürkheim	07332037	Neidenfels	2
RP	Bad Dürkheim	07332038	Neuleiningen	2
RP	Bad Dürkheim	07332039	Niederkirchen bei Deidesheim	2
RP	Bad Dürkheim	07332040	Obersülzen	2
RP	Bad Dürkheim	07332041	Obrigheim (Pfalz)	2
RP	Bad Dürkheim	07332042	Quirnheim	2
RP	Bad Dürkheim	07332043	Ruppertsberg	2
RP	Bad Dürkheim	07332044	Tiefenthal	2
RP	Bad Dürkheim	07332046	Wachenheim an der Weinstraße	2
RP	Bad Dürkheim	07332047	Wattenheim	2
RP	Bad Dürkheim	07332048	Weidenthal	2
RP	Bad Dürkheim	07332049	Weisenheim am Berg	2
RP	Bad Dürkheim	07332050	Weisenheim am Sand	1
RP	**Bad Kreuznach**	**alle**	**alle**	**2**
RP	**Bernkastel-Wittlich**	alle	alle	2
RP	**Birkenfeld**	alle	alle	2
RP	**Bitburg-Prüm**	alle	alle	2
RP	**Cochem-Zell**	alle	alle	2
RP	**Daun**	alle	alle	2
RP	**Donnersbergkreis**	alle	alle	2
RP	**Frankenthal (Pfalz)**	07311000	Frankenthal (Pfalz)	1
RP	**Germersheim**	alle	alle	1
RP	**Kaiserslautern**	07312000	Kaiserslautern	2
RP	Kaiserslautern	alle	alle	2
RP	**Koblenz**	07111000	Koblenz	1
RP	**Kusel**	alle	alle	2

Land	Landkreis	Gemeinde-schlüssel	Gemeinde	Schneelastzone
RP	**Landau in der Pfalz**	07313000	Landau in der Pfalz	2
RP	**Ludwigshafen am Rhein**	07314000	Ludwigshafen am Rhein	1
RP	**Mainz**	07315000	Mainz	1
RP	**Mainz-Bingen**	07339001	Appenheim	1
RP	Mainz-Bingen	07339002	Aspisheim	1
RP	Mainz-Bingen	07339003	Bacharach	2
RP	Mainz-Bingen	07339004	Badenheim	2
RP	Mainz-Bingen	07339005	Bingen am Rhein	1
RP	Mainz-Bingen	07339006	Bodenheim	1
RP	Mainz-Bingen	07339007	Breitscheid	2
RP	Mainz-Bingen	07339008	Bubenheim	1
RP	Mainz-Bingen	07339009	Budenheim	1
RP	Mainz-Bingen	07339010	Dalheim	1
RP	Mainz-Bingen	07339011	Dexheim	1
RP	Mainz-Bingen	07339012	Dienheim	1
RP	Mainz-Bingen	07339013	Dolgesheim	1
RP	Mainz-Bingen	07339201	Dorn-Dürkheim	1
RP	Mainz-Bingen	07339015	Eimsheim	1
RP	Mainz-Bingen	07339016	Engelstadt	1
RP	Mainz-Bingen	07339017	Essenheim	1
RP	Mainz-Bingen	07339018	Friesenheim	1
RP	Mainz-Bingen	07339019	Gau-Algesheim	1
RP	Mainz-Bingen	07339020	Gau-Bischofsheim	1
RP	Mainz-Bingen	07339021	Gensingen	2
RP	Mainz-Bingen	07339022	Grolsheim	2
RP	Mainz-Bingen	07339024	Guntersblum	1
RP	Mainz-Bingen	07339025	Hahnheim	1
RP	Mainz-Bingen	07339026	Harxheim	1
RP	Mainz-Bingen	07339027	Heidesheim am Rhein	1
RP	Mainz-Bingen	07339028	Hillesheim	1
RP	Mainz-Bingen	07339029	Horrweiler	1
RP	Mainz-Bingen	07339030	Ingelheim am Rhein	1
RP	Mainz-Bingen	07339031	Jugenheim in Rheinhessen	1
RP	Mainz-Bingen	07339032	Klein-Winternheim	1
RP	Mainz-Bingen	07339033	Köngernheim	1
RP	Mainz-Bingen	07339034	Lörzweiler	1
RP	Mainz-Bingen	07339035	Ludwigshöhe	1
RP	Mainz-Bingen	07339036	Manubach	2
RP	Mainz-Bingen	07339037	Mommenheim	1
RP	Mainz-Bingen	07339038	Münster-Sarmsheim	2
RP	Mainz-Bingen	07339039	Nackenheim	1
RP	Mainz-Bingen	07339040	Niederheimbach	1
RP	Mainz-Bingen	07339041	Nieder-Hilbersheim	1
RP	Mainz-Bingen	07339042	Nieder-Olm	1
RP	Mainz-Bingen	07339043	Nierstein	1
RP	Mainz-Bingen	07339044	Oberdiebach	2
RP	Mainz-Bingen	07339045	Oberheimbach	2
RP	Mainz-Bingen	07339046	Ober-Hilbersheim	1
RP	Mainz-Bingen	07339047	Ober-Olm	1
RP	Mainz-Bingen	07339048	Ockenheim	1
RP	Mainz-Bingen	07339049	Oppenheim	1
RP	Mainz-Bingen	07339050	Sankt Johann	1

Land	Landkreis	Gemeinde-schlüssel	Gemeinde	Schneelastzone
RP	Mainz-Bingen	07339051	Schwabenheim an der Selz	1
RP	Mainz-Bingen	07339053	Selzen	1
RP	Mainz-Bingen	07339054	Sörgenloch	1
RP	Mainz-Bingen	07339056	Sprendlingen	2
RP	Mainz-Bingen	07339057	Stadecken-Elsheim	1
RP	Mainz-Bingen	07339058	Trechtingshausen	1
RP	Mainz-Bingen	07339059	Uelversheim	1
RP	Mainz-Bingen	07339060	Undenheim	1
RP	Mainz-Bingen	07339061	Wackernheim	1
RP	Mainz-Bingen	07339062	Waldalgesheim	2
RP	Mainz-Bingen	07339063	Weiler bei Bingen	2
RP	Mainz-Bingen	07339064	Weinolsheim	1
RP	Mainz-Bingen	07339065	Welgesheim	2
RP	Mainz-Bingen	07339066	Wintersheim	1
RP	Mainz-Bingen	07339202	Wolfsheim	1
RP	Mainz-Bingen	07339067	Zornheim	1
RP	Mainz-Bingen	07339068	Zotzenheim	2
RP	**Mayen-Koblenz**	07137001	Acht	2
RP	Mayen-Koblenz	07137201	Alken	2
RP	Mayen-Koblenz	07137003	Andernach	1
RP	Mayen-Koblenz	07137004	Anschau	2
RP	Mayen-Koblenz	07137006	Arft	2
RP	Mayen-Koblenz	07137007	Baar	2
RP	Mayen-Koblenz	07137202	Bassenheim	1
RP	Mayen-Koblenz	07137008	Bell	2
RP	Mayen-Koblenz	07137203	Bendorf	1
RP	Mayen-Koblenz	07137011	Bermel	2
RP	Mayen-Koblenz	07137014	Boos	2
RP	Mayen-Koblenz	07137204	Brey	1
RP	Mayen-Koblenz	07137205	Brodenbach	2
RP	Mayen-Koblenz	07137206	Burgen	2
RP	Mayen-Koblenz	07137207	Dieblich	1
RP	Mayen-Koblenz	07137019	Ditscheid	2
RP	Mayen-Koblenz	07137023	Einig	2
RP	Mayen-Koblenz	07137025	Ettringen	2
RP	Mayen-Koblenz	07137027	Gappenach	2
RP	Mayen-Koblenz	07137029	Gering	2
RP	Mayen-Koblenz	07137030	Gierschnach	2
RP	Mayen-Koblenz	07137208	Hatzenport	2
RP	Mayen-Koblenz	07137034	Hausten	2
RP	Mayen-Koblenz	07137035	Herresbach	2
RP	Mayen-Koblenz	07137036	Hirten	2
RP	Mayen-Koblenz	07137041	Kalt	2
RP	Mayen-Koblenz	07137209	Kaltenengers	1
RP	Mayen-Koblenz	07137043	Kehrig	2
RP	Mayen-Koblenz	07137048	Kerben	2
RP	Mayen-Koblenz	07137211	Kettig	1
RP	Mayen-Koblenz	07137049	Kirchwald	2
RP	Mayen-Koblenz	07137212	Kobern-Gondorf	2
RP	Mayen-Koblenz	07137053	Kollig	2
RP	Mayen-Koblenz	07137055	Kottenheim	2
RP	Mayen-Koblenz	07137056	Kretz	1

Land	Landkreis	Gemeinde-schlüssel	Gemeinde	Schneelastzone
RP	Mayen-Koblenz	07137057	Kruft	2
RP	Mayen-Koblenz	07137060	Langenfeld	2
RP	Mayen-Koblenz	07137061	Langscheid	2
RP	Mayen-Koblenz	07137504	Lehmen	2
RP	Mayen-Koblenz	07137063	Lind	2
RP	Mayen-Koblenz	07137214	Löf	2
RP	Mayen-Koblenz	07137065	Lonnig	2
RP	Mayen-Koblenz	07137066	Luxem	2
RP	Mayen-Koblenz	07137215	Macken	2
RP	Mayen-Koblenz	07137068	Mayen	2
RP	Mayen-Koblenz	07137069	Mendig	2
RP	Mayen-Koblenz	07137070	Mertloch	2
RP	Mayen-Koblenz	07137074	Monreal	2
RP	Mayen-Koblenz	07137216	Mülheim-Kärlich	1
RP	Mayen-Koblenz	07137077	Münk	2
RP	Mayen-Koblenz	07137501	Münstermaifeld	2
RP	Mayen-Koblenz	07137079	Nachtsheim	2
RP	Mayen-Koblenz	07137080	Naunheim	2
RP	Mayen-Koblenz	07137081	Nickenich	1
RP	Mayen-Koblenz	07137217	Niederfell	2
RP	Mayen-Koblenz	07137218	Niederwerth	1
RP	Mayen-Koblenz	07137219	Nörtershausen	2
RP	Mayen-Koblenz	07137220	Oberfell	2
RP	Mayen-Koblenz	07137086	Ochtendung	2
RP	Mayen-Koblenz	07137087	Pillig	2
RP	Mayen-Koblenz	07137088	Plaidt	1
RP	Mayen-Koblenz	07137089	Polch	2
RP	Mayen-Koblenz	07137221	Rhens	1
RP	Mayen-Koblenz	07137092	Reudelsterz	2
RP	Mayen-Koblenz	07137093	Rieden	2
RP	Mayen-Koblenz	07137095	Rüber	2
RP	Mayen-Koblenz	07137096	Saffig	1
RP	Mayen-Koblenz	07137097	Sankt Johann	2
RP	Mayen-Koblenz	07137222	Sankt Sebastian	1
RP	Mayen-Koblenz	07137099	Siebenbach	2
RP	Mayen-Koblenz	07137223	Spay	1
RP	Mayen-Koblenz	07137101	Thür	2
RP	Mayen-Koblenz	07137102	Trimbs	2
RP	Mayen-Koblenz	07137224	Urbar	1
RP	Mayen-Koblenz	07137225	Urmitz	1
RP	Mayen-Koblenz	07137226	Vallendar	1
RP	Mayen-Koblenz	07137105	Virneburg	2
RP	Mayen-Koblenz	07137106	Volkesfeld	2
RP	Mayen-Koblenz	07137227	Waldesch	1
RP	Mayen-Koblenz	07137110	Weiler	2
RP	Mayen-Koblenz	07137228	Weißenthurm	1
RP	Mayen-Koblenz	07137229	Weitersburg	1
RP	Mayen-Koblenz	07137112	Welling	2
RP	Mayen-Koblenz	07137113	Welschenbach	2
RP	Mayen-Koblenz	07137114	Wierschem	2
RP	Mayen-Koblenz	07137230	Winningen	1
RP	Mayen-Koblenz	07137231	Wolken	1

Land	Landkreis	Gemeinde-schlüssel	Gemeinde	Schneelastzone
RP	**Neustadt an der Weinstraße**	07316000	Neustadt an der Weinstraße	2
RP	**Neuwied**	07138002	Anhausen	1
RP	Neuwied	07138003	Asbach	2
RP	Neuwied	07138004	Bad Hönningen	1
RP	Neuwied	07138005	Bonefeld	1
RP	Neuwied	07138006	Breitscheid	1
RP	Neuwied	07138008	Bruchhausen	1
RP	Neuwied	07138080	Buchholz (Westerwald)	2
RP	Neuwied	07138009	Dattenberg	1
RP	Neuwied	07138010	Datzeroth	1
RP	Neuwied	07138011	Dernbach	2
RP	Neuwied	07138012	Dierdorf	2
RP	Neuwied	07138013	Döttesfeld	2
RP	Neuwied	07138014	Dürrholz	2
RP	Neuwied	07138015	Ehlscheid	1
RP	Neuwied	07138019	Erpel	1
RP	Neuwied	07138023	Großmaischeid	2
RP	Neuwied	07138024	Hammerstein	1
RP	Neuwied	07138025	Hanroth	2
RP	Neuwied	07138026	Hardert	1
RP	Neuwied	07138027	Harschbach	2
RP	Neuwied	07138007	Hausen (Wied)	1
RP	Neuwied	07138030	Hümmerich	1
RP	Neuwied	07138031	Isenburg	1
RP	Neuwied	07138501	Kasbach-Ohlenberg	1
RP	Neuwied	07138034	Kleinmaischeid	2
RP	Neuwied	07138036	Kurtscheid	1
RP	Neuwied	07138037	Leubsdorf	1
RP	Neuwied	07138038	Leutesdorf	1
RP	Neuwied	07138040	Linkenbach	2
RP	Neuwied	07138041	Linz am Rhein	1
RP	Neuwied	07138201	Marienhausen	2
RP	Neuwied	07138042	Meinborn	1
RP	Neuwied	07138043	Melsbach	1
RP	Neuwied	07138044	Neustadt (Wied)	1
RP	Neuwied	07138045	Neuwied	1
RP	Neuwied	07138047	Niederbreitbach	1
RP	Neuwied	07138048	Niederhofen	2
RP	Neuwied	07138050	Niederwambach	2
RP	Neuwied	07138052	Oberdreis	2
RP	Neuwied	07138053	Oberhonnefeld-Gierend	1
RP	Neuwied	07138054	Oberraden	1
RP	Neuwied	07138055	Ockenfels	1
RP	Neuwied	07138057	Puderbach	2
RP	Neuwied	07138058	Ratzert	2
RP	Neuwied	07138059	Raubach	2
RP	Neuwied	07138061	Rengsdorf	1
RP	Neuwied	07138062	Rheinbreitbach	1
RP	Neuwied	07138063	Rheinbrohl	1
RP	Neuwied	07138064	Rodenbach bei Puderbach	2
RP	Neuwied	07138065	Roßbach	1
RP	Neuwied	07138066	Rüscheid	1

Land	Landkreis	Gemeinde-schlüssel	Gemeinde	Schneelastzone
RP	Neuwied	07138068	Sankt Katharinen (Lkr. Neuwied)	1
RP	Neuwied	07138069	Stebach	2
RP	Neuwied	07138070	Steimel	2
RP	Neuwied	07138071	Straßenhaus	1
RP	Neuwied	07138072	Thalhausen	1
RP	Neuwied	07138073	Unkel	1
RP	Neuwied	07138074	Urbach	2
RP	Neuwied	07138075	Vettelschoß	1
RP	Neuwied	07138076	Waldbreitbach	1
RP	Neuwied	07138077	Windhagen	1
RP	Neuwied	07138078	Woldert	2
RP	**Pirmasens**	07317000	Pirmasens	2
RP	**Rhein-Hunsrück-Kreis**	alle	alle außer Urbar = SLZ 1	2
RP	**Rhein-Lahn-Kreis**	07141001	Allendorf	2
RP	Rhein-Lahn-Kreis	07141002	Altendiez	2
RP	Rhein-Lahn-Kreis	07141201	Arzbach	1
RP	Rhein-Lahn-Kreis	07141003	Attenhausen	2
RP	Rhein-Lahn-Kreis	07141004	Auel	1
RP	Rhein-Lahn-Kreis	07141005	Aull	2
RP	Rhein-Lahn-Kreis	07141006	Bad Ems	1
RP	Rhein-Lahn-Kreis	07141503	Balduinstein	2
RP	Rhein-Lahn-Kreis	07141008	Becheln	1
RP	Rhein-Lahn-Kreis	07141009	Berg	1
RP	Rhein-Lahn-Kreis	07141010	Berghausen	2
RP	Rhein-Lahn-Kreis	07141011	Berndroth	2
RP	Rhein-Lahn-Kreis	07141012	Bettendorf	1
RP	Rhein-Lahn-Kreis	07141013	Biebrich	2
RP	Rhein-Lahn-Kreis	07141014	Birlenbach	2
RP	Rhein-Lahn-Kreis	07141015	Bogel	1
RP	Rhein-Lahn-Kreis	07141016	Bornich	1
RP	Rhein-Lahn-Kreis	07141501	Braubach	1
RP	Rhein-Lahn-Kreis	07141018	Bremberg	2
RP	Rhein-Lahn-Kreis	07141019	Buch	1
RP	Rhein-Lahn-Kreis	07141020	Burgschwalbach	2
RP	Rhein-Lahn-Kreis	07141021	Charlottenberg	2
RP	Rhein-Lahn-Kreis	07141022	Cramberg	2
RP	Rhein-Lahn-Kreis	07141023	Dachsenhausen	1
RP	Rhein-Lahn-Kreis	07141024	Dahlheim	1
RP	Rhein-Lahn-Kreis	07141025	Dausenau	1
RP	Rhein-Lahn-Kreis	07141026	Dessighofen	1
RP	Rhein-Lahn-Kreis	07141027	Dienethal	1
RP	Rhein-Lahn-Kreis	07141502	Diethardt	1
RP	Rhein-Lahn-Kreis	07141029	Diez	2
RP	Rhein-Lahn-Kreis	07141030	Dörnberg	2
RP	Rhein-Lahn-Kreis	07141031	Dörscheid	1
RP	Rhein-Lahn-Kreis	07141032	Dörsdorf	2
RP	Rhein-Lahn-Kreis	07141033	Dornholzhausen	1
RP	Rhein-Lahn-Kreis	07141034	Ebertshausen	2
RP	Rhein-Lahn-Kreis	07141035	Ehr	1
RP	Rhein-Lahn-Kreis	07141036	Eisighofen	2
RP	Rhein-Lahn-Kreis	07141037	Endlichhofen	1
RP	Rhein-Lahn-Kreis	07141038	Eppenrod	2

Land	Landkreis	Gemeinde-schlüssel	Gemeinde	Schneelastzone
RP	Rhein-Lahn-Kreis	07141039	Ergeshausen	2
RP	Rhein-Lahn-Kreis	07141040	Eschbach	1
RP	Rhein-Lahn-Kreis	07141041	Fachbach	1
RP	Rhein-Lahn-Kreis	07141042	Filsen	1
RP	Rhein-Lahn-Kreis	07141043	Flacht	2
RP	Rhein-Lahn-Kreis	07141044	Frücht	1
RP	Rhein-Lahn-Kreis	07141045	Geilnau	2
RP	Rhein-Lahn-Kreis	07141046	Geisig	1
RP	Rhein-Lahn-Kreis	07141047	Gemmerich	1
RP	Rhein-Lahn-Kreis	07141049	Gückingen	2
RP	Rhein-Lahn-Kreis	07141050	Gutenacker	2
RP	Rhein-Lahn-Kreis	07141051	Hahnstätten	2
RP	Rhein-Lahn-Kreis	07141110	Hainau	1
RP	Rhein-Lahn-Kreis	07141052	Hambach	2
RP	Rhein-Lahn-Kreis	07141053	Heistenbach	2
RP	Rhein-Lahn-Kreis	07141054	Herold	2
RP	Rhein-Lahn-Kreis	07141055	Himmighofen	1
RP	Rhein-Lahn-Kreis	07141057	Hirschberg	2
RP	Rhein-Lahn-Kreis	07141058	Hömberg	1
RP	Rhein-Lahn-Kreis	07141059	Holzappel	2
RP	Rhein-Lahn-Kreis	07141060	Holzhausen an der Haide	2
RP	Rhein-Lahn-Kreis	07141061	Holzheim	2
RP	Rhein-Lahn-Kreis	07141062	Horhausen	2
RP	Rhein-Lahn-Kreis	07141063	Hunzel	1
RP	Rhein-Lahn-Kreis	07141064	Isselbach	2
RP	Rhein-Lahn-Kreis	07141065	Kaltenholzhausen	2
RP	Rhein-Lahn-Kreis	07141066	Kamp-Bornhofen	1
RP	Rhein-Lahn-Kreis	07141067	Kasdorf	1
RP	Rhein-Lahn-Kreis	07141068	Katzenelnbogen	2
RP	Rhein-Lahn-Kreis	07141069	Kaub	1
RP	Rhein-Lahn-Kreis	07141070	Kehlbach	1
RP	Rhein-Lahn-Kreis	07141071	Kemmenau	1
RP	Rhein-Lahn-Kreis	07141072	Kestert	1
RP	Rhein-Lahn-Kreis	07141073	Klingelbach	2
RP	Rhein-Lahn-Kreis	07141074	Kördorf	2
RP	Rhein-Lahn-Kreis	07141075	Lahnstein	1
RP	Rhein-Lahn-Kreis	07141076	Langenscheid	2
RP	Rhein-Lahn-Kreis	07141077	Laurenburg	2
RP	Rhein-Lahn-Kreis	07141078	Lautert	1
RP	Rhein-Lahn-Kreis	07141079	Lierschied	1
RP	Rhein-Lahn-Kreis	07141080	Lipporn	1
RP	Rhein-Lahn-Kreis	07141081	Lohrheim	2
RP	Rhein-Lahn-Kreis	07141082	Lollschied	2
RP	Rhein-Lahn-Kreis	07141083	Lykershausen	1
RP	Rhein-Lahn-Kreis	07141084	Marienfels	1
RP	Rhein-Lahn-Kreis	07141085	Miehlen	1
RP	Rhein-Lahn-Kreis	07141086	Miellen	1
RP	Rhein-Lahn-Kreis	07141087	Misselberg	1
RP	Rhein-Lahn-Kreis	07141088	Mittelfischbach	2
RP	Rhein-Lahn-Kreis	07141089	Mudershausen	2
RP	Rhein-Lahn-Kreis	07141091	Nassau	1
RP	Rhein-Lahn-Kreis	07141092	Nastätten	1

Land	Landkreis	Gemeinde-schlüssel	Gemeinde	Schneelastzone
RP	Rhein-Lahn-Kreis	07141093	Netzbach	2
RP	Rhein-Lahn-Kreis	07141094	Niederbachheim	1
RP	Rhein-Lahn-Kreis	07141095	Niederneisen	2
RP	Rhein-Lahn-Kreis	07141096	Niedertiefenbach	2
RP	Rhein-Lahn-Kreis	07141097	Niederwallmenach	1
RP	Rhein-Lahn-Kreis	07141098	Nievern	1
RP	Rhein-Lahn-Kreis	07141099	Nochern	1
RP	Rhein-Lahn-Kreis	07141100	Oberbachheim	1
RP	Rhein-Lahn-Kreis	07141101	Oberfischbach	2
RP	Rhein-Lahn-Kreis	07141102	Oberneisen	2
RP	Rhein-Lahn-Kreis	07141103	Obernhof	2
RP	Rhein-Lahn-Kreis	07141104	Obertiefenbach	2
RP	Rhein-Lahn-Kreis	07141105	Oberwallmenach	1
RP	Rhein-Lahn-Kreis	07141106	Oberwies	1
RP	Rhein-Lahn-Kreis	07141107	Oelsberg	1
RP	Rhein-Lahn-Kreis	07141108	Osterspai	1
RP	Rhein-Lahn-Kreis	07141109	Patersberg	1
RP	Rhein-Lahn-Kreis	07141111	Pohl	1
RP	Rhein-Lahn-Kreis	07141112	Prath	1
RP	Rhein-Lahn-Kreis	07141113	Reckenroth	2
RP	Rhein-Lahn-Kreis	07141114	Reichenberg	1
RP	Rhein-Lahn-Kreis	07141115	Reitzenhain	1
RP	Rhein-Lahn-Kreis	07141116	Rettershain	1
RP	Rhein-Lahn-Kreis	07141117	Rettert	2
RP	Rhein-Lahn-Kreis	07141118	Roth	2
RP	Rhein-Lahn-Kreis	07141120	Ruppertshofen	1
RP	Rhein-Lahn-Kreis	07141121	Sankt Goarshausen	1
RP	Rhein-Lahn-Kreis	07141122	Sauerthal	1
RP	Rhein-Lahn-Kreis	07141124	Scheidt	2
RP	Rhein-Lahn-Kreis	07141125	Schiesheim	2
RP	Rhein-Lahn-Kreis	07141126	Schönborn	2
RP	Rhein-Lahn-Kreis	07141127	Schweighausen	1
RP	Rhein-Lahn-Kreis	07141128	Seelbach	2
RP	Rhein-Lahn-Kreis	07141129	Singhofen	1
RP	Rhein-Lahn-Kreis	07141130	Steinsberg	2
RP	Rhein-Lahn-Kreis	07141131	Strüth	1
RP	Rhein-Lahn-Kreis	07141132	Sulzbach	1
RP	Rhein-Lahn-Kreis	07141133	Wasenbach	2
RP	Rhein-Lahn-Kreis	07141134	Weidenbach	1
RP	Rhein-Lahn-Kreis	07141135	Weinähr	2
RP	Rhein-Lahn-Kreis	07141136	Weisel	1
RP	Rhein-Lahn-Kreis	07141137	Welterod	1
RP	Rhein-Lahn-Kreis	07141138	Weyer	1
RP	Rhein-Lahn-Kreis	07141139	Winden	2
RP	Rhein-Lahn-Kreis	07141140	Winterwerb	1
RP	Rhein-Lahn-Kreis	07141141	Zimmerschied	1
RP	**Rhein-Pfalz**	alle	alle	1
RP	**Speyer**	07318000	Speyer	1
RP	**Südliche Weinstraße**	07337001	Albersweiler	2
RP	Südliche Weinstraße	07337002	Altdorf	1
RP	Südliche Weinstraße	07337501	Annweiler am Trifels	2
RP	Südliche Weinstraße	07337005	Bad Bergzabern	2

Land	Landkreis	Gemeinde-schlüssel	Gemeinde	Schneelastzone
RP	Südliche Weinstraße	07337006	Barbelroth	1
RP	Südliche Weinstraße	07337007	Billigheim-Ingenheim	2
RP	Südliche Weinstraße	07337008	Birkenhördt	2
RP	Südliche Weinstraße	07337009	Birkweiler	2
RP	Südliche Weinstraße	07337011	Böbingen	1
RP	Südliche Weinstraße	07337012	Böchingen	2
RP	Südliche Weinstraße	07337013	Böllenborn	2
RP	Südliche Weinstraße	07337014	Bornheim	1
RP	Südliche Weinstraße	07337015	Burrweiler	2
RP	Südliche Weinstraße	07337017	Dernbach	2
RP	Südliche Weinstraße	07337018	Dierbach	1
RP	Südliche Weinstraße	07337019	Dörrenbach	2
RP	Südliche Weinstraße	07337020	Edenkoben	2
RP	Südliche Weinstraße	07337021	Edesheim	2
RP	Südliche Weinstraße	07337022	Eschbach	2
RP	Südliche Weinstraße	07337023	Essingen	1
RP	Südliche Weinstraße	07337024	Eußerthal	2
RP	Südliche Weinstraße	07337025	Flemlingen	2
RP	Südliche Weinstraße	07337026	Frankweiler	2
RP	Südliche Weinstraße	07337027	Freimersheim (Pfalz)	1
RP	Südliche Weinstraße	07337028	Gleisweiler	2
RP	Südliche Weinstraße	07337029	Gleiszellen-Gleishorbach	2
RP	Südliche Weinstraße	07337031	Göcklingen	2
RP	Südliche Weinstraße	07337032	Gommersheim	1
RP	Südliche Weinstraße	07337033	Gossersweiler-Stein	2
RP	Südliche Weinstraße	07337035	Großfischlingen	2
RP	Südliche Weinstraße	07337036	Hainfeld	2
RP	Südliche Weinstraße	07337037	Hergersweiler	1
RP	Südliche Weinstraße	07337038	Herxheim bei Landau/Pfalz	1
RP	Südliche Weinstraße	07337039	Herxheimweyher	1
RP	Südliche Weinstraße	07337040	Heuchelheim-Klingen	2
RP	Südliche Weinstraße	07337041	Hochstadt (Pfalz)	1
RP	Südliche Weinstraße	07337042	Ilbesheim bei Landau in der Pfalz	2
RP	Südliche Weinstraße	07337043	Impflingen	2
RP	Südliche Weinstraße	07337044	Insheim	1
RP	Südliche Weinstraße	07337045	Kapellen-Drusweiler	2
RP	Südliche Weinstraße	07337046	Kapsweyer	1
RP	Südliche Weinstraße	07337047	Kirrweiler (Pfalz)	2
RP	Südliche Weinstraße	07337048	Kleinfischlingen	1
RP	Südliche Weinstraße	07337049	Klingenmünster	2
RP	Südliche Weinstraße	07337050	Knöringen	2
RP	Südliche Weinstraße	07337051	Leinsweiler	2
RP	Südliche Weinstraße	07337052	Maikammer	2
RP	Südliche Weinstraße	07337054	Münchweiler am Klingbach	2
RP	Südliche Weinstraße	07337055	Niederhorbach	2
RP	Südliche Weinstraße	07337056	Niederotterbach	2
RP	Südliche Weinstraße	07337058	Oberhausen	2
RP	Südliche Weinstraße	07337059	Oberotterbach	2
RP	Südliche Weinstraße	07337060	Oberschlettenbach	2
RP	Südliche Weinstraße	07337061	Offenbach an der Queich	1
RP	Südliche Weinstraße	07337062	Pleisweiler-Oberhofen	2
RP	Südliche Weinstraße	07337064	Ramberg	2

Land	Landkreis	Gemeinde-schlüssel	Gemeinde	Schneelastzone
RP	Südliche Weinstraße	07337065	Ranschbach	**2**
RP	Südliche Weinstraße	07337066	Rhodt unter Rietburg	**2**
RP	Südliche Weinstraße	07337067	Rinnthal	**2**
RP	Südliche Weinstraße	07337068	Rohrbach	**1**
RP	Südliche Weinstraße	07337069	Roschbach	**2**
RP	Südliche Weinstraße	07337070	Sankt Martin	**2**
RP	Südliche Weinstraße	07337071	Schweigen-Rechtenbach	**2**
RP	Südliche Weinstraße	07337072	Schweighofen	**2**
RP	Südliche Weinstraße	07337073	Siebeldingen	**2**
RP	Südliche Weinstraße	07337074	Silz	**2**
RP	Südliche Weinstraße	07337076	Steinfeld	**1**
RP	Südliche Weinstraße	07337077	Venningen	**2**
RP	Südliche Weinstraße	07337078	Völkersweiler	**2**
RP	Südliche Weinstraße	07337079	Vorderweidenthal	**2**
RP	Südliche Weinstraße	07337080	Waldhambach	**2**
RP	Südliche Weinstraße	07337081	Waldrohrbach	**2**
RP	Südliche Weinstraße	07337082	Walsheim	**2**
RP	Südliche Weinstraße	07337083	Wernersberg	**2**
RP	Südliche Weinstraße	07337084	Weyher in der Pfalz	**2**
RP	**Südwestpfalz**	alle	alle	**2**
RP	**Trier**	07211000	Trier	**2**
RP	**Trier-Saarburg**	alle	alle	**2**
RP	**Vulkneifel**	alle	alle	**2**
RP	**Westerwaldkreis**	07143200	Ailertchen	**2**
RP	Westerwaldkreis	07143202	Alpenrod	**2**
RP	Westerwaldkreis	07143001	Alsbach	**2**
RP	Westerwaldkreis	07143003	Bannberscheid	**2**
RP	Westerwaldkreis	07143203	Arnshöfen	**2**
RP	Westerwaldkreis	07143204	Astert	**2**
RP	Westerwaldkreis	07143205	Atzelgift	**2a**
RP	Westerwaldkreis	07143206	Bad Marienberg (Westerwald)	**2a**
RP	Westerwaldkreis	07143207	Bellingen	**2**
RP	Westerwaldkreis	07143208	Berod bei Wallmerod	**2**
RP	Westerwaldkreis	07143209	Berzhahn	**2**
RP	Westerwaldkreis	07143210	Bilkheim	**2**
RP	Westerwaldkreis	07143005	Boden	**2**
RP	Westerwaldkreis	07143211	Bölsberg	**2**
RP	Westerwaldkreis	07143212	Borod	**2**
RP	Westerwaldkreis	07143213	Brandscheid	**2**
RP	Westerwaldkreis	07143006	Breitenau	**2**
RP	Westerwaldkreis	07143214	Bretthausen	**2a**
RP	Westerwaldkreis	07143007	Caan	**1**
RP	Westerwaldkreis	07143008	Daubach	**2**
RP	Westerwaldkreis	07143009	Deesen	**2**
RP	Westerwaldkreis	07143010	Dernbach (Westerwald)	**2**
RP	Westerwaldkreis	07143215	Dreifelden	**2**
RP	Westerwaldkreis	07143011	Dreikirchen	**2**
RP	Westerwaldkreis	07143216	Dreisbach	**2**
RP	Westerwaldkreis	07143012	Ebernhahn	**2**
RP	Westerwaldkreis	07143013	Eitelborn	**1**
RP	Westerwaldkreis	07143501	Elbingen	**2**
RP	Westerwaldkreis	07143015	Ellenhausen	**2**

Land	Landkreis	Gemeinde-schlüssel	Gemeinde	Schneelastzone
RP	Westerwaldkreis	07143218	Elsoff (Westerwald)	2
RP	Westerwaldkreis	07143219	Enspel	2
RP	Westerwaldkreis	07143220	Ettinghausen	2
RP	Westerwaldkreis	07143221	Ewighausen	2
RP	Westerwaldkreis	07143222	Fehl-Ritzhausen	2
RP	Westerwaldkreis	07143018	Freilingen	2
RP	Westerwaldkreis	07143019	Freirachdorf	2
RP	Westerwaldkreis	07143020	Gackenbach	2
RP	Westerwaldkreis	07143223	Gehlert	2
RP	Westerwaldkreis	07143224	Gemünden	2
RP	Westerwaldkreis	07143225	Giesenhausen	2
RP	Westerwaldkreis	07143226	Girkenroth	2
RP	Westerwaldkreis	07143021	Girod	2
RP	Westerwaldkreis	07143022	Goddert	2
RP	Westerwaldkreis	07143023	Görgeshausen	2
RP	Westerwaldkreis	07143024	Großholbach	2
RP	Westerwaldkreis	07143227	Großseifen	2
RP	Westerwaldkreis	07143228	Guckheim	2
RP	Westerwaldkreis	07143229	Hachenburg	2
RP	Westerwaldkreis	07143230	Härtlingen	2
RP	Westerwaldkreis	07143231	Hahn bei Marienberg	2
RP	Westerwaldkreis	07143232	Hahn am See	2
RP	Westerwaldkreis	07143233	Halbs	2
RP	Westerwaldkreis	07143234	Hardt	2
RP	Westerwaldkreis	07143025	Hartenfels	2
RP	Westerwaldkreis	07143235	Hattert	2
RP	Westerwaldkreis	07143026	Heilberscheid	2
RP	Westerwaldkreis	07143027	Heiligenroth	2
RP	Westerwaldkreis	07143028	Helferskirchen	2
RP	Westerwaldkreis	07143236	Heimborn	2
RP	Westerwaldkreis	07143237	Hellenhahn-Schellenberg	2
RP	Westerwaldkreis	07143238	Hergenroth	2
RP	Westerwaldkreis	07143029	Herschbach	2
RP	Westerwaldkreis	07143239	Herschbach (Oberwesterwald)	2
RP	Westerwaldkreis	07143240	Heuzert	2
RP	Westerwaldkreis	07143030	Hilgert	2
RP	Westerwaldkreis	07143031	Hillscheid	1
RP	Westerwaldkreis	07143241	Höchstenbach	2
RP	Westerwaldkreis	07143242	Höhn	2
RP	Westerwaldkreis	07143032	Höhr-Grenzhausen	1
RP	Westerwaldkreis	07143243	Hof	2a
RP	Westerwaldkreis	07143033	Holler	2
RP	Westerwaldkreis	07143244	Homberg	2
RP	Westerwaldkreis	07143034	Horbach	2
RP	Westerwaldkreis	07143036	Hübingen	2
RP	Westerwaldkreis	07143245	Hüblingen	2
RP	Westerwaldkreis	07143037	Hundsangen	2
RP	Westerwaldkreis	07143038	Hundsdorf	2
RP	Westerwaldkreis	07143246	Irmtraut	2
RP	Westerwaldkreis	07143247	Kaden	2
RP	Westerwaldkreis	07143039	Kadenbach	1
RP	Westerwaldkreis	07143040	Kammerforst	2

Land	Landkreis	Gemeinde-schlüssel	Gemeinde	Schneelastzone
RP	Westerwaldkreis	07143248	Kirburg	**2a**
RP	Westerwaldkreis	07143249	Kölbingen	**2**
RP	Westerwaldkreis	07143250	Kroppach	**2**
RP	Westerwaldkreis	07143041	Krümmel	**2**
RP	Westerwaldkreis	07143251	Kuhnhöfen	**2**
RP	Westerwaldkreis	07143252	Kundert	**2**
RP	Westerwaldkreis	07143253	Langenbach bei Kirburg	**2a**
RP	Westerwaldkreis	07143254	Langenhahn	**2**
RP	Westerwaldkreis	07143255	Lautzenbrücken	**2a**
RP	Westerwaldkreis	07143042	Leuterod	**2**
RP	Westerwaldkreis	07143256	Liebenscheid	**2a**
RP	Westerwaldkreis	07143257	Limbach	**2**
RP	Westerwaldkreis	07143258	Linden	**2**
RP	Westerwaldkreis	07143259	Lochum	**2**
RP	Westerwaldkreis	07143260	Luckenbach	**2a**
RP	Westerwaldkreis	07143502	Mähren	**2**
RP	Westerwaldkreis	07143044	Marienrachdorf	**2**
RP	Westerwaldkreis	07143045	Maroth	**2**
RP	Westerwaldkreis	07143261	Marzhausen	**2**
RP	Westerwaldkreis	07143046	Maxsain	**2**
RP	Westerwaldkreis	07143262	Merkelbach	**2**
RP	Westerwaldkreis	07143263	Meudt	**2**
RP	Westerwaldkreis	07143264	Mörlen	**2a**
RP	Westerwaldkreis	07143265	Mörsbach	**2**
RP	Westerwaldkreis	07143047	Mogendorf	**2**
RP	Westerwaldkreis	07143266	Molsberg	**2**
RP	Westerwaldkreis	07143048	Montabaur	**2**
RP	Westerwaldkreis	07143049	Moschheim	**2**
RP	Westerwaldkreis	07143267	Mudenbach	**2**
RP	Westerwaldkreis	07143268	Mündersbach	**2**
RP	Westerwaldkreis	07143269	Müschenbach	**2**
RP	Westerwaldkreis	07143050	Nauort	**1**
RP	Westerwaldkreis	07143051	Nentershausen	**2**
RP	Westerwaldkreis	07143052	Neuhäusel	**1**
RP	Westerwaldkreis	07143270	Neunkhausen	**2a**
RP	Westerwaldkreis	07143271	Neunkirchen	**2**
RP	Westerwaldkreis	07143272	Neustadt/Westerwald	**2**
RP	Westerwaldkreis	07143273	Niederahr	**2**
RP	Westerwaldkreis	07143053	Niederelbert	**2**
RP	Westerwaldkreis	07143054	Niedererbach	**2**
RP	Westerwaldkreis	07143274	Niederroßbach	**2**
RP	Westerwaldkreis	07143275	Niedersayn	**2**
RP	Westerwaldkreis	07143276	Nister	**2**
RP	Westerwaldkreis	07143277	Nisterau	**2a**
RP	Westerwaldkreis	07143278	Nister-Möhrendorf	**2**
RP	Westerwaldkreis	07143279	Nistertal	**2**
RP	Westerwaldkreis	07143055	Nomborn	**2**
RP	Westerwaldkreis	07143056	Nordhofen	**2**
RP	Westerwaldkreis	07143280	Norken	**2**
RP	Westerwaldkreis	07143281	Oberahr	**2**
RP	Westerwaldkreis	07143057	Oberelbert	**2**
RP	Westerwaldkreis	07143058	Obererbach	**2**

Land	Landkreis	Gemeinde-schlüssel	Gemeinde	Schneelastzone
RP	Westerwaldkreis	07143059	Oberhaid	2
RP	Westerwaldkreis	07143282	Oberrod	2
RP	Westerwaldkreis	07143283	Oberroßbach	2
RP	Westerwaldkreis	07143060	Ötzingen	2
RP	Westerwaldkreis	07143284	Pottum	2
RP	Westerwaldkreis	07143061	Quirnbach	2
RP	Westerwaldkreis	07143062	Ransbach-Baumbach	2
RP	Westerwaldkreis	07143285	Rehe	2
RP	Westerwaldkreis	07143286	Rennerod	2
RP	Westerwaldkreis	07143287	Roßbach	2
RP	Westerwaldkreis	07143288	Rotenhain	2
RP	Westerwaldkreis	07143289	Rothenbach	2
RP	Westerwaldkreis	07143064	Rückeroth	2
RP	Westerwaldkreis	07143065	Ruppach-Goldhausen	2
RP	Westerwaldkreis	07143290	Salz	2
RP	Westerwaldkreis	07143291	Salzburg	2
RP	Westerwaldkreis	07143066	Schenkelberg	2
RP	Westerwaldkreis	07143292	Seck	2
RP	Westerwaldkreis	07143067	Selters (Westerwald)	2
RP	Westerwaldkreis	07143068	Sessenbach	1
RP	Westerwaldkreis	07143069	Sessenhausen	2
RP	Westerwaldkreis	07143070	Siershahn	2
RP	Westerwaldkreis	07143071	Simmern	1
RP	Westerwaldkreis	07143072	Stahlhofen	2
RP	Westerwaldkreis	07143293	Stahlhofen am Wiesensee	2
RP	Westerwaldkreis	07143073	Staudt	2
RP	Westerwaldkreis	07143294	Steinebach an der Wied	2
RP	Westerwaldkreis	07143074	Steinefrenz	2
RP	Westerwaldkreis	07143075	Steinen	2
RP	Westerwaldkreis	07143295	Stein-Neukirch	2a
RP	Westerwaldkreis	07143296	Stein-Wingert	2
RP	Westerwaldkreis	07143297	Stockhausen-Illfurth	2
RP	Westerwaldkreis	07143298	Stockum-Püschen	2
RP	Westerwaldkreis	07143299	Streithausen	2
RP	Westerwaldkreis	07143300	Unnau	2
RP	Westerwaldkreis	07143077	Untershausen	2
RP	Westerwaldkreis	07143078	Vielbach	2
RP	Westerwaldkreis	07143301	Wahlrod	2
RP	Westerwaldkreis	07143302	Waigandshain	2
RP	Westerwaldkreis	07143303	Waldmühlen	2
RP	Westerwaldkreis	07143304	Wallmerod	2
RP	Westerwaldkreis	07143305	Weidenhahn	2
RP	Westerwaldkreis	07143306	Welkenbach	2
RP	Westerwaldkreis	07143079	Welschneudorf	2
RP	Westerwaldkreis	07143307	Weltersburg	2
RP	Westerwaldkreis	07143080	Weroth	2
RP	Westerwaldkreis	07143308	Westerburg	2
RP	Westerwaldkreis	07143309	Westernohe	2
RP	Westerwaldkreis	07143310	Wied	2
RP	Westerwaldkreis	07143311	Willingen	2
RP	Westerwaldkreis	07143312	Willmenrod	2
RP	Westerwaldkreis	07143313	Winkelbach	2

Land	Landkreis	Gemeinde-schlüssel	Gemeinde	Schneelastzone
RP	Westerwaldkreis	07143314	Winnen	2
RP	Westerwaldkreis	07143081	Wirges	2
RP	Westerwaldkreis	07143082	Wirscheid	2
RP	Westerwaldkreis	07143084	Wittgert	2
RP	Westerwaldkreis	07143085	Wölferlingen	2
RP	Westerwaldkreis	07143315	Zehnhausen bei Rennerod	2
RP	Westerwaldkreis	07143316	Zehnhausen bei Wallmerod	2
RP	**Worms**	07319000	Worms	1
RP	**Zweibrücken**	07320000	Zweibrücken	2

3.12 Saarland

Land	Landkreis	Gemeinde-schlüssel	Gemeinde	Schneelastzone
SL	**Merzig-Wadern**	alle	alle	2
SL	**Neunkirchen**	alle	alle	2
SL	**Saarlouis**	alle	alle	2
SL	**Saarpfalz-Kreis**	alle	alle	2
SL	**St.Wendel**	alle	alle	2
SL	**Stadtverband Saarbrücken**	alle	alle	2

3.13 Sachsen

Land	Landkreis	Gemeinde-schlüssel	Gemeinde	Schneelastzone
SN	**Annaberg**	alle	alle	3
SN	**Aue-Schwarzenberg**	alle	alle	3
SN	**Bautzen**	14625010	Arnsdorf	2
SN	Bautzen	14625020	Bautzen/Budisyn	3
SN	Bautzen	14625030	Bernsdorf, Stadt	2
SN	Bautzen	14625040	Bischofswerda	2
SN	Bautzen	14625050	Bretnig-Hauswalde	2
SN	Bautzen	14625060	Burkau	2
SN	Bautzen	14625070	Crostau	3
SN	Bautzen	14625080	Crostwitz/Chroscicy	2
SN	Bautzen	14625090	Cunewalde	3
SN	Bautzen	14625100	Demitz-Thumitz	3
SN	Bautzen	14625110	Doberschau-Gaußig/Dobrusa-Huska	3
SN	Bautzen	14625120	Elsterheide/Halstroska Hola	2
SN	Bautzen	14625130	Elstra, Stadt	2
SN	Bautzen	14625140	Frankenthal	2
SN	Bautzen	14625150	Göda/Hodzij	3
SN	Bautzen	14625160	Großdubrau / Wulka Dubrawa	3
SN	Bautzen	14625170	Großharthau	2
SN	Bautzen	14625180	Großnaundorf	2
SN	Bautzen	14625200	Großröhrsdorf, Stadt	2
SN	Bautzen	14625190	Großpostwitz/ O.L ./ Budestecy	3
SN	Bautzen	14625210	Guttau/Hucina	3
SN	Bautzen	14625220	Hasselbachtal	2
SN	Bautzen	14625230	Hochkirch//Bukecy	3
SN	Bautzen	14625240	Hoyerswerda, Stadt/Wojerecy	2

Land	Landkreis	Gemeinde-schlüssel	Gemeinde	Schneelastzone
SN	Bautzen	14625250	Kamenz, Stadt/Kamjenc	2
SN	Bautzen	14625525	Kirschau	3
SN	Bautzen	14625270	Königsbrück, Stadt	2
SN	Bautzen	14625280	Königswartha/Rakecy	2
SN	Bautzen	14625290	Kubschütz/ Kub	3
SN	Bautzen	14625300	Laußnitz	2
SN	Bautzen	14625310	Lauta, Stadt	2
SN	Bautzen	14625320	Lichtenberg	2
SN	Bautzen	14625330	Lohsa/Laz	2
SN	Bautzen	14625340	Malschwitz/ Malesecy	3
SN	Bautzen	14625350	Nebelschütz/Njebjelčicy	2
SN	Bautzen	14625360	Neschwitz/Njeswačidlo	2
SN	Bautzen	14625370	Neukirch	2
SN	Bautzen	14625380	Neukirch/Lausitz	3
SN	Bautzen	14625390	Obergurig/ Hornja Horka	3
SN	Bautzen	14625410	Ohorn	2
SN	Bautzen	14625420	Oßling	2
SN	Bautzen	14625430	Ottendorf-Okrilla	2
SN	Bautzen	14625440	Panschwitz-Kuckau/Pančicy-Kukow	2
SN	Bautzen	14625450	Pulsnitz, Stadt	2
SN	Bautzen	14625460	Puschwitz/Bosicy	2
SN	Bautzen	14625480	Radeberg, Stadt	2
SN	Bautzen	14625490	Radibor/ Rdwor	3
SN	Bautzen	14625470	Räckelwitz/Worklecy	2
SN	Bautzen	14625500	Ralbitz-Rosenthal/Ralbicy-Róžant	2
SN	Bautzen	14625510	Rammenau	2
SN	Bautzen	14625520	Schirgiswalde	3
SN	Bautzen	14625530	Schmölln-Putzkau	3
SN	Bautzen	14625560	Sohland a. d. Spree	3
SN	Bautzen	14625540	Schönteichen	2
SN	Bautzen	14625550	Schwepnitz	2
SN	Bautzen	14625570	Spreetal/Sprjewiny Dol	2
SN	Bautzen	14625580	Steina	2
SN	Bautzen	14625590	Steinigtwolmsdorf	3
SN	Bautzen	14625600	Wachau	2
SN	Bautzen	14625610	Weißenberg	3
SN	Bautzen	14625630	Wilthen	3
SN	Bautzen	14625640	Wittichenau, Stadt/Kulow	2
SN	**Chemnitz**	14511000	Chemnitz	2
SN	**Chemnitzer Land**	alle	alle	2
SN	**Delitzsch**	alle	alle	2
SN	**Döbeln**	alle	alle	2
SN	**Dresden**	14612000	Dresden	2
SN	**Görlitz**	14626010	Bad Muskau, Stadt/Mužakow	2
SN	Görlitz	14626020	Beiersdorf	3
SN	Görlitz	14626030	Bernstadt a. d. Eigen, Stadt	3
SN	Görlitz	14626050	Bertsdorf-Hörnitz	3

Land	Landkreis	Gemeinde-schlüssel	Gemeinde	Schneelastzone
SN	Görlitz	14626060	Boxberg/O.L./Hamor, einschl. Gemeindeteile: Bärwald, Drehna, Kringelsdorf, Mönau, Nochten, Rauden, Reichwalde, Sprey, Uhyst	2
SN	Görlitz	14626060	Boxberg/O.L./Hamor, einschl. Gemeindeteile: Dürrbach, Jahmen, Kaschel, Klein-Oelsa, Klein-Radisch, Klitten, Tauer, Zimpel	3
SN	Görlitz	14626070	Dürrhennersdorf	3
SN	Görlitz	14626080	Ebersbach-Neugersdorf/Sa., Stadt	3
SN	Görlitz	14626100	Gablenz/Jablonc	2
SN	Görlitz	14626110	Görlitz, Stadt	3
SN	Görlitz	14626120	Groß Düben/Dźěwin	2
SN	Görlitz	14626140	Großschönau	3
SN	Görlitz	14626150	Großschweidnitz	3
SN	Görlitz	14626170	Hainewalde	3
SN	Görlitz	14626160	Hänichen	3
SN	Görlitz	14626180	Herrnhut, Stadt	3
SN	Görlitz	14626190	Hohendubrau/Wysoka Dubrawa	3
SN	Görlitz	14626200	Horka	3
SN	Görlitz	14626210	Jonsdorf, Kurort	3
SN	Görlitz	14626230	Kodersdorf	3
SN	Görlitz	14626240	Königshain	3
SN	Görlitz	14626245	Kottmar	3
SN	Görlitz	14626250	Krauschwitz/Krušwika	2
SN	Görlitz	14626260	Kreba-Neudorf/Chrjebja-Nowa Wjes	3
SN	Görlitz	14626270	Lauwalde	3
SN	Görlitz	14626280	Leutersdorf	3
SN	Görlitz	14626290	Löbau, Stadt	3
SN	Görlitz	14626300	Markersdorf	3
SN	Görlitz	14626310	Mittelherwigsdorf	3
SN	Görlitz	14626320	Mücka/Mikow	3
SN	Görlitz	14626330	Neißeaue	3
SN	Görlitz	14626350	Neusalza-Spremberg, Stadt	3
SN	Görlitz	14626370	Niesky, Stadt	3
SN	Görlitz	14626390	Oderwitz	3
SN	Görlitz	14626400	Olbersdorf	3
SN	Görlitz	14626410	Oppach	3
SN	Görlitz	14626420	Ostritz	3
SN	Görlitz	14626430	Oybin	3
SN	Görlitz	14626440	Quitzdorf am See	3
SN	Görlitz	14626450	Reichenbach/O.L., Stadt	3
SN	Görlitz	14626460	Rietschen/Rěčicy	2
SN	Görlitz	14626470	Rosenbach	3
SN	Görlitz	14626480	Rothenburg/O.L., Stadt	3
SN	Görlitz	14626490	Schleife/Slepo	2
SN	Görlitz	14626500	Schönau-Berzdorf a. d. Eigen	3
SN	Görlitz	14626510	Schönbach	3
SN	Görlitz	14626520	Schöpstal	3
SN	Görlitz	14626530	Seifhennersdorf	3
SN	Görlitz	14626540	Sohland a. Rotstein	3
SN	Görlitz	14626560	Trebendorf/Trjebin	2

Land	Landkreis	Gemeinde-schlüssel	Gemeinde	Schneelastzone
SN	Görlitz	14626570	Vierkirchen	3
SN	Görlitz	14626580	Waldhufen	3
SN	Görlitz	14626590	Weißkeißel/Wuskidź	2
SN	Görlitz	14626600	Weißwassser/O.L., Stadt/Běla Woda	2
SN	Görlitz	14626610	Zittau, Stadt	3
SN	**Leipzig**	alle	alle	2
SN	**Meißen**	alle	alle	2
SN	**Mittelsachsen**	14522010	Altmittweida	2
SN	Mittelsachsen	14522020	Augustusburg, Stadt	3
SN	Mittelsachsen	14522020	Bobritzsch-Hilbersdorf	3
SN	Mittelsachsen	14522050	Brand-Erbisdorf, Stadt	3
SN	Mittelsachsen	14522060	Burgstädt, Stadt	2
SN	Mittelsachsen	14522070	Clausnitz	2
SN	Mittelsachsen	14522080	Döbeln	2
SN	Mittelsachsen	14522090	Dorfchemnitz	3
SN	Mittelsachsen	14522110	Eppendorf	3
SN	Mittelsachsen	14522120	Erlau	2
SN	Mittelsachsen	14522130	Flöha, Gemeinde Falkenau	3
SN	Mittelsachsen	14522140	Flöha, Stadt	2
SN	Mittelsachsen	14522150	Frankenberg/Sa., Stadt	2
SN	Mittelsachsen	14522170	Frauenstein, Stadt	3
SN	Mittelsachsen	14522180	Freiberg, Stadt	3
SN	Mittelsachsen	14522190	Geringswalde, Stadt	2
SN	Mittelsachsen	14522200	Großhartmannsdorf	3
SN	Mittelsachsen	14522210	Großschirma, Stadt	3
SN	Mittelsachsen	14522220	Großweitzschen	2
SN	Mittelsachsen	14522230	Hainichen	2
SN	Mittelsachsen	14522240	Halsbrücke	3
SN	Mittelsachsen	14522250	Hartha, Stadt	2
SN	Mittelsachsen	14522260	Hartmannsdorf	2
SN	Mittelsachsen	14522280	Königsfeld	2
SN	Mittelsachsen	14522290	Königshain-Wiederau	2
SN	Mittelsachsen	14522300	Kriebstein	2
SN	Mittelsachsen	14522310	Leisnig, Stadt	2
SN	Mittelsachsen	14522320	Leubsdorf	3
SN	Mittelsachsen	14522330	Lichtenau	2
SN	Mittelsachsen	14522340	Lichtenberg/Erzgeb.	3
SN	Mittelsachsen	14522350	Lunzenau, Stadt	2
SN	Mittelsachsen	14522360	Mittweida, Stadt	2
SN	Mittelsachsen	14522370	Mochau	2
SN	Mittelsachsen	14522380	Mühlau	2
SN	Mittelsachsen	14522390	Mulda/Sa.	3
SN	Mittelsachsen	14522400	Neuhausen/Erzgeb.	3
SN	Mittelsachsen	14522420	Niederwiesa	2
SN	Mittelsachsen	14522430	Oberschöna	3
SN	Mittelsachsen	14522440	Oederan, Stadt	3
SN	Mittelsachsen	14522450	Ostrau	2
SN	Mittelsachsen	14522460	Penig, Stadt	2

Land	Landkreis	Gemeinde-schlüssel	Gemeinde	Schneelastzone
SN	Mittelsachsen	14522470	Rechenberg-Bienenmühle	3
SN	Mittelsachsen	14522480	Reinsberg	2
SN	Mittelsachsen	14522490	Rochlitz, Stadt	2
SN	Mittelsachsen	14522500	Rossau	2
SN	Mittelsachsen	14522510	Roßwein, Stadt	2
SN	Mittelsachsen	14522520	Sayda, Stadt	3
SN	Mittelsachsen	14522530	Seelitz	2
SN	Mittelsachsen	14522540	Striegistal	2
SN	Mittelsachsen	14522550	Taura	2
SN	Mittelsachsen	14522570	Waldheim, Stadt	2
SN	Mittelsachsen	14522580	Wechselburg	2
SN	Mittelsachsen	14522590	Weißenborn/Erzgeb.	3
SN	Mittelsachsen	14522600	Zettlitz	2
SN	Mittelsachsen	14522620	Zschaitz-Ottewig	2
SN	**Nordsachsen**	alle	alle	2
SN	**Sächsische Schweiz/Osterzgebirge**	14628010	Altenberg	3
SN	Sächsische Schweiz/Osterzgebirge	14828020	Bad Gottleuba-Berggießhübel, Stadt	3
SN	Sächsische Schweiz/Osterzgebirge	14828030	Bad Schandau, Stadt	2
SN	Sächsische Schweiz/Osterzgebirge	14828040	Bahretal	3
SN	Sächsische Schweiz/Osterzgebirge	14828050	Bannewitz	2
SN	Sächsische Schweiz/Osterzgebirge	14828060	Dippoldiswalde, Stadt	3
SN	Sächsische Schweiz/Osterzgebirge	14828070	Dohma	3
SN	Sächsische Schweiz/Osterzgebirge	14828080	Dohna, Stadt	3
SN	Sächsische Schweiz/Osterzgebirge	14828090	Dorfhain	3
SN	Sächsische Schweiz/Osterzgebirge	14828100	Dürrröhrsdorf-Dittersbach	2
SN	Sächsische Schweiz/Osterzgebirge	14828110	Freital, Stadt	2
SN	Sächsische Schweiz/Osterzgebirge	14828130	Glashütte, Stadt	3
SN	Sächsische Schweiz/Osterzgebirge	14828140	Gohrisch	3
SN	Sächsische Schweiz/Osterzgebirge	14828150	Hartmannsdorf-Reichenau	3
SN	Sächsische Schweiz/Osterzgebirge	14828160	Heidenau, Stadt	2
SN	Sächsische Schweiz/Osterzgebirge	14828170	Hermsdorf/Erzgeb.	3
SN	Sächsische Schweiz/Osterzgebirge	14828190	Hohnstein, Stadt	2
SN	Sächsische Schweiz/Osterzgebirge	14828205	Klingenberg	3
SN	Sächsische Schweiz/Osterzgebirge	14828210	Königstein/Sächs. Schw., Stadt	3
SN	Sächsische Schweiz/Osterzgebirge	14828220	Kreischa	3
SN	Sächsische Schweiz/Osterzgebirge	14828230	Liebstadt, Stadt	3

Land	Landkreis	Gemeinde-schlüssel	Gemeinde	Schneelastzone
SN	Sächsische Schweiz/Osterzgebirge	14828240	Lohmen	2
SN	Sächsische Schweiz/Osterzgebirge	14828250	Müglitztal	3
SN	Sächsische Schweiz/Osterzgebirge	14828260	Neustadt i. Sa., Stadt	3
SN	Sächsische Schweiz/Osterzgebirge	14828270	Pirna, Stadt	2
SN	Sächsische Schweiz/Osterzgebirge	14828300	Rabenau, Stadt	3
SN	Sächsische Schweiz/Osterzgebirge	14828310	Rathen, Kurort	2
SN	Sächsische Schweiz/Osterzgebirge	14828320	Rathmannsdorf	2
SN	Sächsische Schweiz/Osterzgebirge	14828330	Reinhardtsdorf-Schöna	3
SN	Sächsische Schweiz/Osterzgebirge	14828340	Rosenthal-Bielatal	3
SN	Sächsische Schweiz/Osterzgebirge	14828360	Sebnitz, Stadt; Gemeinden: Altendorf, Lichtenhain, Mittelndorf, Ottendorf, Saubsdorf	2
SN	Sächsische Schweiz/Osterzgebirge	14828380	Sebnitz, Stadt; Gemeinden: Hainersdorf, Hertigswalde, hinterhermsdorf, Schönbach, Sebnitz	3
SN	Sächsische Schweiz/Osterzgebirge	14828370	Stadt Wehlen, Stadt	2
SN	Sächsische Schweiz/Osterzgebirge	14828380	Stolpen, Stadt	2
SN	Sächsische Schweiz/Osterzgebirge	14828390	Struppen	2
SN	Sächsische Schweiz/Osterzgebirge	14828400	Tharandt, Stadt	3
SN	Sächsische Schweiz/Osterzgebirge	14828410	Wilsdruff, Stadt	2
SN	**Vogtlandkreis**	14523010	Adorf/Vogtl., Stadt	2
SN	Vogtlandkreis	14523020	Auerbach/Vogtl., Stadt	3
SN	Vogtlandkreis	14523030	Bad Brambach	2
SN	Vogtlandkreis	14523040	Bad Elster, Stadt	2
SN	Vogtlandkreis	14523050	Bergen	2
SN	Vogtlandkreis	14523060	Bösenbrunn	3
SN	Vogtlandkreis	14523080	Eichigt	3
SN	Vogtlandkreis	14523090	Eilefeld	3
SN	Vogtlandkreis	14523100	Elsterberg	2
SN	Vogtlandkreis	14523120	Falkenberg/Vogtl., Stadt	3
SN	Vogtlandkreis	14523130	Grünbach, Höhenluftkurort	3
SN	Vogtlandkreis	14523150	Heinsdorfergrund	2
SN	Vogtlandkreis	14523160	Klingenthal/Sa., Stadt	3
SN	Vogtlandkreis	14523170	Lengenfeld, Stadt	3
SN	Vogtlandkreis	14523190	Limbach	2
SN	Vogtlandkreis	14523200	Markneukirchen, Stadt	3
SN	Vogtlandkreis	14523230	Mühlental	2
SN	Vogtlandkreis	14523245	Muldenhammer	3
SN	Vogtlandkreis	14523250	Mylau, Stadt	2
SN	Vogtlandkreis	14523260	Netschkau, Stadt	2
SN	Vogtlandkreis	14523270	Neuensalz	2
SN	Vogtlandkreis	14523280	Neumark	2
SN	Vogtlandkreis	14523290	Neustadt/Vogtl.	2

Land	Landkreis	Gemeinde-schlüssel	Gemeinde	Schneelastzone
SN	Vogtlandkreis	14523300	Oelsnitz/Vogtl., Stadt	2
SN	Vogtlandkreis	14523310	Pausa/Vogtl., Stadt	2
SN	Vogtlandkreis	14523320	Plauen, Stadt	2
SN	Vogtlandkreis	14523330	Pöhl	2
SN	Vogtlandkreis	14523340	Reichenbach im Vogtland, Stadt	2
SN	Vogtlandkreis	14523350	Reuth	3
SN	Vogtlandkreis	14523360	Rodewisch, Stadt	3
SN	Vogtlandkreis	14523365	Rosenbach im Vogtland, Stadt	2
SN	Vogtlandkreis	14523370	Schöneck/Vogtl., Stadt	3
SN	Vogtlandkreis	14523380	Steinberg	3
SN	Vogtlandkreis	14523410	Theuma	2
SN	Vogtlandkreis	14523420	Tirpersdorf	2
SN	Vogtlandkreis	14523430	Treuen, Stadt	2
SN	Vogtlandkreis	14523440	Triebel/Vogtl.	3
SN	Vogtlandkreis	14523450	Weischlitz; Gemeinden: Kloschwitz, Kobitzschwalde, Kröstau, Kürbitz, Rodersdorf, Weischlitz	2
SN	Vogtlandkreis	14523450	Weischlitz; Gemeinden: Berglas, Dröda, Geilsdorf, Grobau, Großzöbern, Gutenfürst, Heinersgrün, Kemnitz, Kleinzöbern, Krebes, Pirk, Rudewitz, Schwand	3
SN	**Zwickau**	14524010	Bernsdorf	2
SN	Zwickau	14524020	Callenberg	2
SN	Zwickau	14524030	Crimmitschau, Stadt	2
SN	Zwickau	14524040	Crinitzberg	3
SN	Zwickau	14524050	Dennheritz	2
SN	Zwickau	14524060	Fraureuth	2
SN	Zwickau	14524070	Gersdorf	2
SN	Zwickau	14524080	Glauchau, Stadt	2
SN	Zwickau	14524090	Hartenstein, Stadt	3
SN	Zwickau	14524100	Hartmannsdorf b. Kirchberg	3
SN	Zwickau	14524110	Hirschfeld	3
SN	Zwickau	14524120	Hohenstein-Ernstthal, Stadt	2
SN	Zwickau	14524130	Kirchberg, Stadt	3
SN	Zwickau	14524140	Langenbernsdorf	2
SN	Zwickau	14524150	Langenweißbach	3
SN	Zwickau	14524160	Lichtenstein/Sa., Stadt	2
SN	Zwickau	14524170	Lichtentanne	2
SN	Zwickau	14524180	Limbach-Oberfrohna, Stadt	2
SN	Zwickau	14524190	Meerane	2
SN	Zwickau	14524200	Mülsen	2
SN	Zwickau	14524210	Neukirchen/Pleße	2
SN	Zwickau	14524220	Nieferfrohna	2
SN	Zwickau	14524230	Oberlungwitz, Stadt	2
SN	Zwickau	14524240	Oberwiera	2
SN	Zwickau	14524250	Reinsdorf	2
SN	Zwickau	14524260	Remse	2
SN	Zwickau	14524270	Schönberg	2
SN	Zwickau	14524280	St. Egidien	2
SN	Zwickau	14524290	Waldenburg, Stadt	2
SN	Zwickau	14524300	Werdau	2
SN	Zwickau	14524310	Wildenfels, Stadt	3

Land	Landkreis	Gemeinde-schlüssel	Gemeinde	Schneelastzone
SN	Zwickau	14524320	Wilkau-Haßlau, Stadt	**3**
SN	Zwickau	14524330	Zwickau, Stadt	**2**

3.14 Sachsen-Anhalt

Land	Landkreis	Gemeinde-schlüssel	Gemeinde	Schneelastzone	Fußnote(n)
ST	**Altmarkkreis Salzwedel**	alle	alle	**2**	*Nordd. Tiefld.
ST	**Anhalt-Bitterfeld**	15082025	Bornum	**2**	
ST	Anhalt-Bitterfeld	15082035	Buhlendorf	**2**	*Nordd. Tiefld.
ST	Anhalt-Bitterfeld	15082050	Deetz	**2**	*Nordd. Tiefld.
ST	Anhalt-Bitterfeld	15082060	Dobritz	**2**	*Nordd. Tiefld.
ST	Anhalt-Bitterfeld	15082095	Gehrden	**2**	*Nordd. Tiefld.
ST	Anhalt-Bitterfeld	15082110	Gödnitz	**2**	
ST	Anhalt-Bitterfeld	15082125	Grimme	**2**	*Nordd. Tiefld.
ST	Anhalt-Bitterfeld	15082150	Güterglück	**2**	
ST	Anhalt-Bitterfeld	15082160	Hohenlepte	**2**	
ST	Anhalt-Bitterfeld	15082170	Jütrichau	**2**	
ST	Anhalt-Bitterfeld	15082190	Leps	**2**	
ST	Anhalt-Bitterfeld	15082205	Lindau	**2**	*Nordd. Tiefld.
ST	Anhalt-Bitterfeld	15082230	Moritz	**2**	*Nordd. Tiefld.
ST	Anhalt-Bitterfeld	15082245	Nedlitz	**2**	*Nordd. Tiefld.
ST	Anhalt-Bitterfeld	15082250	Nutha	**2**	
ST	Anhalt-Bitterfeld	15082275	Polenzko	**2**	*Nordd. Tiefld.
ST	Anhalt-Bitterfeld	15082315	Reuden	**2**	*Nordd. Tiefld.
ST	Anhalt-Bitterfeld	15082370	Steutz	**2**	
ST	Anhalt-Bitterfeld	15082375	Straguth	**2**	*Nordd. Tiefld.
ST	Anhalt-Bitterfeld	15082400	Walternienburg	**2**	
ST	Anhalt-Bitterfeld	15082435	Zernitz	**2**	*Nordd. Tiefld.
ST	**Aschersleben-Staßfurt**	alle	alle	**2**	
ST	**Bernburg**	alle	alle	**2**	
ST	**Bördekreis**	alle	alle	**2**	*Nordd. Tiefld alle außer Gröningen, Hadmersleben, Kroppenstedt und südlicher Bereich von Oschersleben
ST	**Burgenlandkreis**	alle	alle	**2**	
ST	**Dessau-Roßlau**	15101000	Dessau-Roßlau	**2**	
ST	**Halle(Saale)**	15202000	Halle (Saale)	**2**	
ST	**Harz**	15085010	Allrode	**2**	*Nordd. Tiefld für die nördlichen Teile von Oserwieck und Huy
ST	Harz	15085035	Bad Suderode	**2**	
ST	Harz	15085040	Ballenstedt	**2**	
ST	Harz	15085055	Blankenburg (Harz)	**2**	
ST	Harz	15085090	Ditfurt	**2**	
ST	Harz	15085110	Falkenstein/Harz	**2**	
ST	Harz	15085120	Gernrode	**2**	
ST	Harz	15085125	Groß Quenstedt	**2**	
ST	Harz	15085135	Halberstadt	**2**	
ST	Harz	15085140	Harsleben	**2**	
ST	Harz	15085145	Harzgerode	**2**	
ST	Harz	15085160	Hedersleben	**2**	
ST	Harz	15085185	Huy	**2**	

Land	Landkreis	Gemeinde-schlüssel	Gemeinde	Schneelastzone	Fußnote(n)
ST	Harz	15085190	Ilsenburg (Harz), Ortsteil Darlingerode	2	
ST	Harz	15085190	Ilsenburg (Harz)	3	
ST	Harz	15085220	Neudorf	2	
ST	Harz	15085227	Nordharz	2	
ST	Harz	15085228	Oberharz am Brocken	3	
ST	Harz	15085230	Ôsterwieck	2	
ST	Harz	15085235	Quedlinburg	2	
ST	Harz	15085255	Rieder	2	
ST	Harz	15085285	Schwanebeck	2	
ST	Harz	15085287	Selke-Aue	2	
ST	Harz	15085330	Thale	2	
ST	Harz	15085365	Wegeleben	2	
ST	Harz	15085370	Wernegerode	3	
ST	Harz	15085375	Westerhausen	2	
ST	**Jerichower Land**	alle	alle	2	*Nordd. Tiefld.
ST	**Magdeburg**	15003000	Magdeburg	2	*Nordd. Tiefld.
ST	**Mansfeld Südharz**	alle	alle	2	
ST	**Saalekreis**	alle	alle	2	
ST	**Salzlandkreis**	alle	alle	2	*Nordd. Tiefland für die Gemeinden Barby (OT Glinde), Schönebeck (Elbe) und Bördeland (OT Welsleben)
ST	**Stendal**	alle	alle	2	*Nordd. Tiefld.
ST	**Wittenberg**	alle	alle	2	*Nordd. Tiefld. für die Gemeinde Coswig (Anhalt), Ortsteile Serno und Stackelitz

3.15 Schleswig-Holstein

Land	Landkreis	Gemeinde-schlüssel	Gemeinde	Schneelastzone	Fußnote(n)
SH	**Dithmarschen**	alle	alle	2	*Nord. Tiefld
SH	**Flensburg**	01001000	Flensburg	2	*Nord. Tiefld
SH	**Herzogtum Lauenburg**	alle	alle	2	*Nord. Tiefld
SH	**Kiel**	01002000	Kiel	2	*Nord. Tiefld
SH	**Lübeck**	01003000	Lübeck	2	*Nord. Tiefld
SH	**Neumünster**	01004000	Neumünster	2	*Nord. Tiefld
SH	**Nordfriesland**	alle	alle	2	*Nord. Tiefld
SH	**Ostholstein**	alle	alle	2	*Nord. Tiefld
SH	**Pinneberg**	alle	alle außer Helgoland = SLZ 1	2	*Nord. Tiefld
SH	**Plön**	alle	alle	2	*Nord. Tiefld
SH	**Rendsburg-Eckernförde**	alle	alle	2	*Nord. Tiefld
SH	**Schleswig-Flensburg**	alle	alle	2	*Nord. Tiefld
SH	**Segeberg**	alle	alle	2	*Nord. Tiefld
SH	**Steinburg**	alle	alle	2	*Nord. Tiefld
SH	**Stormarn**	alle	alle	2	*Nord. Tiefld

3.16 Thüringen

Land	Landkreis	Gemeinde-schlüssel	Gemeinde	Schneelastzone
TH	**Altenburger Land**	alle	alle	2
TH	**Eichsfeld**	16061001	Arenshausen	2

Land	Landkreis	Gemeinde-schlüssel	Gemeinde	Schneelastzone
TH	Eichsfeld	16061002	Asbach-Sickenberg	3
TH	Eichsfeld	16061003	Berlingerode	2
TH	Eichsfeld	16061004	Bernterode (bei Heilbad Heiligenstadt)	2
TH	Eichsfeld	16061005	Bernterode (bei Worbis)	2
TH	Eichsfeld	16061007	Birkenfelde	2
TH	Eichsfeld	16061009	Bischofferode	2
TH	Eichsfeld	16061011	Bockelnhagen	2
TH	Eichsfeld	16061012	Bodenrode-Westhausen	2
TH	Eichsfeld	16061014	Bornhagen	3
TH	Eichsfeld	16061015	Brehme	2
TH	Eichsfeld	16061017	Breitenworbis	2
TH	Eichsfeld	16061018	Büttstedt	2
TH	Eichsfeld	16061019	Buhla	2
TH	Eichsfeld	16061021	Burgwalde	2
TH	Eichsfeld	16061022	Deuna	2
TH	Eichsfeld	16061023	Dieterode	3
TH	Eichsfeld	16061024	Dietzenrode/Vatterode	3
TH	Eichsfeld	16061025	Dingelstädt	2
TH	Eichsfeld	16061026	Ecklingerode	2
TH	Eichsfeld	16061027	Effelder	2
TH	Eichsfeld	16061028	Eichstruth	3
TH	Eichsfeld	16061031	Ferna	2
TH	Eichsfeld	16061032	Freienhagen	2
TH	Eichsfeld	16061033	Fretterode	3
TH	Eichsfeld	16061034	Geisleden	2
TH	Eichsfeld	16061035	Geismar	3
TH	Eichsfeld	16061036	Gerbershausen	3
TH	Eichsfeld	16061037	Gernrode	2
TH	Eichsfeld	16061038	Gerterode	2
TH	Eichsfeld	16061039	Glasehausen	2
TH	Eichsfeld	16061041	Großbartloff	2
TH	Eichsfeld	16061042	Großbodungen	2
TH	Eichsfeld	16061043	Hausen	2
TH	Eichsfeld	16061044	Haynrode	2
TH	Eichsfeld	16061045	Heilbad Heiligenstadt	2
TH	Eichsfeld	16061046	Helmsdorf	2
TH	Eichsfeld	16061047	Heuthen	2
TH	Eichsfeld	16061048	Hohengandern	2
TH	Eichsfeld	16061049	Hohes Kreuz	2
TH	Eichsfeld	16061051	Holungen	2
TH	Eichsfeld	16061052	Hundeshagen	2
TH	Eichsfeld	16061053	Jützenbach	2
TH	Eichsfeld	16061054	Kallmerode	2
TH	Eichsfeld	16061055	Kefferhausen	2
TH	Eichsfeld	16061056	Kella	3
TH	Eichsfeld	16061057	Kirchgandern	2
TH	Eichsfeld	16061058	Kirchworbis	2
TH	Eichsfeld	16061059	Kleinbartloff	2
TH	Eichsfeld	16061061	Kreuzebra	2
TH	Eichsfeld	16061062	Krombach	2
TH	Eichsfeld	16061063	Küllstedt	2
TH	Eichsfeld	16061	Leinefelde-Worbis	2

Land	Landkreis	Gemeinde-schlüssel	Gemeinde	Schneelastzone
TH	Eichsfeld	16061065	Lenterode	2
TH	Eichsfeld	16061066	Lindewerra	3
TH	Eichsfeld	16061067	Lutter	2
TH	Eichsfeld	16061068	Mackenrode	3
TH	Eichsfeld	16061069	Marth	2
TH	Eichsfeld	16061073	Neustadt	2
TH	Eichsfeld	16061074	Niederorschel	2
TH	Eichsfeld	16061075	Pfaffschwende	3
TH	Eichsfeld	16061076	Reinholterode	2
TH	Eichsfeld	16061077	Röhrig	3
TH	Eichsfeld	16061078	Rohrberg	2
TH	Eichsfeld	16061082	Rustenfelde	2
TH	Eichsfeld	16061083	Schachtebich	2
TH	Eichsfeld	16061113	Schimberg	3
TH	Eichsfeld	16061084	Schönhagen	3
TH	Eichsfeld	16061085	Schwobfeld	3
TH	Eichsfeld	16061086	Sickerode	3
TH	Eichsfeld	16061087	Silberhausen	2
TH	Eichsfeld	16061088	Silkerode	2
TH	Eichsfeld	16061089	Steinbach	2
TH	Eichsfeld	16061091	Steinheuterode	2
TH	Eichsfeld	16061092	Steinrode	2
TH	Eichsfeld	16061093	Stöckey	2
TH	Eichsfeld	16061094	Tastungen	2
TH	Eichsfeld	16061114	Teistungen	2
TH	Eichsfeld	16061096	Thalwenden	2
TH	Eichsfeld	16061097	Uder	2
TH	Eichsfeld	16061098	Volkerode	3
TH	Eichsfeld	16061099	Vollenborn	2
TH	Eichsfeld	16061101	Wachstedt	2
TH	Eichsfeld	16061102	Wahlhausen	3
TH	Eichsfeld	16061103	Wehnde	2
TH	Eichsfeld	16061104	Weißenborn-Lüderode	2
TH	Eichsfeld	16061105	Wiesenfeld	3
TH	Eichsfeld	16061107	Wingerode	2
TH	Eichsfeld	16061111	Wüstheuterode	3
TH	Eichsfeld	16061112	Zwinge	2
TH	**Eisenach**	16056000	Eisenach	3
TH	**Erfurt**	16051000	Erfurt	2
TH	**Gera**	16052000	Gera	2
TH	**Gotha**	16067001	Apfelstädt	2
TH	Gotha	16067002	Aspach	3
TH	Gotha	16067003	Ballstädt	2
TH	Gotha	16067004	Bienstädt	2
TH	Gotha	16067005	Brüheim	3
TH	Gotha	16067006	Bufleben	2
TH	Gotha	16067008	Crawinkel	3
TH	Gotha	16067009	Dachwig	2
TH	Gotha	16067011	Döllstädt	2
TH	Gotha	16067012	Ebenheim	3
TH	Gotha	16067013	Emleben	3
TH	Gotha	16067084	Emsetal	3

Land	Landkreis	Gemeinde-schlüssel	Gemeinde	Schneelastzone
TH	Gotha	16067015	Ernstroda	3
TH	Gotha	16067016	Eschenbergen	2
TH	Gotha	16067017	Finsterbergen	3
TH	Gotha	16067019	Friedrichroda	3
TH	Gotha	16067021	Friedrichswerth	3
TH	Gotha	16067022	Friemar	2
TH	Gotha	16067023	Fröttstädt	3
TH	Gotha	16067024	Gamstädt	2
TH	Gotha	16067025	Georgenthal/Thür. Wald	3
TH	Gotha	16067026	Gierstädt	2
TH	Gotha	16067027	Goldbach	3
TH	Gotha	16067029	Gotha	3
TH	Gotha	16067031	Grabsleben	2
TH	Gotha	16067032	Gräfenhain	3
TH	Gotha	16067033	Großfahner	2
TH	Gotha	16067085	Günthersleben-Wechmar	3
TH	Gotha	16067035	Haina	3
TH	Gotha	16067036	Herrenhof	3
TH	Gotha	16067037	Hochheim	2
TH	Gotha	16067038	Hörselgau	3
TH	Gotha	16067039	Hohenkirchen	3
TH	Gotha	16067041	Ingersleben	2
TH	Gotha	16067042	Laucha	3
TH	Gotha	16067083	Leinatal	3
TH	Gotha	16067044	Luisenthal	3
TH	Gotha	16067045	Mechterstädt	3
TH	Gotha	16067046	Metebach	3
TH	Gotha	16067047	Molschleben	2
TH	Gotha	16067048	Mühlberg	3
TH	Gotha	16067051	Neudietendorf	2
TH	Gotha	16067052	Nottleben	2
TH	Gotha	16067053	Ohrdruf	3
TH	Gotha	16067054	Petriroda	3
TH	Gotha	16067055	Pferdingsleben	2
TH	Gotha	16067056	Remstädt	3
TH	Gotha	16067059	Schwabhausen	3
TH	Gotha	16067062	Seebergen	3
TH	Gotha	16067063	Sonneborn	3
TH	Gotha	16067064	Tabarz/Thür. Wald	3
TH	Gotha	16067065	Tambach-Dietharz / Thür. Wald	3
TH	Gotha	16067066	Teutleben	3
TH	Gotha	16067067	Tonna	2
TH	Gotha	16067068	Tröchtelborn	2
TH	Gotha	16067069	Trügleben	3
TH	Gotha	16067071	Tüttleben	2
TH	Gotha	16067072	Waltershausen	3
TH	Gotha	16067073	Wandersleben	3
TH	Gotha	16067074	Wangenheim	3
TH	Gotha	16067075	Warza	2
TH	Gotha	16067077	Weingarten	3
TH	Gotha	16067078	Westhausen	2
TH	Gotha	16067081	Wölfis	3

Land	Landkreis	Gemeinde-schlüssel	Gemeinde	Schneelastzone
TH	Gotha	16067082	Zimmernsupra	2
TH	**Greiz**	alle	alle	2
TH	**Hildburghausen**	alle	alle	2
TH	**Ilm-Kreis**	16070001	Alkersleben	2
TH	Ilm-Kreis	16070002	Altenfeld	3
TH	Ilm-Kreis	16070003	Angelroda	3
TH	Ilm-Kreis	16070004	Arnstadt	3
TH	Ilm-Kreis	16070005	Böhlen	3
TH	Ilm-Kreis	16070006	Bösleben-Wüllersleben	2
TH	Ilm-Kreis	16070008	Dornheim	3
TH	Ilm-Kreis	16070011	Elgersburg	3
TH	Ilm-Kreis	16070012	Elleben	2
TH	Ilm-Kreis	16070013	Elxleben	2
TH	Ilm-Kreis	16070014	Frankenhain	3
TH	Ilm-Kreis	16070015	Frauenwald	3
TH	Ilm-Kreis	16070016	Friedersdorf	3
TH	Ilm-Kreis	16070017	Gehlberg	3
TH	Ilm-Kreis	16070018	Gehren	3
TH	Ilm-Kreis	16070019	Geraberg	3
TH	Ilm-Kreis	16070021	Geschwenda	3
TH	Ilm-Kreis	16070022	Gillersdorf	3
TH	Ilm-Kreis	16070023	Gossel	3
TH	Ilm-Kreis	16070024	Gräfenroda	3
TH	Ilm-Kreis	16070025	Großbreitenbach	3
TH	Ilm-Kreis	16070027	Herschdorf	3
TH	Ilm-Kreis	16070028	Ichtershausen	2
TH	Ilm-Kreis	16070029	Ilmenau	3
TH	Ilm-Kreis	16070056	Ilmtal	3
TH	Ilm-Kreis	16070031	Kirchheim	2
TH	Ilm-Kreis	16070032	Langewiesen	3
TH	Ilm-Kreis	16070033	Liebenstein	3
TH	Ilm-Kreis	16070034	Martinroda	3
TH	Ilm-Kreis	16070035	Möhrenbach	3
TH	Ilm-Kreis	16070037	Neusiß	3
TH	Ilm-Kreis	16070038	Neustadt am Rennsteig	3
TH	Ilm-Kreis	16070041	Osthausen-Wülfershausen	2
TH	Ilm-Kreis	16070042	Pennewitz	3
TH	Ilm-Kreis	16070043	Plaue	3
TH	Ilm-Kreis	16070044	Rockhausen	2
TH	Ilm-Kreis	16070046	Schmiedefeld am Rennsteig	3
TH	Ilm-Kreis	16070048	Stadtilm	3
TH	Ilm-Kreis	16070049	Stützerbach	3
TH	Ilm-Kreis	16070051	Wachsenburggemeinde	3
TH	Ilm-Kreis	16070052	Wildenspring	3
TH	Ilm-Kreis	16070053	Wipfratal	3
TH	Ilm-Kreis	16070054	Witzleben	2
TH	Ilm-Kreis	16070055	Wolfsberg	3
TH	**Jena**	16053000	Jena	2
TH	**Kyffhäuserkreis**	alle	alle	2
TH	**Nordhausen**	16062001	Auleben	2
TH	Nordhausen	16062002	Bleicherode	2
TH	Nordhausen	16062004	Buchholz	3

Land	Landkreis	Gemeinde-schlüssel	Gemeinde	Schneelastzone
TH	Nordhausen	16062005	Ellrich	3
TH	Nordhausen	16062006	Etzelsrode	2
TH	Nordhausen	16062007	Friedrichsthal	2
TH	Nordhausen	16062008	Görsbach	2
TH	Nordhausen	16062009	Großlohra	2
TH	Nordhausen	16062014	Hainrode/Hainleite	2
TH	Nordhausen	16062015	Hamma	2
TH	Nordhausen	16062016	Harzungen	3
TH	Nordhausen	16062017	Heringen/Helme	2
TH	Nordhausen	16062018	Herrmannsacker	3
TH	Nordhausen	16062062	Hohenstein	3
TH	Nordhausen	16062022	Ilfeld	3
TH	Nordhausen	16062024	Kehmstedt	2
TH	Nordhausen	16062025	Kleinbodungen	2
TH	Nordhausen	16062026	Kleinfurra	2
TH	Nordhausen	16062029	Kraja	2
TH	Nordhausen	16062033	Lipprechterode	2
TH	Nordhausen	16062036	Neustadt/Harz	3
TH	Nordhausen	16062037	Niedergebra	2
TH	Nordhausen	16062038	Niedersachswerfen	3
TH	Nordhausen	16062039	Nohra	2
TH	Nordhausen	16062041	Nordhausen	2
TH	Nordhausen	16062042	Obergebra	2
TH	Nordhausen	16062044	Petersdorf	3
TH	Nordhausen	16062046	Rehungen	2
TH	Nordhausen	16062047	Rodishain	3
TH	Nordhausen	16062049	Sollstedt	2
TH	Nordhausen	16062052	Stempeda	2
TH	Nordhausen	16062054	Urbach	2
TH	Nordhausen	16062055	Uthleben	2
TH	Nordhausen	16062063	Werther	2
TH	Nordhausen	16062057	Windehausen	2
TH	Nordhausen	16062058	Wipperdorf	2
TH	Nordhausen	16062059	Wolkramshausen	2
TH	**Saale-Holzland-Kreis**	alle	alle	2
TH	**Saale-Orla-Kreis**	16075002	Birkenhügel	3
TH	Saale-Orla-Kreis	16075003	Blankenberg	3
TH	Saale-Orla-Kreis	16075004	Blankenstein	3
TH	Saale-Orla-Kreis	16075006	Bodelwitz	2
TH	Saale-Orla-Kreis	16075007	Breitenhain	2
TH	Saale-Orla-Kreis	16075008	Bucha	3
TH	Saale-Orla-Kreis	16075009	Burgk	3
TH	Saale-Orla-Kreis	16075012	Chursdorf	2
TH	Saale-Orla-Kreis	16075013	Crispendorf	3
TH	Saale-Orla-Kreis	16075014	Dittersdorf	2
TH	Saale-Orla-Kreis	16075016	Döbritz	2
TH	Saale-Orla-Kreis	16075017	Dragensdorf	2
TH	Saale-Orla-Kreis	16075018	Dreba	2
TH	Saale-Orla-Kreis	16075019	Dreitzsch	2
TH	Saale-Orla-Kreis	16075023	Eßbach	3
TH	Saale-Orla-Kreis	16075131	Gefell	3
TH	Saale-Orla-Kreis	16075029	Geroda	2

Land	Landkreis	Gemeinde-schlüssel	Gemeinde	Schneelastzone
TH	Saale-Orla-Kreis	16075031	Gertewitz	2
TH	Saale-Orla-Kreis	16075033	Görkwitz	3
TH	Saale-Orla-Kreis	16075034	Göschitz	2
TH	Saale-Orla-Kreis	16075035	Gössitz	3
TH	Saale-Orla-Kreis	16075039	Grobengereuth	2
TH	Saale-Orla-Kreis	16075042	Harra	3
TH	Saale-Orla-Kreis	16075046	Hirschberg	3
TH	Saale-Orla-Kreis	16075047	Keila	3
TH	Saale-Orla-Kreis	16075048	Kirschkau	2
TH	Saale-Orla-Kreis	16075049	Knau	3
TH	Saale-Orla-Kreis	16075051	Kospoda	2
TH	Saale-Orla-Kreis	16075129	Krölpa	3
TH	Saale-Orla-Kreis	16075054	Langenorla	2
TH	Saale-Orla-Kreis	16075056	Lausnitz b. Neustadt an der Orla	2
TH	Saale-Orla-Kreis	16075057	Lemnitz	2
TH	Saale-Orla-Kreis	16075061	Linda b. Neustadt an der Orla	2
TH	Saale-Orla-Kreis	16075062	Lobenstein	3
TH	Saale-Orla-Kreis	16075063	Löhma	2
TH	Saale-Orla-Kreis	16075065	Miesitz	2
TH	Saale-Orla-Kreis	16075066	Mittelpöllnitz	2
TH	Saale-Orla-Kreis	16075068	Moßbach	2
TH	Saale-Orla-Kreis	16075069	Moxa	3
TH	Saale-Orla-Kreis	16075071	Neundorf (bei Lobenstein)	3
TH	Saale-Orla-Kreis	16075072	Neundorf (bei Schleiz)	3
TH	Saale-Orla-Kreis	16075073	Neustadt an der Orla	2
TH	Saale-Orla-Kreis	16075074	Nimritz	2
TH	Saale-Orla-Kreis	16075075	Oberoppurg	2
TH	Saale-Orla-Kreis	16075076	Oettersdorf	2
TH	Saale-Orla-Kreis	16075077	Oppurg	2
TH	Saale-Orla-Kreis	16075079	Paska	3
TH	Saale-Orla-Kreis	16075081	Peuschen	3
TH	Saale-Orla-Kreis	16075082	Pillingsdorf	2
TH	Saale-Orla-Kreis	16075083	Plothen	2
TH	Saale-Orla-Kreis	16075084	Pörmitz	2
TH	Saale-Orla-Kreis	16075085	Pößneck	2
TH	Saale-Orla-Kreis	16075086	Pottiga	3
TH	Saale-Orla-Kreis	16075087	Quaschwitz	2
TH	Saale-Orla-Kreis	16075088	Ranis	3
TH	Saale-Orla-Kreis	16075134	Remptendorf	3
TH	Saale-Orla-Kreis	16075093	Rosendorf	2
TH	Saale-Orla-Kreis	16075096	Saalburg-Ebersdorf	3
TH	Saale-Orla-Kreis	16075097	Schlegel	3
TH	Saale-Orla-Kreis	16075098	Schleiz	3
TH	Saale-Orla-Kreis	16075099	Schmieritz	2
TH	Saale-Orla-Kreis	16075101	Schmorda	3
TH	Saale-Orla-Kreis	16075102	Schöndorf	3
TH	Saale-Orla-Kreis	16075103	Seisla	3
TH	Saale-Orla-Kreis	16075105	Solkwitz	2
TH	Saale-Orla-Kreis	16075106	Stanau	2
TH	Saale-Orla-Kreis	16075132	Tanna	3
TH	Saale-Orla-Kreis	16075109	Tegau	2
TH	Saale-Orla-Kreis	16075114	Tömmelsdorf	2

Land	Landkreis	Gemeinde-schlüssel	Gemeinde	Schneelastzone
TH	Saale-Orla-Kreis	16075116	Triptis	2
TH	Saale-Orla-Kreis	16075119	Volkmannsdorf	3
TH	Saale-Orla-Kreis	16075121	Weira	2
TH	Saale-Orla-Kreis	16075124	Wernburg	3
TH	Saale-Orla-Kreis	16075125	Wilhelmsdorf	3
TH	Saale-Orla-Kreis	16075127	Ziegenrück	3
TH	Saale-Orla-Kreis	16075133	Wurzbach	3
TH	**Saalfeld-Rudolstadt**	16073001	Allendorf	3
TH	Saalfeld-Rudolstadt	16073002	Altenbeuthen	3
TH	Saalfeld-Rudolstadt	16073004	Arnsgereuth	3
TH	Saalfeld-Rudolstadt	16073005	Bad Blankenburg	3
TH	Saalfeld-Rudolstadt	16073006	Bechstedt	3
TH	Saalfeld-Rudolstadt	16073009	Birkigt	3
TH	Saalfeld-Rudolstadt	16073013	Cursdorf	3
TH	Saalfeld-Rudolstadt	16073014	Deesbach	3
TH	Saalfeld-Rudolstadt	16073017	Döschnitz	3
TH	Saalfeld-Rudolstadt	16073021	Dröbischau	3
TH	Saalfeld-Rudolstadt	16073107	Drognitz	3
TH	Saalfeld-Rudolstadt	16073027	Goßwitz	3
TH	Saalfeld-Rudolstadt	16073028	Gräfenthal	3
TH	Saalfeld-Rudolstadt	16073029	Großkochberg	2
TH	Saalfeld-Rudolstadt	16073032	Heilingen	2
TH	Saalfeld-Rudolstadt	16073035	Hohenwarte	3
TH	Saalfeld-Rudolstadt	16073036	Kamsdorf	3
TH	Saalfeld-Rudolstadt	16073037	Katzhütte	3
TH	Saalfeld-Rudolstadt	16073038	Kaulsdorf	3
TH	Saalfeld-Rudolstadt	16073042	Königsee	3
TH	Saalfeld-Rudolstadt	16073043	Könitz	3
TH	Saalfeld-Rudolstadt	16073045	Lausnitz b. Pößneck	3
TH	Saalfeld-Rudolstadt	16073046	Lehesten	3
TH	Saalfeld-Rudolstadt	16073106	Leutenberg	3
TH	Saalfeld-Rudolstadt	16073049	Lichte	3
TH	Saalfeld-Rudolstadt	16073051	Lichtenhain/Bergbahn	3
TH	Saalfeld-Rudolstadt	16073054	Mellenbach-Glasbach	3
TH	Saalfeld-Rudolstadt	16073055	Meura	3
TH	Saalfeld-Rudolstadt	16073056	Meuselbach-Schwarzmühle	3
TH	Saalfeld-Rudolstadt	16073063	Oberhain	3
TH	Saalfeld-Rudolstadt	16073065	Oberweißbach/Thür. Wald	3
TH	Saalfeld-Rudolstadt	16073066	Piesau	3
TH	Saalfeld-Rudolstadt	16073067	Probstzella	3
TH	Saalfeld-Rudolstadt	16073068	Reichmannsdorf	3
TH	Saalfeld-Rudolstadt	16073105	Remda-Teichel	2
TH	Saalfeld-Rudolstadt	16073074	Rohrbach	3
TH	Saalfeld-Rudolstadt	16073075	Rottenbach	3
TH	Saalfeld-Rudolstadt	16073076	Rudolstadt	3
TH	Saalfeld-Rudolstadt	16073077	Saalfeld/Saale	3
TH	Saalfeld-Rudolstadt	16073108	Saalfelder Höhe	3
TH	Saalfeld-Rudolstadt	16073079	Schmiedefeld	3
TH	Saalfeld-Rudolstadt	16073082	Schwarzburg	3
TH	Saalfeld-Rudolstadt	16073084	Sitzendorf	3
TH	Saalfeld-Rudolstadt	16073092	Uhlstädt-Kirchhasel	2
TH	Saalfeld-Rudolstadt	16073094	Unterweißbach	3

Land	Landkreis	Gemeinde-schlüssel	Gemeinde	Schneelastzone
TH	Saalfeld-Rudolstadt	16073095	Unterwellenborn	3
TH	Saalfeld-Rudolstadt	16073101	Wittgendorf	3
TH	**Schmalkalden-Meiningen**	16066001	Altersbach	3
TH	Schmalkalden-Meiningen	16066002	Aschenhausen	2
TH	Schmalkalden-Meiningen	16066003	Bauerbach	2
TH	Schmalkalden-Meiningen	16066004	Behrungen	2
TH	Schmalkalden-Meiningen	16066005	Belrieth	2
TH	Schmalkalden-Meiningen	16066006	Benshausen	2
TH	Schmalkalden-Meiningen	16066007	Berkach	2
TH	Schmalkalden-Meiningen	16066008	Bermbach	2
TH	Schmalkalden-Meiningen	16066011	Bibra	2
TH	Schmalkalden-Meiningen	16066012	Birx	2a
TH	Schmalkalden-Meiningen	16066013	Breitungen/Werra	2
TH	Schmalkalden-Meiningen	16066014	Brotterode	3
TH	Schmalkalden-Meiningen	16066015	Christes	2
TH	Schmalkalden-Meiningen	16066016	Dillstädt	2
TH	Schmalkalden-Meiningen	16066017	Einhausen	2
TH	Schmalkalden-Meiningen	16066018	Ellingshausen	2
TH	Schmalkalden-Meiningen	16066019	Erbenhausen	2a
TH	Schmalkalden-Meiningen	16066021	Exdorf	2
TH	Schmalkalden-Meiningen	16066022	Fambach	2
TH	Schmalkalden-Meiningen	16066023	Floh-Seligenthal	3
TH	Schmalkalden-Meiningen	16066024	Frankenheim/Rhön	2a
TH	Schmalkalden-Meiningen	16066025	Friedelshausen	2
TH	Schmalkalden-Meiningen	16066028	Henneberg	2
TH	Schmalkalden-Meiningen	16066031	Herpf	2
TH	Schmalkalden-Meiningen	16066032	Heßles	3
TH	Schmalkalden-Meiningen	16066033	Hümpfershausen	2
TH	Schmalkalden-Meiningen	16066034	Jüchsen	2
TH	Schmalkalden-Meiningen	16066035	Kaltensundheim	2
TH	Schmalkalden-Meiningen	16066036	Kaltenwestheim	2
TH	Schmalkalden-Meiningen	16066037	Kleinschmalkalden	3
TH	Schmalkalden-Meiningen	16066038	Kühndorf	2
TH	Schmalkalden-Meiningen	16066039	Leutersdorf	2
TH	Schmalkalden-Meiningen	16066041	Mehmels	2
TH	Schmalkalden-Meiningen	16066042	Meiningen	2
TH	Schmalkalden-Meiningen	16066043	Melpers	2a
TH	Schmalkalden-Meiningen	16066044	Metzels	2
TH	Schmalkalden-Meiningen	16066045	Neubrunn	2
TH	Schmalkalden-Meiningen	16066046	Nordheim	2
TH	Schmalkalden-Meiningen	16066047	Oberhof	3
TH	Schmalkalden-Meiningen	16066048	Oberkatz	2
TH	Schmalkalden-Meiningen	16066049	Obermaßfeld-Grimmenthal	2
TH	Schmalkalden-Meiningen	16066051	Oberschönau	3
TH	Schmalkalden-Meiningen	16066052	Oberweid	2
TH	Schmalkalden-Meiningen	16066053	Oepfershausen	2
TH	Schmalkalden-Meiningen	16066054	Queienfeld	2
TH	Schmalkalden-Meiningen	16066055	Rentwertshausen	2
TH	Schmalkalden-Meiningen	16066093	Rhönblick	2
TH	Schmalkalden-Meiningen	16066056	Rippershausen	2
TH	Schmalkalden-Meiningen	16066057	Ritschenhausen	2
TH	Schmalkalden-Meiningen	16066058	Rohr	2

Land	Landkreis	Gemeinde-schlüssel	Gemeinde	Schneelastzone
TH	Schmalkalden-Meiningen	16066059	Rosa	2
TH	Schmalkalden-Meiningen	16066061	Roßdorf	2
TH	Schmalkalden-Meiningen	16066062	Rotterode	3
TH	Schmalkalden-Meiningen	16066063	Schmalkalden	3
TH	Schmalkalden-Meiningen	16066064	Schwallungen	2
TH	Schmalkalden-Meiningen	16066065	Schwarza	2
TH	Schmalkalden-Meiningen	16066066	Schwickershausen	2
TH	Schmalkalden-Meiningen	16066067	Springstille	3
TH	Schmalkalden-Meiningen	16066069	Steinbach-Hallenberg	3
TH	Schmalkalden-Meiningen	16066071	Stepfershausen	2
TH	Schmalkalden-Meiningen	16066073	Sülzfeld	2
TH	Schmalkalden-Meiningen	16066074	Trusetal	3
TH	Schmalkalden-Meiningen	16066075	Unterkatz	2
TH	Schmalkalden-Meiningen	16066076	Untermaßfeld	2
TH	Schmalkalden-Meiningen	16066077	Unterschönau	3
TH	Schmalkalden-Meiningen	16066078	Unterweid	2
TH	Schmalkalden-Meiningen	16066079	Utendorf	2
TH	Schmalkalden-Meiningen	16066081	Vachdorf	2
TH	Schmalkalden-Meiningen	16066082	Viernau	2
TH	Schmalkalden-Meiningen	16066083	Wahns	2
TH	Schmalkalden-Meiningen	16066084	Wallbach	2
TH	Schmalkalden-Meiningen	16066085	Walldorf	2
TH	Schmalkalden-Meiningen	16066086	Wasungen	2
TH	Schmalkalden-Meiningen	16066087	Wernshausen	2
TH	Schmalkalden-Meiningen	16066088	Wöltershausen	2
TH	Schmalkalden-Meiningen	16066091	Wolfmannshausen	2
TH	Schmalkalden-Meiningen	16066092	Zella-Mehlis	3
TH	**Sömmerda**	alle	alle	2
TH	**Sonneberg**	16072001	Bachfeld	2
TH	Sonneberg	16072002	Effelder-Rauenstein	2
TH	Sonneberg	16072005	Föritz	2
TH	Sonneberg	16072006	Goldisthal	3
TH	Sonneberg	16072009	Judenbach	3
TH	Sonneberg	16072011	Lauscha	3
TH	Sonneberg	16072012	Mengersgereuth-Hämmern	2
TH	Sonneberg	16072013	Neuhaus am Rennweg	3
TH	Sonneberg	16072014	Neuhaus-Schierschnitz	2
TH	Sonneberg	16072022	Oberland am Rennsteig	3
TH	Sonneberg	16072015	Schalkau	2
TH	Sonneberg	16072016	Scheibe-Alsbach	3
TH	Sonneberg	16072017	Siegmundsburg	2
TH	Sonneberg	16072018	Sonneberg	2
TH	Sonneberg	16072019	Steinach	3
TH	Sonneberg	16072021	Steinheid	3
TH	**Suhl**	16054000	Suhl	2
TH	**Unstrut-Hainich-Kreis**	16064001	Altengottern	2
TH	Unstrut-Hainich-Kreis	16064073	Anrode	2
TH	Unstrut-Hainich-Kreis	16064003	Bad Langensalza	2
TH	Unstrut-Hainich-Kreis	16064004	Bad Tennstedt	2
TH	Unstrut-Hainich-Kreis	16064005	Ballhausen	2
TH	Unstrut-Hainich-Kreis	16064007	Blankenburg	2
TH	Unstrut-Hainich-Kreis	16064008	Bothenheilingen	2

Land	Landkreis	Gemeinde-schlüssel	Gemeinde	Schneelastzone
TH	Unstrut-Hainich-Kreis	16064009	Bruchstedt	2
TH	Unstrut-Hainich-Kreis	16064014	Dünwald	2
TH	Unstrut-Hainich-Kreis	16064017	Flarchheim	3
TH	Unstrut-Hainich-Kreis	16064018	Großengottern	2
TH	Unstrut-Hainich-Kreis	16064019	Großvargula	2
TH	Unstrut-Hainich-Kreis	16064021	Haussömmern	2
TH	Unstrut-Hainich-Kreis	16064022	Herbsleben	2
TH	Unstrut-Hainich-Kreis	16064023	Heroldishausen	2
TH	Unstrut-Hainich-Kreis	16064024	Heyerode	3
TH	Unstrut-Hainich-Kreis	16064025	Hildebrandshausen	3
TH	Unstrut-Hainich-Kreis	16064027	Hornsömmern	2
TH	Unstrut-Hainich-Kreis	16064029	Issersheilingen	2
TH	Unstrut-Hainich-Kreis	16064032	Kammerforst	3
TH	Unstrut-Hainich-Kreis	16064069	Katharinenberg	3
TH	Unstrut-Hainich-Kreis	16064033	Kirchheilingen	2
TH	Unstrut-Hainich-Kreis	16064035	Kleinwelsbach	2
TH	Unstrut-Hainich-Kreis	16064036	Klettstedt	2
TH	Unstrut-Hainich-Kreis	16064037	Körner	2
TH	Unstrut-Hainich-Kreis	16064038	Kutzleben	2
TH	Unstrut-Hainich-Kreis	16064039	Langula	3
TH	Unstrut-Hainich-Kreis	16064042	Lengenfeld unterm Stein	3
TH	Unstrut-Hainich-Kreis	16064043	Marolterode	2
TH	Unstrut-Hainich-Kreis	16064072	Menteroda	2
TH	Unstrut-Hainich-Kreis	16064045	Mittelsömmern	2
TH	Unstrut-Hainich-Kreis	16064046	Mühlhausen/Thüringen	2
TH	Unstrut-Hainich-Kreis	16064047	Mülverstedt	3
TH	Unstrut-Hainich-Kreis	16064048	Neunheilingen	2
TH	Unstrut-Hainich-Kreis	16064049	Niederdorla	3
TH	Unstrut-Hainich-Kreis	16064051	Oberdorla	3
TH	Unstrut-Hainich-Kreis	16064052	Obermehler	2
TH	Unstrut-Hainich-Kreis	16064053	Oppershausen	3
TH	Unstrut-Hainich-Kreis	16064055	Rodeberg	3
TH	Unstrut-Hainich-Kreis	16064057	Schlotheim	2
TH	Unstrut-Hainich-Kreis	16064058	Schönstedt	3
TH	Unstrut-Hainich-Kreis	16064061	Sundhausen	2
TH	Unstrut-Hainich-Kreis	16064062	Tottleben	2
TH	Unstrut-Hainich-Kreis	16064071	Unstruttal	2
TH	Unstrut-Hainich-Kreis	16064064	Urleben	2
TH	Unstrut-Hainich-Kreis	16064065	Weberstedt	3
TH	Unstrut-Hainich-Kreis	16064066	Weinbergen	2
TH	**Wartburgkreis**	16063001	Andenhausen	2
TH	Wartburgkreis	16063002	Bad Liebenstein	3
TH	Wartburgkreis	16063003	Bad Salzungen	2
TH	Wartburgkreis	16063004	Barchfeld	2
TH	Wartburgkreis	16063096	Behringen	3
TH	Wartburgkreis	16063006	Berka v.d.Hainich	3
TH	Wartburgkreis	16063007	Berka/Werra	2
TH	Wartburgkreis	16063008	Bischofroda	3
TH	Wartburgkreis	16063009	Brunnhartshausen	2
TH	Wartburgkreis	16063011	Buttlar	2
TH	Wartburgkreis	16063013	Creuzburg	3
TH	Wartburgkreis	16063014	Dankmarshausen	2

Land	Landkreis	Gemeinde-schlüssel	Gemeinde	Schneelastzone
TH	Wartburgkreis	16063015	Dermbach	2
TH	Wartburgkreis	16063016	Diedorf/Rhön	2
TH	Wartburgkreis	16063017	Dippach	2
TH	Wartburgkreis	16063018	Dorndorf	2
TH	Wartburgkreis	16063019	Ebenshausen	3
TH	Wartburgkreis	16063023	Empfertshausen	2
TH	Wartburgkreis	16063024	Ettenhausen a.d.Suhl	3
TH	Wartburgkreis	16063026	Fischbach/Rhön	2
TH	Wartburgkreis	16063028	Frankenroda	3
TH	Wartburgkreis	16063029	Frauensee	2
TH	Wartburgkreis	16063032	Geisa	2
TH	Wartburgkreis	16063033	Gerstengrund	2
TH	Wartburgkreis	16063097	Gerstungen	2
TH	Wartburgkreis	16063036	Großensee	2
TH	Wartburgkreis	16063037	Hallungen	3
TH	Wartburgkreis	16063095	Hörselberg	3
TH	Wartburgkreis	16063039	Ifta	3
TH	Wartburgkreis	16063041	Immelborn	2
TH	Wartburgkreis	16063043	Kaltenlengsfeld	2
TH	Wartburgkreis	16063044	Kaltennordheim	2
TH	Wartburgkreis	16063045	Klings	2
TH	Wartburgkreis	16063046	Krauthausen	3
TH	Wartburgkreis	16063049	Lauterbach	3
TH	Wartburgkreis	16063051	Leimbach	2
TH	Wartburgkreis	16063052	Marksuhl	3
TH	Wartburgkreis	16063053	Martinroda	2
TH	Wartburgkreis	16063054	Merkers-Kieselbach	2
TH	Wartburgkreis	16063055	Mihla	3
TH	Wartburgkreis	16063094	Moorgrund	3
TH	Wartburgkreis	16063058	Nazza	3
TH	Wartburgkreis	16063059	Neidhartshausen	2
TH	Wartburgkreis	16063062	Oechsen	2
TH	Wartburgkreis	16063065	Rockenstuhl	2
TH	Wartburgkreis	16063066	Ruhla	3
TH	Wartburgkreis	16063068	Schleid	2
TH	Wartburgkreis	16063069	Schweina	3
TH	Wartburgkreis	16063071	Seebach	3
TH	Wartburgkreis	16063072	Stadtlengsfeld	2
TH	Wartburgkreis	16063073	Steinbach	3
TH	Wartburgkreis	16063075	Tiefenort	2
TH	Wartburgkreis	16063076	Treffurt	3
TH	Wartburgkreis	16063078	Unterbreizbach	2
TH	Wartburgkreis	16063081	Urnshausen	2
TH	Wartburgkreis	16063082	Vacha	2
TH	Wartburgkreis	16063083	Völkershausen	2
TH	Wartburgkreis	16063084	Weilar	2
TH	Wartburgkreis	16063086	Wiesenthal	2
TH	Wartburgkreis	16063087	Wölferbütt	2
TH	Wartburgkreis	16063089	Wolfsburg-Unkeroda	3
TH	Wartburgkreis	16063092	Wutha-Farnroda	3
TH	Wartburgkreis	16063093	Zella/Rhön	2
TH	**Weimar**	16055000	Weimar	2

Land	Landkreis	Gemeinde-schlüssel	Gemeinde	Schneelastzone
TH	**Weimarer Land**	alle	alle	**2**

4 Erdbebenzonen[1)]

[1)] Zusätzlich unter www.beuth-mediathek.de zum kostenlosen Download erhältlich 

Normenverzeichnis

Nachfolgend werden die Normen angegeben, auf die im Buch Bezug genommen wird. Für ein vollständiges Verzeichnis der Eurocodes für die Bemessung von Tragwerken wird auf [Kempa 2014] verwiesen.

Dokument	Ausgabe	Titel
ASCE/SEI 7-10	2010-07	American Society of Civil Engineers, Minimum Design Loads for Buildings and Other Structures, 2010
DIN 1053-1	1996-11	Mauerwerk. Teil 1: Berechnung und Ausführung (zurückgezogen)
DIN 1054	2010-12	Baugrund – Sicherheitsnachweise im Erd- und Grundbau – Ergänzende Regelungen zu DIN EN 1997-1
DIN 1054/A1	2012-08	Baugrund – Sicherheitsnachweise im Erd- und Grundbau – Ergänzende Regelungen zu DIN EN 1997-1:2010; Änderung A1:2012
DIN 1054/A2	2015-11	Baugrund – Sicherheitsnachweise im Erd- und Grundbau – Ergänzende Regelungen zu DIN EN 1997-1:2010; Änderung A2:2015
DIN 1055-1	2002-06	Einwirkungen auf Tragwerke. Teil 1: Wichte und Flächenlasten von Baustoffen, Bauteilen und Lagerstoffen (zurückgezogen)
DIN 1055-5	2005-07	Einwirkungen auf Tragwerke. Teil 5: Schnee- und Eislasten (zurückgezogen)
DIN 1055-100	2001-03	Einwirkungen auf Tragwerke. Teil 100: Grundlagen der Tragwerksplanung, Sicherheitskonzept und Bemessungsregeln (zurückgezogen)
DIN 1072	1985-12	Straßen- und Wegbrücken; Lastannahmen (zurückgezogen)
DIN 4134	1983-02	Tragluftbauten; Berechnung, Ausführung und Betrieb
DIN 4149	2005-04	Bauten in deutschen Erdbebengebieten. Lastannahmen, Bemessung und Ausführung üblicher Hochbauten (zurückgezogen)
DIN EN 1990	2010-12	Eurocode: Grundlagen der Tragwerksplanung; Deutsche Fassung EN 1990:2002 + A1:2005 + A1:2005/AC:2010
DIN EN 1990/NA	2010-12	Nationaler Anhang – National festgelegte Parameter – Eurocode: Grundlagen der Tragwerksplanung
DIN EN 1990/NA/A1	2012-08	Nationaler Anhang – National festgelegte Parameter – Eurocode: Grundlagen der Tragwerksplanung; Änderung A1

Dokument	Ausgabe	Titel
DIN EN 1991-1-1	2010-12	Eurocode 1: Einwirkungen auf Tragwerke – Teil 1-1: Allgemeine Einwirkungen auf Tragwerke – Wichten, Eigengewicht und Nutzlasten im Hochbau; Deutsche Fassung EN 1991-1-1:2002 + AC:2009
DIN EN 1991-1-1/NA	2010-12	Nationaler Anhang – National festgelegte Parameter – Eurocode 1: Einwirkungen auf Tragwerke – Teil 1-1: Allgemeine Einwirkungen auf Tragwerke – Wichten, Eigengewicht und Nutzlasten im Hochbau
DIN EN 1991-1-1/NA/A1	2015-05	Nationaler Anhang – National festgelegte Parameter – Eurocode 1: Einwirkungen auf Tragwerke – Teil 1-1: Allgemeine Einwirkungen auf Tragwerke – Wichten, Eigengewicht und Nutzlasten im Hochbau; Änderung A1
DIN EN 1991-1-2	2010-12	Eurocode 1: Einwirkungen auf Tragwerke – Teil 1-2: Allgemeine Einwirkungen – Brandeinwirkungen auf Tragwerke; Deutsche Fassung EN 1991-1-2:2002 + AC:2009
DIN EN 1991-1-2 Ber 1	2013-08	Eurocode 1 – Einwirkungen auf Tragwerke – Teil 1-2: Allgemeine Einwirkungen – Brandeinwirkungen auf Tragwerke; Deutsche Fassung EN 1991-1-2:2002, Berichtigung zu DIN EN 1991-1-2:2010-12; Deutsche Fassung EN 1991-1-2:2002/AC:2012
DIN EN 1991-1-2/NA	2010-12	Nationaler Anhang – National festgelegte Parameter – Eurocode 1: Einwirkungen auf Tragwerke – Teil 1-2: Allgemeine Einwirkungen – Brandeinwirkungen auf Tragwerke
DIN EN 1991-1-2/NA/A1	2015-05	Nationaler Anhang – National festgelegte Parameter – Eurocode 1: Einwirkungen auf Tragwerke – Teil 1-2/NA: Allgemeine Einwirkungen – Brandeinwirkungen auf Tragwerke; Änderung A1
DIN EN 1991-1-3	2010-12	Eurocode 1: Einwirkungen auf Tragwerke – Teil 1-3: Allgemeine Einwirkungen, Schneelasten; Deutsche Fassung EN 1991-1-3:2003 + AC:2009
DIN EN 1991-1-3/A1	2015-12	Eurocode 1: Einwirkungen auf Tragwerke – Teil 1-3: Allgemeine Einwirkungen, Schneelasten; Deutsche Fassung EN 1991-1-3:2003/A1:2015
DIN EN 1991-1-3/NA	2010-12	Nationaler Anhang – National festgelegte Parameter – Eurocode 1: Einwirkungen auf Tragwerke – Teil 1-3: Allgemeine Einwirkungen – Schneelasten
DIN EN 1991-1-4	2010-12	Eurocode 1: Einwirkungen auf Tragwerke – Teil 1-4: Allgemeine Einwirkungen – Windlasten; Deutsche Fassung EN 1991-1-4:2005 + A1:2010 + AC:2010

Dokument	Ausgabe	Titel
DIN EN 1991-1-4/NA	2010-12	Nationaler Anhang – National festgelegte Parameter – Eurocode 1: Einwirkungen auf Tragwerke – Teil 1-4: Allgemeine Einwirkungen – Windlasten
DIN EN 1991-1-5	2010-12	Eurocode 1: Einwirkungen auf Tragwerke – Teil 1-5: Allgemeine Einwirkungen – Temperatureinwirkungen; Deutsche Fassung EN 1991-1-5:2003 + AC:2009
DIN EN 1991-1-5/NA	2010-12	Nationaler Anhang – National festgelegte Parameter – Eurocode 1: Einwirkungen auf Tragwerke – Teil 1-5: Allgemeine Einwirkungen – Temperatureinwirkungen
DIN EN 1991-1-6	2010-12	Eurocode 1: Einwirkungen auf Tragwerke – Teil 1-6: Allgemeine Einwirkungen, Einwirkungen während der Bauausführung; Deutsche Fassung EN 1991-1-6:2005 + AC:2008
DIN EN 1991-1-6 Ber 1	2013-08	Eurocode 1: Einwirkungen auf Tragwerke – Teil 1-6: Allgemeine Einwirkungen, Einwirkungen während der Bauausführung; Deutsche Fassung EN 1991-1-6:2005, Berichtigung zu DIN EN 1991-1-6:2010-12; Deutsche Fassung EN 1991-1-6:2005/AC:2012
DIN EN 1991-1-6/NA	2010-12	Nationaler Anhang – National festgelegte Parameter – Eurocode 1: Einwirkungen auf Tragwerke – Teil 1-6: Allgemeine Einwirkungen, Einwirkungen während der Bauausführung
DIN EN 1991-1-7	2010-12	Eurocode 1: Einwirkungen auf Tragwerke – Teil 1-7: Allgemeine Einwirkungen – Außergewöhnliche Einwirkungen; Deutsche Fassung EN 1991-1-7:2006 + AC:2010
DIN EN 1991-1-7/A1	2014-08	Eurocode 1 – Einwirkungen auf Tragwerke – Teil 1-7: Allgemeine Einwirkungen – Außergewöhnliche Einwirkungen; Deutsche Fassung EN 1991-1-7:2006/A1:2014
DIN EN 1991-1-7/NA	2010-12	Nationaler Anhang – National festgelegte Parameter – Eurocode 1: Einwirkungen auf Tragwerke – Teil 1-7: Allgemeine Einwirkungen – Außergewöhnliche Einwirkungen
DIN EN 1991-2	2010-12	Eurocode 1: Einwirkungen auf Tragwerke – Teil 2: Verkehrslasten auf Brücken; Deutsche Fassung EN 1991-2:2003 + AC:2010
DIN EN 1991-2/NA	2012-08	Nationaler Anhang – National festgelegte Parameter – Eurocode 1: Einwirkungen auf Tragwerke – Teil 2: Verkehrslasten auf Brücken
DIN EN 1991-3	2010-12	Eurocode 1: Einwirkungen auf Tragwerke – Teil 3: Einwirkungen infolge von Kranen und Maschinen; Deutsche Fassung EN 1991-3:2006

Dokument	Ausgabe	Titel
DIN EN 1991-3 Ber 1	2013-08	Eurocode 1: Einwirkungen auf Tragwerke – Teil 3: Einwirkungen infolge von Kranen und Maschinen; Deutsche Fassung EN 1991-3:2006, Berichtigung zu DIN EN 1991-3:2010-12; Deutsche Fassung EN 1991-3:2006/AC:2012
DIN EN 1991-3/NA	2010-12	Nationaler Anhang – National festgelegte Parameter – Eurocode 1: Einwirkungen auf Tragwerke – Teil 3: Einwirkungen infolge von Kranen und Maschinen
DIN EN 1991-4	2010-12	Eurocode 1: Einwirkungen auf Tragwerke – Teil 4: Einwirkungen auf Silos und Flüssigkeitsbehälter; Deutsche Fassung EN 1991-4:2006
DIN EN 1991-4 Ber 1	2013-08	Eurocode 1: Einwirkungen auf Tragwerke – Teil 4: Einwirkungen auf Silos und Flüssigkeitsbehälter; Deutsche Fassung EN 1991-4:2006, Berichtigung zu DIN EN 1991-4:2010-12; Deutsche Fassung EN 1991-4:2006/AC:2012
DIN EN 1991-4/NA	2010.12	Nationaler Anhang – National festgelegte Parameter – Eurocode 1: Einwirkungen auf Tragwerke – Teil 4: Einwirkungen auf Silos und Flüssigkeitsbehälter
DIN EN 1996-1-1	2013-02	Eurocode 6: Bemessung und Konstruktion von Mauerwerksbauten – Teil 1-1: Allgemeine Regeln für bewehrtes und unbewehrtes Mauerwerk; Deutsche Fassung EN 1996-1-1:2005+ A1:2012
DIN EN 1996-1-1/NA	2012-05	Nationaler Anhang – National festgelegte Parameter – Eurocode 6: Bemessung und Konstruktion von Mauerwerksbauten – Teil 1-1: Allgemeine Regeln für bewehrtes und unbewehrtes Mauerwerk
DIN EN 1996-1-1/NA/A1	2014-03	Nationaler Anhang – National festgelegte Parameter – Eurocode 6: Bemessung und Konstruktion von Mauerwerksbauten – Teil 1-1: Allgemeine Regeln für bewehrtes und unbewehrtes Mauerwerk; Änderung A1
DIN EN 1996-1-1/NA/A2	2015-01	Nationaler Anhang – National festgelegte Parameter – Eurocode 6: Bemessung und Konstruktion von Mauerwerksbauten – Teil 1-1: Allgemeine Regeln für bewehrtes und unbewehrtes Mauerwerk; Änderung A2
DIN EN 1996-2	2010-12	Eurocode 6: Bemessung und Konstruktion von Mauerwerksbauten – Teil 2: Planung, Auswahl der Baustoffe und Ausführung von Mauerwerk; Deutsche Fassung EN 1996-2:2006 + AC:2009
DIN EN 1996-2/NA	2012-01	Nationaler Anhang – National festgelegte Parameter – Eurocode 6: Bemessung und Konstruktion von Mauerwerksbauten – Teil 2: Planung, Auswahl der Baustoffe und Ausführung von Mauerwerk

Dokument	Ausgabe	Titel
DIN EN 1996-3	2010-12	Eurocode 6: Bemessung und Konstruktion von Mauerwerksbauten – Teil 3: Vereinfachte Berechnungsmethoden für unbewehrte Mauerwerksbauten; Deutsche Fassung EN 1996-3:2006 + AC:2009
DIN EN 1996-3/NA	2012-01	Nationaler Anhang – National festgelegte Parameter – Eurocode 6: Bemessung und Konstruktion von Mauerwerksbauten – Teil 3: Vereinfachte Berechnungsmethoden für unbewehrte Mauerwerksbauten
DIN EN 1996-3/NA/A1	2014-03	Nationaler Anhang – National festgelegte Parameter – Eurocode 6: Bemessung und Konstruktion von Mauerwerksbauten – Teil 3: Vereinfachte Berechnungsmethoden für unbewehrte Mauerwerksbauten; Änderung A1
DIN EN 1996-3/NA/A2	2015-01	Nationaler Anhang – National festgelegte Parameter – Eurocode 6: Bemessung und Konstruktion von Mauerwerksbauten – Teil 3: Vereinfachte Berechnungsmethoden für unbewehrte Mauerwerksbauten; Änderung A2
DIN EN 1997-1	2014-03	Eurocode 7 – Entwurf, Berechnung und Bemessung in der Geotechnik – Teil 1: Allgemeine Regeln; Deutsche Fassung EN 1997-1:2004 + AC:2009 + A1:2013
DIN EN 1997-1/NA	2010-12	Nationaler Anhang – National festgelegte Parameter – Eurocode 7: Entwurf, Berechnung und Bemessung in der Geotechnik – Teil 1: Allgemeine Regeln
DIN EN 1997-2	2010-10	Eurocode 7: Entwurf, Berechnung und Bemessung in der Geotechnik – Teil 2: Erkundung und Untersuchung des Baugrunds; Deutsche Fassung EN 1997-2:2007 + AC:2010
DIN EN 1997-2/NA	2010-12	Nationaler Anhang – National festgelegte Parameter – Eurocode 7: Entwurf, Berechnung und Bemessung in der Geotechnik – Teil 2: Erkundung und Untersuchung des Baugrunds
DIN EN 1998-1	2010.12	Eurocode 8: Auslegung von Bauwerken gegen Erdbeben - Teil 1: Grundlagen, Erdbebeneinwirkungen und Regeln für Hochbauten; Deutsche Fassung EN 1998-1:2004 + AC:2009
DIN EN 1998-1/A1	2013-05	Eurocode 8: Auslegung von Bauwerken gegen Erdbeben - Teil 1: Grundlagen, Erdbebeneinwirkungen und Regeln für Hochbauten; Deutsche Fassung EN 1998-1:2004/A1:2013
DIN EN 1998-1/NA	2011-01	Nationaler Anhang - National festgelegte Parameter - Eurocode 8: Auslegung von Bauwerken gegen Erdbeben - Teil 1: Grundlagen, Erdbebeneinwirkungen und Regeln für Hochbau

Dokument	Ausgabe	Titel
DIN EN 1998-2	2011-12	Eurocode 8: Auslegung von Bauwerken gegen Erdbeben - Teil 2: Brücken; Deutsche Fassung EN 1998-2:2005 + A1:2009 + A2:2011 + AC:2010
DIN EN 1998-2/NA	2011-03	Nationaler Anhang - National festgelegte Parameter - Eurocode 8: Auslegung von Bauwerken gegen Erdbeben - Teil 2: Brücken
DIN EN 1998-3	2010-12	Eurocode 8: Auslegung von Bauwerken gegen Erdbeben - Teil 3: Beurteilung und Ertüchtigung von Gebäuden; Deutsche Fassung EN 1998-3:2005 + AC:2010
DIN EN 1998-4	2007-01	Eurocode 8: Auslegung von Bauwerken gegen Erdbeben - Teil 4: Silos, Tankbauwerke und Rohrleitungen; Deutsche Fassung EN 1998-4:2006
DIN EN 1998-5	2010-12	Eurocode 8: Auslegung von Bauwerken gegen Erdbeben - Teil 5: Gründungen, Stützbauwerke und geotechnische Aspekte; Deutsche Fassung EN 1998-5:2004
DIN EN 1998-5/NA	2011-07	Nationaler Anhang - National festgelegte Parameter - Eurocode 8: Auslegung von Bauwerken gegen Erdbeben - Teil 5: Gründungen, Stützbauwerke und geotechnische Aspekte
DIN EN 1998-6	2006-03	Eurocode 8: Auslegung von Bauwerken gegen Erdbeben - Teil 6: Türme, Maste und Schornsteine; Deutsche Fassung EN 1998-6:2005
DIN SPEC 18071	2014-04	Produktionsgewächshäuser
DIN SPEC 18071	2014-03	Verkaufsgewächshäuser

Literaturverzeichnis

[Abrahamczyk 2005] Abrahamczyk, L.; Langhammer, T.; Schwarz, J.: Erdbebengebiete der Bundesrepublik Deutschland – eine statistische Auswertung. Bautechnik 82 (2005), H. 8, S. 500 – 507.

[Bucak/Seiler 2007] Bucak, Ö.; Seiler, Ch.(Hrsg.): Praxisbeispiele für Einwirkungen nach neuen Normen, Bauwerk Verlag Berlin, 2007.

[BAW 2015] Bundesanstalt für Wasserbau: Technisches Regelwerk – Wasserstraßen (TR-W). Ausgabe 07.2015.

[BMVBS 2012] Bundesministerium für Verkehr, Bau und Stadtentwicklung: Allgemeines Rundschreiben Straßenbau Nr. 22/2012.

[DIBt 2016.2] Butenweg, C.; Gellert, C.; Schlundt, A.: Nichtlinearer Erdbebennachweis von Gebäuden aus Kalksandsteinmauerwerk nach DIN EN 1998. Mauerwerk 14 (2010), H. 3, S. 120 – 125.

[DGEB 2004] Deutsche Gesellschaft für Erdbebeningenieurwesen und Baudynamik e.V. (DGEB): Erdbeben in Deutschland.

[DIBt 2015] Fachkommission Bautechnik der Bauministerkonferenz: Muster-Liste der Technischen Baubestimmungen. Fassung Juni 2015. www.bauministerkonferenz.de oder www.dibt.de

[DIBt 2016.1] Fachkommission Bautechnik der Bauministerkonferenz: Änderungen der Muster-Liste der Technischen Baubestimmungen. Fassung März 2016. www.bauministerkonferenz.de oder www.dibt.de

[DIBt 2016.2] Deutsches Institut für Bautechnik: Verzeichnis Eingeführte Technische Baubestimmungen, Stand 05.01.2016. www.dibt.de

[EBA 2016] Eisenbahn-Bundesamt: Eisenbahnspezifische Liste Technischer Baubestimmungen. Fassung 01.2016.

[Fehling 2012] Fehling, E.; Butenweg, C.: Hintergrund für die vereinfachten regeln bei Mauerwerksgebäuden im Erdbebenfall. Mauerwerk 16 (2012), H. 3, S. 127 – 137.

[Fischer 2006] Fischer, L.: Europäische Baunormen im Test. Bautechnik 83 (2006), H. 5, S. 351 – 364.

[Grünberg 2004] Grünberg, J.: Grundlagen der Tragwerksplanung – Sicherheitskonzept und Bemessungsregeln für den konstruktiven Ingenieurbau. Beuth Verlag, Berlin, Wien, Zürich, 2004.

[Häusler 2006] Häusler, V.: Die neuen Normen der Reihe DIN 1055 und ihre bauaufsichtliche Behandlung. DIBt Mitteilungen, H. 1, 2006, S. 20 - 26.

[Häusler 2007] Häusler, V.: DIN 1055 und die Einwirkungen aus Eigen-, Nutz und Windlasten. Der Prüfingenieur, April 2007, S. 66 - 71.

[Kempa 2014] Kempa, S.: Eurocodes und nationale Bemessungsnormen. 3., aktualisierte Auflage. Beuth Verlag, Berlin, Wien, Zürich, 2014.

[Kohoutek 2014] Kohoutek, J.; Ngoc, L. T.; Graubner, C-A.: Bemessungsrelevante Einwirkungskombinationen im Hochbau. Beton- und Stahlbetonbau 109 (2014), H. 9, S. 606 – 617.

[Lawinenwarndienst] Lawinenwarnzentrale im Bayerischen Landesamt für Umwelt: Anleitung zum Abschätzen einer Schneelast. Ausgabe 14.02.2006. www.lawinenwarndienst.bayern.de

[Meskouris 2011] Meskouris, K.; Hinzen, K.-G., Butenweg, C.; Mistler, M.: Bauwerke und Erdbeben. Vieweg & Teubner Verlag, Springer Fachmedien GmbH, Wiesbaden 2011.

[Niemann 2006] Niemann, H.-J.: Hinweise und Erläuterungen zur Anwendung der neuen Windlastnorm DIN 1055-4: 2005-03. Beton- und Stahlbetonbau 101 (2006), H. 8, S. 571 - 584.

[Niemann 2007] Niemann, H.-J.; Hölscher, N.: Ermittlung aerodynamischer Beiwerte für die normgemäße Erfassung der Winddrücke und Windkräfte an Vordächern. Fraunhofer IRB Verlag, Stuttgart, 2007.

[Peil 2006] Peil, U.: Die neue DIN 1055 Teil 4, Windlasten. Praxis-Seminar 2006, TU, Braunschweig, Institut für Stahlbau.

[Petersen 1996] Petersen, C.: Dynamik der Baukonstruktionen. Vieweg und Sohn Verlagsgesellschaft mbH, Braunschweig/Wiesbaden, 1996.

[Petermann 2013] Pertermann, I.; Puthli, R.: Größeneinflüsse bei der Windbeanspruchung. Stahlbau 82 (2013), H. 9, S. 678 – 683.

[Pocanschi 2003] Pocanschi, A.; Phocas, M. C.: Kräfte in Bewegung. B. G. Teubner Verlag/GWV Fachverlage GmbH, Wiesbaden 2003.

[Rosemeier 2007]: Rosemeier, G.: Windbelastung von Bauwerken, Bauwerk Verlag Berlin, 2007.

[Schröder/Drigert 1993]: Schröder, K.; Drigert, K.-A.: Neues Sicherheitskonzept in der europäischen Normung. Werner-Ingenieur-Texte, Bd. 88, Werner Verlag, 1993.

[Schubert 2006] Schubert, W.: Die bauaufsichtliche Einführung der neuen Normen der Reihe DIN 1055 – Einwirkungen auf Tragwerke. DIBt Mitteilungen, H. 5, 2006, S. 180.

[Schwarz 2005] Schwarz, J.; Grünthal, G.: Bauten in deutschen Erdbebengebieten – zur Einführung der DIN 4149: 2005. Bautechnik 82 (2005), H. 8, S. 486 – 499.

[Timm 2005] Timm, G.: Einwirkungen nach neuer DIN 1055. In: Hansen, M.; Lierse, J. (Hrsg.): Jürgen Grünberg zum 60. Geburtstag, S. 10.1 – 10.16. Fraunhofer IRB Verlag, Stuttgart, 2005.

[Timm 2006] Timm, G.: Die neue DIN 1055, Teil 5 – Schnee- und Eislasten. Der Prüfingenieur, Okt. 2006, S. 64 – 71.

Stichwortverzeichnis

Inserentenverzeichnis

Die inserierenden Firmen und die Aussagen in Inseraten stehen nicht notwendigerweise in einem Zusammenhang mit den in diesem Buch abgedruckten Normen. Aus dem Nebeneinander von Inseraten und redaktionellem Teil kann weder auf die Normgerechtheit der beworbenen Produkte oder Verfahren geschlossen werden, noch stehen die Inserenten notwendigerweise in einem besonderen Zusammenhang mit den wiedergegebenen Normen. Die Inserenten dieses Buches müssen auch nicht Mitarbeiter eines Normenausschusses oder Mitglied des DIN sein. Inhalt und Gestaltung der Inserate liegen außerhalb der Verantwortung des DIN.

Zuschriften bezüglich des Anzeigenteils
werden erbeten an:

Beuth Verlag GmbH
Anzeigenverwaltung
Am DIN-Platz
Burggrafenstraße 6
10787 Berlin

NOTIZEN

NOTIZEN

NOTIZEN

Jetzt diesen Titel zusätzlich als E-Book downloaden und 70 % sparen!

Als Käufer dieses Buchtitels haben Sie Anspruch auf ein besonderes Kombi-Angebot: Sie können den Titel zusätzlich zum Ihnen vorliegenden gedruckten Exemplar für nur 30 % des Normalpreises als E-Book beziehen.

Der BESONDERE VORTEIL: Im E-Book recherchieren Sie in Sekundenschnelle die gewünschten Themen und Textpassagen. Denn die E-Book-Variante ist mit einer komfortablen Volltextsuche ausgestattet!

Deshalb: Zögern Sie nicht. Laden Sie sich am besten gleich Ihre persönliche E-Book-Ausgabe dieses Titels herunter.

In 3 einfachen Schritten zum E-Book:

❶ Rufen Sie die Website **www.beuth.de/e-book** auf.

❷ Geben Sie hier Ihren persönlichen, nur einmal verwendbaren E-Book-Code ein:

21732K43474DC43

❸ Klicken Sie das „Download-Feld" an und gehen dann weiter zum Warenkorb. Führen Sie den normalen Bestellprozess aus.

Hinweis: Der E-Book-Code wurde individuell für Sie als Erwerber dieses Buches erzeugt und darf nicht an Dritte weitergegeben werden. Mit Zurückziehung dieses Buches wird auch der damit verbundene E-Book-Code für den Download ungültig.

Mehr zu diesem Titel
... finden Sie in der Beuth-Mediathek

Zu vielen neuen Publikationen bietet der Beuth Verlag nützliches Zusatzmaterial im Internet an, das Ihnen kostenlos bereitgestellt wird.
Art und Umfang des Zusatzmaterials – seien es Checklisten, Excel-Hilfen, Audiodateien etc. – sind jeweils abgestimmt auf die individuellen Besonderheiten der Primär-Publikationen.

Für den erstmaligen Zugriff auf die Beuth-Mediathek müssen Sie sich einmalig kostenlos registrieren. Zum Freischalten des Zusatzmaterials für diese Publikation gehen Sie bitte ins Internet unter

www.beuth-mediathek.de

und geben Sie den folgenden **Media-Code** in das Feld „Media-Code eingeben und registrieren" ein:

M217329248

Sie erhalten Ihren Nutzernamen und das Passwort per E-Mail und können damit nach dem Log-in über „Meine Inhalte" auf alle für Sie freigeschalteten Zusatzmaterialien zugreifen.

Der Media-Code muss nur bei der ersten Freischaltung der Publikation eingegeben werden. Jeder weitere Zugriff erfolgt über das Log-In.

Wir freuen uns auf Ihren Besuch in der Beuth-Mediathek.

Ihr Beuth Verlag

Hinweis: Der Media-Code wurde individuell für Sie als Erwerber dieser Publikation erzeugt und darf nicht an Dritte weitergegeben werden. Mit Zurückziehung dieses Buches wird auch der damit verbundene Media-Code ungültig.